空间想象力进阶

美国哈佛大学教育研究院泽罗研究所的负责人H.加登纳指出：必须强调一下，在各种不同的科学、艺术与数学分支之间，空间推理的介入方式并非是一致的.拓扑学在使用空间思维的程度上要比代数大得多.物理科学与传统生物学或社会科学（其中语言能力相对比较重要）比较起来，要更加依赖空间能力.在空间能力方面有特殊天赋的个体(比如像达·芬奇)便有其实施的选择范畴，他们不仅能在这些领域中选取一种，而且还可以跨领域进行操作.也许，他们在科学、工程及各种艺术方面表现得突出一些.从根本上说，要想掌握这些学科，就得学会"空间语言"，就得学会"在空间媒介中进行思考".

《空间想象力进阶》编写组 编著

哈尔滨工业大学出版社
HARBIN INSTITUTE OF TECHNOLOGY PRESS

内 容 提 要

本书详细介绍了正投影图、斜投影图及透视图的相关内容,附录部分还介绍了近些年高考对空间想象能力的考查内容及如何培养学生的空间想象能力。

通过本书的学习,读者可进一步提高空间想象能力,这不仅对初高中学生有益,对于大学理工科学生很多课程的学习也很有益。

图书在版编目(CIP)数据

空间想象力进阶/《空间想象力进阶》编写组编著.—哈尔滨:哈尔滨工业大学出版社,2019.10(2024.1 重印)
ISBN 978-7-5603-7929-6

Ⅰ.①空…　Ⅱ.①空…　Ⅲ.①立体几何课-高中-升学参考资料
Ⅳ.①G634.633

中国版本图书馆 CIP 数据核字(2019)第 006597 号

策划编辑	刘培杰　张永芹
责任编辑	刘春雷
封面设计	孙茵艾
出版发行	哈尔滨工业大学出版社
社　　址	哈尔滨市南岗区复华四道街 10 号　邮编 150006
传　　真	0451-86414749
网　　址	http://hitpress.hit.edu.cn
印　　刷	哈尔滨市石桥印务有限公司
开　　本	787mm×960mm　1/16　印张 34　字数 575 千字
版　　次	2019 年 10 月第 1 版　2024 年 1 月第 5 次印刷
书　　号	ISBN 978-7-5603-7929-6
定　　价	68.00 元

(如因印装质量问题影响阅读,我社负责调换)

目录

绪言 ·· 1

正投影图

总论 ·· 5

    1. 投影图 ·· 5

    2. 二面角 ·· 5

    3. 投影之区别 ·· 6

    4. 投影面之回转 ·· 6

第一章 点之投影 ·· 7

    1. 点之投影 ·· 7

    2. 点之投影与二面角 ·· 7

    3. 副投影 ·· 8

    4. 侧面投影 ·· 9

    5. 直线之副投影 ·· 10

    6. 多面体之副投影 ·· 10

    练习题 ·· 13

第二章 直线 ·· 15

1. 直线之投影 ··· 15

  2. 线投影之定理 ··· 16

  3. 垂直于基线之平面上之线 ·· 18

  4. 直线之迹 ··· 19

  5. 直线与平面间之角 ··· 21

  6. 相交之直线 ··· 24

  练习题 ·· 25

第三章 平面 ··· 28

  1. 平面之迹 ··· 28

  2. 平面之迹与基线间之关系 ··· 29

  3. 平面上之直线 ··· 30

  4. 副投影面上平面之迹 ··· 31

  5. 平面间之角 ··· 31

  6. 平面与投影面间之角 ··· 32

  7. 平行平面之迹 ··· 33

  8. 点、直线与平面 ··· 38

  练习题 ·· 62

第四章 立体 ··· 67

  1. 多面体之投影 ··· 67

  2. 平行六面体 ··· 67

  3. 角柱及其投影 ··· 67

  4. 角锥及其投影 ··· 69

  5. 正多面体 ··· 70

  6.多面体之展开 ………………………………………… 71

  7.圆柱及其投影 ………………………………………… 77

  8.圆锥及其投影 ………………………………………… 78

  9.球及其投影 …………………………………………… 78

  10.球之内切正多面体 …………………………………… 79

  练习题 …………………………………………………… 80

第五章 立体之切断面 ……………………………………… 82

  1.立体之切断面 ………………………………………… 82

  2.圆锥之切口 …………………………………………… 86

  3.求圆锥切口之实形之方法 …………………………… 87

  4.圆柱之切口 …………………………………………… 89

  5.球面三角形 …………………………………………… 101

  6.杂题 …………………………………………………… 103

  练习题 …………………………………………………… 105

第六章 曲面 ………………………………………………… 107

  1.柱面 …………………………………………………… 107

  2.柱体 …………………………………………………… 107

  3.锥面 …………………………………………………… 107

  4.锥体 …………………………………………………… 108

  5.圆锥圆柱与内切球 …………………………………… 112

  6.球 ……………………………………………………… 115

  7.圆环 …………………………………………………… 115

  8.椭圆回转面 …………………………………………… 116

9. 复双曲线回转面 …………………………………… 117

10. 抛物线回转面 ……………………………………… 117

11. 椭圆体 ……………………………………………… 119

12. 椭圆抛物线体 ……………………………………… 120

13. 复双曲线体 ………………………………………… 121

练习题 ………………………………………………… 121

第七章 掖面 ……………………………………… 123

1. 掖面 ………………………………………………… 123

2. 双曲抛物线面 ……………………………………… 125

3. 双曲抛物线面为复线织面 ………………………… 125

4. 双曲抛物线面之轴及其顶点 ……………………… 126

5. 掖四边形 …………………………………………… 127

6. 双曲抛物线面之投影 ……………………………… 127

7. 双曲抛物线面之又一作法 ………………………… 128

8. 锥状面 ……………………………………………… 130

9. 柱状面 ……………………………………………… 130

10. 牛角 ………………………………………………… 131

11. 单双曲线回转面 …………………………………… 132

12. 单双曲线回转面之子午面 ………………………… 133

13. 单双曲线面 ………………………………………… 135

14. 螺旋面 ……………………………………………… 135

15. 螺旋 ………………………………………………… 137

16. 螺旋状斜沟 ………………………………………… 139

17. 螺旋状阶段 …… 139

18. 螺旋发条 …… 139

19. 螺旋推进器 …… 140

练习题 …… 142

第八章　面之接触 …… 143

1. 概说 …… 143

2. 二圆锥共通之切平面存在时之作图法 …… 148

3. 曲面之接触 …… 168

4. 掠面之接触 …… 176

5. 单双曲线回转面之接触 …… 180

6. 球面摆线 …… 181

练习题 …… 185

第九章　曲面之展开 …… 191

1. 曲面之展开 …… 191

2. 螺旋线之曲率半径 …… 195

3. 线织面之展开 …… 196

4. 复曲回转面之展开 …… 199

练习题 …… 200

第十章　相贯体 …… 203

1. 面之交切线 …… 203

2. 角柱与角锥之交切 …… 203

3. 二角柱之交切 …… 207

4. 二角锥之交切 …… 210

5. 圆柱与圆锥之交切 …………………………………………… 213

6. 二圆柱之交切 ………………………………………………… 218

7. 二圆锥之交切 ………………………………………………… 222

8. 圆环与圆锥之交切 …………………………………………… 228

9. 球与圆锥之交切 ……………………………………………… 230

10. 二回转面之交切 …………………………………………… 231

11. 斜圆柱与回转面之交切 …………………………………… 232

12. 圆锥与回转面之交切 ……………………………………… 233

13. 二椭球之交切 ……………………………………………… 234

14. 杂题 ………………………………………………………… 236

练习题 …………………………………………………………… 238

第十一章　阴影 …………………………………………… 243

1. 定义 …………………………………………………………… 243

其一　平行光线 ………………………………………………… 244

2. 关于影之诸重要之定义 ……………………………………… 244

3. 光线之方向 …………………………………………………… 244

4. 杂题 …………………………………………………………… 267

其二　辐射光线 ………………………………………………… 272

5. 关于影之诸重要之定义 ……………………………………… 272

其三　依平行光线物体面所生之明暗 ………………………… 278

6. 照度 …………………………………………………………… 278

7. 现辉点之一般作图法 ………………………………………… 279

8. 单曲面之现辉线 ……………………………………………… 280

9. 物体面之明暗 …… 282

10. 图上之明暗 …… 282

练习题 …… 284

第十二章　标高平面图 …… 290

1. 标高平面图 …… 290

2. 倾斜尺度 …… 292

3. 等高线 …… 298

练习题 …… 299

第十三章　轴测投影图 …… 301

1. 总说 …… 301

2. 轴测投影图 …… 302

3. 轴测尺度 …… 302

4. 立方体之等测投影图 …… 303

5. 等测图 …… 305

6. 平面形之等测图 …… 305

7. 立体之等测图 …… 306

8. 等测投影图上之阴影 …… 307

练习题 …… 309

斜投影图

第十四章　斜投影 …… 315

1. 基本作图 …… 315

2. 长方柱之斜投影 …… 316

3.平面形之斜投影 …………………………………………… 316

  4.立体之斜投影 ……………………………………………… 317

  5.斜投影之阴影 ……………………………………………… 318

  练习题 ………………………………………………………… 320

透视图

总论 ……………………………………………………………… 323

  1.透视图 ……………………………………………………… 323

  2.定义 ………………………………………………………… 323

  3.视锥 ………………………………………………………… 324

  4.心点与地平线 ……………………………………………… 324

  5.线之透视 …………………………………………………… 324

第十五章　灭点与灭线 ……………………………………… 325

  1.点之透视图 ………………………………………………… 325

  2.直线之透视图 ……………………………………………… 325

  3.灭点 ………………………………………………………… 325

  4.灭点之位置 ………………………………………………… 326

  5.依心点与距离点而作点之透视图之方法 ………………… 327

  6.于垂直于画面之直线上求等距离点之方法 ……………… 327

  7.依灭点求直线透视之方法 ………………………………… 328

  8.灭线 ………………………………………………………… 328

  9.灭尺度 ……………………………………………………… 330

  10.平行四边形之应用 ………………………………………… 332

练习题 ·············· 333

第十六章　测点 ·············· 335

　　1. 测点 ·············· 335

　　2. 由灭测点而求直线透视之方法 ·············· 335

　　3. 垂直于基面之平面上直线之透视 ·············· 337

　　4. 分测点 ·············· 337

　　5. 分割一直线为任意比之方法 ·············· 340

　　练习题 ·············· 340

第十七章　平行透视 ·············· 342

　　1. 平行透视 ·············· 342

　　2. 在基面上其一边平行于基线之矩形之透视图 ·············· 342

　　3. 直立于基面上其一面平行于画面之四角柱之透视 ·············· 343

　　4. 长方柱及角锥之杂例 ·············· 345

　　5. 曲线之透视图 ·············· 347

　　6. 圆之透视图 ·············· 348

　　7. 同心圆之透视图 ·············· 350

　　8. 圆周之等分 ·············· 351

　　9. 杂题 ·············· 352

　　练习题 ·············· 355

第十八章　有角透视 ·············· 357

　　1. 有角透视 ·············· 357

　　2. 长方形之透视图 ·············· 357

　　3. 长方柱之透视图 ·············· 359

4.圆之透视 …………………………………………………………… 361

  5.透视的平面图法 …………………………………………………… 361

  6.杂题 ………………………………………………………………… 362

  练习题 ………………………………………………………………… 364

 第十九章 斜透视 …………………………………………………… 365

  1.斜透视 ……………………………………………………………… 365

  2.斜透视之一般 ……………………………………………………… 365

  3.杂题 ………………………………………………………………… 368

  练习题 ………………………………………………………………… 370

 第二十章 阿特赫玛氏法 …………………………………………… 372

  1.点之透视 …………………………………………………………… 372

  2.四边形之透视 ……………………………………………………… 373

  3.长方柱之透视 ……………………………………………………… 375

  4.建筑物之透视 ……………………………………………………… 377

 第二十一章 三平面法 ……………………………………………… 379

  1.三平面法 …………………………………………………………… 379

  2.点之透视 …………………………………………………………… 379

  3.多面体之透视 ……………………………………………………… 380

  4.圆锥之透视 ………………………………………………………… 380

  5.倾斜于画面之直线之透视 ………………………………………… 381

  练习题 ………………………………………………………………… 383

 第二十二章 透视之阴影 …………………………………………… 384

  1.基面上点之阴影 …………………………………………………… 384

2. 角柱之底位于基面上时之阴影 ·············· 385

3. 直线向基面及其他之倾斜面所投之影 ·············· 388

4. 杂题 ·············· 396

练习题 ·············· 399

第二十三章 虚像 ·············· 401

1. 虚像 ·············· 401

附　录

附录1　高考数学试题是如何考查空间想象能力的 ············ 407

附录2　高频考点三视图命题走势——新课程新高考
新增内容透析 ·············· 413

附录3　立体几何"三图"教学分析与建议 ·············· 420

附录4　例析三视图还原实物图 ·············· 425

附录5　通过立体几何教学培养学生的空间想象能力 ········ 431

绪　言

　　立体图学(Practical solid geometry)为几何学之一分科,专研究物体在空间之位置及形状,精确表现于一平面上之方法学科也.其所表示之图,当物体与眼之位置固定后,比即应有与实际所见之物体有同一之感.是故眼与物体上之各点相结之直线与所表示物体之平面相交,将其交点联结成线,为作图上必要之条件.如斯所作之图,称为其物体之投影(Projection).投影所作之平面,称为投影面(Plane of projection).又表示眼之位置之点,谓之视点(Point of sight).由视点所发出而通过物体各点之直线,谓之视线(Line of sight).又视线上投影面与物体上之各点间之线分,谓之投射线,或投影线(Projector or line of projection).

　　如图 1 所示,S 为视点,平面 T 为投影面,$ABDF$ 为空间之物体,S 与 $ABDF$ 之各点相结之直线与平面 T 相交,将其各交点相结,即成 $abdf$ 图形.此时 $abdf$ 为物体 $ABDF$ 于平面 T 上之投影.而直线 $SA, SB, SC, \cdots$ 为视线,Aa,$Bb, Cc, \cdots$ 为投影线.

　　视点与物体间之距离有限时,则所投之影称为透视投影(Perspective projection),又称为圆锥投影(Conical projection).视点与物体间之距离,若远至于无限之极限,则所有之投影线,均成平行,此时之投影,称为平行投影(Parallel projection).平行投影中,投影线垂直于投影面者,谓之正投影(Orthogonal projection or orthographic projection).其不垂直者,谓之斜投影(Oblique projection).

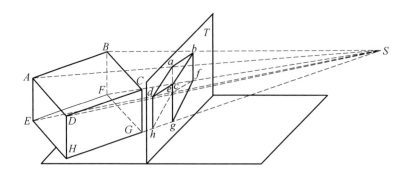

图 1

$$投影\begin{cases}透视投影\\平行投影\begin{cases}正投影\\斜投影\end{cases}\end{cases}$$

正投影图

总　　论

1. 投影面

如图 2 所示，设物体 A 与物体 B 位于平面 H 上，其共通之投影为 a，若吾人仅以 a 而想象空间物体 A,B 之形状，乃属不可能之事. 因之其位置与形状，亦不能加以限定. 然于他一平面 V 上，另作一投影 a',b'，借 a 与 a',b 与 b' 之助，斯时 A,B 之形状，方可想象得知. 次设 A 上之一点 P 之投影为 p,p'，则 P 之位置，可由 p,p' 向水平直立两面引垂线，以其垂线相交之点表之. 是故正投影中，通常有二投影面方能限定空间中物体之形状，及其全部点之位置. 兹因作图之便利，取其一面保持水平之位置，他一面保持直立之位置. 其保持水平者，称为水平投影面 (Horizonal plane of projection). 保持直立者，称为直立投影面 (Vertical plane of projection). 其两投影面间之交切线，称为基线 (Ground line).

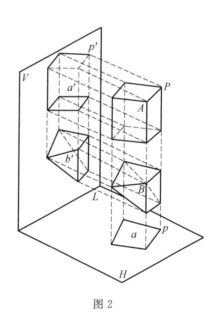

图 2

2. 二面角

平面因能无限扩张，故其水平直立两投影图，可分空间为四. 其基线之周，可作成四二面角，如图 3 所示. 二面角之名称，其水平投影面之上，位于直立投影面前方者,为第一二面角(First dihedral angle).位于后方者,为第二二面角(Second dihedral angle).其水平投影面之下,位于直立投影面之后方者,为第三二面角(Third dihedral angle).位于前方者,为第四二面角(Fourth dihedral angle).

3. 投影之区别

投影可依投影面而分别之,如水平投影面上之投影,称为水平投影(Horizonal projection),或为平面图.直立投影面上之投影,称为直立投影(Vertical projection),或为立面图(Elevation).如图2所示,a为立体A之平面图,a'为其立面图也.

又投影线,其至水平投影面者,为水平投影线(Horizonal projector),至直立投影面者,为直立投影线(Vertical projector).

4. 投影面之回转

上述之投影,因其在水平直立两平面上,故作图上,若仍保持其两平面间所成之直角之关系,殊感不便.势非将其移至同一平面上不可.转移之法,通常以基线为轴,将直立投影面向后方回转,使其与水平面重合.如图4所示,其矢所指之方向,即为回转直立投影面所示之方向也.

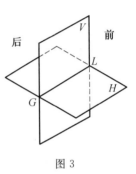

图 3

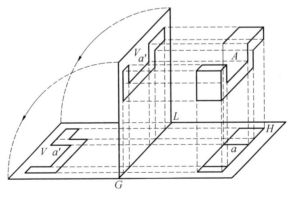

图 4

第一章 点之投影

1. 点之投影

如图 5 所示，A 为空间之一点，由点 A 向水平投影面与直立投影面引垂线，其足为 a,a'. 此时 a 为 A 之平面图，a' 为其立面图. 然此时含水平投影线 Aa 之各平面，垂直于 H，含 Aa' 之各平面垂直于 V. 于是可知含 Aa,Aa' 之平面 V_1 必垂直于 H,V 两投影面. 今 H,V 两平面互相垂直，若 V_1 与 H 相交为 ma，V_1 与 V 相交为 $a'm$，则四边形 $Aama'$ 为矩形，$am,a'm$ 均垂直于基线 GL. 故知由平面图 a 至基线之距离 am 与由点 A 至直立投影面之距离相等. 由立面图 a' 至基线之距离 $a'm$ 与由点 A 至水平投影面之距离相等.

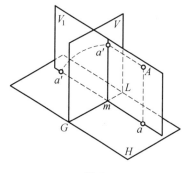

图 5

次以基线为轴，将直立投影面向后方回转，使其与水平投影面重合. 今因 $am,a'm$ 均垂直于基线，故 ama' 成一直线后，亦必垂直于基线.

当投影面回转后，点之平面图与立面图所联结之直线，必垂直于基线. 今为作图之便利计，故称此线为投射线（Projection line）.

注 水平投影面略称为 $H.P.$，直立投影面略称为 $V.P.$，基线则略称为 $G.L.$

2. 点之投影与二面角

如图 6(a)所示，A 为第一二面角内之一点，其两投影为 a,a'. B 为第二二面角内之一点,其两投影为 b,b'. C 为第三二面角内之一点,其两投影为 c,c'. D 为第四二面角内之一点,其两投影为 d,d'. 今将其直立投影面,以基线为轴向后方回转,使其与水平投影面重合,即得如图 6(b)所示之图. 图中投射线 aa', bb',cc',dd' 与基线所交之点为 m,n,p,q,则 am,bn,cp,dq 之长,等于由 A,B,C,D 至直立投影面之距离. $a'm,b'n,c'p,d'q$ 之长,等于由 A,B,C,D 至水平投影面之距离.

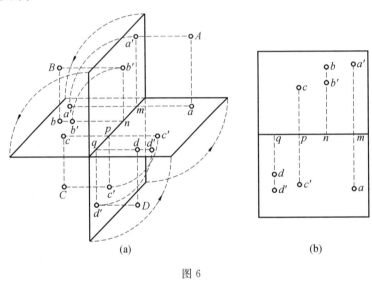

图 6

如上图所示,两投影面回转后,其点之投影对于其基线已易其位置. 即:
(1)第一二面角内之点,其平面图在基线之下,立面图在基线之上.
(2)第二二面角内之点,其平面图及立面图均在基线之上.
(3)第三二面角内之点,其平面图在基线之上,立面图在基线之下.
(4)第四二面角内之点,其平面图及立面图均在基线之下.

今设一点在水平投影面上时,其立面图则在基线上. 在直立投影面上时,其平面图亦在基线上. 又点在基线上时,其平面图及立面图均在基线上.

3. 副投影

每一点对于所定之一对投影面,仅有一平面图及一立面图. 今欲变更投影面之位置,可将其点向各新投影面上投影,而生新投影. 此等新投影面,对于原投影面,称为副投影面(Auxiliary plane of projection). 副投影面上所作之投影,对于原平面图及立面图,称为副投影(Auxiliary projection).

如图 7(a) 所示，$H.P.$，$V.P.$ 为所定之一对投影面，A 为空间之一点，a，a' 为点 A 之平面图及立面图之投影. 设平面 $A.P.$ 与 $H.P.$ 直交于基线 $G'L'$. 水平面上 A 之投影为 a，其副投影为 a''. 次以 $G'L'$ 为轴将 $A.P.$ 向后方回转，使其与 $H.P.$ 重合后，将 $G'L'$ 及 a'' 与原投影同一图示时，则得如图 7(b) 所示之图. 今以 $A.P.$ 为新直立面，而与 $H.P.$ 视为一对投影面，则 a'' 为 A 之新立面图，而与 a 对于新基线 $G'L'$ 形成一对新投影图. 此时，$G'L'$ 称为副基线 (Auxiliary groundline)，a'' 称为副立面图 (Auxiliary elevation).

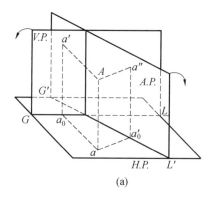 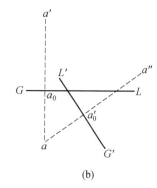

(a)　　　　　　　　　　(b)

图 7

又原投影与副立面图之间，有下列之关系
$$aa'' \perp G'L', \quad a'a'_0 = Aa = a'a_0$$
是故关于一副基线 $G'L'$，而作已知之点 a，a' 之副立面图时，可由平面图 a 至 $G'L'$ 作垂线，于其足作垂线 $a'_0 a''$，取其与 $a_0 a'$ 等长可也. 但 a'' 之位置，必随 a' 之位于 GL 之上方或下方，而位于 $G'L'$ 之上方或下方.

间有如图 8(a) 所示，将副基线 $G'L'$ 置于 $V.P.$ 之上，此时直交于 $V.P.$ 之平面 $A.P.$ 为副投影面. 而 $V.P.$ 与 $A.P.$ 可视为新一对投影面，因之 $A.P.$ 上之投影 a'' 可视为新平面图.

后以 $G'L'$ 为轴将 $A.P.$ 向下方回转，使其与 $V.P.$ 重合，而 a'' 落于 $V.P.$ 上. 今将 a'' 与 $G'L'$ 同时添诸原投影内，则得图 8(b)，此时
$$a'a'' \perp G'L', \quad a'a'_0 = Aa' = aa_0$$
由此关系，可决定图上 a'' 之位置. 此时，a'' 为 A 之副平面图 (Auxiliary plan)，而与立面图 a' 对于 $G'L'$，形成 A 之新投影图.

4. 侧面投影

垂直于水平直立两投影面之平面上之投影，即垂直于基线之平面上之投

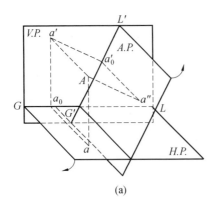

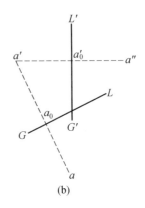

图 8

影,通称此投影,谓之侧面投影(Profile),或谓之侧面图(Side elevation).侧面投影可视为副立面图,复可视为副平面图.其求法,与求副立面图及副平面图之方法完全相似.例如,若视其为副立面图,可将其回倒于水平投影面,如视其为平面图,可将其回倒于直立投影面.如图 9 所示,为已知一点 P 之平面图及立面图,以 OV_1 为其副基线,而求其侧面图 p'' 之图.今其侧面图视为副平面图,故向直立投影面回倒.

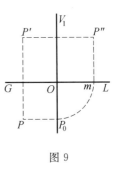

图 9

5. 直线之副投影

直线之副投影,因其为一直线,故直线之副投影为其两端二点之副投影相结而成.如图 10 所示,为已知三角形 ABC 之两投影,于 $G'L'$ 为副基线之平面上,而求其副立面图 $a''b''c''$ 之图也.

作图题 1 垂直于基线之直线之投影 $aba'b'$ 为已知,求其水平迹与直立迹.

如图 11 所示,先求 AB 之侧面图 $a''b''$,次将其延长,使其与基点相交于点 h_1,与副基线相交于点 v_1.此时 h_1 为水平迹之侧面图,v_1 为直立迹之侧面图.由是再逆求其水平迹 h,直立迹 v' 可也.

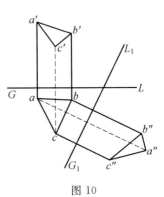

图 10

6. 多面体之副投影

求多面体之副投影与求其平面图及立面图之

法相同,其求法可依求其各棱之副投影而得.

如图 12 所示,为直四角柱,其底面平行于直立投影面之投影为已知,而求其副投影之图也. 图中 $a_1b_1c_1d_1-e_1f_1g_1h_1$ 以 $G'L'$ 为副基线之副立面图. 求 $a_1,b_1,\cdots$ 之法,可由 $a,b,\cdots$ 向 $G'L'$ 引垂线,复由垂线之足 $m_1,n_1,\cdots$ 截取 $m_1a_1,n_1b_1,\cdots$ 之长,等于 $A,B,\cdots$ 之高 $a'm,b'm,\cdots$ 可也. 又与 $G'L'$ 为副基线之副投影面相垂直,以 $G''L''$ 为副基线之平面而于其平面上,其副投影为 $a_2b_2c_2d_2-e_2f_2g_2h_2$. 至求 $a_2,b_2,\cdots$ 之法,可由 $a_1,b_1,\cdots$ 向 $G''L''$ 引垂线,于其垂线上,由其足 $m_2,n_2,\cdots$ 截取 $m_2a_2,n_2b_2,\cdots$ 等于 $am_1,bn_1,\cdots$ 可也.

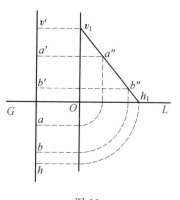

图 11

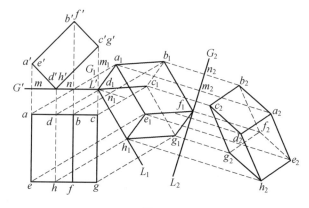

图 12

作图题 2 求垂直于立方体之一对角线之平面上,其立方体之投影.

如图 13 所示,乃立方体之一对角线平行于直立投影面,其一面置于水平投影面上,而作其平面图 $abcd$ 与立图 $a'b'c'd'e'f'g'h'$ 之图也. 其求法,先引 G_1L_1 垂直于 $a'g'$,后以 G_1L_1 为副基线,而作 $a_1b_1c_1d_1e_1f_1g_1h_1$ 是即所求之投影也.

作图题 3 有一平面与正六角锥之一斜面成角 θ,求其平面上之投影.

如图 14 所示,先作其底置于水平投影面上之平面图 $vabcdef$. 次引 GL 垂直于 cd,而作其立面图 $v'a'b'c'd'e'f'$. 此时斜面 $vcd,v'c'd'$ 垂直于直立投影面,故若与 $v'c'$ 成角 θ 引副基线 G_1L_1,而作副平面图 $v_1a_1b_1c_1d_1e_1f_1$,则得所求之投影.

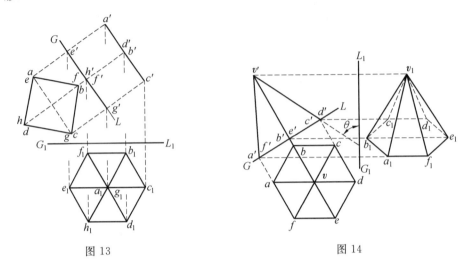

图 13　　　　　　　　　图 14

作图题 4　求平行于正八面体之一面之平面上，其正八面体之投影.

如图 15 所示，置八面体之一对角线 EF 垂直于水平投影面，而作其平面图 $abcdef$. 次引基线垂直于 ad，而作其立面图 $a'b'c'd'e'f'$. 此时面 ADF，因其垂直于直立投影面，故平行于 $a'f'$ 所引之 G_1L_1 为副基线，而作成之副投影 $a_1b_1c_1d_1e_1f_1$，是为所求之投影.

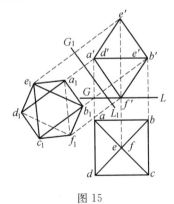

图 15

练 习 题

(1) 有垂直于基线之直线,其一端位于 $H.P.$ 下 2 cm,$V.P.$ 前 4 cm,他端位于 $H.P.$ 上 4 cm,$V.P.$ 后 6 cm,试求其直线之实长迹,及与投影面所成之角度.

(2) 有底面一边为 3 cm 之正五角形,高 4 cm 之直角柱,今其一侧面位于直立投影面上,其底与水平投影面成 $45°$ 之倾斜,试求其投影.

(3) 如图 16 所示,为宽 6 cm 之阶段之侧面图,今其副基线与基线成 $30°$ 之角,其阶段之副立面图如何?

(4) 如图 17 所示,为直角相交之正四角柱之立面图,今副基线与基线成 $25°$ 之角,其副立面图如何?

(5) 如图 18 所示,乃立体之底与水平投影面成 $30°$ 之平面图,试求其立面图,其后使副基线与基线成 $25°$ 之角,再求其副立面图.

(6) 试求图 19 所示之立体之副立面图,此时副基线与基线成 $20°$ 之角.

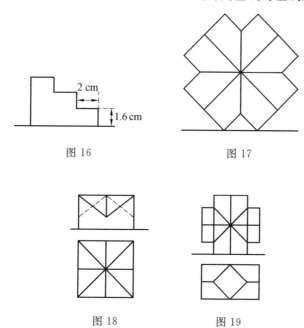

图 16 图 17

图 18 图 19

(7) 有底为正五角形,每边之长为 4 cm,高为 5 cm 之正角锥体,今其一斜

面位于水平投影面上,其轴之平面图与其基线成30°之角,试求其平面图及立面图.

(8)有一边长为4 cm之正八面体,其一对角线与水平投影面成60°之角,试求其投影.

(9)有正十二面体,其每边之长为3 cm,其最长之对角线垂直于水平投影面,试求其投影.

(10)有正七角锥体,其底为正七角形,底边一边之长为3 cm,锥体高为7 cm,试作其一斜面与水平投影面成30°之投影图,次作副基线与基线成45°之角,再求其副平面图.

(11)有底之长为3 cm,相等边之长为4 cm之二等边三角形 $a'v'b'$,其 $a'b'$ 与基线平行,今以此为高为6 cm之正六角锥之一斜面之立面图,其角锥之底为一边为3 cm之正角形,试求其平面图及立面图.

(12)有直径为5 cm,高为7 cm之直圆柱,其底与水平投影面平行时,其投影若何?又其副基线与基线成35°之角时,其副平面图若何?

第二章 直 线

1. 直线之投影

直线之投影面为平面,故直线之投影一般为直线.因之联结二点之直线之投影,为联结二点之投影之直线,由是可知凡一直线之投影,依其上二点之投影而定.如图 20 所示,$a'b'$,ab 为联结二点 a,a',b,b' 之直线之投影.图中,若 ab 不平行于 GL,则 A,B 至直立面之距离不等,故 A,B 不平行于 GL.同样 $a'b'$ 不平行于 GL,即示 AB 不平行于水平面,是故倾斜于两投影面之直线,应有如此之投影.

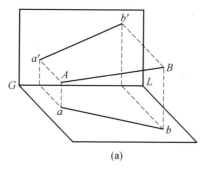

(a)

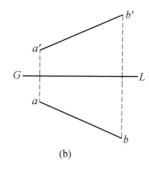

(b)

图 20

AB 对于水平面及直立面所成之倾角,即为 AB 对于 ab,$a'b'$ 之角.今若以 α,β 表之,则得

$$ab = AB\cos \alpha, \quad a'b' = AB\cos \beta$$

由此因知 ab,$a'b'$ 均短于 AB.又 AB,ab 各不平行于 $a'b'$,GL.故 $a'b'$ 对于 GL 之倾角不等于 α.同样 ab 对于 GL 之倾角不等于 β.

当特殊之位置,其直线之投影,具有特殊之性质.如图 21 所示,cd,$c'd'$ 乃平行于水平面之直线投影之例也. 此时直线上之二点 C,D, 因距水平面为等距离, 故 $c'd'$ 平行于 GL, 其距离与 CD 至水平面之距离相等. 又如前节所述, cd 若等于 CD 且为平行, 则 cd 对于 GL 之倾角等于 CD 对于直立面之倾角.

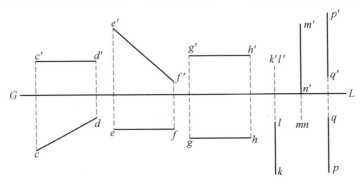

图 21

$ef, e'f'$ 为平行于直立面之直线之投影之例也. 此时 ef 平行于 GL. 其距离等于 EF 至直立面之距离. 又 $e'f'$ 等于 EF 之实长, 且其对于 GL 之倾角等于 EF 对于水平面之倾角.

$gh, g'h'$ 为平行于两投影面之直线, 即平行于基线之直线投影之例也. gh, $g'h'$ 各等于 GH 之实长, 且各平行于 GL.

$kl, k'l'$ 为垂直于直立面之直线之投影之例也. 此时直线上之各点, 其正面图为共有, 故直线之正面图为一点. 此点即为已知之直线或其延长线相交于直立面之点. 又 kl 等于 KL, 且与 KL 平行, 故 kl 垂直于 GL.

$mn, m'n'$ 为垂直于水平面之直线之投影之例也. mn 为一点, $m'n'$ 等于已知之直线, 且与 GL 垂直.

$pq, p'q'$ 乃垂直于基线之平面上之直线之投影之例也. $pq, p'q'$ 均垂直于 GL. 本投影图中, 因直线上之二点 P, Q 之投影为既决定之投影, 故知已知之线为直线时, 则由此投影, 即可确定其直线之位置.

2. 线投影之定理

(1) 二线交点之投影为二线投影之交点. 逆之, 二线平面图之交点与正面图之交点在同一投射线上时, 其二线将其交点于其投影之点相交.

如图 22 所示, AB 与 CD 相交于 O 时, 则 o 之投影, 在 AB 投影之上, 同时亦必在 CD 投影之上, 故 ab 与 cd 相交于 o, $a'b'$ 与 $c'd'$ 相交于 o'. 反之 ab, cd 之交点 o 与 $a'b', c'd'$ 之交点 o' 同在投射线之上时, 则 o 为平面图之点, o' 为正面

图之点,且其点在 AB, CD 双方之上,故 AB, CD 相交于 o, o'. 又设二线 AB, EF 之平面图 ab, ef 相交于 q, 其正面图 $a'b', e'f'$ 相交于 p'. 若 q 与 p' 不在同一投射线上,则 q 为平面图之点, p' 为正面图之点自不能存在, 故 AB, EF 为不相交之二线.

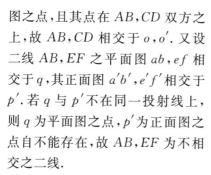

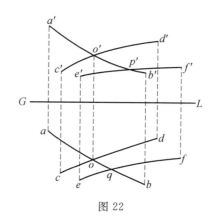

图 22

(2) 对于任意之投影面,互相平行之直线之投射面亦互相平行,故平行之直线投于任意之投影面上之投影亦常平行.

对于某种之投影面,互相不平行之直线有平行之投射面,故亦可得平行之投影. 然不平行之直线仅能有一组平行之平面, 故此等之直线,一般在相交之二投影面之双方上, 不能有彼此平行之投影.

又互相平行之直线,对于任意之投影面,其倾斜所成之角相等,故其投影之长之比与原直线之长之比相等. 若于必要时,将有限直线之长分成等比,则其点之投影必分成直线之投影为同样之比. 如图 23 所示, $ab, a'b', cd, c'd'$ 为互相平行直线之投影, 即 ab 与 $cd, a'b'$ 与 $c'd'$, 彼此平行. 今 AB 与 CD 相等, 则 ab 与 $cd, a'b'$ 与 $c'd'$ 亦必彼此相等. 又一直线 EF 若于 G 处分 EF 为 $m:n$ 时, 则 $ef, e'f'$ 各于 g, g' 处亦必分为 $m:n$ 同样之比.

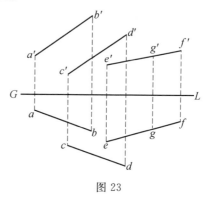

图 23

(3) 二直线平行于同一投影面时,其面上之投影亦必平行于原直线. 故投影间之角等于原二直线间之角.

二直线,其一线对于投影面平行,他一线不平行时,则投影间之角必不等于原二直线间之角,唯二直线间之角为直角时,投影间之角亦必为直角.

如图 24 所示, P 为一投影面, AB 为平行于 P 之直线, CD 为垂直于 AB 任意之直线. 今 AB 与 CD, 于 P 上所投之投影为 ab, cd 时, 则 ab 平行于 AB. 然因 CD 垂直于 AB, 故 CD 必垂直于 ab. 又 Cc 垂直于 P, 故亦垂直于 ab. 由此可知平面 Cd 垂直于 ab, 故平面 Cd 上之直线 cd 亦必垂直于 ab.

二直线同倾于一投影面时, 其投影间之角与原二直线间之角不等.

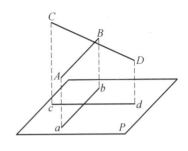

图 24

3. 垂直于基线之平面上之线

垂直于基线之平面上所有之线, 其不符于一般定理者颇多, 兹举其数例如下:

(1) 线之投影上, 有投影之点为其线上之点. 如图 25 所示, ab 为垂直于基线之平面上之线, 其投影上所有之投影之点 o, p, 不必为 AB 上之点. 今以 $G'L'$ 为副基线, 作 AB 之侧面图 $a''b''$. 是时 o, p 之侧面图若为 o'', p'', 则 op 之在 AB 上与否, 乃依 $o''p''$ 之在 $a''b''$ 上与否而定. 是即 o 非 ab 上之点, 而 p 为 ab 上之点也, 故知由 ab 上一点 p

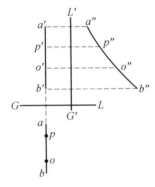

图 25

之一投影, 而求其与此对应之投影时, 如仅依通过已知之投影引投射线而决定, 势所不能, 必先在线之侧面图上作侧面图 p'' 不可. 又若 $a''b''$ 为未知, 则 ab 为不定, 故以上之问题亦属不定.

(2) 二线是否相交, 乃依二线之平面图之交点与其立面图之交点是否在同一投射线上而定, 如图 26 所示之 ab 及 cd, 其 ab 为垂直于基线之平面上之线时, 点 o 虽明知其为 cd 上之点, 然未必为 ab 上之点, 故 ab, cd 不必相交. 今欲决定二线是否相交, 当视 o 之侧面图是否在 AB 之侧面图上耳.

本图中之侧面图, 以 $a'b'$ 为其副基线所作之图也. 如斯作图, 其法至简, 惟应注意者, 乃符号之变化耳.

(3)二直线之平面图与立面图若彼此平行,则二直线必互相平行.然如二直线均在垂直于基线之平面上时,则上之定理,不必为真.如图 27 所示二直线 ab,cd,虽有平行之平面图与平行之立面图,然后此时,因二直线各在垂直于基线之唯一之平行平面上.故仅根据此种关系,而即决定其是否平行实所不能.势必待察其侧面图平行与否,方可判别.但于特殊条件之下,其二直线,当其共垂直于一投影面时,其彼此平行.

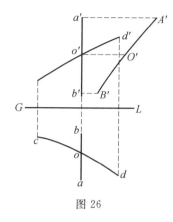

图 26

4. 直线之迹

直线与平面相交之点,通称其直线在其平面上之迹(Trace). 投影图中,简称之直线之迹者,即投影面上直线之迹之意义.其在水平面上者,谓之水平迹(Horizontal trace). 在直立面上者,谓之直立迹(Vertical trace). 凡一直线必有一水平迹与一直立迹.其平行于水平

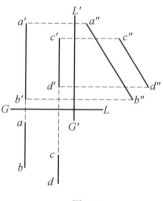

图 27

面之直线,无水平迹.平行于直立面之直线,无直立迹.但平行于基线之直线,其二迹均付缺如.

如图 28~31 所示,mn 为直线 AB 之水平迹,$m'n'$ 为其直立迹.

上述之直线之水平迹,因其为水平投影面上之点.其直立迹,为直立投影面上之点,故求已知直线之迹,可由其直线之立面图与基线所交之点引投射线,而求其与平面图相交之点,是即其水平迹也.又由直线之平面图与基线所交之点引投射线,而求其与立面图相交之点,是即其直立迹也.

平行于投影面之直线,不论延长至任何程度,绝不与投影面相交,故无其迹之存在.由是可知,凡直线平行于直立投影面,则无其直立迹之存在.故其平面图平行于基线.又凡直线平行于水平投影面,则无其水平迹之存在,故其立面图平行于基线.

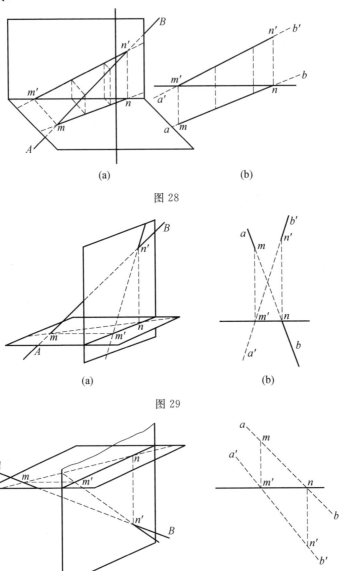

图 28

图 29

图 30

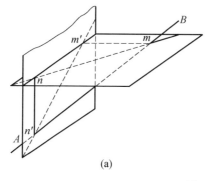
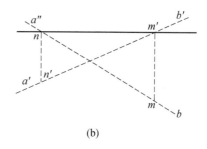

(a)   (b)

图 31

5. 直线与平面间之角

直线与平面间之角,即其直线与其平面上之投影间之角也. 如图 32 所示,Ab 为直线 AB 投射于平面 P 上之投影,AB 与 Ab 间所成之角为 AB 与平面 P 所成之角. 故凡直线平行于直立投影面,其立面图与基线间所成之角等于其直线与

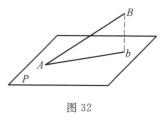

图 32

水平投影面所成之实角. 又凡直线平行于水平投影面,其平面图与基线间所成之角等于其直线与直立投影面所成之实角.

作图题 1 求已知直线之实长,及与投影面所成之实角.

解法一 将已知之直线,先使其与水平投影面所成之角不变回转于其直线上之一点之间,置其与直立投影面平行之位置. 此时回转后之立面图应等于其实长. 其与基线所成之角应等于其与水平投影面所成之实角. 同法,后使其与直立投影面所成之角不变,置其与水平投影面平行之位置. 此时之平面图与其实长相等. 其与基线所成之角与直立投影面所成之实角相等.

作图 如图 33 所示,图中 $ab,a'b'$ 为已知直线之投影,由 ab 之一端 b 引平行于基线之 ba_1,使其等于 ba. 此时 ba_1,将已知之直线与 $H.P.$ 所成之角不变回转于点 B 之周,而使其成为平行于直立投影面之平面图. 于是由 a_1 引投射线及由 a' 引平行于基线之直线,使其相交于点 a_1'. 后将 a_1' 与 b' 联结而成 $b'a_1'$,则 $a_1'b'$ 为其回转后之立面图,故等于其实长. 而其与基线所成之角 θ 等于其与水平投影面所成之实角.

同法,由 a' 引平行于基线之 $a'b_1'$,使其等于 $a'b'$. 由 b 引平行于基线之直线及由 b_1' 引投射线,使其相交于点 b_1. 此时将直线 ab_1 与 $V.P.$ 所成之角不变,

21

以 AB 回转于点 A 之周,使其为平行于水平投影面时之平面图. 因之 ab 等于其实长,而与基线所成之角 ϕ 等于其与直立投影面所成之实角.

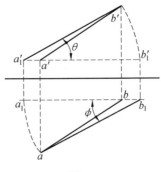

图 33

解法二 将直线回转于其平面图之周,使其与水平投影面一致. 然回转后,其直线之长等于其实长. 故其与平面图所成之角等于其与水平投影面所成之实角. 同法,将其回转于其立面图之周,使其与直立投影面一致,而得其与直立投影面所成之实角. 如图 34 所示,aa',bb' 与基线所交之点为 m, n,由 a, b 向 ab 引垂线,于其垂线上,取 aa_1, bb_1 之长等于 $a'm$, $b'n$. 此时 a_1b_1,乃以 AB 回转于其平面图 ab 之周,而倒置于水平投影面之位置,故 a_1b_1 等于 AB 之实长. 而 a_1b_1 与 ab 间之角 θ 等于 AB 与

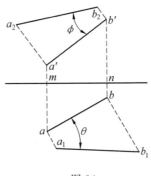

图 34

水平投影面所成之实角. 同法,由 a', b' 向 $a'b'$ 引垂线,而于其上取 $a'a_2$, $b'b_2$ 使其等于 am, bn,则 a_2b_2 等于 AB 之实长. 而 a_2b_2 与 $a'b'$ 间所成之角等于 AB 与直立投影面所成之实角.

作图题 2 已知直线之实长及其两投影之长,求其投影图.

解 若已知直线之两端至水平投影面或直立投影面之距离之差,即可易求其投影图.

作图 如图 35 所示,其基线上之 A_0n, A_0m,等于其平面图及立面图之长. 次由 m, n 向基线所引之垂线,使其与以 A_0 为中心,直线之实长为半径,所作之圆相交于点 B_1, B_2,则此时之 B_2n 等于所求之直线之两端至水平投影面之距离之差. B_1m 等于至直立投影面之距离之差.

次于任意之位置取 bb',于 bb' 上取 bb_1 等于 B_1m. 次由 b_1 引平行于基线之直线,使其与 b 为中心,平面图之长为半径所画之圆弧相交于点 a. 此时 ab,即为所求之平面图. 又于 $b'b$ 上取 $b'b'_1$ 等于 B_2n, 由 b'_1 引平行于基线之直线及由 a 引投射线使其相交于点 a'. 此时 $a'b'$ 即为所求之立面图.

作图题 3 直线之实长及其与两投影面所成之角 θ, ϕ 为已知, 求其投影?

解 将已知之直线使其平行于一投影面, 而求其平面图及立面图之长, 然后将其一端回转至其所求之位置为止可也.

作图 如图 36 所示, 由基线上之任意一点 a_0 引 a_0b', 使其与水平投影面所成之角等于已知角 θ ($\angle ba_0b'$). 次取 a_0b' 之长等于其实长. 后由 b' 向基线引垂线, 其足为 b, 而 a_0b 即等于其平面图之长. 又引 $b'a_1$ 与直线 $b'a_0$ 成角 ϕ, 后由 a_0 向 $b'a_1$ 作垂线 a_0a_1. 是时 $b'a_1$ 之长等于其立面图之长.

由此, 以 b' 为中心, $b'a_1$ 为半径画圆弧, 使其与基线相交于点 a'. 此时 $a'b'$ 为所求之立面图. 又由 a' 向基线引垂线, 使其与 b 为中心, 过 a_0 所作之圆弧相交于点 a. 则所得之 ab, 即为所求之平面图.

如图 37 所示, 乃由已知之一点 A 而引直线之图也. 其求法, 先由 a 引直线 ab_0, 使其与基线成角 ϕ, 而取 ab_0 之长等于其实长. 次由 b_0 引投射线及由 a' 引平行于基线之直线, 使其相交于点 b'_0. 此时 ab_0, $a'b'_0$ 为所求之直线回转于 A 之周, 而与水平投影面成平行时之投影. 次引 ab_1 使其与

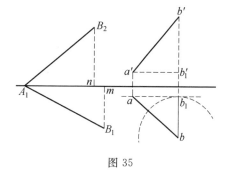

图 35

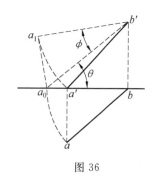

图 36

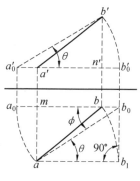

图 37

ab_0 成角 θ, 而由 b_0 向其引垂线, 使其相交于点 b_1. 此时 ab_1 之长等于其平面图之长. 后由 b_0 引平行于基线之直线, 及以 a 为中心, ab_1 为半径画圆弧, 使其相交于点 b. 则所得之 ab 即为所求之平面图. 又由 b 引投射线及以 a 为中心, $a'b'_0$ 为半径画圆弧, 使其相交于点 b'. 则所得之 $a'b'$ 即为所求之立面图.

6. 相交之直线

如图 38(a) 所示, 图中 AB, CD 为点 O 处相交之直线, 其平面图为 ab, cd, o, 立面图为 $a'b'$, $c'd'$, o'. 然 O 为 AB, CD 共通之点, 故 O 之平面图 O 应在 ab, cd 上. 又立面图 o' 应在 $a'b'$, $c'd'$ 上. 是故相交二直线之投影应于其交点之投影处相交. 今将其直立投影面回转于基线之周, 使其与水平投影面重合, 即如图 38(b) 所示. 而此时其平面图之交点 O 与其立面图之交点 O' 相结之直线, 应垂直于基线.

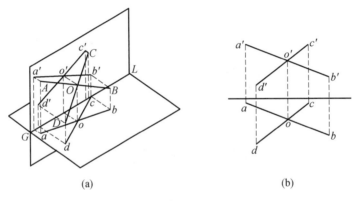

图 38

如上所云, 吾人可知凡二直线之平面图及立面图, 虽交于交点, 然其交点所联结之直线, 若与基线不相垂直者, 必不交于空间.

作图题 4 三角形 ABC 之投影 abc, $a'b'c'$ 为已知, 求其实形.

解 先由已知三角形之两投影而求其各边之实长. 次以其实长作三角形, 即得其实形.

作图 如图 39 所示, 由 b 引垂直于 ab 之 bb_1, 取其长等于 a', b' 至基线之距离之差. 此时 ab_1 应等于 AB 之实长. 同法, 求得他二边之实长 b_2c, c_1a, 将其实长为边而作三角形, 则得所求之实形.

作图题 5 相交之二直线之投影 ab, $a'b'$, bc, $b'c'$ 为已知, 求其夹角及二等分其夹角之直线之投影.

解 将已知之二直线为二边作三角形,求其实形,即得其实角.又将其实角作二等分,而逆求其投影可也.或将其二直线之水平迹及直立迹相结作成直线,而回转于其直线之周,使其倒置于水平投影面及直立投影面,亦得其实角.

作图 如图 40 所示,先求二直线之水平迹 a,b,次求 $ab, a'b', cd, c'd'$ 之实长 ab_1, cb_2.次以 a, c 为中心,ab_1, cb_2 为半径画弧,而求弧之交点 b_0.此时 ab_0c 为已知之二直线回转于 ac 之周而倒置于水平投影面时之位置.故角 ab_0c 等于其实角.

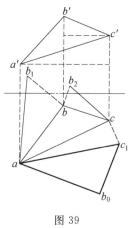

图 39

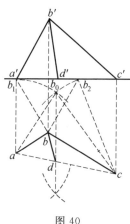

图 40

次引角 ab_0c 二等分之直线,使其与 ac 相交于点 d,则 b_0d 即为所求二等分线倒置于水平投影面时之位置.后将二直线复归原有之位置,则得二等分线之投影 $bd, b'd'$.详言之,即 b, d 相结之直线为二等分线之平面图,由 d 向基线所引之垂线,其垂足 d' 与 b' 相结之直线,是为其立面图也.

练 习 题

注意 练习题图中长度之单位为厘米.

(1)试求图 41 所示之三角形及六角形之实形.

(2)有长 5 cm 之直线,与水平及直立两投影面成 60°,20° 之角,试求其投影.

(3)如图 42 所示,图中 $a'b', c'b'$ 为通过基线之立面图,点 B 位于直立投影面之前 5 cm 处.试求其二直线间之实角及其与基线所成之各实角.

(4)与水平投影面成 40° 与直立投影面成 30° 之直线,其两端 A, B 位于水平

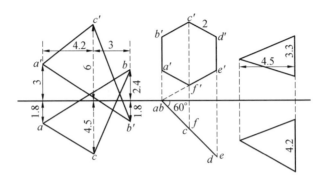

图 41

投影面之上 1 cm, 5 cm 处. 今过 A 作与 AB 成 70°与水平投影面成 50°之直线. 试求其投影.

(5) 试求图 43 所示之已知角 abc 之实角及二等分其角之直线迹.

(6) 如图 44 所示, 由一点 P, 试求与直线 mn 直交之直线之投影.

(7) 如图 45 所示, 三角形 abc(ac=6.5 cm, ab=5 cm) 为一三角形之平面图, a 位于水平面上, b 位于水平面之上方较 c 尤高, ab 之实长为 7 cm, bc 与水平面成 40°, 试求此三角形之立面图与 ac 之实长.

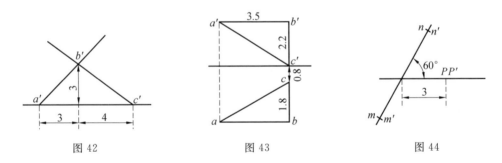

图 42　　　　　图 43　　　　　图 44

(8) 如图 46 所示, abcd 为平行于水平投影面之矩形之平面图, 今将其短形之对角线 ac 为回转轴, 回转后, 角 abc 之平面图成 120°, 试求其两投影.

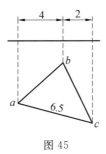

图 45

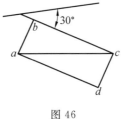

图 46

(9) 一边长 3 cm 之正六角形 $abcdef$ 为一六角形之平面图. 今 ab 与基线成 $45°$. A,B,C 三点高于水平投影面 1 cm, 3 cm, 7 cm, 试求其六角形之立面图及实形.

(10) 实长 7 cm 之直线, 其一端位于直立投影面前 1 cm, 水平投影面上 4 cm 处, 他端位于直立投影面前 5 cm, 水平投影面上 2 cm 处, 试求其直线之投影.

(11) 长 6 cm 之直线, 其一端位于水平投影面上, 他端位于直立投影面上. 今使其直线与水平面成 $30°$, 其平面图与基线成 $45°$, 试作其投影.

(12) 有平行于基线之二直线, 一线位于 $H.P.$ 上 1 cm, $V.P.$ 前 3 cm 处, 他线位于 $H.P.$ 下 4 cm, $V.P.$ 后 2 cm 处, 试求其二直线之距离?

第三章 平 面

1. 平面之迹

二平面相交,可谓其内一平面在他一平面上之迹(Trace). 投影图中,单称为平面迹者,乃指投影面上之迹而言也. 其水平面上之迹,称为水平迹(Horizontal trace). 直立面上之迹,称为直立迹(Vertical trace). 副投影面上之迹,则称为副迹(Auxiliary trace).

平面图形之形状与位置,虽可依其投影而图示,然不具形状之平面,则其作投影之无由,故其平面之位置,可用其迹以表之.

如图 47(a)所示,将直立投影面回转于基线之周,使其与水平投影面重合,如图 47(b)所示. 此时其水平直立两迹应相交于基线上之一点 P.

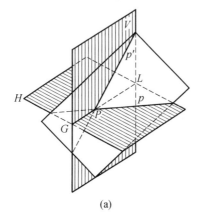 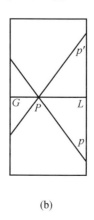

(a)　　　　　　　　(b)

图 47

平面之迹与直线之投影之区别,厥为水平直立两迹相会之点处,记其平面所表示之文字之大写字.于其水平迹上适宜之位置,记其小写字.于直立迹上之适宜位置,亦记其小写字,并于字之右肩上附以"′"记号.故称平面 P 可改称为平面 pPp'.如 pP 之表示,即其水平迹之平图,Pp' 乃其直立迹之平图也.

2. 平面之迹与基线间之关系

如图 48 所示,乃平行于水平投影面之平面,因其与水平投影面不相交,故无实在之水平迹,其直立迹与基线平行.似此平面,称为水平面.

如图 49 所示,乃平行于直立投影面之平面,因其与直立投影面不相交,故无实在之直立迹,其水平迹与基线平行.似此平面,称为直立面.

如图 50 所示,为垂直于基线之平面,其水平直立两迹,均与基线相垂直.

如图 51 所示,为垂直于直立投影面之平面.其水平迹垂直于基线,其直立迹与基线间所成之角等于其平面与水平面所成之实角.图中角 θ,即其平面与水平面所成之实角也.

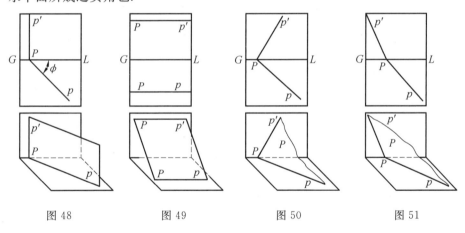

图 48　　　图 49　　　图 50　　　图 51

如图 52 所示,为垂直于水平投影面之平面.其直立迹垂直于基线,其水平迹与基线间所成之角等于其平面与直立投影面所成之实角.图中角 ϕ,即其平面与直立投影面所成之实角也.

如图 53 所示,为平行于基线之平面,然以其不与基线相交,故水平直立两迹,均平行于其基线.

如图 54,图 55 所示,为倾斜于水平直立两投影面之平面,故其两迹亦倾斜于其基线.似此之平面,称为倾斜平面.

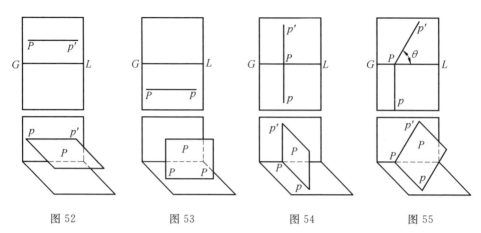

图 52　　　　图 53　　　　图 54　　　　图 55

含基线之平面,其水平直立两迹以其与基线相一致,故无由表示. 似此之平面,如欲知其迹,可于副投影面上求之. 如图 56 所示,即于垂直于基线之副投影面上,所求之迹 Pp_1 之图是也.

3. 平面上之直线

一平面上之诸直线,其水平迹在其平面之水平迹上,其直立迹在其平面之直立迹上. 故一平面,其水平迹上之一点与其直立迹上之一点相结所成之直线,应在其平面上. 如图 57 所示,图中 $ab, a'b'$ 为平面 pPp' 上之直线,其水平迹 bb' 在其平面之水平迹 pP 上,其直立迹 aa' 在其平面之直立迹 Pp' 上.

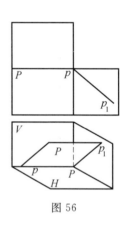

图 56

一平面上之直线平行于一投影面时,其投影面上直线之投影与其平面之迹相平行. 如图 58 所示,图中 $ab, a'b'$,因其为平面 P 上之水平之直线,故其平面图 ab 与其水平迹 pP 相平行,其立面图 $a'b'$ 与基线相平行. 又如图 59 所示,ab,$a'b'$ 在平面 P 上,而为平行于直立投影面之直线,故其立图 $a'b'$ 与其直立迹 Pp' 相平行.

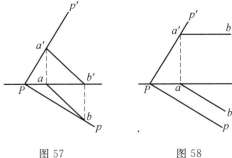
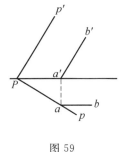

图 57　　　　　图 58　　　　　图 59

4. 副投影面上平面之迹

如图 60 所示,tTt' 为已知之一平面,G_1L_1 为垂直于水平投影面之副投影面与水平投影面之相交处,即副基线. 今置 G_1L_1 与 tT 之交点为 T_1,则平面 T 之副投影面上之迹,必通过于 T_1. 次于 G_1L_1 上取任意之一点 b,使其为副投影面与平面 T 之共通一点 B 之平面图. 后由 b 引平行线平行于 tT,使其与基线相交于点 a. 由 a 引投射线,使其与 Tt' 相交于点 a'. 由 a' 引平行线 $a'b'$ 平行于基线. 此时 $ab, a'b'$ 通过点 B,为平面 T 上之水平直线. 故知由 b 所引之投射线与 $a'b'$ 相交之点 b',即为点 B 之立面图. 依此,由 b 向 G_1L_1 引垂线,于其垂线上取 bb'',使其等于 b' 至基线之距离(即点 B 之高)$b'm$,则 b'' 为副投影面上之迹上之一点. 故直线下 b'' 即为所求之迹,亦即为平面 T 之副直立迹(Auxiliary vertical trace).

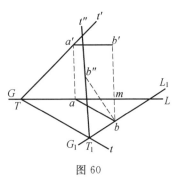

图 60

同法,可求其垂直于直立投影面之副投影面上之迹,似此垂直于直立投影面之平面上之迹,谓之副水平迹(Auxiliary horizontal trace).

副直立迹及副水平迹,总称之为副迹(Auxiliary trace).

5. 平面间之角

二平面间之角,乃垂直于其交切线之平面与二平面之交切线间之角之意义. 如图 61 所示,图中平面 H 与 P 相交之迹为直线 CE,今垂直于 CE 之平面 Q 与平面 H, P 相交之迹为 AB, FD,则二直线 AB, FD 间之角,即为平面 H, P 间之角.

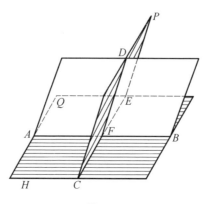

图 61

6. 平面与投影面间之角

如图 62 所示，tTt' 为任意之平面，由基线上之任意一点 P 向水平迹 tT 引垂线 PM，使其与 tT 相交于点 M. 又于直立投影面上，向基线引垂线 PN，使其与 Tt' 相交于点 N. 此时，三角形 MPN 为直角三角形且垂直于平面 T 之水平迹 tT. 是故角 NMP 等于平面 T 与其水平投影面所成之实角，即角 θ.

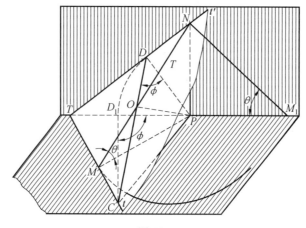

图 62

同法，由 P 向直立迹 Tt' 引垂线 PD，使其与 Tt' 相交于点 D. 又于水平投影面上，向基线引垂线 PC，使其与 tT 相交于点 C. 此时三角形 CPD 为直角三角形，且垂直于平面 T 之直立迹 Tt'. 是故角 CDP 等于平面 T 与其直立投影面所成之实角，即角 ϕ.

MN, CD 为平面 T 上之直线,然以其不平行,故必交于一点 O. 此时直线 PO 为垂直于平面 T 之二直角三角形 MPN, CPD 之相交迹. 今其迹既垂直于平面 T,则其垂直于 MN, CD 自不待言矣. 由是可知角 NPO 必等于 θ,角 CPO 必等于 ϕ. 如此关系,乃平面与水平直立两投影面所成之角为已知,而求其迹之重要关系也.

次于含三角形 MPN, CPD 之平面内,各以 P 为中心,PO 为半径作圆,则二圆切 MN, CD 于点 O. 次将上记之二直角三角形中 NP, CP 为轴,回转一周作成圆锥. 又 P 为中心之二圆,应为 P 为中心之二球. 然二球,因其中心共有,半径相等,故二球完全一致,且各内切于上述之二圆锥. 此时 NP 为轴之圆锥,其底位于水平投影面上,切于平面 T 之水平迹 tT,其底角等于 θ. 又 CP 为轴之圆锥,其底位于直立投影面上,切于平面 T 之直立迹 Tt',其底角等于 ϕ. 图中,P 为中心,过 M 所作之圆弧 MM_1,乃属于 NP 为轴之圆锥之底之一部分,今使其与基线相交于点 M_1,则角 NM_1P 必等于 θ. 又 P 为中心,过 D 所作之圆弧 DD_1,乃属于 CP 为轴之圆锥之底之一部分,今使其与基线相交于点 D_1,则角 CD_1P 必等于 ϕ. 上述之关系,乃平面与投影面所成之角为已知,而求其迹之重要关系,亦为求已知平面之迹与投影面所成之角之重要关系也.

7. 平行平面之迹

平行平面,无论延至若何长度,必不相交,因之其迹亦不相交. 故平行平面之水平迹,直立迹,副迹,均平行.

作图题 1 已知平面 pPp',而求其与投影面所成之角.

解 应用第 6 节后段之关系,可易求其与投影面所成之角.

作图 如图 63 所示,由基线上之一点 O 引垂线于基线,使其与水平直立两迹相交于点 n, m'. 次以 o 为中心,切于水平直立两迹作圆弧,使其与基线之交点为 k_1, l_1. 此时角 $m'k_1o$, nl_1o 等于其与水平投影面、直立投影面所成之角.

如图 64 所示,图中为平面 P 平行于基线时,其平面与水平直立两投影面所成之角之和等于直角. 是故垂直于基线之副投影面上之副迹与基线、副基线所成之角 θ, ϕ,等于其平面与水平投影面、直立投影面所成之角.

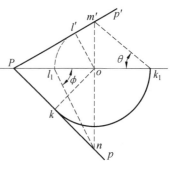

图 63

作图题 2 平面与一投影面所成之角,及其一迹为已知,求其他之迹.

解 亦可应用第 6 节后段之关系求之.

作图 如图 65 所示,图中,平面与水平投影面所成之角 θ 及其水平迹 pP 为已知,而求其直立迹 Pp' 之图也.求法,先由基线上之任意一点 m,向 pP 引垂线,其足为 n,次于基线上取 mn_1 等于 mn.再由 n_1 引与基线成角 θ 之直线,及由 m 向基线引垂线,使其相交于点 m'.此时 m' 与 P 相结之直线,即为所求之直立迹.

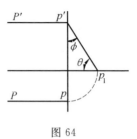

图 64

如图 66 所示,直立迹 Pp' 与直立投影面所成之角 ϕ 为已知,而求其水平迹 pP 之图也.其作图与前图同,故说明从略.

作图题 3 平面与水平直立两投影面所成之角 θ, ϕ 为已知,求其迹.

解 应用第 6 节前段之关系求之可也.

作图 如图 67 所示,由基线上之任意一点 o 向基线引垂线 ob',于 ob' 上取一点 b',由点 b' 引与基线成角 θ 之一直线,使其与基线相交于点 a,次由 o 引垂线垂直于直线 ab',其足为 r,又由 o 引与 or 成角 ϕ 之直线,使其与 ab' 相交于点 c_1,更将 $b'o$ 延长至 c,于其延长线上,取 oc 等于 oc_1.此时,由 c 向 o 为中心,oa 为半径之圆弧所引之切线 pP,即为所求之水平迹.又引与 or 成角 $(90°-\phi)$ 之直线,使其与 ab' 相交于 d',由 b' 向 o 为中心,过 d' 之圆弧引切线 Pp',则 Pp' 即为所求之直立迹.

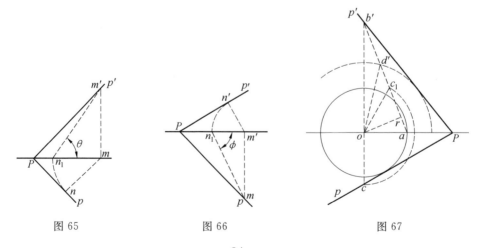

图 65　　　　　图 66　　　　　图 67

作图题 4 求已知平面两迹间之实角.

解 将已知之平面回转于其水平迹、直立迹之周,而使其倒于水平投影面上及直立投影面上,其时两迹间之角,等于其实角.

作图 如图 68 所示,pPp' 为已知之平面,先于其直立迹上取任意点 a,a'. 其后由 a 向水平迹 pP 引垂线,使其与 P 为中心,过 a' 所作之圆弧相交于点 a_1. 此时 a_1 为直立迹上之点 a' 回转于其水平迹之周,而倒于水平投影面上时之位置,故直线 Pa_1 为其直立迹倒于水平投影面上时之位置,而角 pPp' 即为所求之实角.

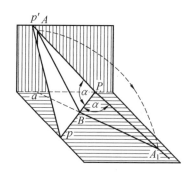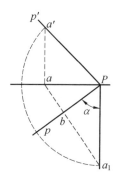

图 68

作图题 5 平面两迹间之角与其一迹为已知,求其他一迹.

解 先将平面回转于其迹之周,而求其倒于投影面上时之位置,后将其平面复返原有之位置,再求其他一迹可也.

作图 如图 69 所示,图中水平面 pP 为已知,而求其直立迹 Pp' 之图也. 求法,先引与 pP 成角 θ 之 Pm_1,由其上任意之一点 m_1 向 pP 引垂线,使其与基线相交于 m. 次由 m 引垂线垂直于基线,使其与 P 为中心过 m_1 所作之圆弧相交于 m'. 此时 P 与 m' 所联结之直线,即为所求之直立迹.

图 70 中,其直立迹 Pp' 为已知,而求其水平迹 Pp 之图也. 其作图之说明与图 60 同,故略.

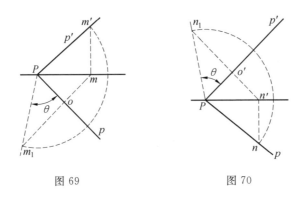

图 69　　　　　　　　图 70

作图题 6　求已知二平面之交切线之投影.

解　二平面之相交处,因其成一直线,故求其共通之二点联结而成之直线可也.或求二平面相交之方向,由二平面共通之一点,向其方向引平行线亦可.

作图 1　如图 71 所示,pPp',qQq'为已知之二平面,其平面迹于纸面内相交,今置其水平迹、直立迹之交点为 b,a'. 此时二平面有共通之二点,故二点联结之直线,即为所求之交切线. b 若为水平迹之交点,则其立面图 b' 应在基线上. 又 a' 若为直立迹之交点,则其平面图 a 亦应在基线上. 是故直线 ab,$a'b'$ 即为所求之交切线之平面图及立面图也.

作图 2　如图 72 所示,pPp',qQq'为已知之二平面,其水平迹彼此平行. 此时因其水平迹彼此不能相交,故其交切线亦不与水平投影面相交,即平行于水平投影面. 然其直立迹相交,今置其交点为 a',故由 a' 可求其平面图 a. 此时由 a 引平行于 pP 之 ab,即为所求之交切线之平面图,由 a' 引平行于基线之 $a'b'$,即为其立面图也.

作图 3　如图 73 所示,pPp',qQq'为已知之二平面,其基线上之一点 P 为共有之点. 此时水平直立两迹之交点,虽与线上之一点 P 相一致,然欲由两迹之交点所结之直线而求其交切线,事所不能,势必另设与此二平面相交之任意之第三平面 rRr',而求其与 pPp' 相交于 $(12,1'2')$,与 qQq' 相交于 $(34,3'4')$ 不可. 此时二直线 $(12,1'2')$,$(34,3'4')$ 之交点 a,a',为 P,Q 二平面共通之点. 故 Pa,Pa' 即为所求之交切线,其平面图及立面图也.

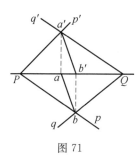
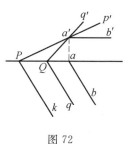
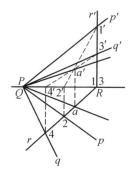

图 71　　　　　　　　图 72　　　　　　　　图 73

作图 4　如图 74 所示，为已知之二平面 pPp', qQq' 平行于基线之图也. 图中因二平面平行于基线，故其交切线亦平行于基线. 作此图时，亦须设第三平面，使其与 pPp' 相交于 $(12', 1'2')$，与 qQq' 相交于 $(34, 3'4')$. 此时二直线 $(12, 1'2')$, $(34, 3'4')$ 之交点 a, a'，乃因其为已知之二平面共通之点，故由此所引之平行于基线之直线 $ab, a'b'$，即为所求之交切线.

作图 5　如图 75 所示，图中已知之二平面 pPp', qQq'，其直立迹，相交于纸面内，其水平迹为不相交之图也. 作图时，亦应设平行于平面 qQq' 之任意平面 rRr'，而求其与平面 pPp' 之相交 $mn, m'n'$. 此时平面 P, Q 之相交迹，因平行于 $mn, m'n'$，故由直立迹之交点 a, a'，若引平行于此之平行线 $ab, a'b'$，则 $ab, a'b'$ 即为所求之交切线也.

作图 6　如图 76 所示，图中已知之二平面 pPp', qQq'，其两迹近平行于基线，而于有限之纸面内，其迹不能相交之图也. 作此图时，亦应设第三平面 rRr'，使其与平面 pPp' 相交于 $(12, 1'2')$，与平面 qQq' 相交于 $(34, 3'4')$. 此时二直线 $(12, 1'2'), (34, 3'4')$ 之交点 a, a'，即为所求之交切线上之一点. 同法，再设其他之任意平面 sSs'，而求其与二平面共通之点 b, b'. 是时点 $(a, a'), (b, b')$ 联结所成之直线 $ab, a'b'$，即为所求之交切线也.

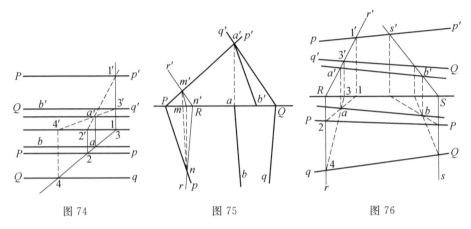

图 74　　　　　图 75　　　　　图 76

8. 点、直线与平面

作图题 7　求含已知三点 M, N, P 之平面之迹.

解　于含已知之三点之平面上任意引二直线,其水平迹与直立迹所引之直线,即为所求之平面之迹.

作图　如图 77 所示,先联结二点 M, N,将其上之一点 O 与 P 相结. 此时直线 MN, OP 因为含三点之平面上之二直线,故其水平迹相结之直线 ad,直立迹相结之直线 $b'c'$ 是为所求之迹.

作图题 8　一平面之一迹,与其平面上一点之投影为已知,求其他之迹.

解　引直线于已知之平面上,求得其直立迹或水平迹,则可得其平面之迹.

作图 1　如图 78 所示,乃平面之直立迹 Tt',与平面上之一点 p, p' 为已知,而求其水平迹 Tt 之图也. 其求法,先由 p' 作平行线 $p'r'$ 平行于 Tt',由 p 作平行线 pr 平行于基线. 此时直线 $pr, p'r'$ 在平面 T 上,而为平行于直立投影面之直线. 后求 $pr, p'r'$ 之水平迹 r,再将 r 与 T 相结. 即得所求之水平迹.

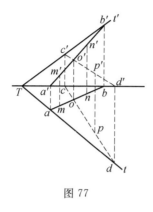

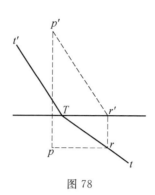

图 77　　　　　　　　　图 78

作图 2　如图 79 所示,乃由已知水平迹 tT 而求其直立迹之图也.图中,其水平迹 tT 与基线几近平行,故作图之法,与前图相殊.其法,可将水平迹之任意二点 (a,a'),(d,d') 与 p,p' 相结,而求其直立迹 (b,b'),(c,c').此时直线 $b'c'$ 即为所求之直立迹也.

作图题 9　已知之平面 T 上之一点 P 之平面图 p 为已知,求其立面图 p'.

解　通过平面上之点 P 任意引直线,则 P 之立面图,当在其立面图上.

作图　如图 80 所示,先过 p 引任意之直线,使其与 tT 及基线之交点为 a 及 b.次由 a,b 引投射线,使其与基线及 Tt' 之交点为 $a'b'$.

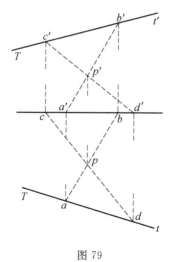

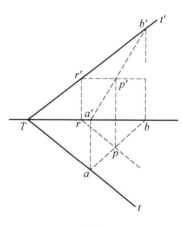

图 79　　　　　　　　　图 80

此时直线 $a'b'$ 因其为过点 P 之一直线之立面图,故其与由 p 所引之投射线相交之点 p',即为所求之立面图.

如过点 P 引水平直线 $pr,p'r'$ 而代直线 $ab-a'b'$ 亦可.

作图题 10　有含已知之一点,而平行于他之已知平面之平面,求其迹.

解　由点 M,引平行线平行于平面 P,而求其迹.后由其各迹引平行线,平行于其对应之平面 P 之迹可也.

作图 1　如图 81 所示,图中已知之点为 M,平面为 P,由 m,m' 向 pP 及基线引平行线 $mn,m'n'$,则直线 $mn,m'n'$ 为平行于平面 P 之水平直线.故由其直立迹 n' 引平行于 Pp' 之 Tt',为所求之平面之直立迹.又由 Tt' 与基线之交点 T,平行于 pP 所引之 Tt,即为其水平迹也.

作图 2　如图 82 所示,平面之迹,几近平行于基线时,可先于已知之平面 S 上,任意引倾斜于两投影面之直线 $ab,a'b'$.次由已知之点 p,p',向 $ab,a'b'$ 引平行线 $mn-m'n'$.此时由其迹 m,n 向 Ss,Ss' 所引之平行线 Tt,Tt',即为所求之平面之迹.

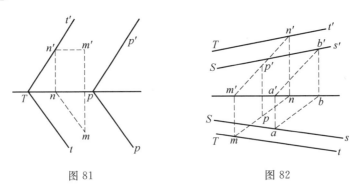

图 81　　　　　　　图 82

作图题 11　平面 T 上,多角形之平面图 $abcde$ 为已知,求其立面图.

本作图题乃本章作图题 2 之应用.

如图 83 所示,先于平面 T 上,引过多角形之各角点之水平直线而求其各角点之立面图 a',b',c',d',e'.后将其联结而成多角形 $a'b'c'd'e'$,即为所求之立面图也.

作图题 12　于平面 T 上,作一正五角形,置其一边与水平面平行,求其两投影.

解　将平面 T 回转于其水平迹之周,使其与水平投影面相一致时,则已知之五角形之平面图与其实形相等. 依此将平面置于倒置之位置, 而作五角形, 后将其复归原有之位置, 再求其两投影可也.

作图 图 84 之求法, 与本章作图题 5 同, 其法, 先将平面之直立迹 Tt' 倒于水平投影面之位置为 Tt_1. 后置其一边平行于 Tt, 而作正五角形 $a_1b_1c_1d_1e_1$. 此正五角形, 以 Tt 为轴, 倒于水平投影面上之位置, 即可得所求之五角形.

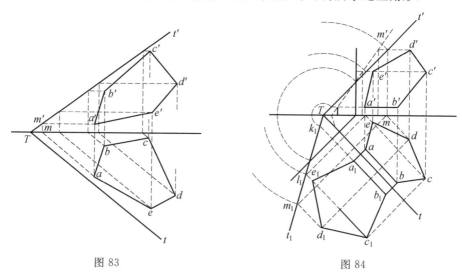

图 83 图 84

先由 d_1 引平行线 d_1m_1 平行于 Tt, 使其与 Tt_1 相交于点 m_1. 次于 Tt' 上, 取 Tm' 之长等于 Tm_1, 由 m' 向基线引垂线, 而求其足 m. 此时由 m,m' 所引之平行于 Tt 及基线之直线 md 及 $m'd'$, 因其为过五角形之一角点 D 之水平直线, 故由 d_1 向 Tt 所作之垂线, 而与 md 相交之点 d 为角点 D 之平面图. 因知由 d 所引之投射线, 而与 $m'd'$ 相交之点 d', 即为其立面图也. 同法, 求得其他角点之投影后, 则可作五角形之投影 $abcde, a'b'c'd'e'$.

作图题 13 正六角形 $ABCDEF$ 之一边 AB, 位于直立投影面上, 与水平投影面成角 θ, 其邻边 AF 位于水平投影面上, 求此六角形之投影.

解 将六角形依 AB 之周回转, 作倒于直立投影面上时之图. 后使其复其原有之位置求之可也.

作图 如图 85 所示, 由基线上之一点 a', 引与基线成角 θ 之 $a't'$, 于 $a't'$ 上, 取 $a'b'$ 之长等于正六角形一边之长. 次因正六角形之一内角为 $120°$, 故引与 $a'b'$ 成 $120°$ 之 $a't_1$, 后于 $a't_1$ 上, 取 $a'f_1$ 等于 $a'b'$. 此时有二边 $a'b', a'f_1$ 之正

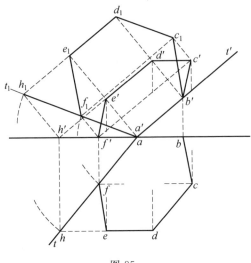

图 85

六角形 $a'b'c_1d_1e_1f_1$,为所求之六角形倒于直立投影面时之图也.而 $a'f_1$ 乃含六角形之平面之水平迹,倒于直立投影面时之位置.后使其复归原有之位置,即可求其平面图 $abcdef$,立面图 $a'b'c'd'e'f'$.

作图题 14 平行线之投影 $(ab,a'b')$,$(cd,c'd')$ 为已知,求其间之距离.

解 将二直线若回转于其水平投影面或直立投影面上,则于其位置,而得其实距离.

作图 如图 86 所示,求得二直线之水平迹 a,c 后,联结 ac. 此时直线 ac,为含二直线之平面之水平迹. 次于 $ab,a'b'$ 上,取任意之一点 b,b',由 b 向 ac 引垂线,其足为 n,于其延长线上取 nb_1,使其等于 bn 为底点 B 之高为高所作之直角三角形之斜边之长. 此时联结 ab_1 之直线,为 AB 以 ac 为轴,倒于水平投影面上之位置. 后由 C 所引之平行于 ab_1 之 cd_1,为 CD 倒于水平投影面之位置. 依此可知 ab_1,cd_1 间之距离 l,即为所求之实距离.

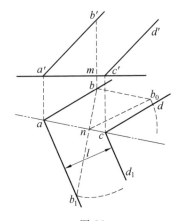

图 86

作图题 15 于同一平面上，由已知之一点 P 求引与二直线 AB，CD 相交之直线.

解 先求含点 P 与 AB，或 CD 之平面，次求其平面与 CD，或 AB 之交点. 此时其交点与 P 所联结之直线，即为所求之直线.

作图 如图 87 所示，将 ab，$a'b'$ 上之任意二点 (m,m')，(n,n') 与 p，p' 相结，由 pm，pn 与 cd 之交点 1，2 引投射线，使其与 $p'm'$，$p'n'$ 之交点为 $1'$，$2'$. 此时直线 12，$1'2'$，吾人可知其为含 p，p' 及 ab，$a'b'$ 之平面，与含 cd，$c'd'$ 之直立面之交切线. 是故 12，$1'2'$ 与 cd，$c'd'$ 之交点 o，o' 与 p，p' 相结之直线，即为所求之直线.

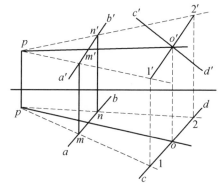

图 87

作图题 16 一直线 AB 之投影 ab，$a'b'$ 及垂直于此之直线 BC 之立面图为已知，求 BC 之平面图.

解 作平行于 AB，且垂直于直立投影面之平面，于其平面上之 AB，CD 之副投影，应互相垂直. 依此，可由副投影而知 BC 上之一点 C 至直立投影面之距离. 故能求其平面图.

作图 如图 88 所示，以 $a'b'$ 为新基线，而求 AB 之副平面图 a_1b_1. 此时垂直于 a_1b_1 之 b_1c_1，为 BC 之副平面图，由 c_1 至 $a'b'$ 之距离 C_1m，等于点 C 至直立投影面之距离. 是故由 C' 所引之投射线，使其与基线 GL 相交于点 n，于其延长线上，取 nc 等于 C_1m，则 c 为点 C 之平面图. 故 b，c 相结之直线，即为所求之平面图.

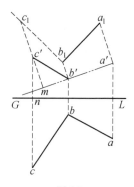

图 88

作图题 17 求含已知之点 P 且垂直于已知之直线 MN 之平面之迹.

解 垂直于 MN 平面之迹，因其均垂直于 MN 之投影，故引垂直于 MN 之任意平面 S. 其后通过点 P. 平行于平面 S 上之任意直线引直线 PR. 此时由 PR 之水平直立两迹，向平面 S 之两迹所引平行之直线，即为所求之平面之迹.

作图 由 P 向垂直于 MN 之平面 S 所引之平行线,使其与水平投影面或直立投影面平行,则平面 S,自无作图之必要. 如图 89 所示,作 pr 垂直于 mn,及 $p'r'$ 平行于基线,是时直线 pr, $p'r'$ 为所求之平面上之水平直线. 故由其直立迹 r' 所引之垂直于 $m'n'$ 之 $t'T$,即为所求之平面之直立迹. 后由基线之交点 T 所引之垂直于 mn 之 Tt. 即其水平迹也.

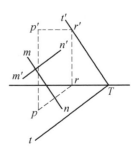

图 89

作图题 18 于已知之平面 T 上,求与他已知之二点 A, B 距离之和为最小点.

解 由 B 向平面 T 引垂线,而求其足 R. 次于其延长线上取 RB_1 等于 RB. 此时直线 AB_1 与平面 T 相交之点 C,即为所求之点.

作图 如图 90 所示,由 b, b' 各向 tT, Tt' 所引之垂线 br, $b'r'$. 即为 B 向平面 T 所引之垂线之投影. 次求此垂线之直立面 sSs' 与平面 tTt' 之交切线之立面图 $1'2'$,则 $1'2'$ 与 $b'r'$ 之交点 r',为 B 向平面 T 所引之垂线,其足之立面图. 是故由 r' 所引之投射线与 rb 相交之点 r,为其垂线足之平面图. 次于 br, $b'r'$ 之延长线上,取 rb_1, $r'b'_1$ 等于 rb, $r'b'$ 引直线 ab_1, $a'b'_1$,而求其与平面 T 之交点 C, C' 可也.

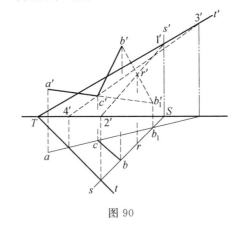

图 90

作图题 19 求过已知之点 P. 与他已知之直线 MN 相交为角 θ 之直线.

解 将含 P 与 MN 之平面,使其倒置于水平投影面及直立投影面之位置,后由 P 引与 MN 成角 θ 之直线,再将其平面复归原有之位置求之可也.

作图 如图 91 所示,由 p, p' 引平行线 pn, $p'n'$ 平行于直线 mn, $m'n'$. 次将其二直线之直立迹 m', n' 相结,而作直线 Tt'. 此时 Tt' 因其含 P 与 MN 之平面之直立迹,故与 T 及 MN 之水平迹 n 所结之直线 Tt,即其水平迹也. 次将平面 tTt' 回转于其水平迹之周,使其与水平投影面相一致时,而求直立迹 Tt' 之位置 Tt_1,及 MN, P 之位置 m_1n, p_1. 此时由 p_1 与 m_1n 成角 θ 之直线 p_1o_1,因其为所求之直线而倒于水平投影面之位置. 故将其复归原有之位置,即可求得其平面

图 po,立面图 $p'o'$.

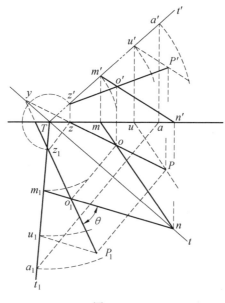

图 91

作图题 20 求含已知之点 A,而垂直于他已知之二平面 P,Q 之平面之迹.

解 先求 P,Q 二平面之相交迹,复求含点 A 而垂直于二平面相交迹之平面可也.

作图 如图 92 所示,图中 $mn,m'n'$ 为平面 pPp',qQq' 之相交迹.然平面 rRr' 为垂直于 $mnm'n'$ 含 a,a' 之平面.即平面 rRr' 为所求之平面.

作图题 21 于已知之平行 Q 上,求与他已知之平面 P 平行,且与平面 P 有 1 之距离之直线.

解 平行于平面 P 相距为 1 之距离之平面,而求其与平面 Q 相交可也.

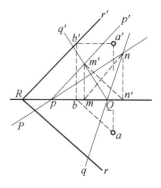

图 92

作图 如图 93 所示,图中,先引垂直于平面 pPp' 之水平迹之平面 tTt',而求其与平面 pPp' 之相交迹.次将其相交迹回转于其直立迹 Tt' 之周,使其倒于直立投影面上.然后与其相隔为 1 之距离,引平行之直线,使其与基线相交.过其交点以 T 为中心作圆.此时通过此圆与 tT 之交点所引之平行于 pP

45

之 r_1R_1, r_2R_2, 为距平面 P 有 1 之距离之平面之水平迹. 而由 R_1, R_2 平行于 Pp' 所引之 R_1, r'_1, R_2, r'_2, 为其直立迹. 故知平面 $r_1R_1r'_1, r_2R_2r'_2$ 与 qQq' 之交切线 $(a_1b_1, a'_1b'_1), (a_2b_2, a'_2b'_2)$ 是为所求之直线.

作图题 22 求通过已知之平面 T 上之一点 P, 而于此平面内作与水平面成角 θ 之直线.

解 通过点 P 引任意之直线, 使其与水平面成角 θ, 而求其直线之水平迹 m, m'. 此时所求之水平迹, 距 P 之平面图 p 为 pm 之距离. 是故 p 为

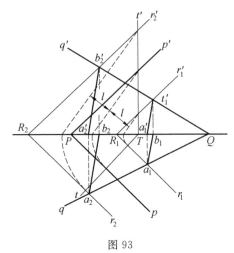

图 93

中心, pm 为半径所画之圆, 与平面 T 之水平迹相交之点, 即为所求之直线之水平迹. 后依此求其直线之投影可也.

作图 如图 94 所示, 先由 p 与水平面成角 θ, 引平行于直立投影面之直线 $pm, p'm'$, 而求其水平迹 m, m'. 次以 p 为中心, pm 为半径画圆, 而求其与平面 T 之水平迹 tT 之交点 a, b. 复由 a, b 引投射线, 而求其与基线之交点 a', b'. 此时 $(pa, p'a'), (pb, p'b')$, 即为所求之直线也.

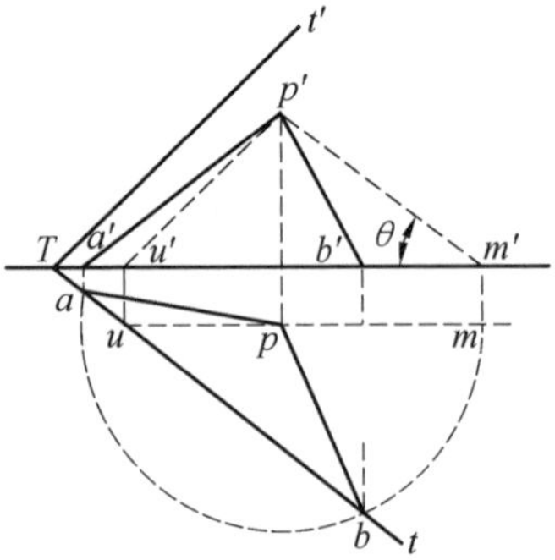

作图题 23 求垂直于相交之二直线 $(ab, a'b'), (bc, b'c')$, 而通过点 p, p' 之直线.

解 求含已知二直线之平面之迹后, 由点 P 引垂线垂直于此平面可也. 或求垂直于已知二直线之任意直线后, 由 P 引平行线平行于此直线亦可.

图 94

前者之作图法, 既述之于前题, 故略. 兹将其后者之作图法, 述之如次:

作图 如图 95 所示, 先于含 AB 垂直于直立投影面之平面上, 求 AB 之副平面图 a_1b_1, 而引垂直于 a_1b_1 之 b_1d_1. 此时 b_1d_1 为垂直于 AB 之平面之副迹. 凡过点 B 而垂直于 AB 之各直线之副平面图, 均在 b_1d_1 上. 又含 BC 垂直于直立投影面之平面上, 求得 BC 之副平面图 b_2c_2 后, 引垂直于 b_2c_2 之 b_2d_2. 此时 b_2d_2 为垂直于 BC 之平面之副迹. 凡过点 B 而垂直于 BC 之各直线之副平面

图,均在 b_2d_2 上.

次于 b_1d_1,b_2d_2 上,各由 $a'b'$,$b'c'$ 取等距离之点 d_1,d_2,由 d_1,d_2 向 $a'b'$,$b'c'$ 引垂线,置其足为 m_1,n_2. 此时直线 d_1m_1,d_2n_2 在含点 B 而垂直于 AB,BC 之平面上,应为距直立投影面有 d_1m_1,d_2n_2 之距离之直线之立面图. 然后 $d_1m_1=d_2n_2$,故上述之二直线,而于不平行时相交. 依此今置 d_1m_1,d_2m_2 之交点为 d',则直线 $b'd'$,乃通过点 B 而垂直于 AB,BC 直线之立面图. 再由 d' 引投影线,使其与基线相交于点 h,而于 h 上取 hd 等于 d_1m_1,则直线 bd 为垂直于 AB,BC 之直线之平面图. 是故由 p,p' 引平行于 bd,$b'd'$ 之 pr,$p'r'$,即为所求之直线.

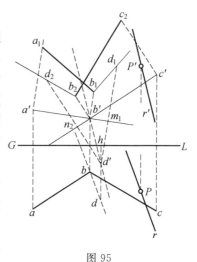

图 95

作图题 24 立面图为正三角形之一三角形 ABC,其点 A 高于点 B,C 位于水平投影面上高 h 处,求此三角形与他已知一点 P 间之距离.

解 先求 ABC 之立面图,次求含此三角形之平面之迹. 然后由 P 向此平面引垂线,而求其足可也. 或设垂直于三角形之副投影面,由其上 P 之投影,向 ABC 之投影引垂线亦可. 兹将前者之作图从略,就其后者述之.

作图 如图 96 所示,先求 A 之立面图 a',由 a' 引直线使其与由 b,c 所引之投射线成 $60°$,其交点为 n',m'. 次作过 $m'a'n'$ 之圆,使其与 bn',cm' 相交于点 b',c',此时三角形 $a'b'c'$ 为三角形 ABC 之立面图.

次求含 AB 而垂直于直立投影面之平面上之 ABC 及 P 之副投影 $a_1b_1c_1$,p_1. 后引 G_2L_2 使其垂直于 a_1b_1,即以 G_2L_2 为新基线,而求与上述之副投影面成垂直之第二副投影面上之副投影 $a_2b_2c_2$,p_2. 此时由 p_2 向 $a_2b_2c_2$ 所引之垂线 p_2r_2,即为所求之实距离.

作图题 25 求已知二直线 AB,CD 间之最短距离.

解 二直线间之最短距离,为共通垂线之长. 共通垂线,必含二直线中之一直线,且于平行于他直线之平面上,通过其第二直线之投影与第一直线之交点. 故依此理而作其投影,可易求其共通垂线,及其实长.

次作垂直于一直线之平面上之投影,则共通垂线于其平面上之投影等于其实长. 例如图 97,设垂直于 CD 之平面 H,于其平面上之投影为 ab,cd. 此时 cd

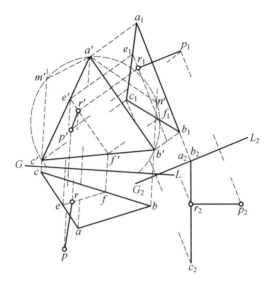

图 96

为一点,含 AB 与 ab 之平面垂直于平面 H. 又设共通垂线为 EF, 则 EF 垂直于平面 $AB-ab$, 而平行于平面 H. 因此 EF 于平面 H 上之投影为 ef, 故 ef 垂直于 ab, 且等于 EF 之实长. 是故设垂直于 CD 之投影面, 而作投影面上之投影, 则共通垂线, 即最短距离, 不难求得也.

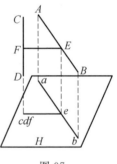

图 97

作图 1 如图 98 所示, 乃依副投影, 而求其最短距离之图也. 其求法, 先引平行于 CD 之平面图 cd 之 H_1H_1, 以 H_1H_1 为副基线, 而求副立面图 $a''b''$, $c''d''$. 次垂直于 $c''d''$ 引 V_1V_1, 以 V_1V_1 为第一副投影面,使其与垂直于 V_1V_1 之第二副投影面相交. 后以此相交迹为副基线, 作第二副投影面上之副投影 a_1b_1, c_1d_1. 此时 CD, 因其垂直于第二副投影面, 故 c_1d_1 为一点. 因之由 c_1 向 a_1b_1 所引之垂线 c_1e_1, 即为共通垂线之副投影, 且其长等于最短距离之实长. 今欲求其共通垂线之平面图 ef, 及立面图 $e'f'$ 时, 可由副投影 c_1e_1 逆作其图可也. 如共通垂线于第一副投影面上之投影 $e''f''$ 若平行于 V_1V_1, 可由 c_1e_1 求之, 其法较易.

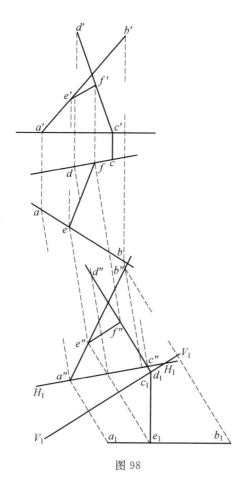

图 98

作图 2 如图 99 所示,乃仅依其平面图与立面图所求之图也. 其法,先由 $ab, a'b'$ 上之任意一点 o, o' 引平行于 $cd, c'd'$ 之平行线 $mn, m'n'$,而求含 $(ab, a'b'), (mn, m'n')$ 之平面 tTt'. 次由 $cd, c'd'$ 上之任意一点 p, p' 向平面 tTt' 引垂线,由其足 q, q' 引平行线 $qf, q'f'$ 平行于 $cd, c'd'$. 此时 $qf, q'f'$ 乃平面 tTt' 上 $cd, c'd'$ 之投影之平面图及立面图也. 依此由 $ab, a'b'$ 与 $qf, q'f'$ 之交点 f, f' 引平行于 $pq, p'q'$ 之直线,使其与 $cd, c'd'$ 相交于点 e, e',则 $ef, e'f'$ 为共通垂线之平面图及立面图. 由是而求其实长可也.

作图 3 如图 100 所示,乃求直线 AB 与基线间之最短距离之图,是即前图中之 CD 使其与基线一致时之图也. 图中,设垂直于基线之副投影面,而求其共通垂线之侧面图 om''. 此时 om'' 之长等于最短距离之实长. 由是再求其平面图

49

mn, 及立面图 $m'n'$ 可也.

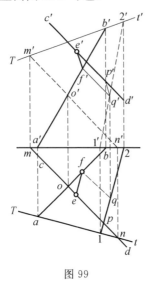

图 99

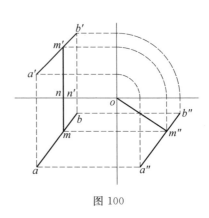

图 100

作图题 26 二三角形 ABC, DEF 之投影为已知, 求其交切线.

解 求得含二三角形之平面之迹, 则可求其交切线. 本题之说明, 乃不依平面之迹而求其交迹之方法也.

今将二三角形, 以垂直于水平投影面或直立投影面之平面切之, 求其各切口之交点. 然其交点, 因其为二三角形共通之点, 故似此之点, 若求得其二, 将其联结而成直线可也.

作图 如图 101 所示, 将三角形以垂直于水平投影面之平面 V_1 切之, 其切口为 $(12, 1'2'), (34, 3'4')$, 其相交点为 k, k'. 同法, 切含一边 DE 之直立面, 其切口之交点为 l, l'. 此时直线 $kl, k'l'$ 为含二三角形之平面之相交迹. 其在二三角形上之部分 mn,

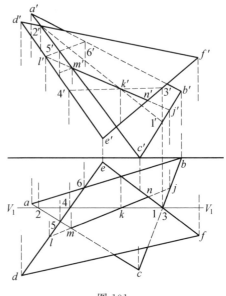

图 101

$m'n'$,即为所求之交切线.

作图题 27 求互相直交之三直线之投影.

解 互相直交之三平面之交切线,为互相垂直之三直线.其中二平面之相交线,必垂直于第三平面.然直线垂直于平面时,则直线之投影,必垂直于平面之迹.根据所述之关系,则互相直交之三直线之投影,当不难求得也.

作图 如图 102 所示,先引任意之三直线 ab, bc, ca. 其各交点为 a, b, c. 今以三直线为互相直交之三平面之水平迹,而由 a, b, c 向各点对边引垂线 oa, ob, oc,则 oa, ob, oc 为三平面之交切线之平面图,是即为互相直交之直线之平面图也. 次延长 ao,使其与 bc 相交于点 d,以 ad 为半径作图. 及由 o 向 ad 引垂线,使其相交于点 o'' 此时角 $ao''d$ 因其为直角,故 oo'' 等于由三直线之交点 o 至水平投影面之距离. 根据是理,则三直线之立面图 $o'a'$, $o'b'$, $o'c'$,不难求也.

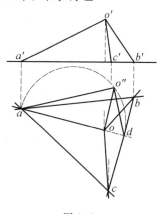

图 102

作图题 28 相交二直线之夹角 θ,交点之高 h,及二直线与水平面所成之角 α, β 均为已知,求其投影.

解 将二直线回转于含二直线平面之水平迹之周,使其倒于水平投影面上,于其倒置之位置,其二直线之角,等于其所成之实角. 依此,于任意之位置,引二直线使其成角 θ,将其倒于水平面之位置,而求其水平迹. 后使其复归原有之位置,再求其投影可也.

作图 如图 103 所示,先引互成角 θ 之二直线 c_1a, c_1b,次引与 c_1a, c_1b 成角 α, β 之直线 am, bn,使其与 C_1 为中心,h 为半径之圆相切,其各交点为 a, b,其各切点为 m, n. 此时 a, b 为其水平迹,am, bn 之长,等于其各平面

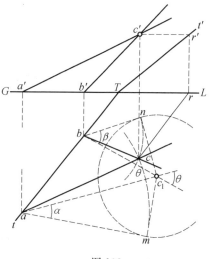

图 103

图之长. 依此若以 ab 为中心, am,bn 为半径作两圆, 使其相交于点 c, 则直线 ca,cb, 即为所求直线之平面图. 然 AB 在水平投影面上, C 之高因其为 h, 故可求其立面图 $c'a',c'b'$. 而 tTt' 为含二直线之平面.

作图题 29　直角相交之三直线中, 其二直线与水平面成角 θ_1,θ_2, 第三直线与直立投影面成角 α, 三直线之交点高于水平投影面 h 时, 求三直线之投影.

解　先作与水平面成角 θ_1,θ_2 之二直线之投影, 后作直线垂直于含此二直线之平面, 则得第三直线之投影. 次使第三直线与直立投影面成角 α 后, 回转于三直线之交点之周, 则得所求之三直线之投影.

作图　如图 104 所示, 先作互相直交, 与水平投影面成角 θ_1,θ_2 之二直线之平面图 pa_1,pb_1. 其作图法, 与图 103 同. 次引 a_1b_1 垂直于基线, 而作其立面图 $p'a'_1$. 然后引 $p'c'_1$ 垂直于 $p'a'_1$, pc_1 平行于基线, 则直线 $pc_1,p'c'_1$ 为垂直于二直线 $(pa_1,pa'_1),(pb_1,p'b'_1)$ 之直线. 然 $pc_1,p'c'_1$ 因其平行于直立投影面, 故将其回转, 使其与直立投影面成角 α.

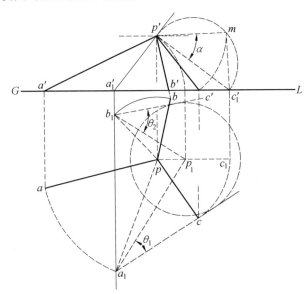

图 104

求得 $pc_1,p'c'_1$ 之水平迹 c_1,c'_1 后, 可引与 $p'c'_1$ 成角 α 之直线 pm, 次由 c'_1 向此引垂线 c'_1m. 此时 $p'm$ 等于 $pc_1,p'c'_1$ 回转于点 p,p' 之周, 至其与直立投影面成角 θ 时, 其立面图之长. 依此, 以 p' 为中心, $p'm$ 为半径画圆弧, 使其与基线相交于点 c', 由 c' 所引之投射线, 使其与 p 为中心, pc_1 为半径之圆弧相交

于点 c. 次取直线 pa, pb 等于 pa_1, pb_1，并 pa, pb 与 pa_1, pb_1 所成之角等于角 c_1pc. 此时 pa, pb, pc，即为所求之三直线之平面图. 又由 a, b 引投射线，使其与基线相交于点 a', b'，则直线 $p'a', p'b', p'c'$ 为所求之直线之立面图.

作图题 30　求已知二平面 P, Q 间之角.

解　先求二平面之交切线，次以垂直于交切线之平面切二平面. 然后使其切口与一投影面平行，斯时投影面上切口之投影间之角，即等于所求之实角.

作图　如图 105 所示，乃先求 P, Q 二平面相交迹之平面图 ab，次作垂直于 ab 之任意直线，使其与 pP, qQ, ab 相交于点 m, n, o. 次于基线上，取 ao_1, ab_1 等于 ao, ab，由 o_1 向 $a'b_1$ 引垂线其长为 o_1c_1，于 ab 上取 oc，等于 o_1c_1. 此时直线 mc_0, nc_0，乃以 mn 为水平迹，而将垂直于二平面 P, Q 之平面，与二平面 P, Q 之交迹倒于水平投影面之位置之图也. 是故角 mc_0n 为所求之实角.

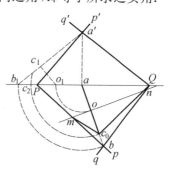

图 105

如图 106 所示，乃 P, Q 二平面之迹，近垂直于基线之图也. 其求法，先求任意之水平面 H_1 与二平面 P, Q 相交之平面图 m_1a, n_1a，其交点为 a. 及他之水平面 H_2 与二平面 P, Q 相交之平面图 m_2b, n_2b，其交点为 b. 此时直线 ab 为二平面 P, Q 相交之平面图. 次使垂直于 ab 之任意直线 XY 与 m_2b, n_2b, ab 相交于点 k, l, o. 又由 a 向 ab 引垂线 aa_1，使其等于二水平面 H_1, H_2 之距离，复由 o 向直线 ba_1 引垂线 og_1. 然后于 ab 上，取 og_0 等于 og_1. 今若以 XY 为垂直于二平面 P, Q 之一平面与水平面 H_2 相交之平面图，则二直线 kg_0, lg_0 为此平面与二平面 P, Q 之相交迹，回转于 XY 之周，而成水平时之平面图. 故角 kg_0l 为所求之实角.

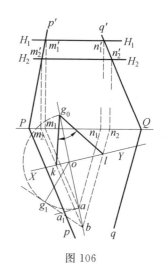

图 106

作图题 31　二等分已知二平面 P, Q 间之角之平面，求其迹.

解　先求二平面 P, Q 之交切线，再引二等分二平面间之角之直线. 此时含上述之二直线之平面，即为所求之平面.

作图 如图 107 所示，先求 P,Q 二平面之交切线之平面图，次求垂直于 ab 之任意直线与 ab,pP,qQ 之交点 o,m,n. 其后与图 69 作图同法，求其二平面间之实角 mc_0n. 而角 mc_0n 之二等分线与 mn 之交点为 d，故 d 为二等分二平面间之角之一直线之水平迹. 因知, a 与 d 相结之直线 rR，为所求之平面之水平迹. R 与 b' 相结之 Rr'，为所求之直立迹也.

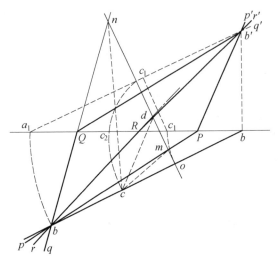

图 107

作图题 32 直线之投影与平面之迹为已知，求两者间之实角.

解 直线与平面间之角，即直线与其平面上之投影间之角. 故求得直线与平面之交点，及由其直线上之任意一点，向平面所引垂线之足，即可求其两者间之角之投影. 因之，由其投影，即可求其实角也. 或由直线上之任意一点引垂线，垂直于由其直线上之他一点向其平面所引之垂线. 然此垂线，与已知直线间之角，即等于所求之角.

作图 1 如图 108 所示，AB 及 tTt' 为已知之直线及平面. 其求法，先求 AB 与平面 T 之交点 b,b'. 次由 AB 上之一点 A，向平面 T 引垂线，而求其足 c,c'. 此时角 $abc,a'b'c'$，即为所求之平面图及立面图. 依此，若求得三角形 abc, $a'b'c'$ 之实形 a_0cb_0，则知此三角形为直角三角形，a_0b_0c 即所求之实角也.

作图 2 如图 109 所示，图中 $(ab,a'b')$, pPp' 为已知之直线及平面. 其作图之法，先求 $ab,a'b'$ 之水平迹 b,b'，及由 $ab,a'b'$ 上之任意一点 a,a' 向平面 P 所作之垂线之水平迹 c,c'. 次由 a 向直线 bc 引垂线，其足为 o. 更于其上取 oa_1 等

于以 oa 为底，点 A 之高 $a'm$ 为高之直角三角形之斜边之长．此时二直线 ba_1，ca_1，因其为直线 $(ba, b'a')$，$(ca, c'a')$，倒于水平投影面时之图，故垂直于 Ca_1 之任意直线与 ba_1 间所成之角 θ，即为所求之实角．

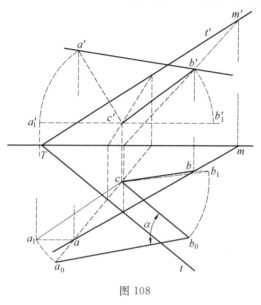

图 108

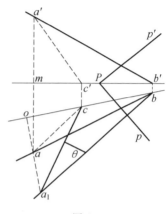

图 109

作图 3 如图 110 所示，为平面 tTt' 之两迹与直线 $mn, m'n'$ 之两投影重合于一直线上时之图也．此时由 $mn, m'n'$ 上之一点 p, p' 向平面 tTt' 所引之垂线必与基线相交．故由 p, p' 向平面 tTt' 引垂线，而求其足 o, o' 之后，回转于基线之周，使其倒于投影面上，则得直线 MN 与平面 T 间之实角 θ．

作图 4 如图 111 所示，乃求平面 tTt' 与基线间之实角之图也．此时，由基线上之一点 O，向平面 T 引垂线，求得其足 r, r' 之后，回转于基线之周，使其倒于投影面上，即得其实角 r_1To．

作图题 33 有直线 AB，与含其一点 A 之平面 T 为已知，求于平面 T 上与 AB 成角 θ 之直线．

解 先由 AB 之两投影，求其实长 A_1B_1，次于与 A_1B_1 成角 θ 之直线上，取任意之一点 c_1．次以 B 为中心，B_1C_1 为半径作球，则其与平面 T 相交而作一圆．更于平面 T 上，以 A 为中心，A_1C_1 为半径画圆，使其与上述之圆相交于点 C．此时直线 AC，是为所求之直线．至求二圆之交点 C，可将平面 T 倒于水平投影面之位置，而作其圆，后将其复归原有位置求之可也．

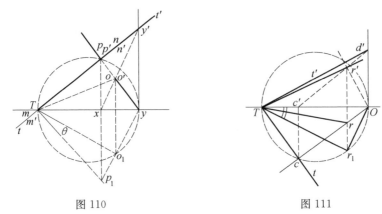

图 110　　　　　　　　　图 111

作图　如图 112 所示，以垂直于平面 T 之水平迹 tT 之 G_1L_1 为副基线，而求 AB 之副立面图 $a''b''$，及平面 T 之副直立迹 T_1t''. 又于 AB 之实长 A_1B_1，及与 A_1B_1 成角 θ 之 A_1C_1 上，取任意之点 C_1. 次以 b'' 为中心，B_1C_1 为半径画圆，使其与 T_1t'' 相交于点 e''，f''，更由 b'' 向 T_1t'' 引垂线，其足为 o''. 斯时 o'' 为中心，半径为 B_1C_1 之球，与平面 T 相交之圆，其中心之副立面图也. 又 e''，f'' 为圆之副立面图，而其长等于圆之直径.

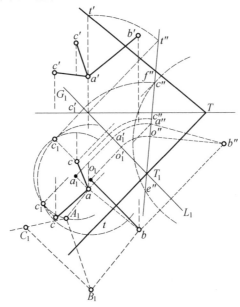

图 112

次将平面 T 回转于其水平迹之周,而求其倒于水平投影面时之 A,及圆之中心 o 之位置 a_1, o_1. 后以 a_1, o_1 为中心,A_1C_1,$o''e''$ 为半径画圆,而求其交点 C_1. 此时 C_1 为所求之直线上之一点,倒于水平投影面之位置. 后将平面 T 复归原有之位置,即可求其平面图 C,立面图 c'. 是时 $ac, a'c'$,即为所求之直线之投影也.

作图题 34　有正三角形与水平面成角 θ,其一边与水平面成角 α,求其投影.

解　先作与水平面成角 θ 之平面,于其平面上,引一任意之直线,使其与水平面成角 α,后将三角形之一边置于其直线上,而于其平面上作正三角形可也.

作图　如图 113 所示,乃先作垂直于直立投影面而与水平面成角 θ 之平面 tTt'. 次于平面 tTt' 上,引直线与水平面成角 α,其平面图为 xy. 后将平面 tTt',以水平迹 tT 为轴,回倒于水平投影面上,而求 XY 之位置 x_1y. 然 x_1y 上有一边之正三角形 $a_1b_1c_1$,因其为所求之三角形倒置于水平投影面之位置,故将平面复归原有之位置,则得其投影 $abc, a_1b_1c_1$.

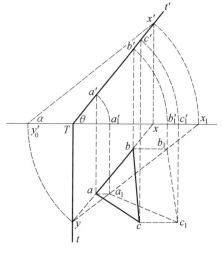

图 113

作图题 35　正方形之相邻二边与水平面成角 α, β,求其投影.

解　先将正方形回转于含此正方形之平面之水平迹之周,而作其倒于水平投影面时之图,后将其复归原来之位置求之可也,此时若以正方形之一角点,置于水平投影面上,则其作图上,较为便利.

作图　如图 114 所示,图中,于任意之位置,作正方形 $ab_1c_1d_1$,后即以此为倒置于水平投影面时之图. 又于别之位置,引任意之直线 A_1d_0,更引与 A_1d_0 成角 α, β 之二直线 A_1B_1, A_1D_1,而取其长等于 ad_1. 然后由 D_1 平行于 A_1d_0 引 D_1H_1,使其与 A_1B_1 相交于点 H_1,于 ab_1 上取 ah_1 等于 A_1H_1. 此时直线 d_1h_1,因其为正方形上之一水平直线倒于水平投影面之位置,故含此正方形之平面之水平迹与 d_1h_1 平行. 今将 A 置于水平投影面上,则过 a 平行于 d_1h_1 之 tT,为含正方形之平面之水平迹.

由 B_1 向 A_1d_0 引垂线 B_1b_0, 则其长等于由正方形之一角点 B 至水平投影面之距离. 依此, 垂直于 tT 引基线 GL, 由 b_1 向 GL 引垂线, 其足为 b'_1. 更以 T 为中心, 过 b'_1 作圆弧, 及引等于 B_1b_0 之距离之直线 $x'b'$ 平行于 GL, 而使其相交于点 b'. 此时 b' 为点 B 之立面图, 直线 Tb' 为含正方形之平面之直立迹. 故一旦倒置之正方形, 若回至与平面 T 一致之位置, 则得其两投影 $abcd$, $a'b'c'd'$.

作图题 36 已知正六角形 $ABCDEF$ 之一边之长 l, 及其三角点 A, B, C 高于水平投影面为 h_1, h_2, h_3, 求作其投影.

解 将正六角形回转于含此正六角形之平面之水平迹之周, 由其倒于水平投影面之位置, 复归原来之位置, 即可得其投影.

作图 如图 115 所示, 于任意之位置, 作一边之长为 l 之正六角形 $a_1b_1c_1d_1e_1f_1$, 次将此正六角形回转于含六角形之平面之水平迹之周, 使其倒于水平投影面之位置. 次以 a_1, b_1, c_1 为中心, 以 h_1, h_2, h_3 为半径作圆, 则两圆 a_1, b_1 之共通切线, 与直线 a_1b_1 相交之点为 m, 两圆 b_1, c_1 之共通切线与直线 b_1c_1

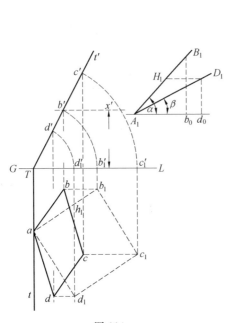

图 114

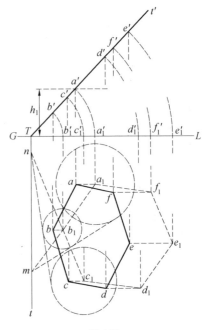

图 115

相交之点为 n. 而直线 mn 为含所求之正六角形之平面之水平迹. 又垂直于 mn. 引基线 GL, 由 a_1 向基线引垂线, 其足为 a'_1. 后以 mn 与 GL 之交点 T 为中心, 过 a'_1 作图, 及引等于 h_1 之距离之直线, 平行于 GL, 而使其相交于点 a'. 此时 a' 为角点 A 之立面图. T 与 a' 相结之 Tt', 为含正六角形之平面之直立迹. 是故将已倒于水平投影面之六角形, 若复归原来之位置, 则可作其投影 $abc\text{-}def$, 作 $a'b'c'd'e'f'$.

作图题 37 立方体之一面 $ABCD$ 及一边 AB 与水平面所成之角 θ, α 为已知, 求其所投之影.

本题之作图法, 与本章作图题 28 同, 其法, 先作面 $ABCD$ 之平面图 $abcd$, 及其立面图 $a'b'c'd'$. 此时含 $ABCD$ 之平面, 若使其垂直于直立投影面, 则垂直于此之棱, 因平行于直立投影面, 故垂直于 $ABCD$ 之棱之立面图等于其实长. 其平面图, 平行于基线. 依图 116 所示, 颇易求其立方体之立面图, 及平面图也.

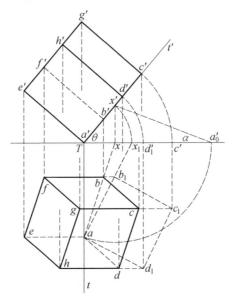

图 116

作图题 38 正六角柱之一侧面 $ABGH$ 及其一边 AG 与水平面所成之角 θ, α 为已知, 求其所投之影.

本题之作图法, 与作图题 31. 完全相似, 其法即将 $ABGH$, 倒于水平投影面之位置, 由 $a_1 b_1 h_1 g_1$ 求之可也. 参照图 117.

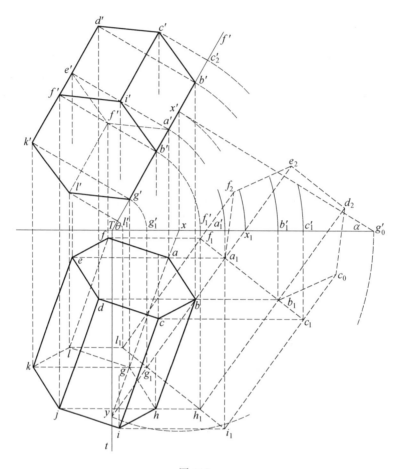

图 117

作图题 39 含立方体之二对角线之平面及其一对角线与水平投影面所成之角 θ, α 为已知,求其所投之影.

如图 118 所示,将含二对角线之平面,使其垂直于直立投影面.然后使其倒于水平投影面,而作其平面图 $a_1b_1c_1d_1e_1f_1$.此时 $a_1c_1g_1e_1$ 为矩形,其边之长等于立方体之棱,及面之对角线之长.其对角线 c_1e_1, a_1g_1 等于立方体之对角线之实长.今将其倒置之平面,复归原有之位置,则可求其立方体之投影 $abcdefgh$, $a'b'c'd'e'f'g'h'$.以上之作图,亦与本章作图题 31 完全相同.

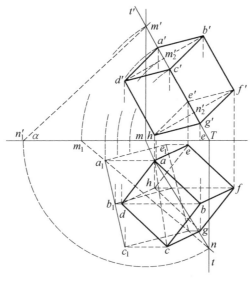

图 118

作图题 40　正四面体之三角点距水平投影面之高 h_1, h_2, h_3 为已知,求其所投之影.

解　先将其一面回转于含此一面之平面之水平迹之周,而作与水平投影面一致时之平面图.后将其平面复归原有之位置,即可作其投影.

作图　如图 119 所示,先于任意之位置,作正三角形 $a_1 b_1 c_1$.次由各顶点向对边引垂线,使其相交于点 d_1.后以此图,为回转于含面 ABC 之平面之水平迹之周,而倒于水平投影面时之平面图.次以 a_1, b_1, c_1 为中心,h_1, h_2, h_3 为半径作圆,而圆 a_1, b_1 之共通切线与直线 $a_1 b_1$ 相交于点 m,又圆 b_1, c_1 之共通切线与直线 $b_1 c_1$ 相交于点 n.其时直线 mn,因其为含四面体之一面 ABC 之平面之水平迹,故垂直于 mn 引基线,而得平面之直立迹 Tt'.由是将 ABC 回至平面 tTt' 之位置,则四面体之投影 $abcd, a'b'c'd'$ 可求也.

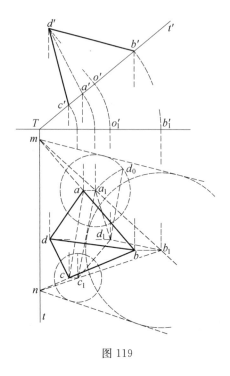

图 119

练 习 题

(1) 设与基线成 $45°$ 之直线为直立迹,试求与水平投影面成 $60°$ 之平面之水平迹。

(2) 试求与水平投影面成 $60°$,与直立投影面成 $45°$ 之平面之迹。

(3) 试求与水平投影面成 $60°$,其水平直立两投影间之角为 $70°$ 之平面之迹。

(4) 有平行于基线之二平面,其一水平迹,位于基线下 3 cm 处,其直立迹位于基线下 5 cm 处,他之水平迹位于基线上 4 cm 处,求二平面间之实距离。

(5) 有含基线与水平投影面成 $35°$ 之平面,及水平直立两迹与基线成 $45°$,$60°$ 之平面,试求其交切点。

(6) 如图 120,图 121 所示,试求其三平面 P,Q,R 共通之点。

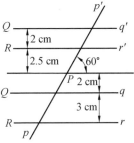
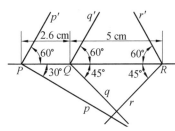

图 120　　　　　　　　图 121

(7) 有二平面平行于基线,而与水平投影面成 $30°,70°$.此二平面之交切线,位于水平投影面上 4 cm,直立投影面后 3 cm 处,试求其二平面之迹.

(8) 图 122 中,$a'b'$ 为垂直于直线 bc,$b'c'$ 之直线 AB 之立面图,试求其平面图.

(9) 试求图 123 所示之垂直于平面 pPp' 之平面之迹.

(10) 如图 124 所示,正五角形 $abcde$(一边 2 cm) 为平面 P 上之五角形之平面图.试求此五角形之立面图及其实形.

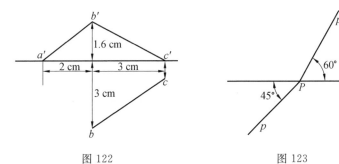

图 122　　　　　　　　图 123

(11) 如图 125,图 126 所示,试求 P,Q 两平面间之实角.

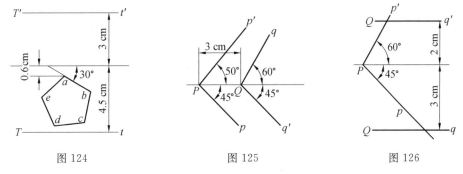

图 124　　　　图 125　　　　图 126

(12) 试求图 127 所示之平面 tTt' 与直线 $mn, m'n'$ 间之角.

(13) 试求图 128 所示之平面 P, Q 间之实角.

(14) 如图 129 所示,于平面 P 上,试求距 A, B, C 等距离之点(单位:cm).

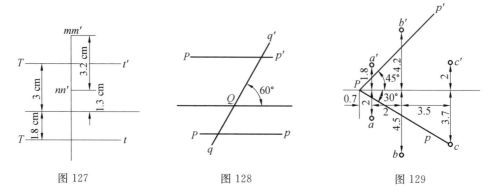

图 127　　　　图 128　　　　图 129

(15) 如图 130 所示,试求含点 A 而垂直于平面 P 之平面之迹. 及点 A 与平面 P 间之实距离(单位:cm).

(16) 试求图 131 所示之二直线 AB, CD 间之最短距离.

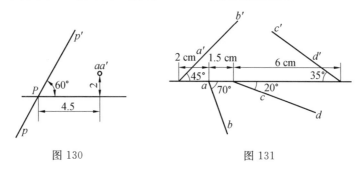

图 130　　　　图 131

(17) 如图 132 所示,bc 乃以 ab 为水平迹之平面上直线 BC 之平面图. 今 BC 与水平面成 $50°$ 时,试于上述之平面上求以 BC 为一边之正三角形.

(18) 有直线与基线成 $45°$, 其直线上. 有相距 5 cm 之二点 a, b. 此二点,为彼此以 $50°$ 相交而与水平面成 $35°, 70°$ 之二直线之水平迹,试求含此二直线之平面与两投影面所成之实角.

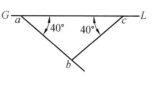

图 132

(19) 有四边形 $aMNb$, $\angle aMN = \angle MNb = 90°$, $MN = 4$ cm, $aM = 3$ cm, $bN = 6$ cm, ab 为高于水平投影面 1.6 cm 之水平直线之平面图. 又 MN 为含 A 之平面之水平迹. 试于平面 AMN 上, 求与 AB 成 $75°$ 之直线.

(20) 有互相垂直之二直线 AB, CD, 今 AB 与水平投影面成 $30°$, 与直立投影面成 $50°$, CD 与直立投影面成 $25°$. 此二直线间之最短距离为 4 cm, 试求其二直线之投影.

(21) 二等边三角形 abc ($ac = 6$ cm, $ab = bc = 4$ cm) 为一正三角形之平面图, 今 ac 与基线成 $60°$. 试求其三角形之立面图.

(22) 今有平面, 与水平投影面成 $60°$, 直立投影面成 $40°$ 之平面成垂直, 且与水平面成 $45°$, 试求其迹.

(23) 引与基线成 $50°$ 之直线 tt', 今以此为一平面之水平直立面迹时, 试求其平面与基线间之角.

(24) 一边长为 5 cm 之正三角形 ABC, 其二边 AB, BC 与水平投影面成 $50°, 30°$, 第三边 CA 与直立投影面成 $45°$. 今 B 位于水平投影面上 6 cm 处, 试求其三角形之投影.

(25) 一边长 4 cm 之正方形与水平面成 $60°$, 其一对角线与水平面成 $45°$, 试求其正方形之投影.

(26) 有一边长 3 cm 之正六角形 $ABCDEF$, 其一边 AB 为水平, 其对角线 BD 之平面图之长为 4 cm, 边 FA 与直立投影面成 $45°$. 试求其六角形之投影.

(27) 有平面与水平投影面成 $60°$, 与直立投影面成 $45°$, 于此平面上, 置一边之长为 3.5 cm 之正五角形, 今将其一边与直立投影面成 $30°$, 试求其五角形之投影.

(28) 有一边长为 3.5 cm 之正五角形 $ABCDE$, 其一边 AB 位于水平投影面上, 角 ABC 之平面图为 $135°$. 试求其五角形之投影.

(29) 有一边长为 4 cm 之正三角形, 其一边平行于水平投影面, 而位于水平投影面上 1 cm 之位置, 他一边平行于直立投影面, 而位于其前 2 cm 之位置, 与水平面成 $35°$. 试求其三角形之投影.

(30) 有一边长 4 cm 之正八面体, 其一面上三角点之高为 1 cm, 3 cm, 4 cm. 试求其投影.

(31) 有一边长为 3 cm 之正十二面体, 其一面及其一边与水平投影面成 $60°, 35°$. 试求其立体之投影.

(32) 以一边长 3.5 cm 之正五角形为底, 高 6 cm 之直角锥, 其一斜面与水平面成 50°,其斜面之一斜棱与水平面成 30°. 试求其角锥之投影.

(33)有一边长 4 cm 之正八面体,其一对角线与水平投影面成 30°,与直立投影面成 45°,他一对角线与水平投影面成 40°. 试求其八面体之投影.

(34)以一边长 4 cm 之正三角形为底之角锥,其顶点距其底之三角点为等距离,底之三角点位于水平投影面上 4 cm,5 cm,7 cm,其顶点正在水平投影面上. 试求其角锥之投影.

(35)以一边长 3 cm 之正六角形 $ABCDEF$ 为底之直角柱. 过 D 之侧棱上距 D 为 5 cm 处有一点 P. 试求其角柱之侧面上 A 与 P 间之最短线之投影.

第四章 立 体

1. 多面体之投影

四个以上之平面所围成之立体,谓之多面体(Polyhedron). 故多面体为四个以上之多角形所围成之立体,围成多面体之多角形,谓之面(Face). 其多角形之各边,谓之棱(Edge). 角点,谓之角点(Angular point). 又不在同一面上之二角点其所连成之直线,谓之对角线(Diagonal).

多面体各棱之位置固定后,其各面之位置,因之而定,故多面体之形状及位置亦因之而定. 由是可知多面体各棱之投影图,即通常所示之多面体之投影图也.

2. 平行六面体

六个平行之四边形所围成之多面体,称为平行六面体. 其面均为矩形者,称为直六面体,或长方柱.

3. 角柱及其投影

平行于一直线三个以上之平面,及与其各平面相交之平行二平面所围成之立体,谓之角柱(Prism),是故角柱为三个以上之平行四边形及与此四边形有同数之边二个平行多角形所围成之立体也.

形成角柱之平行四边形,谓之侧面(Lateral face). 侧面与侧面之交切线,谓之侧棱(Lateral edge). 又两个平行之多角形,谓之底面(Base),或单称为底. 二底之重心所结之直线,谓之轴(Axis). 其轴垂直于底者,谓之直角柱(Right prism). 其不垂直者,谓之斜角柱(Oblique prism). 直角柱之底为正多角形者,谓之正角柱(Regular prism). 角柱二底间垂直之距离,谓之角柱之高. 故直角柱,其轴之长与其高相等.

角柱依其底之形状,而称其为三角柱(Triangular prism),四角柱(Quadrilateral prism)及五角柱(Pentagonal prism)等.如图133为四角柱,图134为五角柱是也.

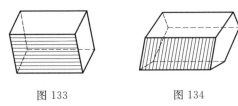

图 133　　　　　　图 134

如图135所示,为正六角柱,其一底面位于水平投影面上时之投影图也.图中因其底在水平面上,故其平面图与其底为同形之正六角形.又侧棱之立面图,若垂直于基线,则与其实长相等,后依此可求其水平直立两投影.

如图136所示,乃其底为正六角形之斜角柱,其一底面置于直立投影面上时之投影图也.图中,其底之立面图与其实形相等,两底面之平面图为直线其间之距离等于角柱之高.依此若其侧棱与其底所成之角及与水平面所成之角为已知时,则其投影,亦不难求得也.

如图137所示,乃求正六角柱之一侧面位于水平投影面上时之投影图也.其正六角形 $abc_1d_1e_1f_1$,乃以其底回转于水平面上之一边 AB 之周,而倒于水平面时之图.后将其六角形复归原有之位置,则得其底之平面图 $abcdef$.后由是,可求其立体之平面图.又 C,D 距水平面之高,因其等于 cc_1,dd_1,故其立面图,可易求也.

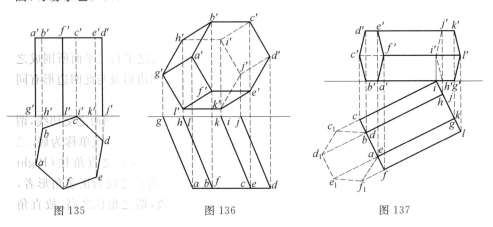

图 135　　　　　　图 136　　　　　　图 137

4. 角锥及其投影

一平面多角形,及其各边为底角点共有之三角形,所围成之多面体,谓之角锥(Pyramid).形成角锥之三角形,谓之斜面(Slant face).斜面与斜面之交,谓之斜棱(Slant edge).又非斜面之面,谓之底.凡斜面共通之点,谓之角锥之顶点(Vertex).顶点与其底重心所结之直线,谓之轴(Axis).

角锥之轴,垂直于其底者,谓之直角锥(Right pyramid).其不垂直者,谓之斜角锥(Oblique pyramid).直角锥之底为正多角形者,谓之正角锥(Regular pyramid).顶点至底之距离,谓之角锥之高.故正角锥,其轴之长与其高相等.

角锥依其底之形而分为三角锥(Triangular pyramid)、四角锥(Quadrilateral pyramid)、五角锥(Pentagonal pyramid)等.

如图 138 为正六角锥,图 139 为斜七角锥是也.

如图 140 所示,乃求正四角锥之底平行于水平投影面时之投影图也.图中其平面图,由其底之正方形及其二对角线而成.而其底之立面图为一直线.由顶点之立面图,至底之立面图之距离等于其角锥之高.是故求其立面图不难也.

如图 141,乃示其底为正五角形,一斜棱 VA 垂直于其底,而置其斜角锥之底,平行于直立投影面时,所求其投影之图也,图中其立面图,由其底之正五角形及其对角线而成.其 VA 之平面图,垂直于基线,且等于其实长.

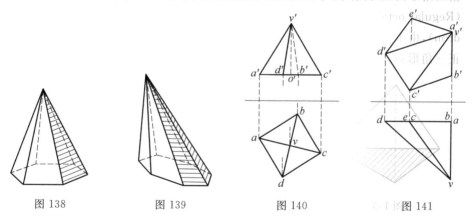

图 138　　　　图 139　　　　图 140　　　　图 141

如图 142 所示,乃正七角锥之一斜面 VAB,位于水平投影面上时所求之投影图也.作图之法,先作 vab 等于其斜面之实形,即以此为水平面上之面之平面图.次以 ab 为一边作正七角形 $abc_1d_1e_1f_1g_1$,是即其底倒于水平投影面上时之图.此时 ve 垂直于 ab,其交点为 r.又 g_1c_1,d_1f_1 因其垂直于 ve_1,故其各相交于

点 n_1, m_1，然后以 v 为中心，vb 为半径作圆，及以 r 为中心，re_1 为半径作圆，而使两圆相交于点 e_2. 次于 re_2 上取 rm_2, rn_2 等于 rm_1, rn_1，此时由 $m_2 n_2$ 向 vr 所引之垂线，与由 f_1, d_1 及 c_1, g_1 向 ab 所引之垂线，其相交于点 f, d, c, g. 则七角形 $abcdefg$，及其各角点与 v 联结之直线所围成之图形，即为所求之平面图. 然 F, D 及 C, G 至水平面之距离，因其等于由 m_2, n_2 至 vr 之距离 $m_2 t, n_2 s$. 故根据斯理，而求其角锥之立面图不难也.

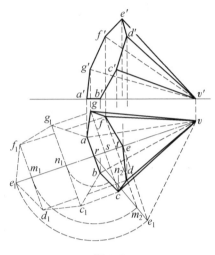

图 142

5. 正多面体

如多面体之各角点然，其一点之周，限定三个以上之平面角时，其所成之多面体，谓之正多面体（Regular polyhedron）. 正多面体有下列之五种，即正四面体（Regular tetrahedron），由四个正三角形而成. 正六面体（Regular hexahedron），由六个正方形即成. 正八面体（Regular octahedron）由八个正三角形而成. 正十二面体（Regular dodecahedron），由十二个正五角形而成. 正二十面体（Regular icosohedron）. 由二十个正三角形而成.

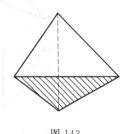

图 143

图 144

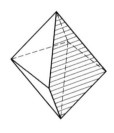

图 145

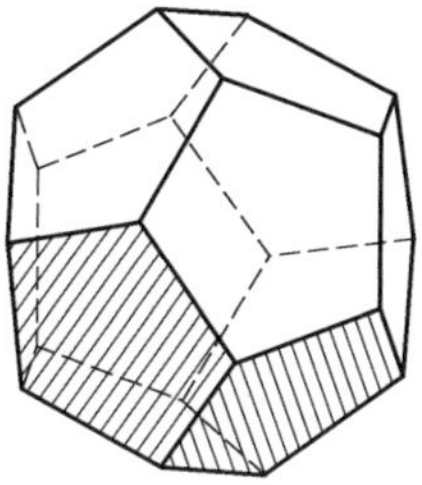

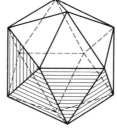
图 146

图 147

6. 多面体之展开

多面体之表面,或各种之曲面,于一平面上展开所成之图形,谓之展开图 (Development). 曲面中有展开可能,与不可能者. 然多面体之表面,为多数多角形平面之集合,故于适当之棱,将其各面切离,必能作得其展开图. 因知多面体之展开图,为各面之实形之集合.

求多面体各面之实形之法,若其面为三角形,则其实形可由三边之实长而定. 若边数为四或四以上,则以适宜之对角线,将其分成数个三角形,后再联结各三角形之实形,是为所求之实形. 然此时必视其面为正多角形,或平行四边形等之特别形状,方可利用其特性. 又其面之迹若为已知,则可将其面回转于其迹之周,而求其面之实形于投影面上亦可也.

作图题 1　正四面体之一棱 CD 垂直于水平投影面时,求其所投之影.

解　将面 ABC 置于水平投影面上,使 CD 平行于直立投影面,而作其两投影. 次将 CD 回转于 D 之周,使其至直立之位置,即得所求之投影.

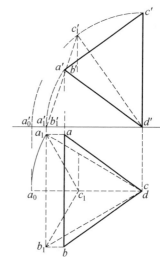

图 148

作图　将 ABC 置于水平投影面上,而作其平面图 $a_1b_1c_1d$,然后垂直于 a_1b_1 引基线,而作 $a'_1b'_1c'_1d'$. 次由 d' 向基线引垂线 $d'c'$,使其等于 $d'c'_1$,而作与三角形 $a'_1c'_1d'$ 同形之三角形 $a'c'd'$. 此时之三角形,即为所求之立面图也.

后由 a' 引投送线,及由 a_1, b_1 引平行于基线之直线,而使其相交于点 a, b,

则三角形 abc，即为所求之平面图也．

作图题 2　求立方体之一面置于水平投影面上时之投影．

取任意之位置，以立方体之一边之长作正方形 $abcd$，是即所求之平面图．其垂直于水平投影面之棱之立面图，因与基线垂直，故其长等于其实长．依此，则其立面图 $a'b'c'd'e'f'g'h'$，不难求也．

作图题 3　求立方体之一对角线垂直于水平投影面时之投影．

解　本题之作图法，可仿本章作图题 2．以立方体之一面，置于水平投影面上，其一对角线，使其平行于直立投影面，而作其投影．然后将此对角线回转于其一端之周，使其与水平面成垂直，而求其投影可也．

作图　如图 150 所示，先以一边之长作正方形 $a_1b_1gd_1$，次引基线平行于 a_1g，而作其立面图 $a'_1b'_1c'_1d'_1e'_1f'_1g'h'_1$．此时此图，乃置其对角线 AG 平行于直立投影面时之投影图也．

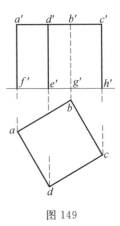

图 149

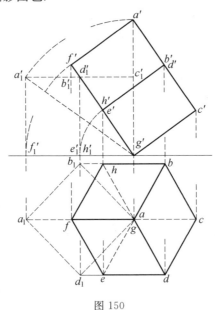

图 150

次由 g' 向基线引垂线 $a'g'$，使其等于 $g'a_1'$ 而作与 $a_1'b_1'c_1'\cdots g'h_1'$ 同形之图 $a'b'c'\cdots g'h'$. 此时 $a'b'c'\cdots g'h'$，即为所求之立面图. 其平面图 $abc\cdots gh$ 之求法，可仿本章作图题 1 之作法求之可也. 然此时之平面图，吾人可知由其正六角形与其三对角线而成. 其立面图，由其矩形与长边之中点所结之直线而成. 其长边之长等于面之对角线之实长，其短边之长等于其棱之实长. 苟利用此种性质，而求其立面图及平面图亦可.

作图题 4 求正八面体之一对角线垂直于水平投影面时之投影.

解 正四面体之对角线有三，均互相直交且互为二等分. 故其中一对角线若使其与水平投影面垂直，则他二者，必与水平投影面平行. 因有此关系，故易求其平面图，及立面图.

作图 如图 151 所示，先于任意之位置，以棱之实长为边之长而作正方形 $abcd$. 次引对角线 ac,bd，使其相交于点 e. 此时 e 即为所求之平面图. 次由 e 引投射线，于其投射线上，取 $e'f'$ 等于 ac. 后作 $e'f'$ 之垂直二等分线，及由 a,b,c,d 引投射线，使其相交于点 a',b',c',d'. 此时 a',b',c',d',e',f' 如图所示由联结之直线所成之图，即为所求之立面图.

作图题 5 求正八面体之一面置于水平投影面上时之投影.

解 正八面体相对之二面互相平行，其相对之二面之三边，每二边相平行. 依次将其一面置于水平投影面上时，则其对称之面亦必为水平. 故知其平面图为每二边平行之二正三角形. 然其各角点为数有六，故依上述之二面之平面图，可决定其平面图. 平面图既决，则其立面图可易求也.

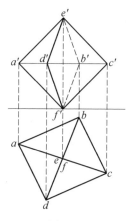

图 151

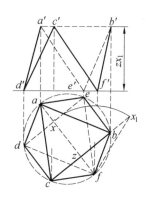

图 152

作图 如图152所示,先于任意之位置,以棱之实长为边之长作正三角形 def,此即为水平投影面上之面之平面图. 次引 def 之外切圆,结弧 de,ef,fd 之中点,引正三角形 abc,此即与面 DEF 对称之面之平面图. 是故由二正三角形 abc,def 与正六角形 $aebfcd$ 所成之图形,即为所求之平面图.

根据上述之作图,则 af 之垂直于 de,bc 自无论矣. 今使其相交点为 x,z. 次以 f 为中心,fx 为半径作圆,使其与 zb 相交于点 x_1,则 x_1z 之长,等于以 a,b,c 三点为平面图之三角点之高. 故由是可求其各角点之立面图. 后由各角点之立面图,即可决定其立体之立面图也.

作图题 6 求正十二面体之一面置于水平投影面上时之投影.

解 正十二面体相对之二面为互相平行,其相对二面之各棱中每二棱亦必互相平行. 又过一面之一角点,其不在此面上之棱,与此面所成之角均相同,且此棱与上述面之对棱成垂直. 故将非平行之二面上之角点顺次联结,而成十棱. 后使其向上述之二面平行之平面投影,则其所投之影为正十角形. 其外接圆之半径,与一面(正五角形)之外接圆之半径之比,等于正五角形之对角线与一边之比,苟知此种关系,即可求此立体之平面图. 平面图决定后,若知其各角点之高再求其立面图不难也.

作图 1 如图153所示,先以棱之实长为边之长,作正五角形 $qrstu$,使其为水平投影面上之面之平面图. 次引正五角形之外接圆,联结弧 qr,rs,st,tu,uq 之中点 a,b,c,d,e,而作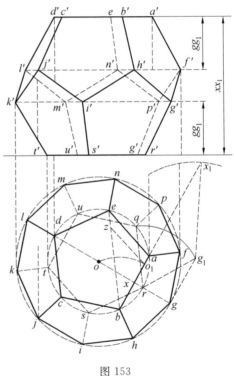

图153

正五角形 $abcde$. 此正五角形,即为平行于面 $QRSTU$ 之面之平面图. 再以图之中心 o 为中心,引其与 oa 之比,等于 $be:ba$ 之长为半径之圆. 由 $a,b,\cdots,q,r,\cdots$ 向对边 $cd,de,\cdots,st,tu,\cdots$ 引垂直之直线,使其相交于点 $f,h,\cdots,p,g,\cdots$ 等. 此时上述之各线与正十角形 $fghijklmnp$ 所成之图形. 即为所求之平面图.

依上之作图,可知 $grdl$ 在一直线上,而垂直于 ab. 次由 g 向 gr 引垂线,及以 r 为中心,rq 为半径作圆,使其相交于点 g_1. 此时 gg_1 之长,等于 G,I,K,M,P 至水平投影面之距离. 又 gl 与 ab 之交点为 x. ab 之延长线与 g_1 为中心,dx 为半径所作之圆相交于点 x_1 而 xx_1 之长,与 A,B,C,D,E 至水平投影面之距离相等. 又由 xx_1 所引之 gg_1 之长,与 F,H,J,L,M 至水平投影面之距离相等. 依上所述,若知其各角点之高,则可求其立体之立面图.

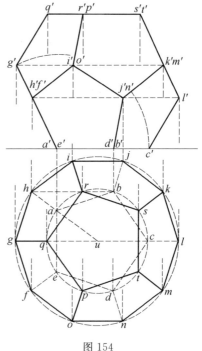

图 154

作图 2 若使水平投影面上之面,其相邻之一面,垂直于直立投影面时,则其投影图较上述之作图更简单. 如图 154 所示,即其例也. 作图之法,先作正五角形 $abcde$ 为水平投影面上之面之平面图,由此仿效前法,作与 $abcde$ 相对之面之平面图 $pqrst$. 次将正五角形之中心 u 与 a 相结,使其与 br 相遇于点 h,后以 u 为中心,过 h 作圆,是即为所求之圆. 由是复依前法,而求其立体之平面图.

次引基线垂直于 ao,而求 $ABCDE$ 之立面图 $a'b'c'd'e'$. 后以 a' 为中心过 c' 所作之圆,与由 g 所引投射线相交于点 g',则 $a'g'$ 为面 $AEFGH$ 之立面图. 此时面 $AEFGH$ 与面 $KLMTS$ 互相平行,故面 $KLMTS$ 之立面图,平行于 $a'g'$. 因此,故如图所示之立面图,其易求可知矣.

作图题 7 求正二十面体之一面位于水平投影面上时之投影.

解 正二十面体,其相对之二面必互相平行. 其相对之二面之三棱中,每二棱亦必平行. 因之,置其一面于水平投影面上,则与此面相对之一面之平面图,必与水平面平行,而成相对边平行之二正三角形. 又水平二面以外之六角点,其连续所成之六角形之平面图,为正六角形. 其外切圆之半径,与正三角形外切圆之半径之比,等于正五角形之对角线与其一边之比. 又其一棱,以其一端为一角点,而与不为棱之一面之对边相垂直. 根据上述之性质,知其立体之平面图,可依十二面体之求法而求得. 其平面图决定后,再求其各角点之高,即可求其立面图.

作图 1 如图 155 所示,先于任意之位置,作正三角形 jkl 为水平投影面上之面之平面图. 次引 jkl 之外接圆,联结弧 lj, jk, kl 之中点,而作正三角形 abc. 此时 abc 为水平之面之平面图. 次求其与圆之半径 oa 之比,等于正五角形之对角线与一边之比之长,后即以此为半径而作同心圆,使其与由 a,j,b,k,c,l 向圆之中心之直线相交于点 d,e,f,g,h,i. 此时此六点,乃非水平之二面上之角点之平面图. 由是其立体之平面图. 不难求也.

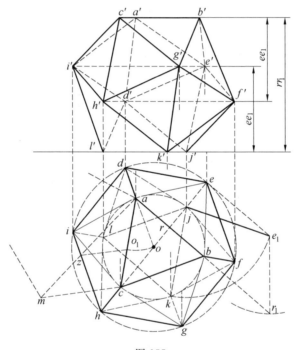

图 155

次由 e 向 ej 引垂线,使其与 j 为中心,jk 为半径所作之圆相交于点 e_1 则 ee_1 之长等于角点 E, G, I, 距水平投影面上之高. 又 ejc, 因其在一直线上且垂直于 ab, 故 ab 之延长线与以 e_1 为中心, cr 为半径所作之圆相交于点 r_1, 此时由 r_1 至 ej 之距离 rr_1 等于 A, B, C 三点之高. 又 $rr_1 - ee_1$ 之长,等于 D, F, H 之高. 如上述之各角点之高既知,则其立体之立面图可求也.

作图 2 今若置其一面垂直于直立投影面,则本题之作图,更简单. 如图 156 所示,先以 abc 为水平投影面上之面之平面图. 而求与此面相对之平面图

jkl. 然后再求其正六角形 $defghi$ 之外接圆之半径. 至求外接圆半径之方法, 可先将 ab 为一边, 而作正五角形 $abh_1l_1f_1$ 由 h_1 向 ab 引垂线, 及由 b 向 ac 引垂线, 使其相交于点 h, 此时过 h 之同心圆, 即为正六角形 $defghi$ 之外切圆. 今外切圆既得, 即可求其立体之平面图.

次引基线垂直于 ab, 则面 $abhlf$, $jkeci$, $abide$, $jkfgh$ 与直立投影面成垂直, 其各立面图应成一直线, 然其长与 l_1 至 ab 之垂线之长相等. 故其立体之立面图. 可如图所示求之.

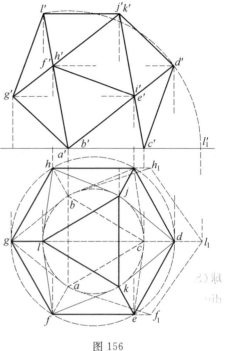

图 156

7. 圆柱及其投影

以矩形之一边为轴回转于其一周, 则所成之立体, 谓之圆柱 (Circular Cylinder). 此时回转之轴, 谓之圆柱之轴. 垂直于轴之端所作之圆, 谓之底. 如图 157 所示, 即其例也.

本节所述之圆柱之轴, 仅限于垂直投影面或平行于基线者.

如图 158 所示, 乃圆柱之轴垂直于直立投影面时之投影. 故其立面图与其底为同形之圆. 其平面图为矩形.

如图 159 所示, 乃圆柱之轴平行于基线时之投影. 故其平面图及立面图为同之矩形.

图 157

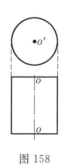

图 158

图 159

8. 圆锥及其投影

直角三角形,以其垂直之一边为轴回转于其一周,则所成之立体,谓之圆锥(Circular cone).此时回转之轴,谓之圆锥之轴.与其轴垂直之边所作之圆,谓之底.如图160所示,即其例也.

此节圆锥之轴,仅限于垂直于投影面及平行于基线者志之.

如图161所示,为圆锥之轴垂直于水平投影面时之投影,故其平面图与其底为同形之圆,其立面图为二等边三角形.其立面图之高,等于其圆锥之高.

图 160

如图162所示,为圆锥之轴平行于基线时之投影.故其平面图及立面图,为共同之二等边三角形.

9. 球及其投影

将半圆以其直径为轴旋转于其一周,其所生之立体,谓之球(Sphere).半圆之中心,谓之球之中心(Center).其半径,谓之球之半径(Redius).其球以平面切之,其切口为圆.以含其中心之平面切之,其切口为最大圆,通称其最大圆,为球之大圆(Great Circle).

如图164所示,为球之投影.球之投影,无论在若何之投影面上,均有等于其直径之直径之圆.

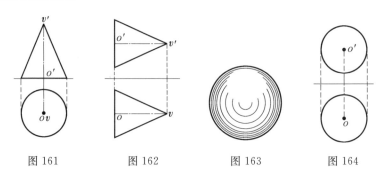

图 161　　　图 162　　　图 163　　　图 164

作图题 8　求正四面体中内切球之投影.

解　由正四面体之各角点,向其所对之面引垂线.其垂线上,因有内切球之中心,故其各垂线之交点,为其球之中心.由其中心至各面垂直之距离,等于其球之半径.

作图　如图165所示,为面 ABC 位于水平投影面上时之投影.其求法先求

面 ACD 之重心 P,使 PB 与由 D 向水平面所引之垂线相交于点 o. 此时 o 因为内切球之中心,故以立面图 o' 为中心,引切于基线之圆,为所求之内切球之立面图. 是故以 o 为中心,作与圆 o' 同半径之圆,即为所求之平面图也.

10. 球之内切正多面体

内切于球之正多面体,其一边之长,可依下法求之.

如图 166 所示,将已知 AB 为球之直径,先作 AB 为直径之半圆,次垂直于 AB 引半径 CD,则 AD 等于内切正八面体之一边之长.

次于 AB 上,取 BM 等于 AB 之三分之一,由 M 向 AB 引垂线,使其与半圆相交于点 G. 此时,AG 等于内切正四面体之一边之长,BG 等于立方体之一边之长. 又于 AG 上,取 GH 等于 BG 之二分之一,更于 BH 上,取 HK 等于 HG. 此时 BK 等于内切正十二面体之一边之长.

后垂直于 AB 作 AE,使其等于 AB. 更引 CE 使其与半圆相交于点 F. 此时 AF 之长,等于内切正二十面体之一边之长.

作图题 9 求内切于已知球之正四面体之投影.

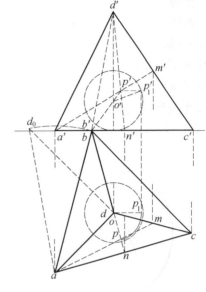

图 165

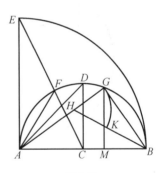

图 166

如图 167 所示,过球之立面图圆 o' 引垂直于基线之直径 $d'm'$,于其直径上,取 $m'n'$ 等于 $d'm'$ 之三分之一. 由 n' 向 $d'm'$ 引垂线,使其与圆 o' 相交于点 b',复由 b' 引投射线,及由 o 引平行于基线之直线,使其相交于点 b. 然后以 o 为中心,过 b 作圆. 于此圆内作内切正三角形 abc,而引 oa, oc. 此时 $abco$ 为所求正四面体之平面图.

次因 ac 垂直于基线,故其延长线与 $b'n'$ 相交于点 a'. 而此时三角形 $a'b'd'$,即为所求之正四面体之立面图.

作图题 10 求内切于已知球之立方体之投影.

如图 168 所示,先过球之立面图圆 o' 作球之直径,使其垂直于基线.次于其直径上,取 $m'n'$ 等于其三分之一,由 n' 向 $m'n'$ 引垂线,使其与圆 o' 相交于点 k'. 此时 $m'k'$ 等于内切立方体之一边之长. 次以 $m'k'$ 之长为相等之二边,作二等边直角三角形 ok_1l. 后以其斜边 ol 之长为直径,o 为中心作圆 ab. 此时内切于圆 ab 之正方形,是为内切于立方体之平面图. 平面图决定后,则其立面图 $a'b'c'd'$-$e'f'g'h'$,即可循序求之.

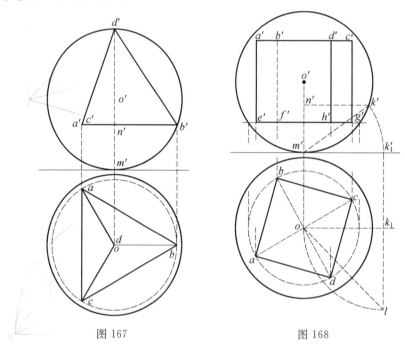

图 167   图 168

练 习 题

1. 如图 169 所示,为三个正四角柱相积之平面图,今角柱之尺度为 $2\,\text{cm} \times 2\,\text{cm} \times 7\,\text{cm}$ 时,试求其立面图.

2. 如图 170 所示之三角形、圆、半圆为直圆锥、直圆柱、半球之立面图,试求其平面图.

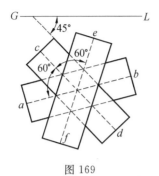

图 169

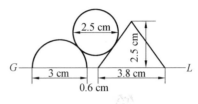

图 170

3. 有一边长 3 cm 之正五角形为底,高为 7 cm 之正五角柱. 其一侧面, 置于水平投影面上时, 试求其两投影. 然其轴与直立投影面成 35°.

4. 有高为 7 cm, 底之一边为 3 cm 之正五角锥. 其一斜面, 置于水平投影面上, 其轴之平面图与基线成 30°, 试求其两投影.

5. 有高为 6 cm, 底之一边为 3 cm 之正六角柱. 其一底面, 置于水平投影面上, 其一边与基线成 10°. 今于其上底面之三角点上, 置有角点之正四面体时, 试求其投影.

6. 有高为 6 cm, 底之一边为 2.5 cm 之正六角锥. 其轴为水平, 与直立投影面成 20°. 今底之一对角线垂直于水平面, 试求其角锥之投影.

7. 有一边长为 4 cm 之正八面体. 其一对角线垂直于水平面. 他一对角线, 与直立面成 30°. 试求其投影.

8. 有正八面体内切于直径 6 cm 之球. 试求其投影.

9. 有正十二面体内切于直径 7 cm 之球. 试求其投影.

10. 有正二十面体内切于直径 7 cm 之球. 试求其投影.

11. 有一边长为 4 cm 之立方体. 其一对角线与水平面成 70°. 试求其投影.

12. 有一边长 3 cm 之正六角形为底, 高 6 cm 之斜角柱. 其底与直立投影面平行, 其轴与水平面成 20°, 轴与底间之角为 50°. 试求其投影. 然其一侧棱向底所投之投影, 与此相邻底之一边成 20°.

13. 有一边长 3.5 cm 之正六角形为底, 高 6 cm 之斜角锥. 其轴与其底成 60°, 而含其轴之底平面上之投影, 过其底之一角点. 今将其底使其平行于直立投影面, 其轴与水平面成 20°. 试求其投影.

14. 先作直径为 7 cm 之球之平面图, 及立面图. 后作内切于球之立方体, 其一对角线垂直于水平投影面. 试求其投影.

第五章　立体之切断面

1. 立体之切断面

立体以平面切断时,其平面谓之切断平面(Section plane).其切口谓之断面(Section).决定立面体断面之投影,须于其切口上求多数之点,将其顺序联结而成直线可也.关于立体断面之作图,可概列之如下:

(a)多面体之切口,为多角形.故其切断面,可求其切断平面与多面体之各棱之交点.后将其各交点顺次联结,而作成多角形可也.

(b)单曲面及挠面之切口,通常均为曲线,故其切断面,可求其切断平面与面素(Element)相交之点,后将其各交点联结而成曲线可也.

(c)复曲面之切口,一般为曲线.然复曲面之面素因其不为直线,故求其面素与切断平面之交点,颇为不易.此时曲面若以平面切时,须使其曲面之切口成圆或椭圆之简单曲线,然后再求其切口与已知切断平面之交点.其各交点求得后,将其顺序联结,作成曲面可也.

作图题1　有已知之直立方柱,以垂直于直立投影面之平面切之,求其切口之实形.

解　切断平面之直立迹与角柱各棱之立面图之交点,为切断平面与棱之交点之立面图.故其切断面之平面图不难求也.又切口之实形,可将切断平面倒于投影面上,或于平行于切断面之平面上而求其副投影可也.

作图　如图171所示,图中,直线 $d'e'$ 为切断面之立面图.四边形 $abnd$ 为其平面图.又平行于切断平面 tTt' 之副投影面上之投影 $e_1m_1n_1d_1$,为其切口之实形.

作图题2　有已知之正八面体,以垂直于水平投影面之平面切断,求其切口之投影.

解 切断平面之水平迹与八面体各棱之平面图之交点,为切断平面与其棱之交点之平面图.故依此关系,而求其立面图可也.

作图 如图 172 所示,图中,直线 25 为切断面之平面图.六角形 $1'2'3'4'5'6'$ 为其立面图.

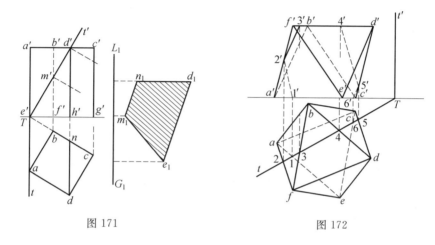

图 171　　　　　　　　　　　图 172

作图题 3 有已知之正八面体,以倾斜于两投影面之平面切断,求其切口之投影.

解 于垂直于切断平面之水平迹,及直立迹之副投影面上作副投影.此时各棱之副投影,与切断平面之副投影面上之迹之相交点,为各棱与切断平面交点之副投影.故由此副投影,可先求其平面图与立面图,而后求其切口之两投影图可也.

作图 如图 173 所示,先于垂直于切断平面 T 之水平迹之副投影面上作副投影,次求其切口之平面图 $ghijkl$,及立面图 $g'h'i'j'k'l'$ 之图也.

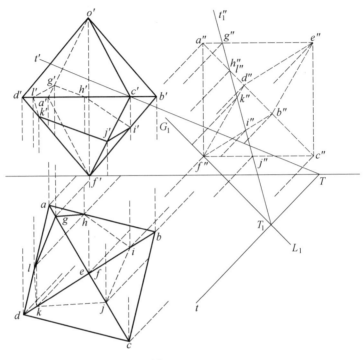

图 173

作图题 4 有直立于水平投影面上之正六角柱,以倾于两投影面之平面 T 切断,而求其切口之投影及其实形.

解 角柱之侧棱,因其垂直于水平投影面.故易求其侧棱与切断平面之交点.后将所求之交点联结,作成多角形可也.

作图 如图 174 所示,先由 a 向切断平面之水平迹 tT 引平行线 al,使其与基线相交于点 1. 由点 1 引投射线,使其与切断平面之直立迹 Tt' 相交于点 $1'$ 次由 $1'$ 引平行于基线之 $1'm'$ 使其与 $a'a'$ 相交于点 m',则 m' 为棱$(a,a'a')$ 与切断平面 T 相交点之立面图.同法,求得其棱与平面 T 相交点之立面图后,将其各点联结作成六角形 $m'n'p'q'r's'$,是即所求之切口之立面图.而其切口之平面图与角柱之平面图 $abcdef$ 相一致.次将平面 T,以其水平迹为轴,倒于水平投影面上,则得切口之实形 $m_1 n_1 p_1 q_1 r_1 s_1$.

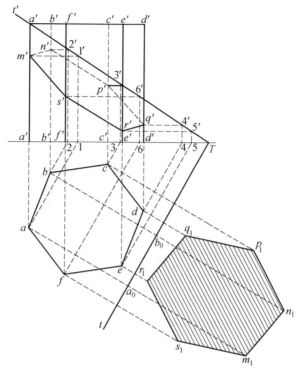

图 174

作图题 5　有一角锥,其底不在投影面上.今以倾斜于两投影面之平面切断,求其切口.

解　先求含各棱之直立面与切断平面之交迹.次求其交迹与各棱之交点.后将其各交点顺次联结而作成多角形可也.

作图　如图 175 所示,先求过角锥顶点之直立线与切断平面 T 相交点之立面图 o'.次求 va 或其延长线与平面 T 之水平迹之交点 e.再由 e 向基线引垂线,求其足 e'.此时直线 $o'e'$,为含棱 VA 之直立面与平面 T 之交迹之立面图.依此 $o'e'$ 与 $v'a'$ 之交点 a',为棱 VA 与平面 T 之交点之立面图.同法,求得各棱与平面 T 之交点之立面图,则可求其切口之立面图 $a'b'c'd'e'$.

次根据立面图 $a'b'c'd'e'$,即可求其平面图 $abcde$.其后将平面 T 倒于水平投影面上,即得其实形 $A_1B_1C_1D_1E_1$.

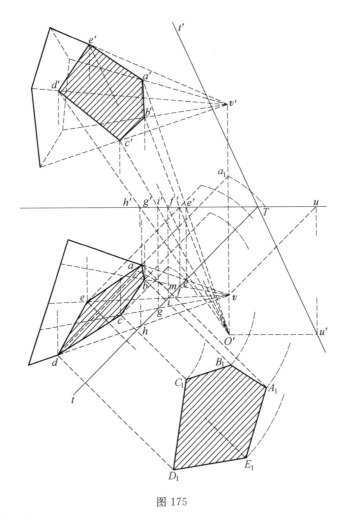

图 175

2. 圆锥之切口

如图 176 所示，V 为顶点之圆锥，以平面 R 切断，其切口为 BAB_1. 又切于平面 R，及内切于圆锥之球 o，使其与锥面之接触线为 KLJ. 此时 KLJ 为圆，而垂直于圆锥之轴. 次含圆 KLJ 之平面为 H，使其与平面 R 之交迹为 DN.

由切口 BAB_1 上之任意一点 P，向平面 H 及直线 DN 引垂线，使其足为 M,N. 又将 PV 相结，则 PV 为圆锥面之一面素，故与圆 KLJ 相交，其交点为 L. 今置圆锥之底角为 ϕ，二平面 R,H 间之角为 θ，即

$$\angle PLM = \phi, \angle PNM = \theta$$

然三角形 PML, PMN，因均为直角三角形，故此两三角形，无论 P 在 BAB_1 上之任何位置，均不变其形状. 是故 $PL:PM$ 为定值, $PL:PN$ 为定值. 然球 o 与平面 R 之切点若为 F，则 PF, PL 因其均为由 P 向球所引之切线，故 $PF = PL$; 因知 $PF:PN$ 为定值. 而 PN 对于切口 BAB_1 为定直线，又 F 为定点，故曲线 BAB_1 为椭圆、抛物线或双曲线, 诸曲线中之一形. 然平面 R，因其垂直于 VX，故其切口为圆，若含其轴则为直线. 此时 F 为焦点, DN 为导线.

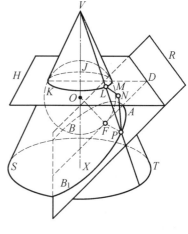

图 176

如图 177 所示，$\theta = \phi$ 时, 若 $PL = PN$，则其切口为抛物线. 又如图 178 所示 $\theta < \phi$ 时，若 $PL < PN$，则其切口为椭圆形. 又如图 179 所示，$\theta > \phi$ 时，若 $PL > PN$，则其切口为双曲线.

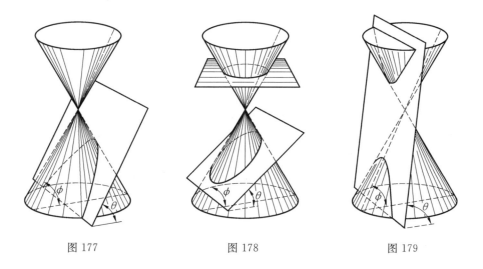

图 177　　　　　　　图 178　　　　　　　图 179

3. 求圆锥切口之实形之方法

如图 180，图 181，图 182 各图所示，为其轴平行于直立投影面之圆锥，以垂直于直立投影面之平面切断而求其切口之图也.

今图 180 为椭圆,图 181 为抛物线,图 182 为双曲线.

图 180 之 DD_1,为切断平面之直立迹,而与 VR,VS 之交点为 A,A_1. 又切于 VR,VS,DD_1 三线作圆 o,o_1 使其与 DD_1 相交于点 F,F_1. 此时以 AA_1 为长轴,F,F_1 为焦点所作之椭圆,乃其切口之实形. 本图之作,因避图之混杂,将 DD_1 移至于适当之位置 $D'D'_1$ 处所作之图也. 是即以 $A'A'_1$ 为长轴,F',F'_1 为焦点,$DD',D_1D'_1$ 为导线,曲线 $A'P'A'_1$ 为切口之实形之椭圆.

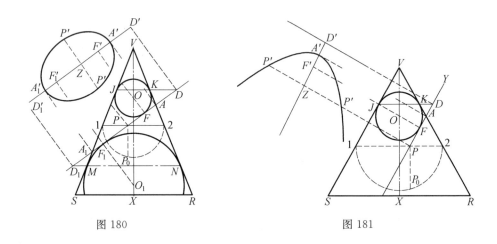

图 180   图 181

又另一作法,先引垂直于轴 VX 之任意直线 12,使其与 VS,VR 相交于点 1,2. 即以 12 为直径,引圆 $1P_02$. 次由 12 与 DD_1 之交点 P,向 12 引垂线,使其与圆 $1P_02$ 相交于点 P_0. 更由 P 向平行于 DD_1 之直线 $D'D'_1$ 引垂线,其足为 Z. 此时于 PZ 上,取 ZP' 等于 PP_0,其点 P' 即为椭圆上之点. 同法,求得其椭圆上之各点,将其联结作成曲线,即为所求之切口之实形也.

次图 181,图 182 之作图,与上述之作图大致相同,故略其说明.

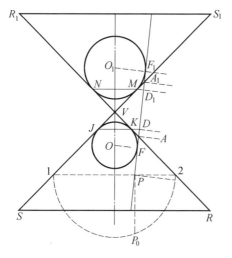
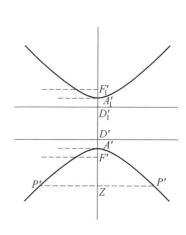

图 182

4. 圆柱之切口

圆锥之顶点,由其底渐渐及远使其至无限远之距离时,则其极限之圆锥而成圆柱.故圆柱以平面切断之切口,与圆锥之切口同.然圆柱之切口,不形成抛物线形或双曲线形,而形成直线,圆,椭圆等形.

作图题 6 圆锥面之投影为已知,求其与投影之相交迹.

解 圆锥之切口,一般知其为椭圆形,抛物线形,或双曲线形,故仅求其焦点及轴之长可也.

作图 如图 183 所示,为圆锥之轴平行于直立投影面时,而求其水平迹之图也.其作法,先引切于立面图之外廓线 $a'v'b'$,及基线之圆 o',使其与基线相切于点 f'.此时圆 o' 内切于圆锥,而为切于水平投影面之球之立面图.f' 为球与水平投影面之切点之立面图.次由 f' 引投影线,使其与轴之平面图 vc 相交于点 f,则 f 为圆锥之水平迹之一焦点.又由 $v'a', v'b'$ 与基线之交点 a', b' 引投射线,使其与 VC 相交于点 a, b. 此时 ab 与圆

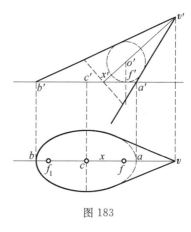

图 183

锥之水平迹之轴.本图中,因其形成椭圆,此椭圆以 f 为一焦点,ab 为长轴.是即所求之水平迹也.

如图 184 所示,为圆锥之轴,倾斜于两投影面之图也.其求法与前图同.其法,先求其焦点之平面图 f.次由圆锥之立面图之外廓线 $v'm'$ 与基线相交之点 m',向基线引垂线 $m'm$.更由 f 向 $m'm$ 引垂线 fm.又由 $m'n'$ 之中点 c' 引投射线,使其与轴之平面圆相交于点 c.此时 c 为圆锥之水平迹之椭圆中心,cm 之长等于椭圆长轴之半.故于 vc 上取 ca,cb 等于 cm,而作 ab 为长轴之椭圆.则此椭圆,即为所求圆锥之水平迹.

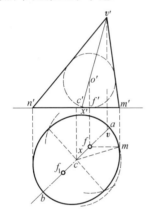

图 184

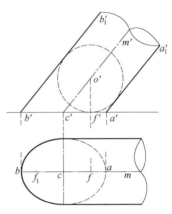

图 185

作图题 7 已知圆柱面之投影,求其投影面之交迹.

求圆柱面与投影面交迹之作图法,与前题求圆锥面与投影面之交迹同.如图 185 所示,乃求圆柱面之轴平行于直立投影面时之水平迹,图 186 所示,乃求圆柱面之轴,倾斜于两投影面时之水平迹也.

作图题 8 有轴垂直于水平投影面之圆锥,以垂直于直立投影面之平面切断.求其切口之投影及其实形.

解 先引多数圆锥面之面素(Element),而求其与切断平面相交点之投影.此

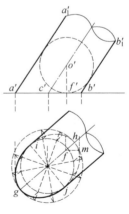

图 186

时各交点相结所成之曲线.即为所求之切口之投影.又求切口之实形,须将切断平面,倒于水平投影面上求之可也.

作图 下列之图 187,图 188,乃就其大要所作之图也.

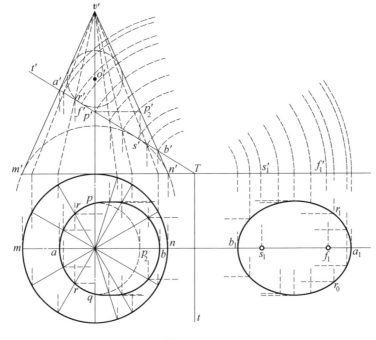

图 187

作图题 9 有置其底于水平投影面上之锥体,以倾斜于两投影面之平面切断时,求其切口之投影.

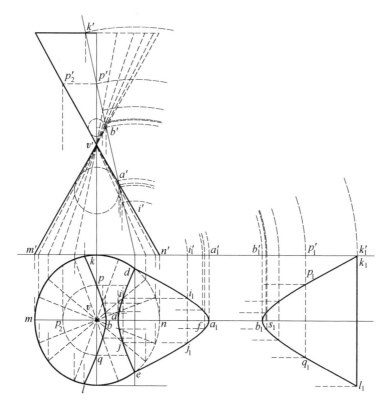

图 188

解 先引多数锥面之面素,而求其与切断平面相交之点可也。

作图 如图 189 所示,图中作任意之面素 $v1, v'1'$,而求含此直立面与切断平面 T 之交线 $gh, g'h'$。此时 $gh, g'h'$ 与 $v1, v'1'$ 之交点 a',即为所求之切口上之一点。同法,再求其他之点将其联结作成曲线 $alfe, a'l'f'e'$,即为所求之投影。

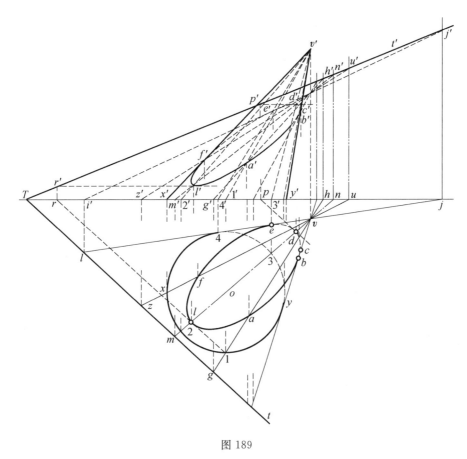

图 189

作图题 10 有置其轴平行于基线之直圆锥，以倾斜于两投影面之平面切断时，求其切口之投影及其实形．

解 引面素而求其与切断平面之交点．将其各交点相结作成曲线，即为所求之投影．又切口之实形，可将其切断平面倒于水平投影面上求之即得．

作图 如图 190 所示，即其大要之图也．

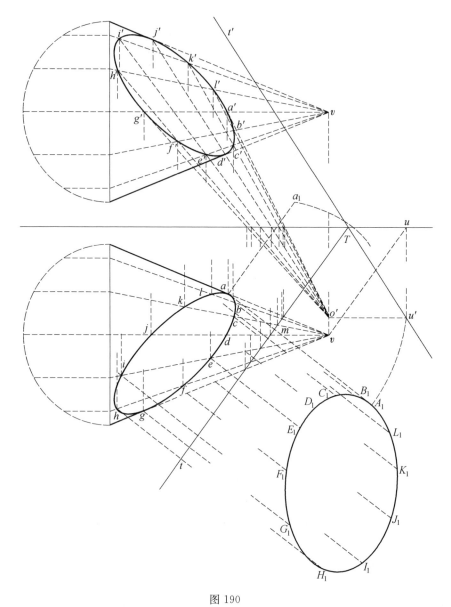

图 190

作图题 11 有倾斜于两投影面之角柱，以倾斜于两投影面之平面切断时，求其切口之投影.

解 先求角柱之棱与切断平面之交点. 次将其各交点相结作成多角形，即为所求之投影.求棱与切断平面之交点,须求含棱之直立面与切断平面之交迹方可易求其交点.此时若求平行于棱之直立面与切断平面之交迹,则作图上,益形便利.

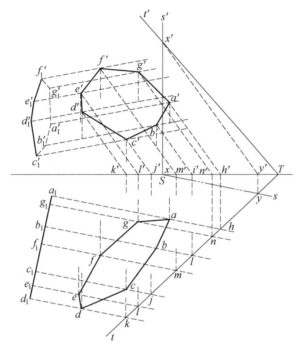

图 191

作图题 12 有置其底于水平投影面上之柱体,以倾斜于两投影面之平面切断,求其切口之投影.

其求法与前题大致相同,亦必求得其面素与其切数平面之交点方可.其作图之说明,兹免重复从略.如图 192 所示,乃其大要图也.

作图题 13 今有其轴垂直于水平投影面之回转体,以倾斜于两投影面之平面切断.求其切口之投影.

解 其立体之轴垂直于水平投影面,故以水平面切之,其切口为圆.依此关系,则所求之切口上之点,不难求也.

作图 如图 193 乃示平行于水平投影面之任意平面 H_1 切已知之立体,而求其平面图之圆 12. 又求平面 H_1 与切断平面 T 之交迹之平面图 pi. 此时圆 12 与直线 pi 之交点 f, i, 即为所求之切口上二点之平面图. 又由 f, i 引投射线,使

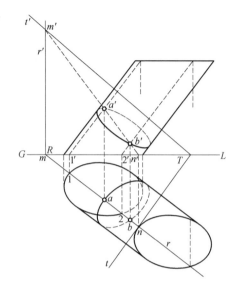

图 192

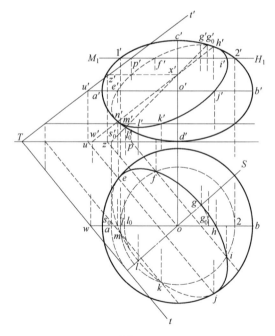

图 193

其与平面 H_1 之直立迹 H_1H_1 相交于点 f',i',则 f',i' 为其立面图. 同法,求其切口上诸点之投影,将其联结而成曲线 $efgk,e'f'g'k'$,即为所求之切口之投影.

切口之投影,如欲得其正确,可如下法求之:

(i) 切口上之最高点与最低点:

最高点与最低点,含回转体之轴,而位于垂直于切断平面之水平迹之平面上. 故以含其轴而垂直于平面 T 之水平迹之平面 S 切平面 T 及其立体. 将其所得之切口回转于其轴之周,使其与直立投影面平行. 此时立体之切口之立面图与立体之立面图相一致. 依此则回转后之平面 T 之切口立面图 $x'S'$ 与立体之立面图所交之点 g'_0,l' 为最高点与最低点之回转后之立面图. 后将回转平面 T 复归原有之位置,则得所求之立面图 g',l' 及平面图 g,l.

(ii) 立体平面图之外形线上之点:

求立体平面图之外形线上之点时,可将立体切口之平面图,以立体平面图之外形线之平面切之可也. 此图中之立体,因其为椭圆回转体,故以含立体中心之水平面切之,即得所求之点 e,e',j,j'.

(iii) 立体立面图之外形线上之点:

求立体立面图之外形线上之点,可将立体切口之立面图,以立体立面图之外形线之平面切之可也. 此图中之立体,若以含立体之轴,而平行于直立投影面之平面切之,即得所求之点 n,n',h,h'.

作图题 14 有一轴垂直于水平投影面之椭圆体,以倾斜于两投影面之平面切之,求其切口之投影.

解 水平面切得椭圆体之切口,与椭圆体之平面图为相似形. 故所求之切口上之点不难求也.

作图 如图 194 所示,图中 ab,cd 为已知之椭圆体之平面图. 其 $a'b',e'f'$ 为其立面图. 今椭圆体以任意之水平面 H_1 切之,其立面图为直线 $m'n'$. 次由 m',n' 引投射线,使其与 ab 相交于点 m,n. 更由 m 引平行于 ac 之平行线,使其与 cd 相交于 k. 此时短轴 kl,长轴 mn 之椭圆,为水平面 H_1 所切得之切口之平面图. 次求平面 H_1 与切断平面 T 相交迹之平面图 rs,及 rs 与椭圆 $mknl$ 之交点 1,3. 此时 1,3 为所求之切口上二点之平面图. 更由此引投射线,使其与 $m'n'$ 相交于点 $1',3'$,则点 $1',3'$ 为其立面图. 同法,求得切口上之各点,将其联结所成之曲线,即为所求之投影.

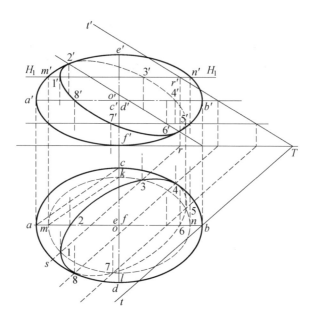

图 194

作图题 15 求已知之立体与直线之交点.

解 以含已知直线之任意平面切已知之立体,而求其切口与直线之交点. 此交点,即为所求之点. 若已知之立体为多面体时,应以垂直于投影面之平面切之. 又已知之立体为锥体或柱体时,应以切口为直线之平面切之. 又球体因其切口始终为圆,故应以垂直于投影面之平面切之. 又切口为椭圆形之立体,如作切口之投影,可作含切口之水平迹为圆之柱面,而切其柱面与直线之交点可也.

作图 1 如图 195 所示,乃求四面体 $abcd$ 与直线 mn 之交点图也. 作图之法,用含直线 mn 之直立面切之,而求其切口之投影 1234 及 $1'2'3'4'$. 今此两投影与 $mn, m'n'$ 所交之点 p, p', q, q',即为所求之点.

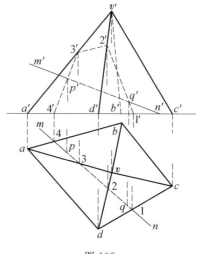

图 195

作图 2 如图 196 所示,乃求锥体与直线交点之图也. 图中, 以含已知之直线 ab 及锥体之顶点 v 之平面切之,其切口为直线. 故切口之直线 ve,vf 与 ab 所交之点 p,q,即为所求之点.

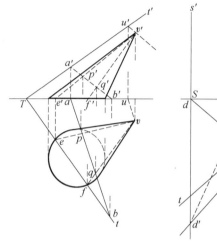
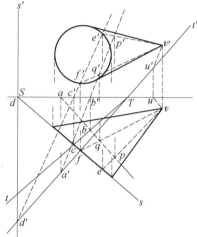

图 196

作图 3 如图 197 所示,乃求柱体与直线之交点图也. 图中,以含已知之直线 ab 且平行于柱面之轴之平面 t 切之,而求其切口 cp,dq, 与 ab 之交点 p,q.

作图题 16 由已知之二点 a,b,求其距离之比为 $2:1$ 之点于直线 mn 上.

解 先由二点 a,b 求其距离之比为 $2:1$ 之点之轨迹,后求其 mn 之交点可也.

作图 如图 198 所示,将 ab 以 $2:1$ 之比内分或外分,而求其内分或外分之点 k,l. 次以 kl 为直径作球. 此时其球面,乃由 a,b 之距离之比为 $2:1$ 点之轨迹也. 故球与 mn 之交点 p,q,即为所求之点.

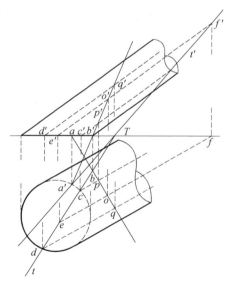

图 197

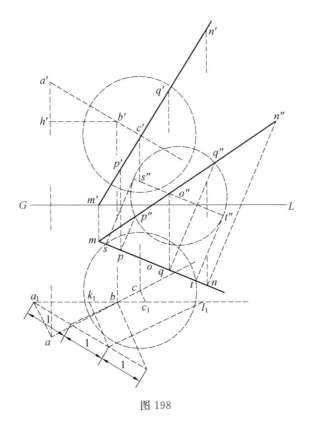

图 198

作图题 17 由已知二点 a,b 而于平面 t 上,求其距离为 $d_1:d_2$ 之点.

解 先求距 a,b 为 $d_1:d_2$ 之点之轨迹,次求其与平面 T 之相交迹.此相交迹,即为所求之点.

作图 如图 199 所示,圆 a'',b'',以 a,b 为中心,d_1,d_2 为半径所作之球之立面图.其副投影面为平行于 ab 之直立面.$cd,c'd'$ 乃含球 a,b 之相交迹之平面 rRr' 与平面 tTt' 之相交迹.故点 $(p,p'),(q,q')$,即为所求之点.

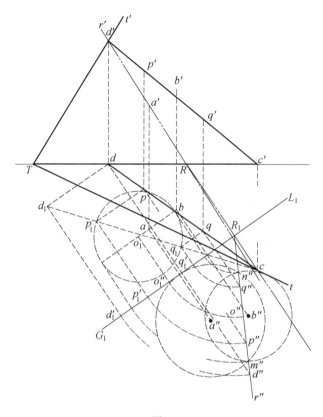

图 199

5. 球面三角形

先作一球,以含球之中心三平面切之,依其各切口所围成之球面之部分,谓之球面三角形. 如图 200 所示,图中 O 为中心之球面,以三平面 AOB, BOC, COA 切之,其切口为 $\overset{\frown}{AB}$, $\overset{\frown}{BC}$, $\overset{\frown}{CA}$. 而球面 ABC 为球面三角形. 此时 A 处 $\overset{\frown}{AB}$, $\overset{\frown}{CA}$ 之切线间之角. 等于平面 AOB, COA 间之角. 同法, B 处切线间之角等于平面 AOB, BOC 间之角. 又 C 处切线间之角等于平面 BOC, COA 间之角. 今为说明之便利计,设其角

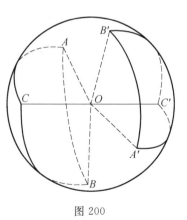

图 200

为 A,B,C. 又设 $\angle BOC, \angle COA, \angle AOB$ 为 α,β,γ. 此时 A,B,C 为球面三角形之顶点.

次引垂直于平面 BOC, COA, AOB 之半径 OA', OB', OC' 而作 A', B', C' 为顶点之球面三角形 $A'B'C'$. 此时 A', B', C' 处之角,为角 A', B', C'. 又设角 $B'OC', C'OA', A'OB'$ 为 α', β', γ'. 而得下列之关系

$$\angle A + \angle \alpha' = 180°$$
$$\angle A' + \angle \alpha = 180°$$
$$\angle B + \angle \beta' = 180°$$
$$\angle B' + \angle \beta = 180°$$
$$\angle C + \angle \gamma' = 180°$$
$$\angle C' + \angle \gamma = 180°$$

如图 201 所示, abc 乃 o 为中心之球面三角形之平面图. $a'b'c'$ 为其立面图. 今边 AC, 因其位于水平投影线上, 故 $\angle aoc = \angle B$. 次由 b 向 oa 引垂线, 其足为 n, 由 b 向 bn 引垂线 bb_3, 使其等于 B 之高 $b'h$, 此时 $\angle b_3 nb = \angle A$. 更于 nb 之延长线上取 nb_4 等于 nb_3, 则 $\angle nob_4 = \angle \gamma$. 同法, 可求得 $\angle C, \angle \alpha$.

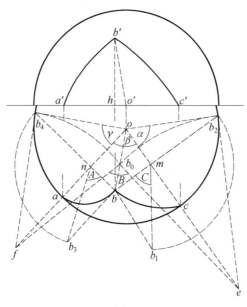

图 201

次由 b_4 向 ob_4 引垂线, 使其与 on 之延长线相交于点 f, 则 f 为于 B 处 $\overparen{BA}$

之切线之水平迹.同法,再于 B 处求 $\overset{\frown}{BC}$ 之切线之水平迹 e.后以 f 为中心,fb_4 为半径作圆弧,使其与 ob 相交于点 b_0,则 $\angle eb_0 f = \angle B$.

6. 杂题

1. 如图 202 所示,为其轴垂直于水平投影面之圆环,以倾斜于两投影面之平面切之,而求其切口之投影图也.

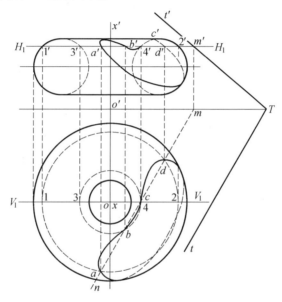

图 202

2. 如图 203 所示,为其轴垂直于水平投影面之单双曲线回转体,以倾斜于两投影面之平面切之,而求其切口之投影图也.

3. 如图 204 所示,为水平直线切触于直线 mn 及直立圆锥,当其直线移动时,以动直线所作之曲线切以平面 T,而求其切口投影之图也.

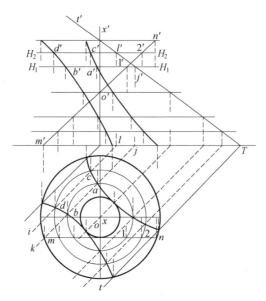

图 203

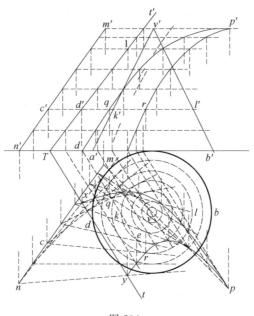

图 204

练习题

(1) 有顶角为 60°之圆锥,其轴与水平投影面成 20°,其顶点位于水平投影面之上 3 cm 处.试求其曲面之水平迹.

(2) 如图 205 所示,为一回转体,以垂直于直立投影面之平面 T 切之,试求其切口之平面图及其实形(单位:cm).

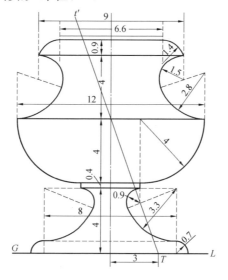

图 205

(3) 如图 206,图 207 所示之各立体,以平面 T 切之,试求其切口之平面图及其实形(单位:cm).

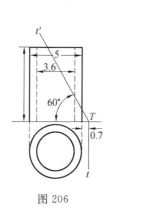

图 206

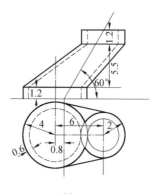

图 207

(4) 与直立投影面成 30°之水平圆柱(直径 4 cm),切以平面.其平面与水平投影面成 60°,直立投影面成 50°.试求其切口之投影及其实形.

(5) 直角柱之底为一边长 3 cm 之正六角形,其底之一边 AB,位于水平投影面上而与基线成 45°.今含 AB 之侧面与水平投影面成 70°时,切以平面,其平面与水平投影面成 60°与直立投影面成 50°试求其切口之投影.

(6) 如图 208 所示,为球 o 切以平面 T,试求其切口之投影及其实形(单位:cm).

(7) 如图 209 所示,以直线 mn 为水平投影面上之圆 o 为导线之直锥状面,切以平面 T.试求其切口之投影及其实形(单位:cm).

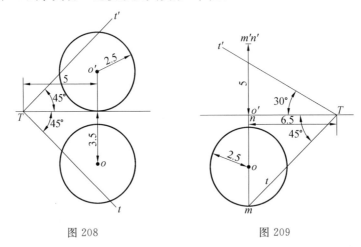

图 208   图 209

(8) 有与水平投影面成 45°与直立投影面成 30°之直线 AB,与基线间之最短距离为 2 cm.又有与水平投影面成 45°与直立投影面成 60°之平面 T.今 AB 与基线间之线分为 3 cm,试求平行于平面 T 之直线之投影.

(9) 球面三角形,其角 α,β,γ 为已知,求角 A,B,C.

(10) 球面三角形,其角 α,β,C 为已知,求角 γ,A,B.

第六章 曲　　面

1. 柱面

一直线，接触于他一曲线，使其始终保持平行移动时，其动直线之轨迹，谓之柱面（Cylinderical surface）. 如图 210 所示，乃 AB 为导线所成之柱面之图也. 其柱面，因平行于各直线之面素，故接近二面素，应在一平面上. 凡似此曲面，通属于单曲面. 又一直线，回转于与此平行之他直线之周时，其所生之柱面，谓之圆柱面（Circular conical surface）.

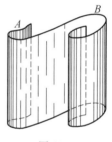

图 210

2. 柱体

如图 211 所示，导线为圆或椭圆之闭曲面之面柱，及与此相交之二平行之平面，其所围成之立体，谓之柱体（Cylinder）. 此时二平行平面，与柱面之交切线所成之平面形，谓之柱体之底. 二底间垂直距离之高，谓之柱体之高. 二体之重心所结之直线，谓之轴. 其轴垂直于底者，谓之直柱体（Right cylinder）. 其不垂直者，谓之斜柱体（Oblique cylinder）.

柱体之曲面为圆柱面者，谓之圆柱（Circular cylinder）. 其轴垂直于底者，谓之直圆柱（Right circular cylinder）. 其不垂直者，谓之斜圆柱（Oblique circular cylinder）.

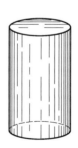

图 211

3. 锥面

一直线过一点 V 且接触于他一曲线 AB 而移动时，其动直线之轨迹，谓之锥面（Conical surface）. 其点 V，谓之顶点. 参照图 212. 此时曲面，因其各直线面素聚会于其顶点,故接近二面素恒在一平面上.似此曲面,亦属于单曲面.

又一直线与他一直线相交,以他一直线为轴,而旋转于其周时,则所生之锥面,谓之圆锥面(Circular conical surface).

锥面,如图 213 所示,其顶点之两侧为对称形之二曲面,此等曲面,谓之拉帕(Nappe),即对顶锥面.

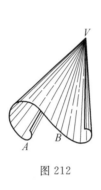

图 212

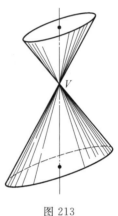

图 213

4. 锥体

由一拉帕之锥面与其相交之一平面所围成之立体,谓之锥体(Cone).围成锥体之二面,其相交所成之平面形,谓之底.参照图 214.锥体之顶点与其底之重心相结之直线,谓之轴.其轴垂直于底者,谓之直锥体(Right cone).其不垂直者,谓之斜锥体(Oblique cone).又由其顶点至其底垂直之距离,谓之锥体之高.

图 214

图 215

锥体之曲面为圆锥面者,谓之圆锥.其轴垂直于底者,谓之直圆锥.其不垂直者,谓之斜圆锥.直圆锥之底为一圆,其圆之半径为底之半径.又母线与底所成之角,谓之直圆锥之底角.其在一子午面上直线面素间之角,谓之顶角.

锥体以平行二平面截断时,其二平面间之部分,谓之截头锥(Frustum of cone).如图 215 所示,即此例也.

又锥体以不平行二平面截断时,其二平面间之部分,谓之斜截头锥(Truncated frustum of cone).

作图题 1 轴之长,底之半径,及轴与水平投影面所成之角 θ 均为已知,求作直圆锥之投影.

解 置其轴平行于直立投影面,则圆锥之立面图,为二等边三角形.由此,则其立面图,可易求也.而其底之平面图为椭圆.故由顶点之平面图,向椭圆引切线,则得所求之平面图.

作图 如图 216 所示,图中先作与基线成角 θ 之 $v'a'$,使其等于长轴.次由 a' 作垂直于 $v'a'$ 之 $d'j'$,而于 $d'j'$ 上取 $a'd'$,$a'j'$ 各等于其底之半径.此时二等边三角形 $v'd'j'$,即为所求之立面图.

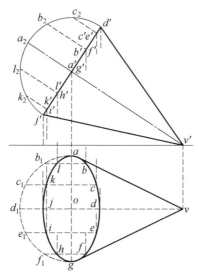

图 216

次引平行于基线之任意直线,使其与由 v',a' 所引之投射线相交于点 v,o. 复于 oa 上,取 oa,og 各等于其底之半径,又由 d',j' 引投射线,使其与 ov 相交于点 d,j. 此时 ag 为长轴,dj 为短轴所作之椭圆,为其底之平面图.后由 v 引二切线切于椭圆,则所成之图形,即为所求之平面图.

作椭圆之法,先以 $d'j'$ 为直径作半圆,将其半圆分为任意之等份,由等分点向 $d'j'$ 引垂线,其足为 b_1, c_1, d_1, e_1, f_1. 此时由 $d', e', f', \cdots$ 引投射线,使其与由 $b_1, c_1, d_1, \cdots$ 引平行于基线之直线相交,将其交点联结,则所成之曲线 $abcd\cdots$,即为所求之椭圆.

作图题 2　轴之长,底之半径,轴与水平面间所成之角 θ,均为已知,求作直圆柱之投影.

解　置其轴平行于直立投影面时,其圆柱之立面图为矩形.故与前题同法,而求其立面图及平面图可也.

作图　如图 217 所示之矩形 $d'j'v'p'$ 为所求之立面图. $d'j'$ 等于其底之直径. $d'p'$ 等于其轴之长. $d'p'$ 与基线所成之角等于角 θ. 二椭圆 adc, mnp 为其二底之平面图.后由二切线 am, gs 所围成之图形,即为所求之平面图.

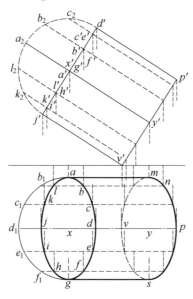

图 217

作图题 3　轴之投影 $vo, v'o'$ 与底之半径为已知,求作直圆锥之投影.

解　先于平行于其轴之直立面上,作副投影,则圆锥之副投影为二等边三角形.次求平行及垂直于副投影面之底二直径之平面图及立面图,而作其共轭轴之椭圆.后由与此椭圆对应之顶点之投影引切线切此椭圆,则得所求之投影.

作图　如图 218 乃示其大要之图也.

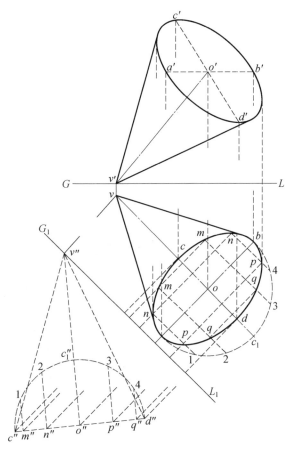

图 218

作图题 4 轴之投影 oo_1, $o'o'_1$ 与底之半径为已知,求作直圆柱之投影.

先于平行于其轴之直立面上作副投影,则圆柱之副投影为矩形,故易求其副投影. 后由其副投影,即可求其平面图及立面图. 如图 219 所示,乃其大略图也.

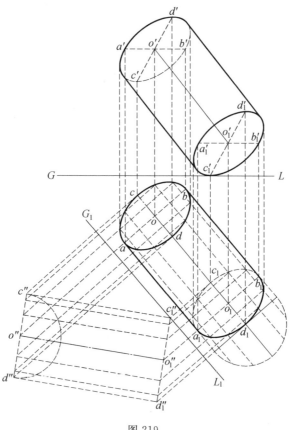

图 219

5. 圆锥圆柱与内切球

如图 220 所示,设接二直线 VA, VB 之任意圆为 O,将圆 O 旋转于其角 AVB 二等分线之周,此时 AVB 为一圆锥面,圆 O 为一球内切于圆锥面.若圆 O 为切于 AVB 之任意圆,则圆锥面可以任意之球内切.然圆锥面之投影,乃由其顶点之投影,向其内切球之投影所引之二切线而成.故作圆锥面之投影,若作内切球之投影可也.

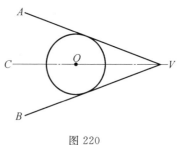

图 220

同法,圆柱面可以其圆柱面同半径之球内切.故圆柱面之投影为平行于其轴之投影,而由切于内切球之投影之二直线所成.

作图题 5 圆锥面之顶角 α 与其轴之投影为已知,求其投影.

解 平行于圆锥面之轴之平面上之投影中,由其顶点向内切球所引之二切线间之角等于顶角.依此,可使其轴平行于一投影面或平行于其轴,设副投影面,而求其内切球.然后,求其内切球之平面图及立面图,即可作成所求之投影.

作图 如图 221 所示,图中 vm,$v'm'$ 为已知之轴回转于顶点 v,v' 之周,而求平行于直立投影面时之投影 $v'm'_1$.次由 v' 引二直线,使其与 $v'm'_1$ 成 $\frac{1}{2}\alpha$,复引任意之圆 o'_1 切于所引之二直线.此时圆 o'_1 为回转后内切球之立面图.后将其轴复归原有之位置,而求其内切球之平面图 o,及立面图 o'.后由 v,v' 向圆 o,o' 引二切线,则其所围成之图,即为所求之投影.

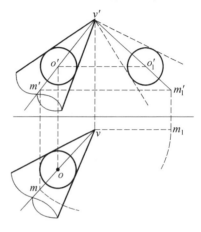

图 221

作图题 6 圆柱面之轴之投影 mn,$m'n'$ 与直径 d 为已知,求其投影.

先以 d 为直径作圆,置其中心于 mn,$m'n'$ 上,次引平行于 mn,$m'n'$ 之二切线.此时由其切线所成之图,即为所求之投影.如图 222 所示,即其大略之图也.

作图题 7 锥体之两投影与其曲面上一点之平面图为已知,求其点之立面图.

解 锥面上之一点与其顶点所联结之直线,因其为锥面之面素,故过已知之点引面素,则本问题之作图,自不难解决矣.

作图 如图 223 所示之 p,为其底位于水平投影面上之锥体上一点 p 之平面图.其求法,先联结顶点之平面图 v 与 p,使其与其底之平面图相交于点 m.更由 m 引投射线使其与基线相交于点 m'.后将 m' 与其顶点之立面图 v' 相结,此时 $v'm'$ 因其为过 p 面素之立面图,故由 p 引投射线,使其与 $v'm'$ 相交,则所得之交点 p',即为所求之立面图.

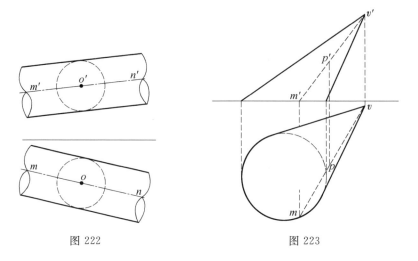

图 222　　　　　　　　　图 223

如图 224 所示,为其轴平行于基线之直圆锥,圆锥上之一点 P 之平面图为已知,而求其立面图 p' 之图也。此时,其底之两投影,因其垂直于基线之一直线上,故作其侧面投影,即易求其立面图 p'。

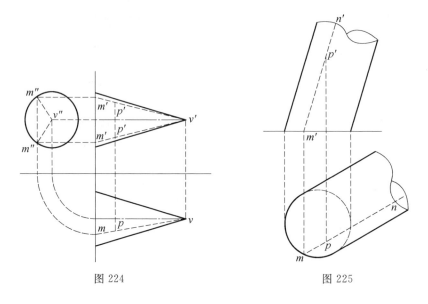

图 224　　　　　　　　　图 225

作图题 8　柱体之底位于水平投影面上,而柱体上之一点 P 之平面图为已知,求其立面图 p'.

其作图法与前作图题同,若求得过点 P 之面素之立面图即可也.柱面之面素,因为平行,故易引过点 P 之面素.如图 225 所示,mn,$m'n'$ 为过点 P 之面素,由 p 所引之投射线与 $m'n'$ 相交之点 p',即为所求之立面图.

作图题 9 有横置于水平投影面上之圆柱,其面上一点 P 之平面图 p 为已知,求其立面图.

解 圆柱面之投影,于垂直于其轴之平面上为一圆.故于垂直于其轴之直立面上作副立面图,亦为一圆,而 P 之副投影,即在此圆上.故由 P 之副投影至副基线之距离,等于由 P 至水平投影面之距离.是故求得其副投影,即可求其 P 之立面图 p' 也.

作图 如图 226 所示,即其大要图也.

6. 球

将圆回转于其直径之周,以回转圆所作之立体,谓之球(Sphere).

7. 圆环

将一圆回转于含有圆之平面内一直线之周时,其回转圆所作之立体,谓之圆环(Annular torus)故圆环之内面,能以回转圆之半径之球内切.

如图 227,乃示垂直于水平投影面之 OX 为回转轴之圆环之投影图也.

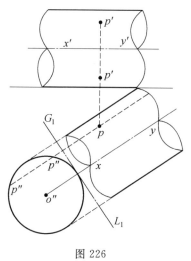

图 226

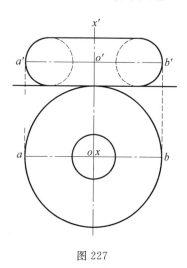

图 227

作图题 10 圆环之轴 XY,回转之中心 o,回转圆之半径 r,及回转之中心 O

至 R 之距离均为已知,求圆环之投影.

解 先以 O 为中心,R 为半径,作垂直于 XY 之圆 AB 之投影. 次置中心于圆 AB 上,作半径 r 球之投影. 其后引切于各球之投影之曲线可也.

作图 如图 228 所示,先作含 O 且垂直于 XY 之平面 T. 次于此平面上,以中心为 O,半径为 R,而作圆之投影 $abcd$, $a'b'c'd'$. 然后于圆之投影上. 作多数半径为 r 之圆. 此时各圆,因其为所求之内切于圆环之球之投影,故如图所示,引切于各圆之曲线可也.

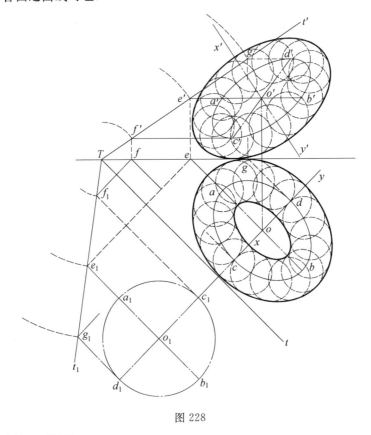

图 228

8. 椭圆回转面

椭圆回转于其一轴之周时,其所生之曲面,谓之椭圆回转面(Ellipsoid of revolution),或称为椭球(Spheroid). 椭圆回转于其长轴之周时,其所生之曲面,谓之长椭球(Prolate spheroid). 回转于其短轴之周时,其所生之曲面,谓之扁椭球(Oblate spheroid).

如图 229，乃示其轴垂直于水平投影面之长椭球之投影. 图 230 乃示扁椭球之投影也.

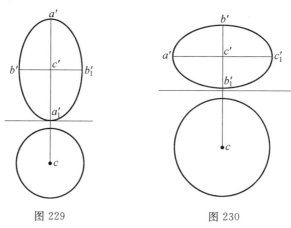

图 229　　　　　图 230

椭球若以垂直于其轴之平面切之，其切口为圆. 以不垂直于其轴之平面切之，其切口为椭圆. 以平行平面切之，其切口则为相似形.

9. 复双曲线回转面

双曲线回转于其横轴之周时，其所生之曲面，谓之复双曲线回转面(Hyperboid of revolution of two sheets). 此时双曲线之渐近线形成圆锥，故称此圆锥，谓之复双曲线回转面之渐近锥(Asymptotic cone). 渐近锥之顶角为 α 时，若以复双曲线回转面与其轴所成之角，大于 $\dfrac{\alpha}{2}$ 之平面切之，其切口形成椭圆. 又以其他之平面切

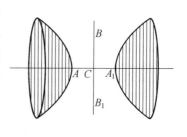

图 231

之，其所成之切口为双曲线. 以平行平面切之，其切口为相似形. 如图 231 所示，乃以 AA_1 为轴之复双曲线回转面之观察图也.

10. 抛物线回转面

抛物线回转于其轴之周，其所生之曲面，谓之抛物线回转面(Paraboloid of revolution). 此曲面，以平行于轴之平面切之，其切口为抛物线. 以不平行之平面切之，其切口为椭圆.

作图题 11　已知之球面上其一点 P 之立面图 p' 为已知，求其平面图.

解 已知之球,以含已知之点且平行于水平投影面之平面切之,此时其切口之平面图为圆,故已知点之平面图,应在其圆之上.

或以含 P 且平行于直立投影面之平面切之,而求其切口之平面图亦可.

作图 如图 232 所示,过点 p' 引平行于基线之弦 $m'n'$.此时 $m'n'$ 即为含点 p 之水平面所切之球,其切口之立面图.故 O 为中心,$m'n'$ 之长为直径所作之圆 mn,为切口之平面图.后使其与由 p' 所引之投射线相交于点 p,则 p 为所求之平面图.

作图题 12 有轴平行于直立投影面之回转面,其面上一点 P 之立面图 p' 为已知,求其平面图.

解 曲面,以含已知之点且垂直于已知回转面之轴之平面切之.此时切口为圆,故以此圆作内切于曲面之球可也.

然已知之点,因其在此球面上,故与前题同法,可求其已知点之平面图.

作图 如图 233 所示,图中 $a'x'b'y'$ 为已知曲面之立面图,$x'y'$ 为其轴之立面图.作图之法,先过 p' 引垂直于 $x'y'$ 之弦 $e'f'$.此时 $e'f'$,因其为含点 P 且垂直于其轴之平面所切得之切口之立面图.故于 e',f' 处切于 $a'x'b'y'$ 之圆 o',为于其切口处,内切于曲面之球之立面图.此球之中心,因在已知曲面之轴上,故容易求其平面图.因之点 P 之平面图 p,亦可求也.

作图题 13 有含已知之三点 P,Q,R,其中心高于水平投影面 h 之球,求其投影.

解 距三点 P,Q,R 有等距离之一点,其点之轨迹为一直线.次于其直线上,求得高于水平投影面 h 之点,即为所求之球之中心.后求得球之半径,即可作所求之投影.

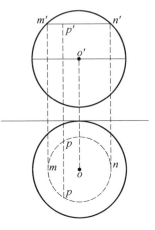

图 232

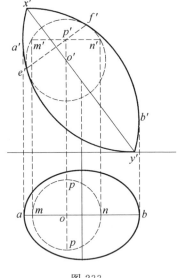

图 233

作图 如图 234 所示,乃先求垂直二等分 PQ, QR 之平面 S, T,次求其二平面之交迹 KL. 然 KL 乃距三点 P, Q, R 有等距离点之轨迹. 次于 $k'l'$ 上,求距基线有 h 之距离之点 c',则 c' 为所求球之中心之立面图. 由是而求其中心之平面图 c 可也. 其后再求 $cp, c'p'$ 之实长 cp_1. 然 cp_1 因其等于所求球之半径,故 c, c' 为中心,cp_1 为半径所作之圆,即为所求之投影.

11. 椭圆体

其一轴共通,有互相垂直之二椭圆,此二椭圆垂直于其共通轴,其轴之两端,如上述之椭圆上之椭圆所作成之立体,谓之椭圆体(Ellipsoid). 此时共通轴之中点,谓之椭圆体之中心.

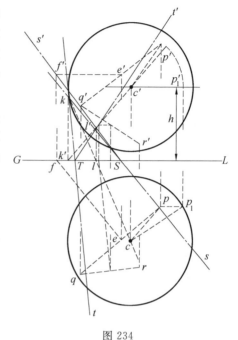

图 234

如图 235 所示,以平行于基线之 CD 为共通轴,以平行于直立投影面之椭圆 $ADBC$ 及平行于水平投影面之椭圆 $CFDE$ 为导线,而作之椭圆体之投影图也. 故椭圆体之立面图为平行于直立投影面之椭圆之立面图 $a'd'b'c'$. 其平面图为水平椭圆之平面图 $cfde$.

椭圆体以平面切之,其切口恒为椭圆. 以平行平面切之,其切口为相似形. 椭圆之长轴与其短轴相等时,则其形为圆. 故椭圆体之切口,间亦为圆形. 今图中因 $a'b' > ef > cd$,故以 o' 为中心,ef 为直径所作之圆,而与椭圆 $a'd'b'c'$ 相交于点 n', r'. 此时弦 $n'r'$ 为垂直于直立投影面之切口之立面图. 其切口之立面图之切口必为圆. 是故以平行于此之平面切之,其切口均为圆. 图 235 中,乃平行于此切口之一平面上所示之副投影图也.

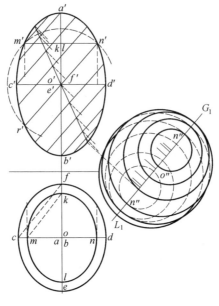

图 235

12. 椭圆抛物线体

有一点与轴为共通,其弯曲方向相同之互相垂直之二抛物线,今固定其一抛物线,将他之抛物线之一点,在固定抛物线上平行移动时,依动抛物线所作之立体,谓之椭圆抛物线体(Elliptic paraboloid). 此时其抛物线之弯曲方向若相反对,则成双曲抛物线面.

如图 236 所示,图中,ABC 以基线为轴为水平面上之抛物线. ABE 亦以基线为轴,为直立面上之抛物线. 又曲线 2,3,4,乃示抛物线 ADE 之动能.

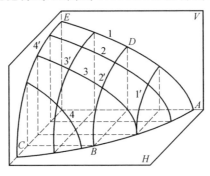

图 236

椭圆抛物线体,亦可如次之作图求之.其法设上述之二抛物线为固定抛物线,置其轴之两端于二抛物线上,其垂直于抛物线之共通轴之椭圆所作之立体,即成椭圆抛物线体.图中之 $1', 2', 3', 4'$,乃示其椭圆之图也.

此曲面,以平面切之,其切口为椭圆或抛物线.上述之二抛物线之共通轴,谓之椭圆抛物线体之轴.以平行于轴之平面切得之切口,为抛物线.以不平行于轴之平面切得之切口,为椭圆或圆.

13. 复双曲线体

有轴与顶点共通,且互相垂直之二双曲线.今置其轴之两端于所述之二双曲线上,而由垂直于其共通轴之椭圆所作之曲面,谓之复双曲线体(Hyperboloid of two sheets).又上述之二双曲线之渐近线上有其轴之两端,而依垂直于其共通轴之椭圆所作之锥面,谓之复双曲线体之渐近锥.参照图237.

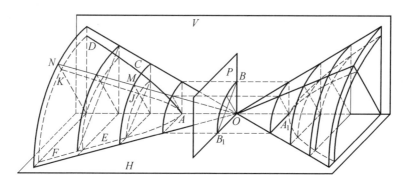

图 237

此曲面,以平行于其轴之平面切之,其切口为双曲线,其不平行于其轴之平面切之,其切口为圆或椭圆.

练 习 题

(1) 有高 8 cm,半径 3 cm 之直圆柱,其轴与水平投影面成 $30°$,与直立投影面成 $45°$ 时,试求其两投影.

(2) 有高 7 cm 之直锥体,以长轴之长 6 cm,短轴之长 4 cm 之椭圆为底,今其底与水平投影面成 $45°$,与直立投影面成 $60°$,其底之长轴与水平面成 $30°$. 试求其锥体之投影.

(3) 有二等边三角形 $a'v'b'$ ($v'a'=v'b'=7$ cm, $a'b'=6$ cm). 其底与基线成 $45°$,其形内距 v', a' 为 6 cm,2 cm 之位置有一点 p'. 今此二等边三角形,为其轴

距直立投影面前 3 cm 之距离处之直圆锥之立面图,又 p' 为锥体之曲面上其轴之前一点 P 之立面图. 试求 P 之平面图.

(4) 有高 7 cm 之直锥体,以长轴 6 cm,短轴 4 cm 之椭圆为其底. 今其轴与直投影面成 30°,底之平面图为圆. 试求其锥体之投影.

(5) 有直柱体,以长轴 6 cm,短轴 4 cm 之椭圆为底. 其二底之平面图为圆且互切. 今此柱体之轴,与直立投影面成 20° 时. 试求其投影.

(6) 有长轴 8 cm,短轴 4 cm 之长椭球. 其轴与水平面成 30°,与直立面成 45°. 试求其投影.

(7) 有已知之四点,求含此四点之球之投影.

(8) 有已知之三点,求作含此三点而切于两投影面之球之投影.

(9) 已知任意二点 P,Q,求至 P,Q 距离之比等于 $3:2$ 之点之轨迹.

(10) 以顶点与焦点之间 $\frac{1}{2}$ cm 之抛物线为母线之抛物线回转体,其轴与水平面成 35°. 试求其投影.

(11) 有高为 8 cm 之椭圆抛物线体,其底为长轴 5 cm,短轴 3 cm 之椭圆其轴与水平面成 30°,与直立面成 45°. 试求其投影.

第七章　掠　　面

1. 掠面

掠面乃由直线面素所成之曲面,其二接近面素,决不在同一平面上. 今设有不在同一平面上这三线 AB, CD, EF,另有一直线,在此三直线上移动时,其由动直线所作之曲面,谓之掠面(Warped surface or Twisted surface).

次过任意之一点,引多数平行线平行于一掠面之诸面素,此等平行线,形成一锥面. 后以此掠面上之任意二线为导线,另以一直线于上述之锥面之面素顺次平行移动时,则动直线所作之曲面,与原掠面完全一致. 此时之锥面,谓之掠面之导锥(Cone director). 故掠面乃以不在同一平面上之二线为导线,一锥面为导锥之面. 当导锥为平面时,谓之导平面(Plane director).

作图题 1　已知三线 AB, CD, EF,过 AB 上之一点 O,试引直线面素.

解　由 O 为顶点,CD 为导线之锥面,而求其与 EF 之交点 P. 此时直线 OP,即为所求之面素.

作图　如图 238 所示,先于 $cd, c'd'$ 之上,取任意之数点 $(1, 1'), (2, 2'), (3, 3'), (4, 4')$,使其与点 o, o' 联结. 次设 $o'1', o'2', o'3', o'4'$ 与 $e'f'$ 之交点为 t', u', v', w'. 复由 t', u', v', w' 引投射线,使其与直线 $o1, o2, o3, o4$ 之相对应之交点为 t, u, v, w. 此时曲线 $tuvw$,乃以点 O 为顶点,CD 为导线之锥面,与以 EF 为导线而垂直于直立投影面之柱面相交之平面图. 故 $tuvw$ 与 ef 之交点 p 为上述锥面与 EF 交点之平面图. 依此,则直线 op 为所求之面素之平面图. 后由此,即可求其立面图 $o'p'$.

作图题 2　二导线 AB, CD,与导平面 T 为已知,求平行于平面 T 上之直线 MN 之直线面素.

解　以 AB 为导线之面素作平行于 MN 之柱面,而求其与 CD 之交点 R.

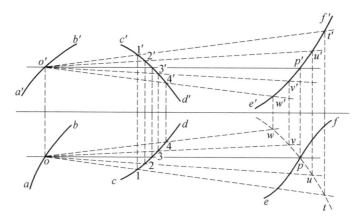

图 238

此时由 R 引平行于 MN 之 RP，即为所求之面素.

作图 如图 239 所示，于 $ab, a'b'$ 上，取任意之数点 $(1, 1'), (2, 2'), (3, 3')$，由此各点，引平形线 $(1e, 1'e'), (2f, 2'f'), (3g, 3'g')$ 平行于 $mn, m'n'$. 复由 $1e, 2f, 3g$ 与 cd 之交点 e, f, g 引投射线，使其与 $1'e', 2'f', 3'g'$ 之相对应之交点 e', f', g' 联结，而作成曲线. 此时 $e'f'g'$ 与 $c'd'$ 之交点 r' 乃以 AB 为导线之平行于 MN 之柱面与 CD 相交点之立面图. 故由 m 引平行于 $m'n'$ 之 $r'p'$，即为所求之立面图. 后由此即可求其平面图 rp.

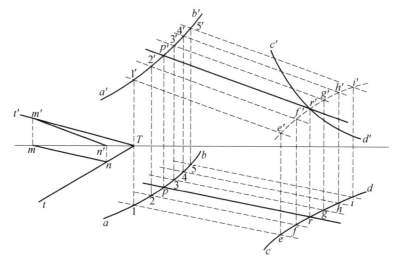

图 239

2. 双曲抛物线面

以不在同一平面上之二直线为导线，以一平面为导平面，其所成之挨面，通称为双曲抛物线面（Hyperbolic paraboloid）. 是故平行于导平面之任意平面，与二导线之交点相结，则其所成之直线，为双曲抛物线面之面素. 又平行于导平面之多数平面，切此二导线，则此二导线可分成相同之比. 故凡在不同一平面上之二直线，可分割成相同之比，此等之对应点，联结所成之直线，即为一双曲抛物线面之面素.

3. 双曲抛物线面为复线织面

如图 240 所示，图中以二直线 AC, BD 为导线. 平面 W 为导平面. AB, CD 为二直线面素. AB 为平面 W 上之直线. 今引任意之面素 MN，则 $AM：MC = BN：ND$.

次作含 BD 而平行于 AC 之平面 V，使其与平面 W 相交为直线 XY. 次由 D, N 向 XY 引垂线 DK, NI，复由 A 向 XY 引平行线 AZ，更由 C, M 向 AZ 引垂线 CH, MG. 此时因 $AG：GH = BI：IK$，故 AB, GI, HK 相会于一点 R. 是以，由 R 所引之平行于 DK 之 RT，乃含平行四边形 $CDKH, MNIG$ 之平面相交轴.

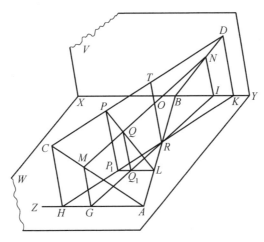

图 240

再以 CD, AB 为导线，平面 V 为导平面，而作双曲抛物线面考之，则 AC, BD 为其直线面素. 若设平行于平面 V 之任意平面与平行四边形 $CDKH, MNIG$ 之交轴为 PP_1, QQ_1 时，则 $PP_1 = CH, QQ_1 = MG$. 而直线 P_1Q_1 平行于

AZ,今使其与 AB 相交于点 L.此时因 $LP_1:LQ_1=PP_1:QQ_1$,故 PQL 为一直线.是故 V 为导平面之双曲抛物线面之一面素.然 MN 因以 W 为导平面之任意面素,故 PL 与其他诸面素相交.因之 AC,BD 为导线,平面 W 为导平面之双曲抛物线面,与 AB,CD 为导线,平面 V 为导平面之双曲抛物线面,两相一致.

综合以上之说明,凡双曲抛物线面,应有二导平面.因此而知其有二组之面素.凡有此二组面素之曲面,谓之复线织面(Doubly ruled surface).又此导线,吾人可知其为他一组之面素.例如,导线 AC,BD 以 V 为导平面之平面.导线 AB,CD 以 W 为导平面之面素是也.

如图 241 所示,乃以平面 sSs',tTt' 为导平面之双曲抛物线面之面素图也.图中,与 AS,TB 相交之直线,乃以平面 sSs' 为导面之面素.与 AT,SB 相交之直线,乃以平面 tTt' 为导面之面素.

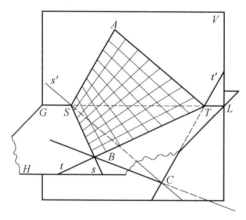

图 241

4.双曲抛物线面之轴及其顶点

如图 242 所示,图中 AB,CD 以 AC,BD 为导线,平面 W 为导面之双曲抛物线面之面素,AB 为平面 W 上之直线.又 AC,BD,以 AB,CD 为导线之双曲抛物线面之面素,BD 为平面 V 上之直线.其二导线之交为 XY,次由 A 引平行线 AZ 平行于 XY.复由 C,向 AZ,由 D 向 XY 引垂线 CH 及 DK,则四边形 $CDHK$ 为平面四边形.依此由 AB 与 KH 之交点 R 引平行线 RT 平行于 DK,则 RT 与 CD 相交.是故 RT 垂直于 XY 而成平面 V 为导面时之面素.

后由 A 向 XY 引垂线 AF,而由 C 引平行于此之 CE,使其与平面 V 相交于

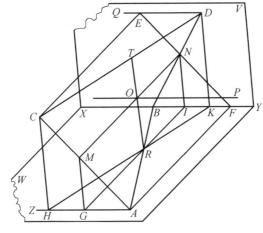

图 242

E. 此时四边形 $ACEF$ 为平行四边形. 然由 EF 与 BD 之交点 N 所引之平行于 AF 之 MN, 应与 AC 相交. 是故 MN 垂直于 XY, 而成平面 W 为导面时之面素.

然双曲抛物线面之面素, 即有二组, 其一组之面素应与他组诸面素相交. 因之 RT 与 MN 应相会于一点, 今设其点为 O. 其二导面之相交为 XY, 则垂直于 XY 面素之交点 O, 谓之双曲抛物线面之顶点. 又过顶点 O 引平行于 XY 之 OP 谓之轴.

双曲抛物线面中, 二导平面互相垂直时, 谓之直双曲抛物线面(Rectangular hyperbolic paraboloid), 其不垂直者, 谓之斜双曲抛物线面(Oblique hyperbolic paraboloid).

5. 挨四边形

非同一平面上四点相结, 其所成之四边形, 谓之挨四边形. 挨四边形之相对二边, 若等分为任意之同数, 将其相对应之点联结而作直线, 则包络此等直线之曲面, 为双曲抛物线面.

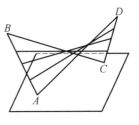

如图 243 所示, 乃以挨四边形 $ABCD$ 之对边为导线之双曲抛物线面之面素之图也.

图 243

6. 双曲抛物线面之投影

双曲抛物线面之投影, 乃依其面素之投影而明示. 如图 244 所示，图中 t_1Tt'，t_2Tt' 为其导平面.

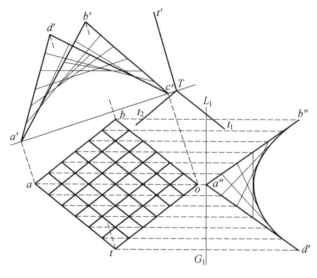

图 244

7. 双曲抛物线面之又一作法

有互相垂直，弯曲方面相反对之二抛物线 A,B，其顶点共通，其轴在一直线上，抛物线 A 之顶点，常在他之抛物线 B 上平行移动时，则 A 之轨迹为一双曲抛物线面.

如图 245 所示，乃曲线 ABC 在直立投影面上，而以垂直于基线 AN 为轴所成之抛物线. 及曲线 ATD 垂直于直立投影面，而以垂直于基线之 NA 为轴所成之抛物线. 抛物线 ATD 之顶点 A，在抛物线 ABC 上平行移动时，则 ATD 如图所示，形成双曲抛物线面. 而 $1,2,3,\cdots$ 乃示动抛物线之动能. 此时 A 为双曲抛物线面之顶点，AN 为其轴.

又此曲面，用过顶点 A 垂直于轴 AN 之平面切之，其切口为二直线. 其一直线为 AK. 含各切口而平行于 AN 之平面，谓之曲面之渐近面（Asymptatic surface）. 此曲面，以平行于轴之平面切之，其切口悉为抛物线. 又以不平行于轴之平面切之，其切口悉为双曲线. 切断面与渐近面之交，为切口之双曲线之渐近线.

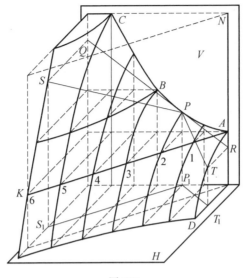

图 245

作图题 3 求过已知双曲抛物线面上之一点 P 之面素.

解 先求含 P 且平行于导平面之平面与导线之交点,后使其与 P 相结而作成直线可也.

作图 如图 246 所示,图中 P 为含掠四边形 $ABCD$ 之双曲抛物线面上之点. 先由点 p,p' 引平行线 $(p1,p'1')$,$(p2,p'2')$ 平行于 $(ab,a'b')$,$(cd,c'd')$. 次由 $p1,p2$ 与 ad 之交点 $1,2$ 引投射线,而求其与 $p'1',p'2'$ 相对应之交点 $1',2'$. 此时直线 $1'2'$ 与 $a'd'$ 之交点 m',乃以 $(ad,a'd')$,$(bc,b'c')$ 为导线之导面与 $(ad,a'd')$ 相交之点之立面图. 依此,由 m' 引投射线,使其与 ad 之交点为 m,则直线 $(pm,p'm')$ 即为所求之面素. 后如法,可求得以 $(ab,a'b')$,$(cd,c'd')$ 为导线之面素 $(pn,p'n')$.

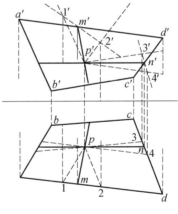

图 246

8. 锥状面

用非同一平面上之一直线与一曲线为导线，及一平面为导面，由其所成之㢺面，谓之锥状面（Conoid）.

如图 247 所示，乃以直线 XY，曲线 ABC 为导线及平面 V 为导面之锥状面之图也. 锥状面之导线，其垂直于导平面者，谓之直锥状面.

如图 248 乃示其直锥状面之一例，图中以水平投影面上之圆 O 与在其中心直上之垂直于直立投影面之直线 XY 为导线，以直立投影面为导平面所作之图也. 今此曲面，以平行于水平投影面之任意平面 H_1 切之，其切口之平面，为曲线 $a_1b_1c_1d$. 今置平行于基线之圆 abc 之直径 ac 与曲线 a_1bc_1d 之交点为 c_1. 又使平行于基线之直线 uf 与圆 abc 之交点为 f，直径 bd 之交点为 u，曲线 a_1bc_1 之交点为 f_1，此时 oc, uf 因其为此曲面之面素之平面图. 故 $uf_1 : uf = oc_1 : oc$. 因之，曲线 a_1bc_1d 为椭圆. 如斯之锥状面，若以任意之水平面切之，其切口应形成椭圆.

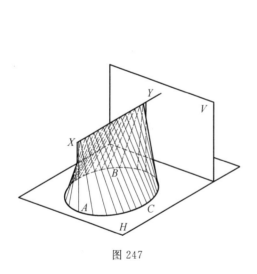

图 247

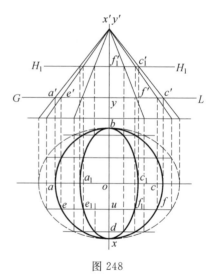

图 248

9. 柱状面

以二曲线为导线，一平面为导面，则其所成之㢺面，谓之柱状面（Cylindroid）.

如图 249 所示，乃以 ABC, DEF 为导线. 水平投影面为导面之柱状面之图也.

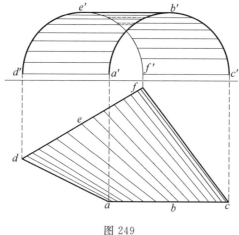

图 249

10. 牛角

二曲线与一直线为导线之抛面,谓之牛角(Cow's horn).

如图 250 所示,乃以二半圆 ABC, EFG 与直线 XY 为导线之牛角之图也. 其二导曲线,乃直径相等,互相平行之二圆. 其导直线,与二圆之平行直径相交,其各交点,由各圆中心成等距离,其对于中心位置相反对者,多用于捩拱(Warped arch).

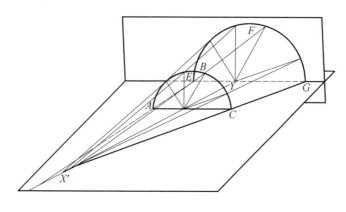

图 250

如图 251 所示,即其例也. 图中,其平行于直立投影面之二圆 ABC, EFG 与垂直于直立投影面之直线 XY 者为导线.

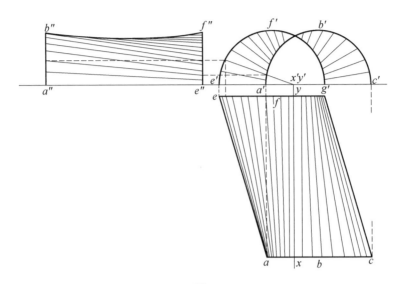

图 251

11. 单双曲线回转面

一直线回转于其非同一平面上之他一直线之周时,其回转直线所作之面,谓之单双曲线回转面(Hyperboloid of revolution of one sheet).由此曲面与垂直于其轴之二平面所围成之立体,谓之单双曲线回转体.此时垂直于轴之平面,与曲面之相交为圆,此圆通称为底.

如图 252 所示,图中,以垂直于水平投影面之直线 OX 为轴.以直线 MN 回转于其周时所成之投影.由轴之平面图 O,向 MN 之平面图 mn 所引之垂线,为轴与 MN 间共通垂线之平面图,且其长等于共通垂线之长.次以 MN 与 OX 之共通垂线为共通垂线,置其倾斜方向与 MN 相反对作直线 M_1N_1 使其与 OX 所成之角,等于 MN 与 OX 所成之角.此时 M_1N_1 回转于 OX 之周所生之单双曲线回转面,与 MN 回转所生之单双曲线回转面完全

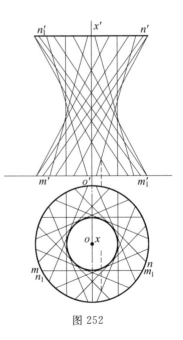

图 252

一致.故单双曲线回转面为复线织面.

如图 253 所示,图中 $mn, m'n'$ 回转于 $ox, o'x'$ 之周时,其回转直线上之诸点,均垂直于其轴所作之圆也.例如设 mn, $m'n'$ 上之任意一点为 p, p',则 o 为中心, op 为半径之圆,为点 p, p' 所作圆之平面图.次由此圆平行于基线之直径之端引投射线,使其与由 p' 引平行于基线之直线相交,其相交点为 e' 时,则直线 $e'e'$ 应为点 p, p' 所作之圆之立面图.此圆之立面图之端所联结之曲线 $l'd'k'$ 为曲面之立面图之外划线.复因此曲面为回转面,故以含其轴之平面切之,其切口为等形.依此,则曲线 $l'd'k'$ 为平行于直立投影面之子午线之立面图.又曲面诸面素之立面图,应切于曲线 $l'd'k'$.

再由 o 向 mn 引垂线 oc,则 oc 为其轴与母线间共通垂线之平面图.故以 o 为中心,oc 为半径所作之圆,为母线上之点所作之圆中最小圆之平面图.更由 $m'n'$ 与 $o'x'$ 之交点 o' 引平行于基线之直线,及以 oc 为半径之圆,由其圆之平行于基线之直径之端 d 引投射线,使其交点为 d',斯时直线 $d'd'$ 应为最小圆之立面图.其母线上之点所作之圆,其中最小者,谓之扼圆(Gorge circle or throat circle).垂直于其轴投影面上之诸面素之投影,应切于扼圆之投影.如图 252 所示,其面素之平面图切于扼圆之平面图之例是也.

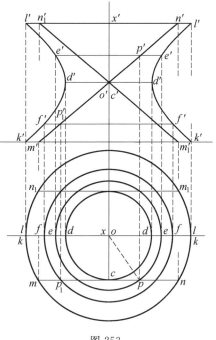

图 253

12. 单双曲线回转面之子午面

如图 254 所示,图中 $ox, o'x'$ 为垂直于水平投影面之轴,圆 cd,直线 $d'd'$,为扼圆之平面图,及其直面图.今令 $(mn, m'n')$,$(m_1n_1, m'_1n'_1)$ 平行于直立投影面,且为同组之面素. $(tu, t'u')$ 为他一组任意之面素.此时 $(tu, t'u')$ 与 $(mn, m'n')$,$(m_1n_1, m'_1n'_1)$ 相交之点为 (g, g'),(u, u').又 $(tu, t'u')$ 与平行于直立投影面之子午线相交之点为 (p, p'),故 p' 在曲面之立面图 $l'd'k'$ 上.而 $t'u'$ 应切曲线 $l'd'k'$ 于 p'.然此平面图中,因 $pu = py$,故其立面图中亦必 $p'y' = p'u'$.

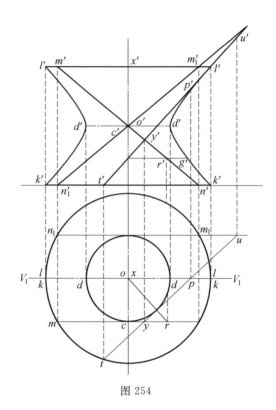

图 254

次于面素 $mn, m'n'$ 上，取任意之点 r, r'。由 r' 引平行于基线之直线，使其与曲线 $l'd'k'$ 相交于点 g'。此时 $\overline{r'g'} = or - cr$。然三角形 ocr 因其为直角三角形，故 $\overline{oc}^2 = \overline{or}^2 - \overline{cr}^2 = (or + cr)(or - cr)$。因得 $\overline{r'g'} = \overline{oc}^2/(or + cr)$。前式中分子 oc，因其等于扼圆之半径，故与 r' 之位置无何关系。然分母 $(or + cr)$ 因 r' 距 c' 愈远则愈大，当远至无限远时，则为无限大，故 $r'g'$ 因之为无限小。因之，$m'n'$ 与曲线 $l'd'k'$ 愈延长则愈接近。是即 $m'n'$ 为曲线 $l'd'k'$ 之渐近线。同此，则 $m'_1n'_1$ 亦为 $l'd'k'$ 之渐近线。

又于上述之任意点 p' 上，切线 $t'u'$ 之二渐近线 $m'n', m'_1n'_1$ 间之线分 u'，y'，应于切点 p' 处作二等分。依此，可知曲线 $l'd'k'$ 为双曲线。然曲线 $l'd'k'$ 因其等于平行于直立投影面之子午线之实形，故其他子午线亦应与曲线 $l'd'k'$ 同形。是即单双曲线回转面之子午线为双曲线。故单双曲线回转面，应为双曲线回转于其纵轴之周时所生之曲面，此时回转双曲线之渐近线，形成一圆锥面。凡称此圆锥面，谓之单双曲线回转面之渐近锥。

134

13. 单双曲线面

单双曲线回转体中,其二底圆及扼圆,以同角度回转于其各平行直线之周,使其向原来之圆投影.此时三圆之投影,应为彼此相似之椭圆.后以此三椭圆为导线,而作直线移动时.其动直线所作之曲面,谓之单双曲线面(Hyperboloid of one sheet).此时扼圆投影之椭圆,谓之扼椭圆(Gorge ellipse).此曲面,若以垂直于其轴之平面切之,其所切之切口,均与扼椭圆相似.以含其轴之平面切之,其切口为双曲线.

如图 255 所示,乃其轴垂直于水平投影面时之单双曲线面之平面图,立面图,及侧面图也.

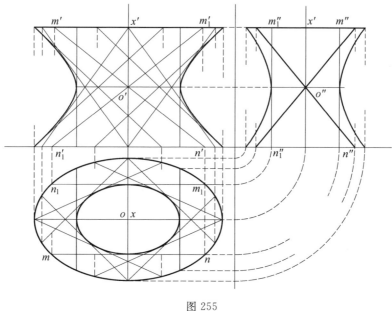

图 255

14. 螺旋面

其轴共通之二螺旋线,及其轴为导线所成之挨面,谓之螺旋面(Screw surface or helicoid).此时二螺旋线之节为等距时,则其诸面素与其轴成相等角.如斯之螺旋面,谓之等节螺旋面(Helicoid of uniform pitch).反之,谓之不等节螺旋面(Helicoid of varying pitch).

今以任意之一点为顶点,由此顶点引平行线平行于等节螺旋面之诸面素,则其诸平行线,应形成一圆锥面.故等节螺旋面,应以一螺旋线及其轴为导线,以其轴平行于螺旋线之轴之一圆锥面为导面,所成之掠面也. 此时圆锥面之顶角为 180°时,则圆锥面为平面. 因之,螺旋面之面素,应垂直于其轴. 如斯之螺旋面,谓之直螺旋面(Right helicoid). 不然,谓之斜螺旋面(Oblique helicoid). 如图 256 所示,乃其轴垂直于水平投影面时,其直螺旋面之平面图及立面图. 又如图 257 所示,乃斜螺旋面之平面图及立面图也.

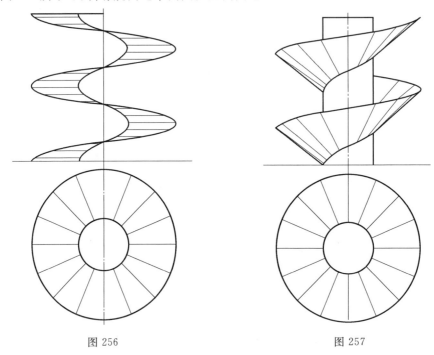

图 256　　　　　　　　图 257

作图题 4　已知母线与水平投影面成角 θ,其轴垂直于水平投影面时,求斜螺旋面之投影.

解　螺旋面之投影,依作其面素之投影面得.

作图　如图 258 所示,设圆 o 为导线之螺旋线之平面图. 曲线 $a'b'c'\cdots$为其立面图,$o'x'$为其轴之立面图. 今 a,a' 在水平投影面上,oa 平行于基线. 先由 a 始,将圆 o 分为任意等分之点 $b,c,d,\cdots$,由此而求其各立面图 $b',c',d',\cdots$次由 a'引与基线成角 θ 之 $a'1'$,使其与 $o'x'$相交于点 $1'$. 更于 $o'x'$上,取 $1'2',2'3'$,$3'4',\cdots$,使其等于螺旋线之节距 $\dfrac{1}{12}$. 此时直线 $oa,ob,oc,cd\cdots$为面素之平面图. 直线 $1'a', 2'b', 3'c', 4'd', \cdots$ 为面素之立面图. 然后将此等面素之水平迹 a, $b_1, c_1, d_1, \cdots$ 相结, 其所成之曲线, 为螺旋面之水平迹. 此时 $ob_1 - oa = oc_1 - ob_1 = od_1 - oc_1 = \cdots$. 如斯之曲线 $ab_1c_1d_1\cdots$, 谓之等进螺旋.

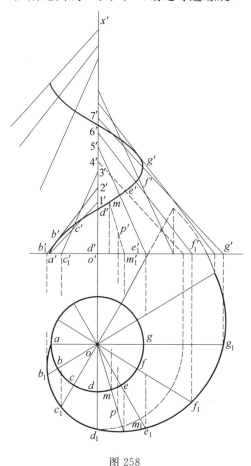

图 258

15. 螺旋

一圆柱面上有底边之二等边三角形,将圆柱面以等速度向轴之平行方向回转时,由圆柱与三角形所成之立体,谓三角螺旋杆(Triangular threaded screw). 如图 259 所示,即其例也. 又以正方形之一边,置于圆柱面上,使其与前图同样移动时,则所求之立体,谓之方形螺旋杆(Square threaded screw). 如图 260 所示,乃其例也. 又其三角螺旋杆中之斜面,为斜螺旋面. 其不平行于方形螺旋面之柱面之面,为直螺旋面.螺旋杆之对于实用方面,极形重要,如机械,土木,建筑,造船等工业中,为须臾不可缺之用具也.其三角螺旋杆,多用于物体与物体之结合,方形螺旋杆,则用于传达万力(Vice)之用也.

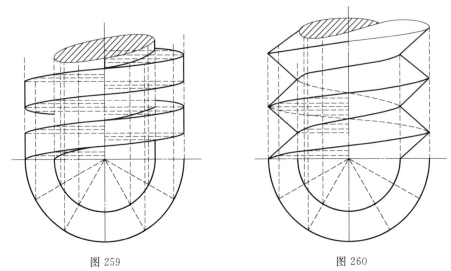

图 259　　　　　　　　　　　图 260

如图 261,乃示通常实用之螺旋杆,以含其轴之平面切开后,所示之切口之图也,其断面中之凸部,谓之螺旋齿(Screw thread).其最外部,谓之顶部,最内部,谓之底部.

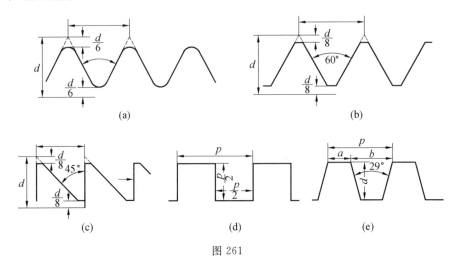

图 261

16. 螺旋状斜沟

水由高处降下时,作一种斜沟,导水沿螺旋面降落,其目的,使水降下时.不致发生泡沫.如斯之斜沟,谓之螺旋状斜沟(Spiral chute).如图 262 所示,即此例也.

17. 螺旋状阶段

凡如灯台之建筑.其内部狭小,如欲登其高层时,可应用图 263 所示之直螺旋面,沿其螺旋面,而设阶段,则登临自如.如斯之阶段,谓之螺旋状阶段(Spiral stair).

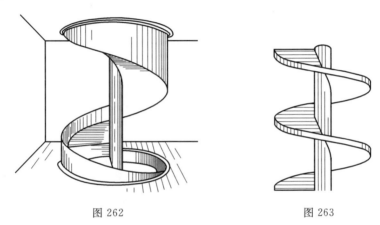

图 262　　　　　　　　图 263

18. 螺旋发条

沿螺旋线之一平面形或立体,将其移动时,动平面形或动立体所作之立体,谓之螺旋发条(Spiral spring).如图 264 所示,乃正方形所作之发条,图 265 所示,乃球形所作之发条.螺旋发条,实用上应用颇广.

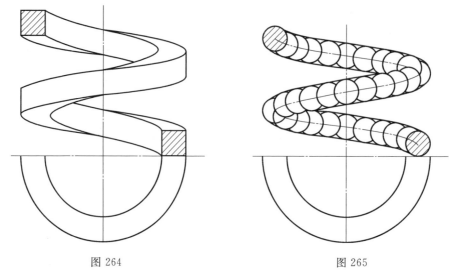

图 264　　　　　　　　　　图 265

19. 螺旋推进器

如图 266 所示，直线 $EA, 12, 34, 56, DC$，乃以直线 ED 为轴之螺旋面之面素．又曲线 FLG, HSI 等，乃以 ED 为轴之圆柱面，切上之螺旋面所成之切口．此时 FLG, HST 等，为节距相等之螺旋线，不言可知．又如 $P_1Q_1R_1S_1$ 之形状，可用屈折自如之薄板作成多数，后将此薄板直线之部分，使其与上述之螺旋线相一致屈曲，立于螺旋面上．然后将薄板与薄板之间，填充似黏土之凝固性之物质，由填充物所成之立体．可应用于螺旋推进器 (Spiral propeller)．翼根之形．

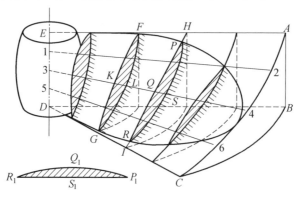

图 266

螺旋推进器之翼根中,其螺旋面谓之表面,他面谓之里面.

如图 267 所示,乃以直螺旋面为表面,而求其翼根之投影之图也.图中破线所示之 $p'_1a'q'_1$ 为其表面展开近似之实形,点 c' 为螺旋面之轴之立面图.直线 cx 为其轴之平面图.今为作图之便利计,于基线上取 c',使 $c'c$ 等于螺旋面节距之 $\frac{1}{2\pi}$.然后以 c' 为中心,引任意之圆弧,使其与 $a'c'$ 相交于点 m'_1,与基线相交于点 G.次于基线上取 $C'H$ 等于 CG,以 $C'H$,与 $c'm'$ 为长轴与短轴之半,而作椭圆 $p'_1m'q'_1$,使其与曲线 $p'_1a'q'_1$ 相交于点 p'_1,q'_1.更由 p'_1 引投影线,及由 C 引平行于基线之直线.使其交于 p_1.此时于 CG 上,取 cp 等于 cp_1,则 p 为所求之螺旋面上之一点之平面图.后由 p 所引之投射线与由 p'_1 所引之平行于基线之直线,其交点 p' 即为其立面图.而点 q,q',亦可依同法求得.后于翼根之表面缘上,求得多数之点,将其联结作成曲线,则如图所示,而得其平面图及立面图.图中右下之图,为表面之侧面图.中央之 $m''a''u''$,乃示翼根最厚之部分之断面.又右上图中,取 P_1Q_1 等于椭圆弧 $p'_1m'q'_1$,M_1U_1 等于 $m''u''$,而作圆弧 $P_1U_1Q_1$.此时图形 $P_1U_1Q_1M_1$ 与图 236 中薄板 $P_1Q_1R_1S_1$ 相等.

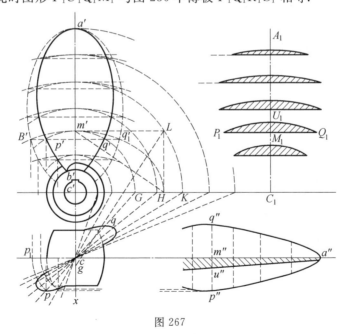

图 267

依上述之作图.当作椭圆 $p'_1m'q'_1$ 时,颇费手续,今将此椭圆,若代用以近似之圆弧,似未为不可.其法,可于图中作矩形 $m'c'HL$,由 L 向对角线 $m'H$ 引垂线,使其与 $m'c'$ 相交于 S.此时 S 于 m' 处,为椭圆 $p'_1m'q'_1$ 曲率中心.然椭圆弧 $p'_1m'q'_1$ 为椭圆之一小部分,故其椭圆弧.与 S 为中心过 m' 所作之圆弧,殆相一致.是故以圆弧代椭圆而作图,似无差异.

练 习 题

(1)今以半径 2 cm,节距 5 cm 之螺旋线为导线,试求其母线与轴间之角成 30°时之螺旋面投影.

(2)今以锥状螺旋线与其轴为导线,试求其母线与其轴间之角成 30°时之螺旋面投影.

(3)有扼圆直径为 3 cm,底圆直径为 7 cm 之单双曲线回转面,两底圆间之距离为 6 cm,今此曲线之轴与水平直立两投影面成 30°,45°时,试求其投影.

(4)前问中,单双曲线回转面之一面素,垂直于水平投影面时,其投影若何?

(5)扼椭圆及底椭圆,其长轴之长为 4 cm 及 7 cm,其长轴与短轴之比为 3∶2,试求两底间之距离为 6 cm,之单双曲线体之投影.

(6)如图 268 所示之椭圆,为螺旋推进器之翼根表面之展开图.今螺旋面为直螺旋面时.试作其投影.[注]其节距为 1 500 mm.

(7)以顶角 30°之锥状螺旋线为导线之直螺旋面,与斜螺旋面所成之螺旋杆之投影若何?

(8)内径 60 mm,外径 90 mm,节距 20 mm 之三角螺旋杆之投影若何?

(9)内径 6 cm,外径 9 cm 之方形螺旋杆之投影若何?

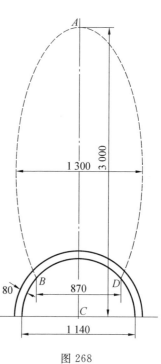

图 268

第八章　面之接触

1. 概说

如图 269 所示，P 为曲面上之一点，AB 为过点 P 之面素. 曲线 PQ, PR 为过点 P 之曲面上之任意二线，今使其与任意之面素 QR 之交点为 Q, R. 此时 P, Q, R 三点，当在一平面上. 面素 QR，纵令与面素 AB 至如何接近，然 PQR，终在一平面上. 面素 QR，接近面素 AB 至于极限时，则直线 PQ, QR, RP，均应于点 P 为曲线 PQ, AB, PR 之切线. 然曲线 PQ, PR，因其为曲线上所引任意之线，故过点 P 之曲面上之诸线，于点 P 处所成之切线，应在平面 PQR 上. 换言之，曲面上任意一点之诸切线，应在一平面上. 如斯之平面，谓之于 P 处之切平面（Tangent plane）. 又过切点垂直于切平面之直线，谓之法线（Normal）.

作图题 1　求含已知锥体之曲面上一点之切平面之迹.

解　含过已知点之面素，及其与底相交点之切线之平面，即为所求之切平面. 此时其底若在一投影面上，则过已知点之面素，与其底相交点之切线，应为其投影面上切平面之迹.

作图　如图 270 所示，乃其底在水平投影面上时所作之图也. 图中作过已知点 P 之面素，与其底相交于点 N，而点 N 处之切线，应为切平面之水平迹. 而平面 tTt'，即为所求之平面.

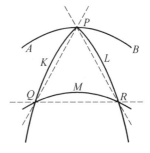

图 269

作图题 2　含已知柱体之曲面上一点之切平面，其迹若何.

解　作过已知点之面素，及此面素与其底交点处之切线，含此二者之平面，乃为所求之平面. 此时其底若在一投影面上，则其面素与其底之交点处之切线，即为切平面之投影面上之迹.

作图 如图 271 所示,为其底在水平投影面上时之图也.图中过已知之点 P 之面素 PR 之水平迹 r 处之切线 tT,即为所求之切平面之水平迹.然后由其水平迹而求其直立迹 Tt' 可也.

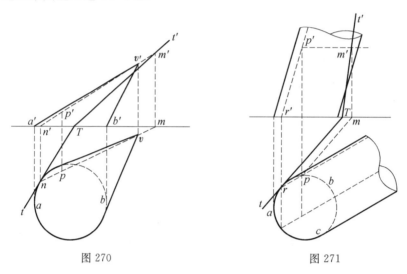

图 270　　　　　图 271

作图题 3 求含已知之点而切于他已知锥体之平面之迹.

解 联结已知之点与锥体顶点之直线,及由此直线与含锥体底之平面相交点向其底引切线.含此二者之平面,乃为所求之切平面.

作图 如图 272 所示,乃锥体之底在水平投影面上时之图也.作图之法,先由已知点 P,与锥体之顶点 V 相结,由其所成之直线之水平迹 n,向其底之平面图引切线 tT,此时 tT 即为所求之切平面之水平迹.次引 VP 之直立迹 m',使其与 T 所结之直线为 Tt',是即为所求之直立迹也.

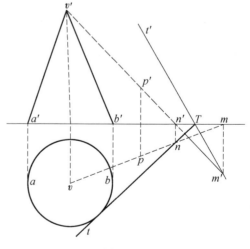

图 272

作图题 4 平行于已知之直线，而切于他已知锥体之平面，其迹若何？

解 过锥体之顶点，引平行于已知直线之直线，后由此直线与锥体底面之交点向其底引切线．含此二者之平面，乃为所求之平面．

作图 如图 273 所示，乃其底切垂直于水平投影面之锥体，而求平行于 MN 之切垂面之图也．其作法，先由顶点 v,v' 引平行于 $mn,m'n'$ 之 $vo,v'o'$，而求其与其底之交点 o,o'．次由此向其底引切线 $ok,o'k',ol,o'l'$，而求其水平迹 k,l．然 $ov,o'v'$ 之水平迹 S 与 k,l 所结之二直线 t_1T_1,t_2T_2 为其所求之水平迹．故 $ov,o'v'$ 之直立迹 r' 与 T_1,T_2 所结之 $T_1t'_1,T_2t'_2$，即为所求之直立迹．

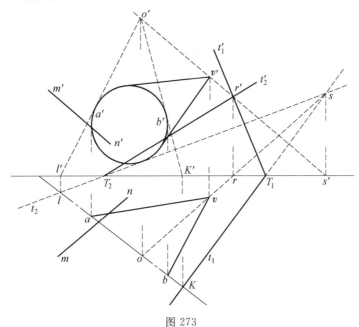

图 273

作图题 5 求平行于已知直线 MN，而切于他已知柱体之平面之迹．

解 作一平面平行于与已知直线又已知柱体之轴，而求其与含柱体之底之平面相交迹．然平行此相交迹，而切于柱体之底之直线，应在所求之切平面上．故含此切线，所作之平行于上述平面之平面，即得所求之切平面．此时柱体之底，若在一投影面上，则上述之切线，为其切平面于其投影面上之迹．

作图 如图 274 所示，图中 $mn,m'n'$ 为已知直线之投影，平面 pPp' 乃含柱体之底之平面．其作法，先求含 $mn,m'n'$ 且平行于柱体之轴之平面 rRr'，使其与平面 pPp' 相交于 $ef,e'f'$．次引平行于 $ef,e'f'$ 而切于柱体之底之直线（gh'，

$g'h'$），$(ij, i'j')$. 然后过 gh，$g'h'$ 之水平迹 h，引平行于 rR 之 t_1T_1，是为所求之一平面之水平迹. 再过直立迹 g'，引平行于 Rr' 之 $T_1t'_1$，即为所求之直立迹. 又含 $ij, i'j'$ 引平行于平面 rRr' 之平面 $t_2T_2t'_2$，即得所求之一平面.

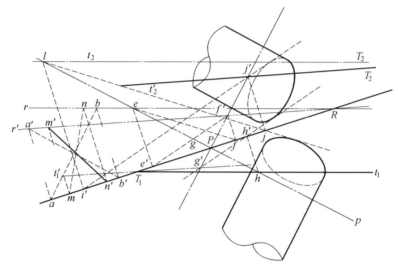

图 274

如图 275 所示，乃柱体之底位于水平投影面上时之图也. 图中作平行于 MN 及柱体之轴之平面 rRr'，使其与水平迹 rR 成平行，且切于其底之平面图 tT. 此时 tT，即为所求之一平面之水平迹. 故由 T 引平行于 Rr' 之 Tt' 即为所求之直立迹.

作图题 6 有倾斜于两投影面之不定长之圆柱面，求含已知点 P 且与此圆柱面相切之平面之迹.

解 以任意之平面切柱面，而求其切口. 后由已知点，引平行于柱面之轴之直线. 此直线与切断平面相交于一点. 复由此交点，向切口引切线. 则含此二者之平面，即为所求之平面. 此时切口之平面图及立面图，若以圆形之平面切之，则作图上似较便利.

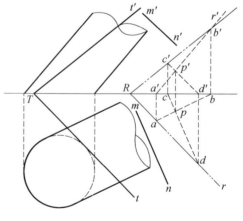

图 275

作图 如图 276 所示, 先设平行于柱面之轴之直立副投影面, 作副投影. 次于此面上, 而求其柱面之切口之平面图, 此平面图, 为圆形之平面 S. 今 ss'' 为其平面之副直立迹, sS 为其水平迹, 圆 ab 为其切口之平面图. 复由已知点 P, 引平行于圆柱之轴 PN, 其水平迹为 n. 今使其与切断平面 S 相交点之副立面图为 r'', 平面图为 r. 后由 r 向圆 ab 引切线, 使其与 sS 相交于 c, d, 由 c, d 与 n 相结所得之 cT_1, dT_2, 即为所求之平面之水平迹, 后藉此而求其各直立迹 $T_1t'_1$, $T_2t'_2$ 可也.

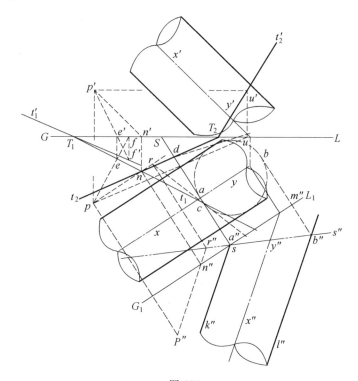

图 276

作图题 7 设有切平面, 其轴与平行于直立投影面之不定长之圆柱面相切, 与直线 MN 平行, 求其迹.

解 以任意之平面 S 切圆柱面, 而求其与平行于 MN 及柱面轴之任意之平面 R 相交迹. 此时含平行于此相交迹之柱面之切口之切线, 而引平行于平面 R 之平面, 即为所求之平面.

作图 如图 277 所示, 平面 sSs' 乃切口之平面图为圆 ab 之平面. 又平面

rRr' 为平行于 MN 及柱面之轴之平面,其直立迹与其轴之立面图平行. 又 uv, $u'v'$ 乃平面 sSs' 及 rRr' 之相交迹. 其平行于平面图 uv 切于圆 ab 之直线 ef, lk, 与 sS 相交于点 e,k. 此时由 o,k 所引之平行于 rR 之 eT_1 及 kT_2, 是为所求之平面之水平迹. 又由 ef, kl, 与基线相交于点所引之垂直于基线之直线,与 Ss' 相交于点 f', l'. 后由 f', l' 所引之平行于 Rr' 之 T_1f', T_2l', 即为所求之直立迹.

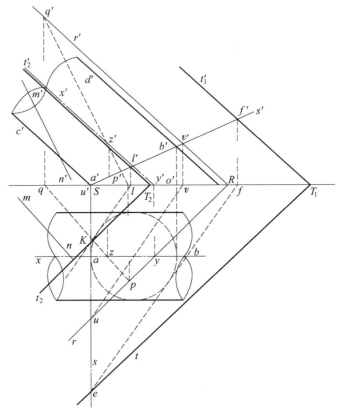

图 277

2. 二圆锥共通之切平面存在时之作图法

(i) 二圆锥之顶角相等,且其轴为平行时,其共通之切平面有二. 如图 278, 图 279 所示,其法,先将二圆锥以垂直于其轴之平面 H 切之,其切得之切口为圆 O,R. 次向此二圆引共通切线 MN. 置各切点为 M,N. 此时二圆锥因其轴平行,其顶角相等,故其面素 VM, SN 为互相平行. 依此,而知平面 $MNSV$ 为共通之切平面. 如图 278 所示,乃圆锥之方向相同,故所引之共通之切线,在圆之外方. 如图 279 所示, 乃圆锥方向相反对, 故所引之共通之切线, 在二圆之中间.

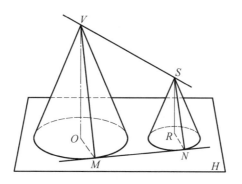

图 278

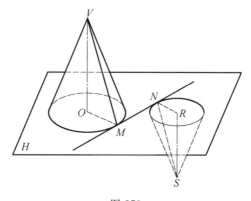

图 279

(ii) 二圆锥以共通之一球包络时, 应有共通切平面之存在. 此何故, 兹举图 280 所示以明之. 图中球 O, 乃内切于 V, S 为顶点之圆锥面之球. 设球与锥面之切触线之交点为 P, 则直线 SP, VP 为锥面之面素, 因其切球 O 于 P, 故平面 VPS 为共通之切平面.

(iii) 二锥面顶点为共通时, 其共通之切平面亦存在. 如图 281 所示, 图中 V 为顶点之二圆锥面, 以任意之平面 H 切之, 而向其切口引共通切线 MN. 此时 MNV 在一平面上, 而切于

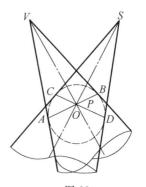

图 280

各锥面.如此共通切线共有四数.

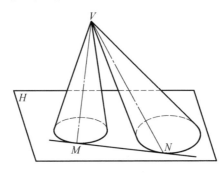

图 281

作图题 8 求切已知二球 P,Q 而与水平投影面成角 θ 之平面之迹.

解 包络已知二球,且与其底角等于 θ 之直立圆锥,其共通相切之平面,即为所求之平面.如斯之平面通常有八.

作图 图 282,图 283,图 284,图 285 四图中,包络二球 P,Q 之圆锥,其轴垂直于水平投影面,其底角为 θ,向此圆锥之水平迹之圆所引之共通切线,乃为所求之平面之水平迹.水平迹既得,则其直立迹,自不难求也.图 282,图 285 为圆锥之所向相同,故共通切线在圆之外侧.图 283,图 284 为圆锥所向相反,故共通切线,在二圆之间.

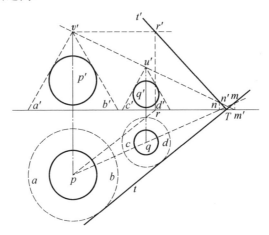

图 282

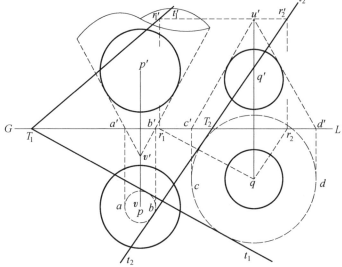

图 283

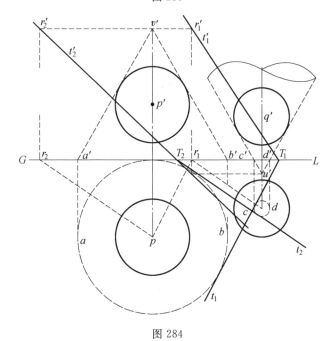

图 284

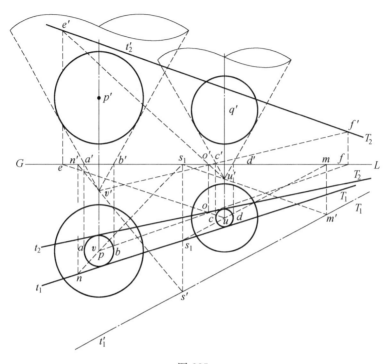

图 285

作图题 9 有含已知点 P，与水平投影面成 θ，与直立投影面成 ϕ 之平面，求其迹.

解 设已知点为顶点，先作底角为 θ 之圆锥，其轴垂直于水平投影面. 及作底角为 ϕ 之圆锥，其轴垂直直立投影面. 此时切两圆锥共通之平面，乃为所求之平面.

作图 如图 286 所示，设 P 为顶点，底角为 θ 之圆锥，其轴垂直于 $H.P.$，其水平迹为圆 cd，及底角为 ϕ 之圆锥，其轴垂直于 $V.P.$ 其直立迹为圆 mn'. 次将内切其轴垂直于 $V.P.$ 之圆锥，以任意之球包之，而作其轴垂直于 $H.P.$ 底角为 θ 之圆锥. 后置其顶点为 q，q' 水平迹为圆 ef. 此时共切上述之直立二圆锥之平面，亦切于其轴垂直于直立投影面之圆锥. 依此，则圆 cd，ef 之共通切线 $t_1 T_1$，$t_2 T_2$. 应为所求之切平面之水平迹. 故由 T_1，T_2 向圆 $m'n'$ 所引之切线，即为所求之直立迹.

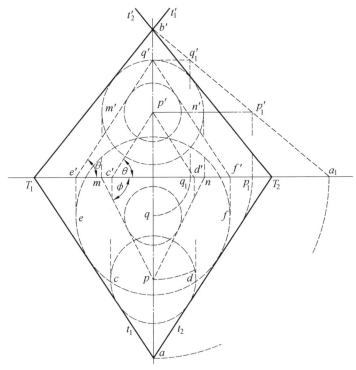

图 286

作图题 10 今有切于已知不定长之圆锥与水平投影面成角 θ 之平面,求其迹.

解 将内切于已知圆锥之任意球包络之,而作其轴垂直于水平投影面,其底角为 θ 之圆锥.或使其与已知圆锥共通顶点,而作其轴垂直于水平投影面,其底角为 θ 之圆锥.此时已知之圆锥,与上述直立圆锥所切之平面,及切于上述之直立二圆锥之平面,皆为所求之平面.如斯平面,通常有四.

作图 于已知圆锥与上述直立圆锥之水平迹,若引共通切线,则得所求之平面之水平迹.如图 287 所示,乃已知圆锥面之水平迹在纸面内,而不能求得之图也.图中,先于其底角 θ 之直立二圆锥之水平迹,引共通切线 $t_1 T_1, t_2 T_2$. 此时 $t_1 T_1, t_2 T_2$,因其为所求之平面之水平迹,故可由此而求其各直立迹 $T_1 t'_1$, $T_2 t'_2$. 又包络球 P 之直立圆锥,其方向相逆时,则所求之四平面之中,而得他二平面 $t_3 T_3 t'_3, t_4 T_4 t'_4$. 参照图 288.

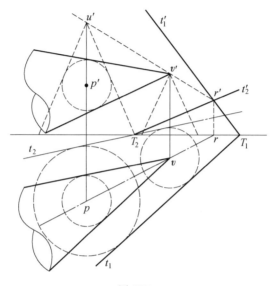

图 287

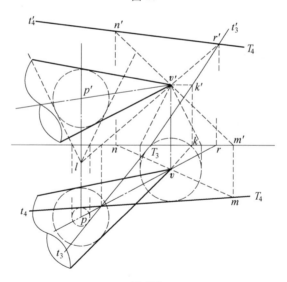

图 288

作图题 11 有含已知直线 AB,且与平面 P 成角 α 之平面,求其迹.

解 以直线 AB 上任意之一点 A 为顶点,而作其轴垂直于平面 P,其底角为 α 之圆锥.此时含直线 AB,且切于此圆锥之平面,即为所求之平面.

作图 如图 289 所示,先引 G_1L_1 垂直于平面 P 之水平迹,作副基线,而求其直立面上 AB 之副投影 $a''b''$,及平面 P 之迹 P_1p''. 此时由 a'', P_1p'' 与 α 所成之二直线为 $a''k''$, $a''l''$. 其所作成之图形,为其轴垂直于平面 P,其底角为 α,其顶点为 A 之圆锥之副投影. 次将此圆锥及直线 AB 与平面 P 之相交迹,以平面 P 之水平迹 pP 为轴,而倒于水平投影面上,则其彼此之位置,为点 x_1,圆 k_1l_1. 更由 x_1 向圆 k_1l_1 引切线 x_1e, x_1i 使其与 pP 之交点为 e,i. 此时 AB 之水平迹 b 与 e,i 相结之 sS, tT,应为所求之平面之水平迹. 故 AB 之直立迹 d' 与 S,T 所结之 Ss', Tt',即为所求之直立迹.

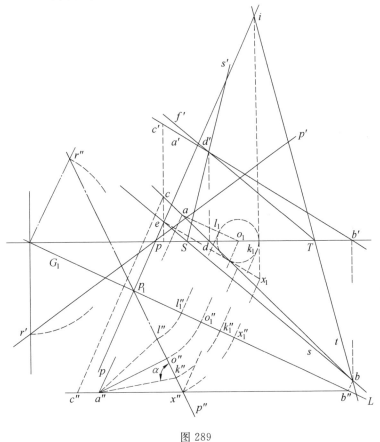

图 289

作图题 12 有平面含已知点 P 且与平面 R 成角 α 与水平投影面成角 θ,求此平面之迹.

解 以 P 为顶点,而作其轴垂直于平面 R,其底角为 α 之圆锥. 复以同 P 为顶点而作其轴垂直于水平投影面,其底角为 θ 之圆锥. 此时切此二圆锥之平面,即为所求之平面.

作图 如图 290 所示,先设垂直于平面 R 之水平迹之副投影面. 后以 P 为顶点,而作其轴垂直于平面 R,其底角为 α 之圆锥之副投影 $x''p''y''$. 及以同 P 为顶点,其轴垂直于水平投影面,其底角为 θ 之圆锥之投影 $m_1''p''n_1''$. 然此轴为垂直于平面 R 之圆锥之轴,然以其倾斜于水平投影面,故其水平迹不为圆. 因此若仅以圆与直线而作圆,可将内切于此圆锥之任意球包络之,而作其轴垂直于水平投影面,其底角为 θ 之圆锥之副投影 $m_2''v''n_2''$. 此时上述之直立二圆锥之水平迹,因其为圆 m_1n_1,m_2n_2,故向此二圆引共通切线 tT,而得所求之平面之水平迹. 后由是即可求其直立迹 Tt'.

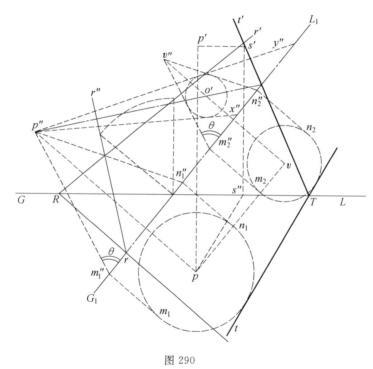

图 290

作图题 13 正四面体之二面与水平投影面所成之角 θ,ϕ 为已知,求其投影.

解 先作与水平投影面成 ϕ 之平面 T. 次求正四面体之二面角 α. 再求与

平面 T 成角 α 与水平投影面成角 θ 之平面 R. 此时于平面 R 与 T 之交迹上, 置四面体之一棱, 后将含此棱之一面, 置于平面 T 上, 而作正四面体之投影, 是即所求之投影. 此时平面 T, 若使其垂直于直立投影面, 可免作图之繁.

作图 如图 291 所示, xy 为平面 R 与 T 相交之平面图, 而 xv_1 为平面 R 与 T 相交之平面图, 而以平面 T 之水平迹 tT 为轴, 倒置于水平投影面上之位置之图也. 次于 xv_1 上, 取 a_1b_1 等于正四面体之一边, 后以此为一边, 而作正三角形 $a_1b_1c_1$, 与三中线 a_1d_1, b_1d_1, c_1d_1, 则图形 $a_1b_1c_1d_1$ 为所求之四面体, 倒置于水平投影面时之位置之图. 是故若将已倒置于水平投影面之平面 T, 复归原有位置, 则得四面体之立面图 $a'b'c'd'$ 及平面图 $abcd$.

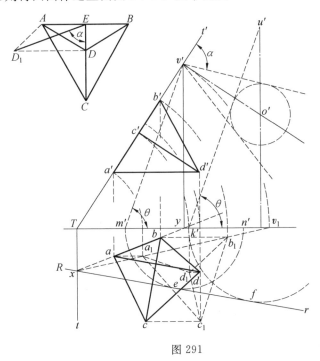

图 291

作图题 14 求与已知直线 AB 成已知角 α 及与水平投影面成角 θ 之平面之迹.

解 以 AB 为轴, 作顶角为 2α 之圆锥. 若切此圆锥而作与水平投影面成角 θ 之平面, 则此题可解决矣.

作图 如图 292 所示, 平面 tTt' 为所求之一平面. 今以 AB 为轴, 作顶角为 2α 之圆锥之方法, 既于第六章作图题 5 中说明之. 又切此圆锥而作平面与水平

面成角 θ 之方法，亦于本章作图题 10 中述之，兹免。

作图题 15　立方体之一面及其一对角线，与水平投影面所成之角 θ, ϕ 为已知，求其投影。

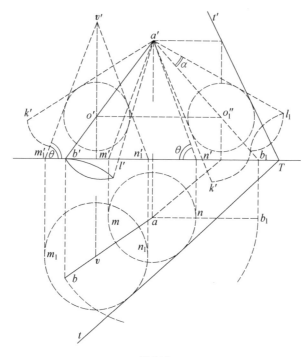

图 292

解　先求立方体之对角线与一面所成之角 α. 次引与水平投影面成角 ϕ 之直线 AF，而作与此成角 α，与水平投影面成角 θ 之平面 P. 此时置 A 于平面 P 上，取 AF 之长等于立方体之对角线之长，由 F 向平面 P 引垂线而求其垂线之足 G. 此时平面 P 上以 AG 为对角线所作之正方形，即为所求之立方体之一面。此一面既决，则立方体之投影，自不难解决矣。

作图　如图 293 所示，乃其大要图也。

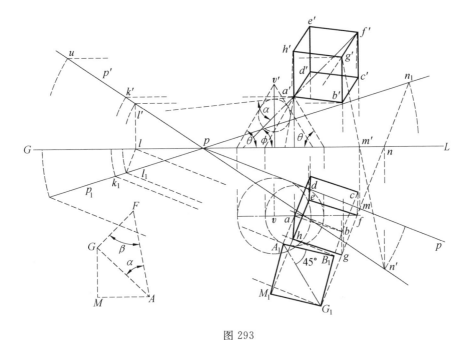

图 293

作图题 16 有回转面,其轴垂直于水平投影面,求于回转面上一点之切平面之迹.

解 回转面用含已知点且垂直于回转面之轴之平面切之,其切口为圆. 后以此圆而作包络回转面之圆锥,复切圆锥而作含已知点之平面. 或作含于已知点之切口之切线,及垂直于已知点之法线之平面亦可.

作图 如图 294 所示,P 为椭圆回转面上已知之点. 始由 P 之立面图 p' 引平行于基线之直线,使其与回转面之立面图相交于 p'_1. 次于点 p'_1 之切线 $p'_1 u'_1$ 与轴之立面图相交之点为 x'. 此时 x' 乃含 P 垂直于其轴之平面于所切之切口包络曲面之圆锥,其顶点之立面图. 再由 p'_1 引垂直于 $x'p'_1$ 之直线,使其与轴之立面图相交于 o',则 o' 与 p' 相结所成之直线,为于点 P 之法线之立面图. 是故切平面之直立迹垂直于 $o'p'$,其水平迹垂直于 op. 又切平面之直立迹应过于点 P 之切口之切线 pr, $p'r'$ 之直立迹 r'. 依此则切平面之迹,不难求也.

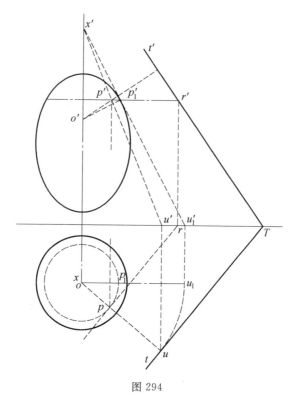

图 294

作图题 17 设有平面,含已知之直线 AB,且切于他已知之球,求其平面之迹.

解 先作含球之中心而垂直于 AB 之平面 S,次求此与 AB 之交点 A. 此时由 A 以平面 S 切球,向其切口所引之切线之切点,即为所求之切平面之切点. 是故,含此切点与 AB 之平面,乃为所求之平面. 或于 AB 上而作有顶点之圆锥面且包络此球,复切此圆锥面,而作含 AB 之平面亦可.

作图 1 如图 295 所示,图中含已知球之中心 o,先作垂直于直线 AB 之平面 sSs',而求其与 AB 交点之投影 a,a'. 次于平面 sSs' 上,引过中心 o 之水平直线 ox,$o'x'$,后以此为轴,以平面 sSs' 切球 O 所得之切口及点 a,a' 回转,使成水平. 此时回转后之球,其切口之平面图,与球之平面图圆 O 相一致. 又于回转后,点 a,a' 之平面图 a,应在 AB 之平面图 ab 上. 求 a_1 时,可先使 ox 与 ab 之交点为 y,而求 ya 之长. 求 ya_1 之法,须以 ay 为底,以 a' 至 $o'x'$ 之距离 $a'x'_1$ 之长为所作之直角三角形之高,此时斜边之长 ya 即等于 ya_1 之长. 后由 a_1 向圆

O 引切线,设其切点为 p_1 及 q_1,则此二点,即为所求之切平面之切点于回转后之平面图.后将回转后之切口,复归原有之位置,则可求其各平面图 p,q,又立面图 p',q'.是故,由 AB 之水平迹 m 向 op,oq 所引之垂线 t_1T_1,t_2T_2,即为所求之切平面之水平迹.由直立迹 n' 向 $o'p',o'q'$ 引垂线 $T_1t'_1,T_2t'_2$ 即为所求之切平面之直立迹.

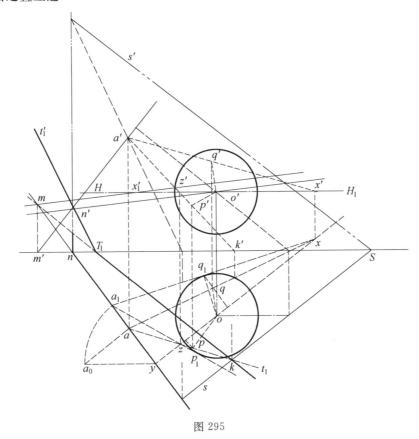

图 295

作图 2 如图 296 所示,以 $ab,a'b'$ 上任意之一点 a,a' 为顶点,而作包络球 o,o' 之圆锥面.此时圆锥面之水平迹因为椭圆,故可依第五章作图题 6 而求其长轴及焦点.后由 $ab,a'b'$ 之水平迹 b 向椭圆引切线 t_1T_1,t_2T_2.此时 t_1T_1,t_2T_2 因其为所求之平面之水平迹,故由此而求其各直立迹 $T_1t'_1,T_2t'_2$ 可也.

又 t_1T_1,t_2T_2 与过椭圆之切点 k,l 之锥面面素.与由球之中心 o,o' 向切平面 $t_1T_1t'_1,t_2T_2t'_2$ 引垂线,其所得之交点 $(p,p'),(q,q')$ 是为切点.

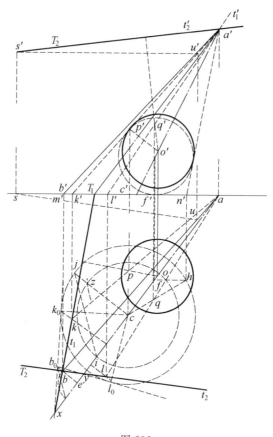

图 296

作图 3 如图 297 所示,先于 $ab, a'b'$ 上作有顶点之圆锥其顶点为 v, v',其轴平行于水平投影面. 此时由 v 向球之平面图圆 O 引切线,其切点 m, n 联结所成之直线,为球与锥面之接触线之平面图. 含此接触线之直立面,使其与 ab, $a'b'$ 之交点为 c, c'. 再将此平面倒于水平投影面,而求点 c, c' 及接触线之位置 c'',圆 u''. 此时,由 c'' 向圆 u'' 所引之切线,与 mn 相交之点 e, f,乃由点 c, c' 向接触线所引之切线之水平迹. 又由切线之切点 p'', q'' 向 mn 引垂线,设其垂线之足为 p, q,是即为所求之切平面其切点之平面图. 又 $p''p, q''q$ 之长,因其各等于切点距水平投影面之高,故可求其切点之立面图 p', q'. 因之,由 $ab, a'b'$ 之水平迹 a,向 op, oq 所引之垂线 t_1T_1, t_2T_2,即为所求之切平面之水平迹. 由直立迹 b' 向 $o'p', o'q'$ 所引之垂线 $T_1t'_1, T_2t'_2$,即为所求之平面之直立迹.

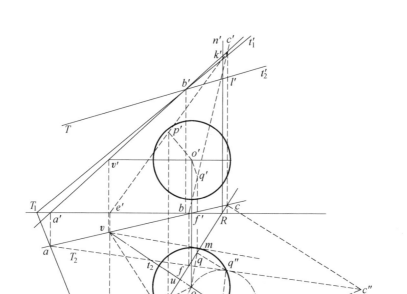

图 297

作图 4 如图 298 所示,先作包络球 o,o',其顶点在 $ab,a'b'$ 上,其轴平行于直立投影面之圆锥面,其顶点为 a,a'. 次作包络球 o,o' 之直立圆柱面. 此时,上述之圆锥面与圆柱面,相交于二椭圆,其立面图,应为直线. 含此二椭圆中其一椭圆之平面为 sSs',使其与 $ab,a'b'$ 之交点为 b,b'. 此时由 b 向圆 o 所引之切线 bk,bl,乃向椭圆所引之切线之平面图. 次由其各切点 k,l 引投射线,使其与 Ss' 之交点为 $k'l'$ 时则二点 $(k,k'),(l,l')$,为由点 (b,b') 向椭圆所引之切线之切点. 是故含 $ab,a'b'$ 与点 $(l,l'),(k,k')$ 之平面 $t_1T_1t'_1, t_2T_2t'_2$ 即为所求之切平面. 故由中心 o,o' 向切平面所引之垂线,与锥面之面素 $(al,a'l'),(ak,a'k')$ 相交之点 $(p,p'),(q,q')$ 即为所切之点.

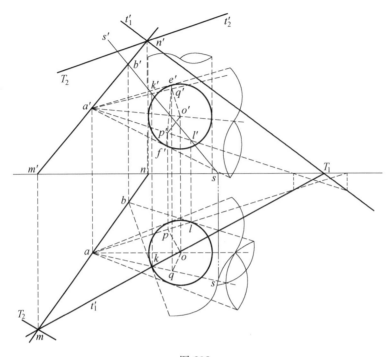

图 298

作图题 18 设切椭圆体及切于有一轴垂直于水平投影面之椭圆体,且含有已知直线 MN 之平面其迹若何.

解 包络椭圆体之锥面之接触线,因其为椭圆形,故于 MN 上置顶点,而作包络椭圆体之二锥面. 此时锥面与椭圆体之接触线之二椭圆之交点,即为所求切平面之切点. 是时,若将锥面之轴,使其平行于一投影面,则作图之手续,因之较简.

作图 如图 299 所示,以 m, m' 为顶点,其包络椭圆体之锥面之轴与直立投影面平行,而直线 $g'h'$,为两者接触线之立面图. 又点 n, n' 为顶点,其包络椭圆体之锥面之轴与水平投影面平行. 而直线 kl 为两者接触面之平面图,椭圆 $k'l'i'j'$ 为其立面图. 至求椭圆 $k'l'i'j'$ 之法,可如下述.

于椭圆体之平面图之椭圆,引平行于 kl 之弦,以其一端为 z. 次由 k, l 引投射线使其与 $a'b'$ 之交点为 k', l'. 由 $k'l'$ 之中点 r' 引垂直于此之直线,在此直线上,取 $r'i', r'j'$ 等于 $o'e' \cdot \dfrac{ql}{2}/oz$. 此时,以 $i'j'$ 为长轴,$k'l'$ 为短轴之椭圆,乃示 ql 为平面图之椭圆之立面图也.

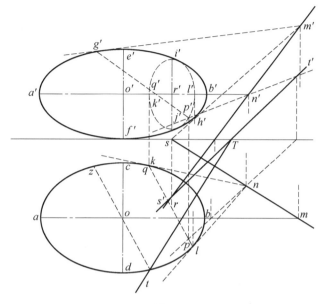

图 299

由是 $g'h'$ 与 $k'l'i'j'$ 之交点 p', q'，是为所求之切平面之切点之立面图. 后由此二点引投射线，而与 ql 所交之点 p, q，即为其平面图. 故含 $mn, m'n'$ 与 $(p, p'), (q, q')$ 之平面，乃为所求之切平面. 图中平面 tTt'，乃以 p, p' 为切点之切平面. 其以 q, q' 为切点之平面，兹因避作图之繁，故从略.

作图题 19　有平行于已知直线 XY 且切于其轴垂直于水平投影面之类似螺旋面之平面，求其迹.

解　切于类似螺旋面之导锥，而作平行于 XY 之平面 R. 此时平行于平面 R 而切于类似螺旋面之平面，即为所求之平面.

作图　先作已知曲面之面素，与垂直于其轴之平面成角 θ，后作其轴与此成平行，底角为 θ 之圆锥 $vmn, v'm'n'$. 此时，锥面为已知曲面之导锥.

如图 300 所示，设平行于 $xy, x'y'$ 而切于导锥 $vmn, v'm'n'$ 之平面为 rRr'. 其平行于 rR 而切于已知曲面之水平迹之直线 tT，即为所求之切平面之水平迹. 故由 T 所引之平行于 Rr' 之 Tt'，即为所求之直立迹.

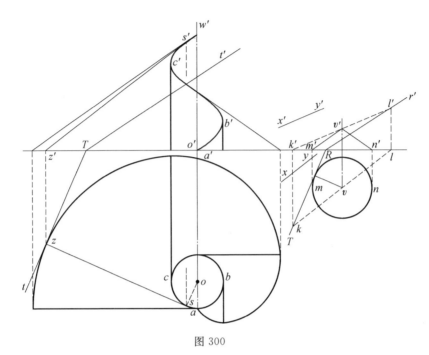

图 300

作图题 20 螺旋面之轴垂直于水平投影面,今有切螺旋面上之一点 u 之切平面,其迹若何.

解 过 u 引曲面上之螺旋线,则含于点 u 之螺旋线之切线,与过 u 之面素所作之平面即为所求之平面.

作图 如图 301 所示,螺旋线 $abc-a'b'c'$ 乃过点 u 之曲面上之螺旋线 uz, $u'z'$,即 u,u' 之切线. 又 $um,u'm'$ 为过 u,u' 之面素. 平面 tTt' 乃含 $(uz,u'z')$, $(um,u'm')$ 之平面,亦即所求之平面.

作图题 21 今有轴垂直于水平投影面之螺旋面,求切于螺旋面而垂直于直线 KL 之平面之迹.

解 导锥,以含螺旋面之导锥之顶点,且垂直于 KL 之平面切之,其切口为二直线. 此时含有之平行于此直线之螺旋面之面素,及垂直于 KL 之平面即为所求之平面. 切平面之切点,为切平面与曲面共通二线之交点. 当含导锥之顶点,而垂直于 KL 之平面,与导锥不相交时,无切平面之存在.

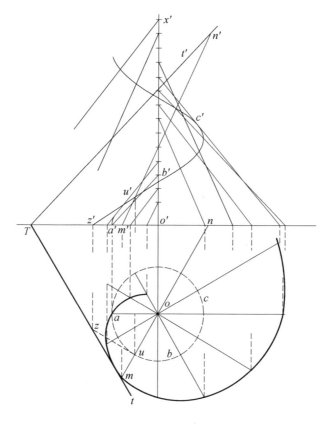

图 301

作图 如图 302 所示,平面 rRr',乃含导线 $vxy-v'x'y'$ 之顶点 v,v',而垂直于 $kl,k'l'$ 之平面. $vm_1,v'm'_1$ 为其切口之一. $pm,p'm'$ 为平行于 $vm_1,v_1m'_1$ 螺旋面之面素,平面 tTt' 为所求之切平面. 又平面 T 与螺旋面相交之平面图 1234 与 pm 相交之点 p,为切点之平面图,而 p' 为其立面图. 作曲线 1234 时,若于垂直于 tT 之副投影面上作副投影,则作图较易.

作图题 22 今有回转面,其轴垂直于水平投影面,求切于回转面而含直线 MN 之平面之迹.

解 含一直线,切一回转面之平面,使其轴为共有,切于以此直线为母线之单双曲线回转面. 后依此,而作如斯之单双曲线回转面,及作含已知直线之共通切平面可也.

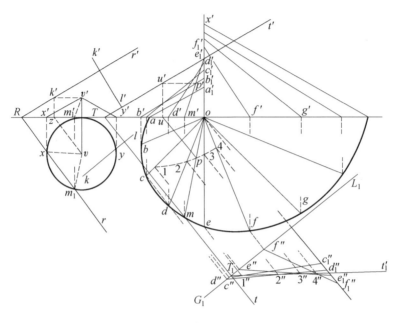

图 302

作图 如图 303 所示,圆 ab 为已知回转面之平面图. 曲线 $a'o'b'$ 为其立面图. 又双曲线 $c'g'e'$, $d'h'f'$ 乃与已知曲线共轴, 以 mn, $m'n'$ 为母线之单双曲线回转面之立图, 而圆 cmd 为其水平迹.

二曲线 $a'o'b'$, $d'h'f'$ 之共通切线 T_1t_1' 为所求之切平面回转于其轴 OX 之周, 而使其垂直于直立投影面时之直立迹. 故其切点 p_1', r_1' 为各切点之立面图. 由此所引之投射线, 与平行于基线之 od 之交点 p_1, r_1 即为所求之切点之平面图. 次以 o 为中心, 过 r_1 引圆, 使其与 mn 之交点为 r 时, 则 r 为所求之切平面, 与单双曲线回转面相切, 而得切点之平面图. or 为于切点处法线之平面图. 然二曲面因其轴共通, 且垂直于水平投影面, 故于共通切平面之切点处, 其法线之平面图应相一致. 由是, 过 mn, $m'n'$ 之水平迹 m, 引垂直于 or 之 tT, 即为所求之切平面之一水平迹. 其直立迹 Tt' 可由此顺序求之. 又以 o 为中心, 作过 p_1 之圆, 其与 or 之交点 p, 应为切点之平面图. 后由 p 引投射线, 使其与由 p_1' 引水平线, 其所得之交点 p', 即为其立面图.

3. 曲面之接触

设二曲面, 以一点共通, 且于其点有共通切平面时, 则此二曲面, 谓之于其点之接触.

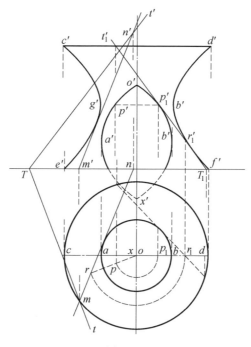

图 303

曲面投影之轮廓上一点之切平面,因其垂直于投影面,故于其点之法线,必平行于投影面.接触之二曲面,其共通法线平行于投影面时,则二曲面之投影,于切点之投影处相切.如图 304 所示,直线 AB 为回转面 ABC 之立面图之轮廓,设直线 AB 上之一点为 P,则点 P 之法线,应平行于直立面.是即其立面图垂直于 $a'b'$ 平面图平行于 GL. 同法 P 为球 O 立面图圆上之点时,则于点 P 向球面所引之法线之立面图,乃过图 o' 之中心,其平面图平行于 GL. 故二曲面,若于点 P 处有共通之法线,则两法线之平面图,应平行于 GL, 而成一直线. 同时其立面图,因其亦为一直线,故两曲面之立面图,相切于点 P.

又以圆 o' 为立面图之圆柱,亦于点 P 处接触于回转面.

作图题 23 有横置于水平投影面上互切之三球,其半径为 r_1, r_2, r_3, 求其各球中心之投影.

解 互切二球之中心所结之线,若平行于一投影面时,则其投影面上,其球之投影互切. 依此,先将二球中心所结之线,使其平行于直立投影面,然后作第三球与他二球之中心所结之直线,而求其平面图之长. 由是即能求其所求之球

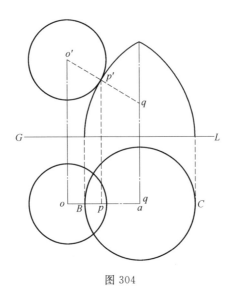

图 304

之投影.

作图　如图 305 所示,图中,圆 (m,m'),(n,n'),其半径为 r_1,r_2,而其中心所结之直线,为平行于直立投影面之球之投影.o'_1j',o'_2k' 之长,等于半径 r_3 球之中心,与球 (m,m'),(n,n') 中心间距离之平面图之长.而圆 o,o',即为半径 r_3 之第三球之投影.

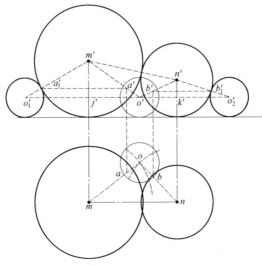

图 305

作图题 24 有半径为 r_1, r_2, r_3, r_4 之四球互相切触,其中三球置于水平投影面上,求作其投影.

解 依本章作图题 23 作图之方法,于水平投影面上,先作三球 A, B, C,后求第四球之投影可也. 定半径之球,切于他二球,其中心之轨迹为圆,其投影一般为椭圆. 作如此之二椭圆而求其交点,则得第四球之中心.

作图 如图 306 所示,图中,半径为 r_1, r_2, r_3 之圆 a, b, c 为水平投影面上互切之三球之平面图. 圆 a', b', c' 为其立面图.

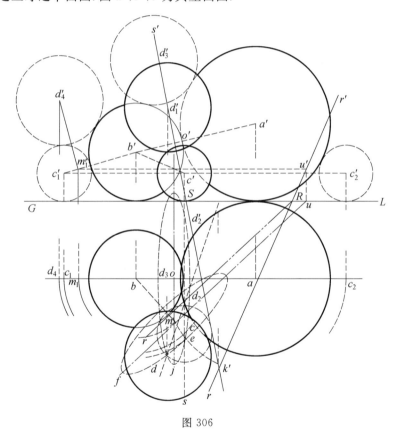

图 306

切圆 a', b' 引半径 r_4 之圆 d'_3. 由其中心 d'_3 向直线 $a'b'$ 引垂线,其垂线足为 o'. 次由 o', d'_3 向直线 ab 引垂线,其垂线足为 o, d_3. 更于 $o'o$ 上取 oj,使其等于 $o'd'_3$,此时以 o 为中心,oj 为长轴之半,od_3 为短轴之半,则所作之椭圆,为切于球 A, B,半径 r_4 之球,其中心轨迹圆之平面图也.

次设切于圆 b' 及基线,半径 r_3 之圆为 c_1,引半径 r_4 之圆 d'_4 使其切于圆 c'_1 与圆 b'. 再由中心 d'_4 向直线 $b'c'_1$ 引垂线,其垂线足为 m'_1. 由 m'_1, d'_4 引投射线,使其与平行于基线之 ab 相交,其交点为 m_1, d_4. 然后于直线上,取 bm, be 使其等于 bm_1, bd_4. 又由 m 引垂直于 bm 之 mf. 使其等于 $d'_4m'_1$. 此时以 m 为中心,mf 为长轴之半,me 为短轴之半,而所作之椭圆,为切于球 B, C,半径 r_4 之球,其中心轨迹圆之平面图也.

斯时,上二椭圆之交点 d_1, d_2,即为所求之第四球,其中心之平面图,依此,d_1, d_2 为中心,半径 r_4 之圆,即为所求之第四球之平面图. 后由 d_1, d_2 引投射线,使其与 $o'd'_3$ 之交点 d'_1, d'_2 为中心,则半径 r_4 之球,为其各立面图. 图中以 d_2, d'_2 为中心之球之投影,兹从略.

作图题 25 有半径为 r 之球,切于已知球 o 之面上一点 P,求其投影.

解 于过 P 球之半径延长线上,取 PC 等于 r,则 C 应为所求之球之中心.

作图 如图 307 所示,作过 p, p' 之半径 $op, o'p'$,回转于中心 o, o' 之周,当其平行于直立投影面之位置时为 $on, o'n'$. 次于其立面图 $o'n'$ 上,取 $n'c'_1$ 等于 r 由 c'_1 引平行于基线之直线,使其与 $o'p'$ 之交点为 c'. 此时 c' 为中心,r 为半径之圆,即为所求之球之立面图. 由是,再求其平面图可也.

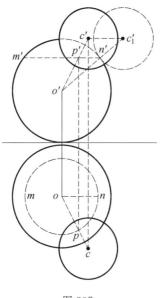

图 307

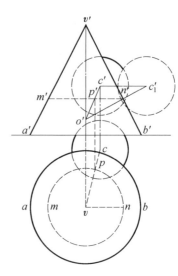

图 308

作图题 26 直圆锥之轴,垂直于水平投影面时,有半径 r 之球,切于其曲面上之一点 P,求作此球之投影.

解 由 P 向边 P 之面素引垂线,于其垂线上,取 PC 等于 r. 此时 C 即为所求之球之中心.

作图 如图 308 所示,乃过 P 之面素,回转于其轴之周. 当其平行于直立投影面时之位置为 $vn,v'n'$,此时 P 之位置为 n,n'. 由 n' 向 $v'n'$ 引垂线于其垂线上,取 $n'c'_1$ 等于 r. 又 $n'c'_1$ 与轴之立面图相交,其点为 o'. 此时 $o'p'$ 因其为点 P 之法线之立面图,故由 c'_1 引平行于基线之 c'_1,c' 与 $o'p'$ 之交点 c',乃示所求球之中心之立面图. 而由 c' 所引之投射线,与 vp 之交点 c,为其中心之平面图. 故 c,c' 为中心,r 为半径之圆,即为所求之球之投影.

作图题 27 有顶角为 α 之圆锥与横置于水平投影面上之一圆锥,共通其顶点,且切于水平投影面及此圆锥,求作其投影.

解 将所求之圆锥面之轴,回转于已知圆锥轴之周,使其保持平行于直立投影面之位置,而作所求之圆锥面之投影. 次于回转后之位置,作内切于圆锥面之任意之球. 后将回转之轴,复归原有位置. 而作其球之投影. 此时切于此球之投影,及由已知圆锥之顶点之投影引直线,则其所围成之图形,即为所求之投影.

作图 如图 309 所示,图中 $a'v'b'$ 为已知圆锥之立面图,其作法,先引 $v'g'_1$ 使其与 $v'b'$ 成角 α,置角 $b'v'g'_1$ 之二等分线为 $v'o'_1$. 由 $v'o'_1$ 上之任意一点 o'_1,向 $v'b'$ 引垂线,其足为 p'_1. 更将其延长使其与 $v'x'$ 之交点为 c'. 又平行于基线引 $m'n'$,使其距基线之距离等于 $o'_1p'_1$ 复由 c' 向 $m'n'$ 引垂线,其足为 z'. 后以 c' 为中心,过 o'_1 作圆,使其与 $m'n'$ 之交点为 o'_2.

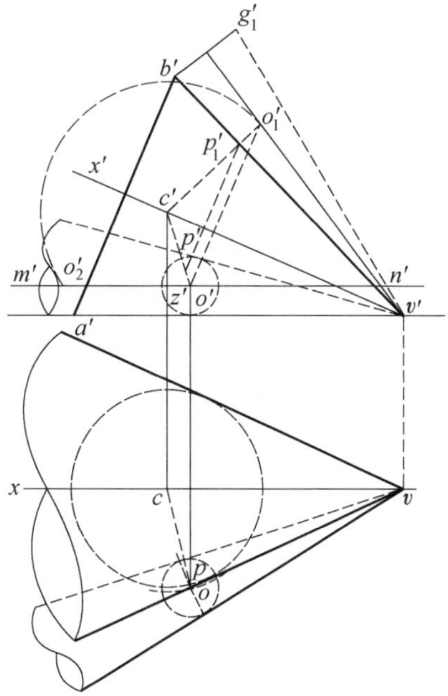

此时,由 o'_1 向已知圆锥面轴之立面图 $v'x'$ 引垂线,使其与 $m'n'$ 之交点为 o'. 复以 o' 为中心,以等于 $o'_1p'_1$ 之长为半径作圆. 由 v' 向此圆引二切线,由二切线所成之图形,即为所求之立面图. 又

图 309

由 c' 向轴之平面图 vx 引垂线，其足为 c. 次以 v,c 为中心，以等于 $v'p'_1, z'o'_2$ 之长为半径作圆，使其相交之点为 o. 此时，复以 o 为中心，以等于 $o'_1p'_1$ 之长为半径作圆. 后由 v 向此圆引二切线，则所成之图形，即为所求之平面图.

作图题 28 有内切球内切于已知圆柱且含此圆柱面上一点 P，求作此球之投影.

解 作含 P 且垂直于圆柱轴之平面 T，而求其圆柱轴之交点 c. 此时 c 应为所求之球之中心.

作图 如图 310 所示，曲面上已知点 P 之平面图 p 为已知，其作图法，先求其立面图 p'. 次含 P 而垂直于圆柱之轴 $ab, a'b'$ 之平面. 后于此平面上，引水平直线 $ph, p'h'$ 而求其水平迹 h. 此时由 h 引垂直于 ab 之 tT，即为含 P 及垂直于 AB 之平面之水平迹. 因之由 tT 与基线之交点 T 所引之垂直于 $a'b'$ 之 Tt'，即为其直立迹.

图中 $ab, a'b'$ 因其与基线不交于纸面内，故作平行于 $ab, a'b'$ 及垂直于直立投影面之任意平面 rRr'，而求其与平面 tTt' 相交之平面图 mn. 此时，由 $a'b'$ 与 Tt' 之交点 k' 引投射线，使其与基线之交点为 k. 由 k 所引之平行于 mn 之 kl，为含 $ab, a'b'$ 而垂直于直立投影面之平面与平面 tTt' 相交所得之平面图. 故 kl 与 ab 之交点 c，为所求之球之中心平面图. 由此求立面图 c'，而作所求之球之投影 c, c' 可也.

作图题 29 有半径 r 之圆柱，其轴之平面图平行于 xy，求切于已知圆柱面上之一点 P 之投影.

解 含 P 而作内切于已知圆柱之球 H，复于 P 切此球，而作半径 r 之球 K. 此时包络球 K 而作其轴之平面图平行于 xy 之圆柱可也.

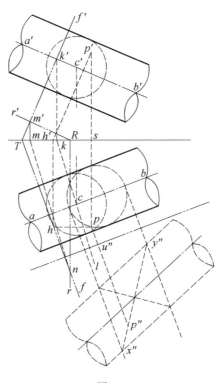

图 310

作图 如图 311 所示，p 为已知点 P 之平面图. 本题作图之法，与前题图 280 相似，必先求 P 之立面图 p'，及合 P 而内切于已知圆柱之球之中心 h, h'. 次与作图题 25 图 277 同法，作半径 r 之球，使其切球 h, h' 于 p, p'，而求其中心 k, k'. 由是切 K 为中心，半径为 r 之圆，而作平行于 xy 之二直线，则此二直线所成之图形，是为所求之圆柱之平面图.

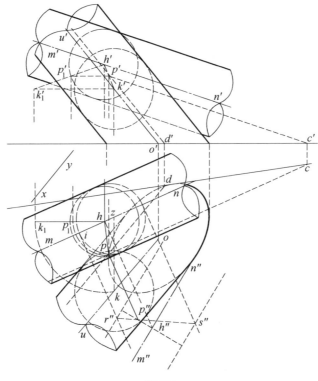

图 311

次过 p, p' 引已知圆柱之面素 $pc, p'c'$. 由其水平迹 C，向 ph 引垂线 cd. 此时 cd 因其为点 p, p' 之切平面之水平迹，故由 p 平行于 xy 所引之直线与 cd 相交之点为 d 时，则 d 为过 p, p' 所求之圆柱面之水平迹. 因之由 d 所引之投射线，与基线相交之点为 d' 时，则 $p'd'$ 为过 p, p' 所求圆柱之面素之立面图. 由是切 k' 为中心，r 为半径之圆，而作平行于 $p'd'$ 之二直线，则此二直线所成之图形，即为所求之圆柱之立面图.

图中椭圆，为所求之圆柱之水平迹，其求法已于第五章作图题 7，图 186 述之，兹将其作图从略.

作图题 30　有半径 r 之圆柱，其轴之平面图平行于 mn，而切于横置于水平投影面上之圆锥面上之一点 P，求其圆柱面之投影.

解　含 P 而作内切于圆锥之球 o，再作半径 r 之球 u，切此球于 P. 然包络球 u 之圆柱，其轴之平面图平行于 mn，故此圆柱，即为所求之圆柱.

作图　如图 312 所示，先求球 O 之平面图圆 o，次求球之投影圆 u,u'，切球 O 于 P. 然切于圆 u，而平行于 mn 之二直线所成之图形，乃为所求之圆柱之平面图. 今圆锥之顶点 V，因其在水平投影面上，故由其平面图 v 所引之垂直于直线 op 之 vs，为于点 P 切平面之水平迹. 次由 p 所引之平行于 mn 之 pr 与 vs 相交之点为 r，此 r 乃过 P 所求之圆柱之面素之水平迹. 依此若由 r 引投射线使其与基线相交之点为 r'. 则切于圆 u' 而平行于 $p'r'$ 之二直线，其所成之图形，即为所求之圆柱之立面图.

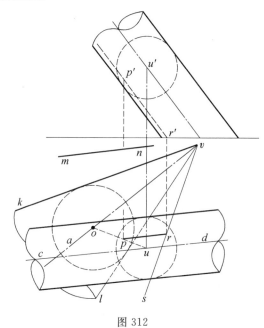

图 312

4. 掠面之接触

二掠面，共通之一面素 XY 为共有，若与此面素无限接近之一面素亦为共有时，则此二曲面，谓之于 XY 相切. 今设有二掠面，其一面素为共有，于其面素上之任意三点，若各有共通之切平面，则二曲面应于 XY 相切. 其理由兹述之如次：

如图 313 所示，图中为二捩面 GHI,DEF，有共通之一面素 XY. 于其上之三点 A,B,C，设有共通之切平面 T_1,T_2,T_3. 今含 A,B,C 之任意三平面 S_1,S_2,S_3，切二捩面之切口，各为曲线 (AG,BH,CI)，(AD,BE,CF). 又切平面 T_1,T_2,T_3 之相交迹，各为 AP,BQ,CR. 此时 AG,AD,AP，因其相切于 A，故接近于 A 之一点为共有. 又 BH,BE,BQ，因其相切于 B，故接近于 B 之一点为共有. 又 CI,CF,CR，因其切于 C，故接近于 C 之一点为共有. 然 XY 以 AG，BH,CI 为导线，其移动时所生之面，为捩面 GHI. 又 XY 以 AD,BE,CF 为导线，其移动时所生之面，为捩面 DEF. 故捩面 GHI，无限接近于 XY 之面素与捩面 DEF 无限接近于 XY 之面素两相一致. 故此二捩面，于 XY 相切.

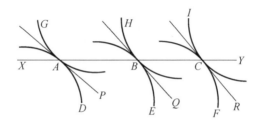

图 313

次 XY，以三直线 AP,BQ,CR 为导线，而移动时，则 XY 即作成一捩面. 此面于二捩面 GHI,DEF 及 XY 处相切. 此时若三平面 S_1,S_2,S_3 为平行，则为双曲抛物线面.

二捩面 GHI,DEF 有共通之导平面时，若于 XY 上之二点有共通切平面，则二面切于 XY.

作图题 31 有平行于直立投影面之半圆 AB,CD，与平行于水平投影面之直线 XY 为导线之牛角，于其上之一点 P，切以平面，求此平面之迹.

解 于过 P 之面素 MN，作切于牛角之双曲抛物线面，后于 P 作切此双曲抛物线面之平面可也.

作图 如图 314 所示，过 p,p' 之面素与三导线 AB,CD,XY 相交之点为 (m,n')，(m,n')，(h,h'). 后于 (m,m')，(n,n') 之导线 AB,CD 引切线 $(me,m'e')$，$(nl,n'l')$. 又作含 XY 与 MN 之平面 sSs'，则此平面，于点 h,h' 为牛角之切平面. 次于平面 sSs' 上，过点 h,h' 引平行于直立投影面之直线 $hj,h'j'$，则此直线于点 h,h' 为牛角之一切线. 然上述之三切线 $(me,m'e')$，$(nl,n'l')$，$(hj,$

$h'j'$)因其平行于直立投影面,故直线 $mn, m'n'$ 以此三切线为导线,而为双曲抛物线面之一面素. 而含 $(mn, m'n')$ 与 $(me, m'e')$, $(mn, m'n')$ 与 $(nl, n'l')$, $(mn, m'n')$ 与 $(hj, h'j')$ 之三平面,因其各于点 (m, m'), (n, n'), (h, h') 为牛角及上述之双曲抛物线面之切平面,故二曲面与 $mn, m'n'$ 相切, 依此过点 p, p' 若求平行于双曲抛物线面之直立投影面之面素 $pu, p'u'$, 则含 $(mn, m'n')$ 与 $(pu, p'u')$ 之平面 tTt', 于 p, p' 处为双曲抛物线面之切平面, 且为牛角之切平面.

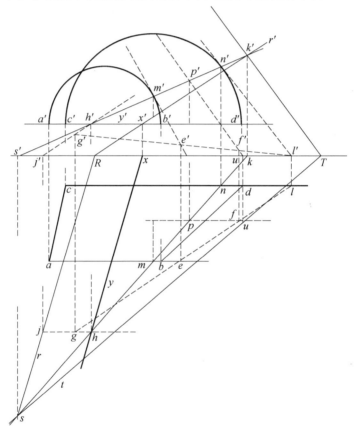

图 314

作图题 32 有以垂直于水平投影面之二曲线 AB, CD 为导线,直立投影面为导平面之柱状面,求此柱状面上一点 P 之切平面.

解 以直立投影面为导平面,过点 P 切于柱状面之面素,而作双曲抛物线面. 然后于点 P, 而作切双曲抛物线面之平面可也.

作图 如图 315 所示，过 P 之面素为 $mn, m'n'$，使其与二导线相交于点 $(m,m'), (n,n')$．复于此点引切线 $(mk, m'k'), (nl, n'l')$．此时 $mn, m'n'$，以上述之二切线为导线，直立投影面为导平面，而成之双曲抛物线面之面素．是故，含 $(mn, m'n')$ 与 $(mk, m'k'), (mn, m'n')$ 与 $(nl, n'l')$ 之平面，乃为于点 (m,m')，(n,n') 之柱状面，及上述之双曲抛物线面之切平面．因之，二曲面应与面素 $(mn, m'n')$ 相切．故于点 P 之双曲抛物线面之切平面 tTt'，即为所求之平面．至作平面 tTt' 之法，兹示之如下：

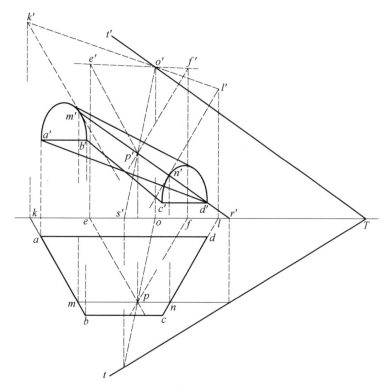

图 315

今置 $(mk, m'k'), (nl, n'l')$ 与直立投影面之各交点为 $(k, k'), (l, l')$．又由点 p, p' 向 $(mk, m'k'), (nl, n'l')$，引平行线 $(pe, p'e'), (pf, p'f')$，而求其各直立迹 $(e, e'), (f, f')$．然后将直线 $(kl, k'l')$，与 $(ef, e'f')$ 之交点 o, o' 与 p, p' 相结，则直线 $(op, o'p')$ 为过 p, p' 之双曲抛物线面之一面素，因之，含过 p, p' 之双曲抛物线面之二面素 $(mn, m'n'), (po, p'o')$ 之平面 tTt'，为于 p, p' 处之切平

面.

5. 单双曲线回转面之接触

以一面素,切二单双曲线回转面,其接触面,并有相当摩擦,则其一必回转于其轴之周. 此时,依其摩擦,则他之曲面亦回转于其轴之周. 如斯之曲面,若应用于摩擦车(Friction wheel)上,当其轴不在同一平面内时,由其一轴向他一轴,可传达其回转运动. 又沿如斯二曲面之面素,刻以齿,依齿与齿啮合,可得较摩擦传达有更大之力.

二单双曲抛物线面,以一面素接触,故其共通之面素,与其各轴之共通垂线,应在一直线上. 如图 316 所示,图中以垂直于水平投影面之 ox, $o'x'$ 与平行于直立投影面 zy, $z'y'$ 为轴,以平行于直立投影面之 pc, $p'c'$ 为母线所成之二单双曲线回转面,今以上述之三直线之共通垂线为 opz, $o'p'z'$, 设以 ox, $o'x'$ 为轴之面,回转于其轴之周时,将回转运动传达于以 zy, $z'y'$ 为轴之面. 今依说明之便利计,置面 A 之轴为 ox, $o'x'$, 面 B 之轴为 zy, $z'y'$.

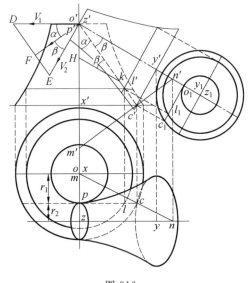

图 316

今设 A, B 之回转速度为 w_1, w_2, 各扼圆上之点之线速度为 V_1, V_2. 又 A, B 扼圆之半径为 r_1, r_2. 此时有

$$w_1 = \frac{V_1}{r_1}, w_2 = \frac{V_2}{r_2} \tag{1}$$

之关系. 次置角 $x'o'c'$, $y'o'c'$ 为 α, β. 先由 o' 引 $o'D$ 垂直于 $o'x'$, 取 $o'D$ 等于 V_1, 由 D 引平行于 $o'c'$ 之直线,与由 o' 引垂直于 $o'c'$ 之直线,使其相交点为 F. 此时 $\angle Do'F$ 等于 α, $o'F$ 之长,为 $o'c'$ 垂直之方向 V_1 之分速度, DF 之长,为 $o'c'$ 平行之方向之分速度. 今二曲面依其摩擦,若完全传达其回转运动,则于共通面素之垂直方向之分速度,势必相等. 依此,由 o' 引垂直于 $o'y'$ 之直线,使其与 DF

之延长线之交点为 E 时,则 $o'E$ 之长等于 V_2,而 $\angle Eo'F$ 等于 β.

次于共通面素 pc, $p'c'$ 上任意之点之切平面,因其含此面素,故切平面之直立迹平行于 $p'c'$,因之,此切点之法线之立面图,必垂直于 $p'c'$. 依此,由 $o'c'$ 上之任意点 c',向此引垂线,使其与 $o'x'$, $z'y'$ 相交之点为 m', n'. 由 n' 引投射线,使其与 zy 之交点为 n. 此时直线 mn, $m'n'$ 为点 c, c' 处之共通法线. 依上述之作图,知 $\triangle o'FD \backsim \triangle o'c'm'$, $\triangle o'FE \backsim \triangle o'c'n'$. 故 $o'D : o'E = o'm : o'n$,今依式(1)得

$$\frac{w_1}{w_2} = \frac{V_1}{r_1} \div \frac{V_2}{r_2} = \frac{o'D}{r_1} \div \frac{o'E}{r_2}$$
$$= \frac{o'D}{o'E} \cdot \frac{r_2}{r_1} = \frac{o'm'}{o'n'} \cdot \frac{zp}{op}$$
$$= \frac{o'm'}{o'n'} \cdot \frac{c'n'}{c'm} = \frac{\sin\beta}{\sin\alpha} \tag{2}$$

次于 $o'x'$ 上,取 $o'H$ 等于 w_1,由 H 引平行于 $o'n'$ 之直线,使其与 $o'c'$ 之交点为 K,此时

$$\overline{HK} = w_1 \frac{\sin\alpha}{\sin\beta} = w_2 \tag{3}$$

依上述之关系,回转接触所成之二单双曲线回转面之轴,与角速度 w_1, w_2 若为已知,则可知接触线之共通面素之位置,因此可求得其曲面. 例如 ox, $o'x'$ 与 zy, $z'y'$ 为已知之轴,于 $o'x'$ 上,取 $o'H$ 等于 w_1,更由 H 引平行于 $z'y'$ 之 HK,使 HK 等于 w_2. 此时 $o'k$ 为共通面素之立面图. 次由 $o'k$ 上之一点 c' 引垂直于此之 $m'n'$,使其与 $z'y'$ 之交点为 n'. 更由 n' 引投射线,使其与 zy 之交点为 n. 然由 c' 所引之投射线与直线 on 之相交点为 c. 复由 c 引平行于 zn 之 pc,是即为共通面素之平面图.

6. 球面摆线

有顶点共通,切于一面素之二圆锥. 今一圆锥,旋转于他圆锥之曲面上时,则与转动圆锥共同移动之一点轨迹,应于圆锥之顶点为中心之球面上得之. 斯点之轨迹,谓之球面摆线(Spherical cycloid). 其点谓之迹点(Tracing point). 转动圆锥,外切于固定圆锥面回转时,其迹点在转动圆锥面上者,谓之球面外摆线(Spherical epicycloid). 其不然者,谓之球面外余摆线(Spherical epitrochoid). 又转动圆锥,内切于固定圆锥面回转时,其迹点在转动圆锥面上者,谓之球面内摆线(Spherical hypocycloid). 其不然者,谓之球面内余摆线(Spherical hypotrochoid).

作图题 33 今以其轴垂直于水平投影面之直圆锥 VAB 为固定圆锥,直圆锥 VAC 为转动圆锥,求其球面外摆线之投影.

解 置其迹点在转动圆锥之底圆上,置固定圆锥之底在水平投影面上. 将转动圆锥之底,以其点处之切线为轴,倒置于水平投影面上,而求其迹点之位置. 然后将此复归原有之位置,而求轨迹上之点之投影.

作图 如图 317 所示,图中二等边三角形 $a'v'c'$ 为转动圆锥,其轴平行于直立投影面时之立面图. 圆 as_1c_1 为其底倒置于水平投影面之位置. 今先引固定圆锥底之相垂直之二直径 ab, m_1w,使其一直径 ab 平行于基线. 次于 m_1 切圆 ab 引与圆 as_1c_1 同半径之圆. 设过其 m_1 之直径为 p_1m_1. 而由 c' 所引之投射线与直线 ab 之交点为 po,复于 vp_1 上取 vp 等于 vp. 此时 p 即为所求之轨迹上一点之平面图. 复由 p 引投射线,及由 c' 引平行于基线之 $c'p'$,其所交之点 p',即其立面图.

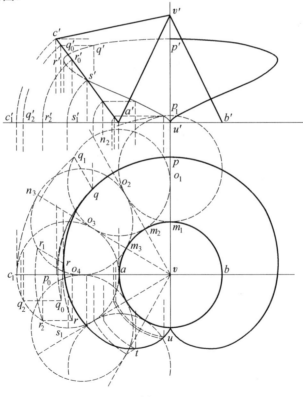

图 317

次切圆 ab 上之任意一点 m_2，作与圆 as_1c_1 同半径之圆 o_2，引过 m_2 之直径 m_2n_2. 又于此圆周上，取 $\overset{\frown}{n_2q_1}$ 等于 $\overset{\frown}{m_1m_2}$ 次以 v 为中心，过 q_1 之圆弧与圆 as_1c_1 之交点为 q_2. 更由 q_2 引投射线，使其与基线之交为 q'_2，再于 $a'c'$ 上，取 $a'q'_0$ 等于 $a'q'_2$. 复由 q' 引投射线，及由 q_2 引平行于基线之直线 q_2q_0 使其交点为 q_0. 此时 v 为中心，过 q_0 之圆弧，与由 q_1 引平行于 m_2n_2 之直线之交点 q，乃两底圆之切点之平面图为 m_2 时之迹点之平面图也. 故由 q 所引之投射线与由 q'_0 所引之平行于基线之直线，其交点 q 即为其立面图.

同法，先求轨迹上之点，后将此诸点联结作成曲线，则得如图所示之曲线. 图中固定圆锥之底圆与转动圆锥之底圆，其直径相等.

作图题 34　转动圆锥与固定圆锥为已知，求球面内摆线.

本题作图法，与前作图题相同.

如图 318 所示，乃转动圆锥，其底之直径为其固定圆锥之三分之一时，所作之图也.

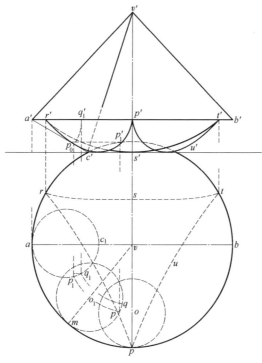

图 318

作图题 35 转动圆锥,固定圆锥,及迹点为已知,求球面外余摆线.

作图 本题作图法与前作图题同.如图 319 所示,图中,以 $vab, v'a'b'$ 为固定圆锥,其底平行于水平投影面.又 $v'a'c'$ 为转动圆锥,当其轴平行于直立投影面时之立面图也.今置其迹点,在含转动圆锥底之平面上,及设两底圆之半径相等.

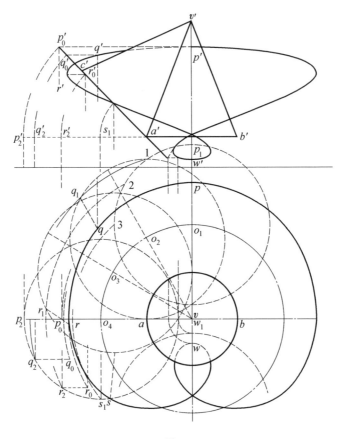

图 319

先以 v 为中心以两圆锥底之半径之和为半径作圆.置平行及垂直于其基线之半径为 vo_4, vo_1.次以 o_1, o_4 为中心,由其迹点至转动圆锥底之中心之距离为半径作圆,使其与 vo_1, vo_4 之延长线相交,其交点为 p_1, p_2.又以 o_1, o_4 为中心之圆及 o_1o_4,各由 p_1, p_2, o_1 起,分成等分之任意同数之点,使其各为($1, 2,$ $3, \cdots$),($q_2, r_2, \cdots$),($o_2, o_3, \cdots$).

然后由 p_2 引投射线与由 a' 引平行于基线之直线，其交点为 p'_2 次于 $a'c'$ 上取 $a'p'_0$ 等于 $a'p'_2$. 更由 p'_0 引投射线，使其与 vp_2 相交之点为 p. 复于 vp_1 上，取 vp 等于 vp_0. 此时 p 乃为所求之轨迹上其一点之平面图. 后由 p 引投射线，与由 p'_0 引平行于基线之直线，其交点 p'，即为其立面图.

次由 q_2 引投射线使其与 $a'p'_2$ 之交点为 q'_2，于 $a'c'$ 上取 $a'q_0$，等于 $a'q'_2$. 更由 q'_2 引投射线，与由 q_2 引平行于基线之直线，使其交点为 q_0. 又一方以 o_2 及 o_1 为中心，各作同半径之圆，令其与 v 为中心过 1 之圆弧相交于 q_1. 此时由 q_1 所引之平行于 vo_2 之直线，与 v 为中心过 q_0 之圆弧相交之点 q，是为所求之曲线上其一点之平面图. 是故由 q 引投射线与由 q'_0 引平行于基线之直线，其交点 q' 即为其立面图.

以下同法，可求得轨迹上之诸点，后将诸点联结作成之曲线，则得如图所示之曲线.

练 习 题

(1) 有切于图 320 所示之圆锥，且含点 P 之平面，试求其迹.

(2) 有图 321 所示之锥状面，试求于其面上一点之切平面之迹.

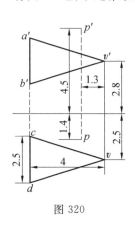

图 320

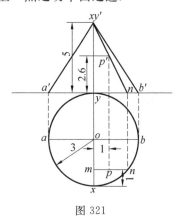

图 321

(3) 有切于图 322 所示之球 o，且含点 M 而与直立投影面成 $60°$ 之平面，试求其迹.

(4) 有切于图 322 所示之球 o，且垂直于直线 MN 之平面，试求其迹.

(5) 有切于图 323 所示之圆锥，且与直立投影面成 $60°$ 之平面，试求其迹.

(6) 有切于图 324 所示之球及圆锥之平面，试求其迹.

(7) 有切于图 324 所示之三球之平面,试求其迹.

(8) 有切于图 325 所示之椭球.且垂直于直线 MN 之平面,试求其迹.

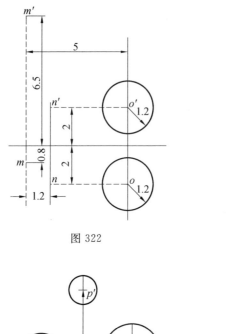

图 322

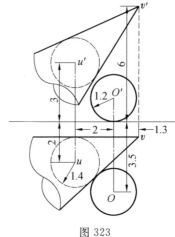

图 323

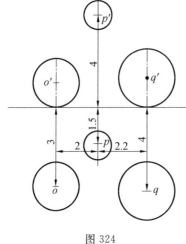

图 324

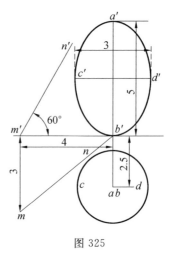

图 325

(9) 如图 326 所示,有含四边形 ABCD,切双曲抛物线面,且垂直于直线 MN 之平面,试求其迹.

(10) 有切于图 327 所示之椭圆体,且与水平投影面成 $45°$,与直立投影面成

60°之平面,试求其迹.

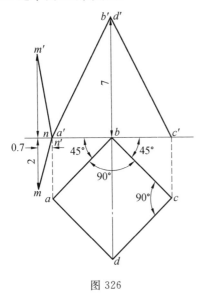

图 326

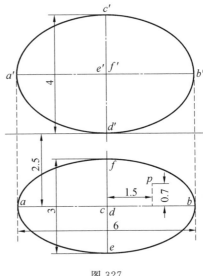

图 327

(11) 有距水平投影面,直立投影面为 3 cm,5 cm 之一点. 今以此点为中心,作直径 3 cm 之球,以顶点 45°之直立圆锥包络之. 复作顶点 30°之圆锥,令其轴平行于基线,问切此两圆锥之平面,其迹若何?

(12) 有边为 4 cm 之立方体,其二面与水平投影面各成 50°,60°时,试求其投影.

(13) 一边 4 cm 之立方体之一面,与水平投影面成 45°,其一对角线与直立投影面成 70°,求此立方体之投影.

(14) 有高 5 cm 之直角锥,以一边长 3 cm 之正六角形为底,其底面与水平投影面成 45°,与直立投影面成 60°,其一斜面与水平投影面成 70°. 试求其投影.

(15) 有高 6 cm 之直角柱,以一边长 3 cm 之正五角形为底,其一侧面与水平投影面成 45°,与直立投影面成 60°,其底与直立投影面成 50°. 试求其投影.

(16) 有椭圆体,其三轴之长,为 7 cm,6 cm,4 cm,其最短轴平行于基线,其最长轴垂直于水平投影面. 试求切此曲面而与水平投影面成 60°,与直立投影面成 45°之平面之迹.

(17) 有内径 1 cm,外径 10 cm 之圆环,其轴与水平投影面成垂直,其中心在水平投影面上方 3 cm 处. 又有顶角为 60°, 高 8 cm 之直圆锥, 其底在水平投影面上. 今两轴之间隔为 6 cm 时, 试求切此两曲面之平面之迹.

(18) 有长轴为 5 cm, 短轴为 3 cm 之长椭球, 将其一端直立. 又有横置于水平投影面上, 直径为 4 cm 之球, 其中心与椭球轴间之距离为 4 cm. 试求切此二曲面而与水平投影面成 60° 之平面之迹.

(19) 有中心相距为 6 cm 之二球, 其直径为 6 cm, 4 cm, 其中心所结之直线为水平, 而与直立投影面成 20°, 位于水平投影面上方之 3 cm 处. 又大球之中心, 在小球之左前面, 位于直立投影面前方 5 cm 之位置. 试求两球之切口均为直径 2 cm 之圆, 而与水平投影面成 65° 时之各平面.

(20) 图 328 中, p' 为已知圆柱面上之一点 P 之立面图. 今有直径 3 cm 之球, 于点 P 切此圆柱. 试求此球之投影.

(21) 有直径为 4 cm 之水平圆柱, 切图 328 所示之圆柱于点 P, 试求水平圆柱之投影.

(22) 有顶角 40° 之圆锥, 切图 329 所示之球 O, 于其上之一点 P, 且横置于水平投影面上, 试求此圆锥面之投影.

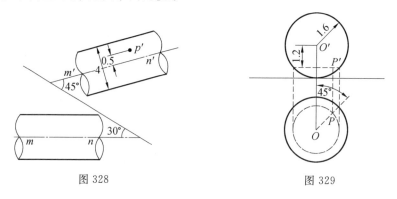

图 328　　　　　　　图 329

(23) 有直径 2 cm, 3 cm, 4 cm, 5 cm 之四球互切, 其中三球中心均在水平投影面上方 3 cm 处. 试求其投影.

(24) 今有含图 330 所示之球 O 上之一点 P, 且包络此球之圆锥, 其轴与水平投影面成 40°, 与直立投影面成 35°. 试求此圆锥面之投影.

(25) 今有平面, 以图 331 所示之二曲线 ANB, CMD 为导线, 而切于直立投影面为导平面之柱状面上之一点 P. 试求此平面之迹.

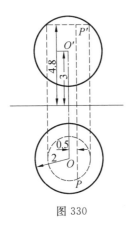

图 330

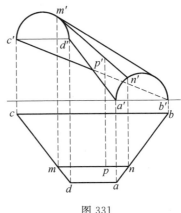

图 331

(26) 有如图 332 所示之半圆 AB, CD 与直线 XY 为导线之牛角. 试求平面切于其上之一点 P 之迹.

(27) 如图 333 所示之二立体为圆锥之轴平行于直立投影面时与圆柱互切之立面图. 试求此二立体之平面图.

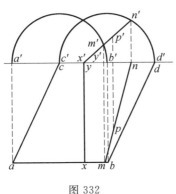

图 332

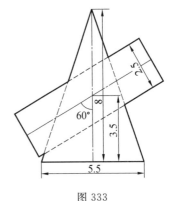

图 333

(28) 三角形 ABC ($AB=5$ cm, $BC=4$ cm, $CA=3$ cm) 与水平投影面成 $45°$, 与直立投影面成 $35°$, 其一边 AB 与直立投影面成 $25°$. 试以 A, B, C 为中心, 作互切三球之投影.

(29) 今有由单双曲线回转面所成之二摩擦车, 其两轴之最短距离为 100 cm, 两者间之角为 $60°$, 若二者之角速度之比为 $3:2$ 时. 试求其二者之投影.

(30) 有一边共通之两二等边三角形 $a'v'b'$ ($a'b'=8$ cm, $v'a'=v'b'=7$ cm),

$b'v'c'(b'c'=4 \text{ cm}, v'b'=v'c'=7 \text{ cm}), a'b'$ 平行于基线. 此两二等边三角形,为直圆锥 AVB, BVC 之立面图. 又含底 BC 之平面内,距其中心 3.5 cm 处有一点 p. 今将圆锥 AVB 转动于圆锥 BVC 上. 试作点 p 轨迹之球面,其外余摆线之投影.

(31) 有长椭球,以长轴 7 cm,短轴 5 cm 之椭圆为母线,其回转轴垂直于水平投影面. 另有直径 3 cm 之球切此椭球,而于切点处之法线,与水平投影面成 50°,与直立投影面成 30°,试求此球之投影.

(32) 有外径 10 cm,内径 4 cm 之圆环. 其轴垂直于水平投影面. 此圆环之内侧,置直径 3 cm 之圆柱,使其切圆环于二点,然此圆柱之轴与直立投影面成 30°之倾斜. 试求其投影.

第九章 曲面之展开

1. 曲面之展开

曲面有展开可能与不可能者.其展开可能者,其线织面中相邻接之二面素,以恒在同一平面上者为限.适合此条件之曲面,计有次之三种.即:

(Ⅰ)曲锥面之面素,均相交于锥顶.是即相邻接之二面素,恒在同一平面上.故曲锥面,有展开之可能.

(Ⅱ)同此,曲柱面之面素,因其互相平行,故此曲面,亦能展开.

(Ⅲ)依复曲线之切线而形成之曲面中,有相当距离之二面素,其面素虽属不在同一平面上,但邻接之二面素,于该曲线上之一点相交,因此可视其在同一平面上.故该曲线亦可展开.凡如斯之曲面,谓之拟掾面.如螺旋线,依其切线而形成之特殊螺旋面然之例是也.

作图题 1 直立于水平投影面上之圆柱,以平面 T 切断时,求其一半之展开.

解 求圆柱曲面之展开,须引面素为等距离,然后将此等面素,顺序展开于一平面上可也.

作图 如图 334 所示,等距离之圆柱面之面素,其平面图为点 $a, b, c, \cdots$. 其立面图为 $a'a'_1, b'b'_1, c'c'_1, \cdots$. 先于基线上取 $A_2B_2, C_2D_2, \cdots$ 等于 $ab, bc, cd, \cdots$. 次由 $A_2, B_2, C_2, \cdots$ 引垂直于基线之直线,及由 $a', b', c', \cdots$ 引垂直于基线之直线,使其对应之交点各为 $A_1, B_1, C_1, \cdots$. 此时 $A_1, B_1, C_1, \cdots$ 所结成之曲线,与直线 $A_1A_2A_2A_1$ 所围成之图形,即为所求之展开.

求 $A_2, B_2, C_2, \cdots$ 时,必须求与圆 abc 圆周相等之长,后将此分成等份,而与面素之数为同数作之可也.

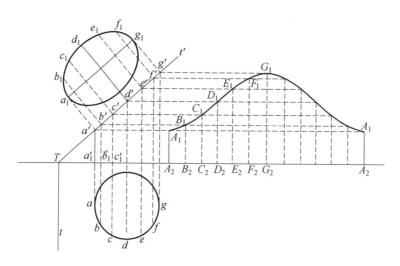

图 334

作图题 2 已知之直圆锥,以平面 T 切之,求其切口之展开.

解 先将圆锥面展开,及引多数之面素.然后将切断平面与面素之交点,顺次置于展开面素上,后将诸点相结,是即所作之曲线.

作图 如图 335 所示,引等距离之面素 $(va, v'a')$,$(vb, v'b')$,$(vc, v'c')$,$\cdots$,而求其与切断平面之交点 (s, s'),(u, u'),(w, w'),$\cdots$. 次如图 336 所示,将圆锥展开为 $V_1 A_1 G_1 A_1$ 及引面素 $V_1 A_1$, $V_1 B_1$, $V_1 C_1$. 此时 B_1, C_1, D_1, $\cdots$ 乃以圆弧 $A_1 G_1 A_1$ 分成等份,且与面素为同数之点. 次于 $V_1 A_1$, $V_1 B_1$, $V_1 C_1$, $\cdots$ 上,取 $V_1 S_1$, $V_1 U_1$, $V_1 W_1$, $\cdots$ 等于 $(vs, v's')$, $(uv, v'u')$, $(uw, v'w')$ 之实长

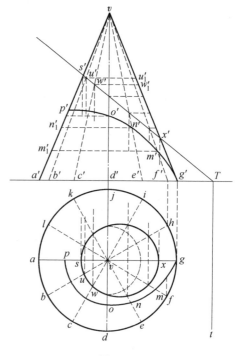

图 335

$v's'_1, v'u', v'w'_1$. 后将诸点联结所成之曲线 $S_1U_1W_1$, 即为所求之切口之展开.

作图题 3 于已知圆锥面上,作过二点之最短线.

解 曲面上之最短线之展开,因其为直线,故求其展开后,而作其投影可也.

作图 如图 336 所示,二点 $(p, p'), (g, g')$ 为已知之二点. 本图之作法,先引等距离之面素 $(va, v'a'), (vb, v'b'), (vc, v'c'), (vd, v'd'), (ve, v'e'),$ $(vf, v'f'), (vg, v'g')$. 次如图 336 所示,求此诸面素及二点之展开 $V_1A_1,$ $V_1B_1, V_1C_1, V_1D_1, V_1E_1, V_1F_1, V_1G_1, P_1, G_1$. 此时直线 P_1G_1 为最短距离之展开,而与 $V_1F_1, V_1E_1, V_1D_1, \cdots$ 之交点,各为 $M_1, N_1, O_1, \cdots$. 然后于 $v'a'$ 上取 $v'm'_1, v'n'_1, \cdots$ 等于 $V_1M_1, V_1N_1, \cdots$. 更由 $m'_1, n'_1, \cdots$. 引平行线于基线,而与 $v'f', v'e', \cdots$ 相交之点各为 $m', n', \cdots$. 此时曲线 $g', m', n', \cdots, p'$, 因其为所求之最短线之立面图,故由此,可求其平面图 $gmn \cdots p$.

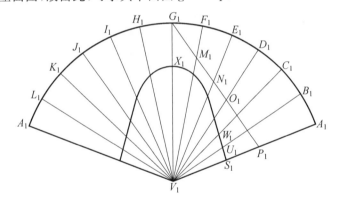

图 336

作图题 4 求斜锥体之曲面之展开.

解 斜锥体曲面之展开,不若直圆锥形成扇形. 是故当展开时,势非引多数之面素,而求其各自之位置不可. 其一法,即求以顶点为中心之球面与其各面素之交点. 此时诸交点之展开,应在球之半径为半径之圆弧上. 依此,则其各面素之展开可易求也. 其二法,即以相邻之面素,视为三角形之二边,由其多数三角形聚集而成之曲面,后将诸三角形之实形顺序连续,则得其曲面之展开.

作图 1 如图 337 所示,其求法,先求顶点 v, v' 为中心之任意球面与面素 $(va, v'a'), (vb, v'b'), (vc, v'c'), \cdots$ 之交点 $(a_1, a'_1), (b_1, b'_1), (c_1, c'_1) \cdots$. 后将诸点联结而作曲线 $a_1b_1c_1 \cdots a'_1b'_1c'_1 \cdots$. 次作含此曲线之直立圆柱,而求其展

开.此时 $a_3b_3, b_3c_3, c_3d_3, \cdots$,使其等于弧 $a_1b_1, b_1c_1, c_1d_1, \cdots$ 可也.次以 V 为中心,以球之半球之长为半径作圆弧,于其圆弧上,取弧 $a_5b_5, b_5c_5, c_5d_5, \cdots$ 等于 $a_4b_4, b_4c_4, c_4d_4, \cdots$.然后于 $Va_5, Vb_5, Vc_5, \cdots$ 上,取 $VA, VB, VC, \cdots$,各等于面素 $(va, v'a'), (vb, v'b'), (vc, v'c'), \cdots$ 之实长而作曲线 $ABCD\cdots KLA$.此时图形 $VABC\cdots KLA$,即为所求之展开.

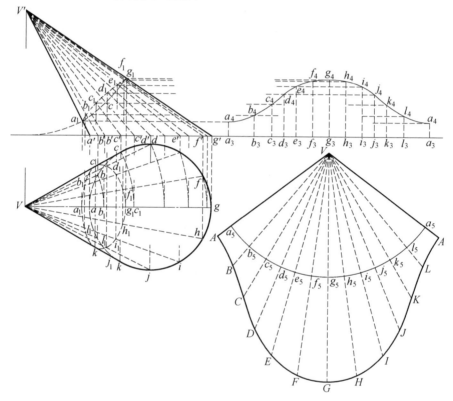

图 337

作图 2 如图 338 所示,先引面素 $(vm, v'm'), (vn, v'n'), (vo, v'o'), \cdots$,将此相邻之二直线为二边,而作三角形之实形,$V_1M_1N_1, V_1N_1O_1, \cdots$.复将 $M_1, N_1, O_1, \cdots$ 相结而作曲线.此时 $V_1M_1N_1\cdots M_1$ 之图形,即为所求之展开.又面素之间隔过广时,其误差不免增大,故间隔宜小.

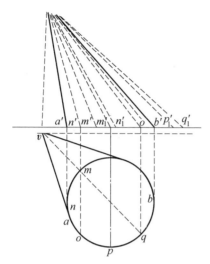
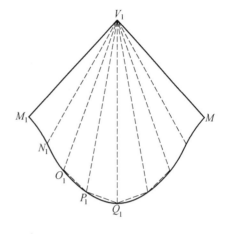

图 338

2. 螺旋线之曲率半径

螺旋线之在圆柱面上，前既已述之详矣. 兹如图 339 所示，P 为螺旋线 AB 上之任意一点，先于同线上 P 之两侧，取等距离之点 Q,R. 又含 P 垂直于圆柱之轴之平面切此圆柱，其切口为圆 $PQ'F$，其中心为 O. 次由 Q,R 向圆 O 引垂线，若其各足为 Q',R'，则此二点，应在圆 O 之圆周上. 而直线 QR 与 $Q'R'$ 于含圆 O 之平面上，相交，其交点 E，应在过 P 之直径 POF 上. 而三角形 $PR'F$ 为直角三角形，$R'E$ 垂直于 PF.

次作过 Q,P,R 三点之圆，若其直径为 PK，则 PK 与 PF 同在一直线上. 而三角形 PRK 为直角三角形，RE 垂直于 PK. 是故

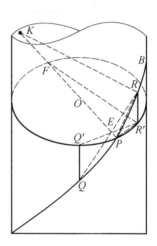

图 339

$$\overline{R'P^2} = PE \cdot PF$$
$$RP^2 = PE \cdot PK$$

因之，若角 RPR 为 θ 时，则得

$$\cos^2\theta = \frac{R'P^2}{RP^2} = \frac{PF}{PK}, \text{即 } PK = \frac{PF}{\cos^2\theta}$$

今 Q 与 R 使其接近于 P, 当其无限接近至于极限时, 则 PK 为直径之圆, 为 P 处螺旋线之曲率圆. 其角 θ 应等于螺旋线之切线与垂直于其轴之平面所成之角. 故由上所述, 螺旋线上之任意之曲率半径, 等于含螺旋线之圆柱半径与螺旋线之切线垂直于其轴之平面所成之角, 其余弦之二乘所除得之商.

作图题 5　求类似螺旋面之展开.

解　螺旋线之半径为 R, 其切线与其轴垂直之平面所成之角为 θ 时, 则类似螺旋面之展开, 为半径 $R/\cos^2\theta$ 之圆作底之渐伸线与此圆所围成之图形.

作图　如图 340 所示, 为类似螺旋面一回转间之观察图. 而图 341 为其展开之图也. 今 X 等于 $R/\cos^2\theta$, 后以此为半径作圆弧 $a_1p_1q_1$ 使其等于 $2\pi R/\cos\theta$, 而作其渐伸线 $a_1b_1c_1$ 由是 $a_1b_1c_1q_1p_1$ 之图形, 即为所求之展开.

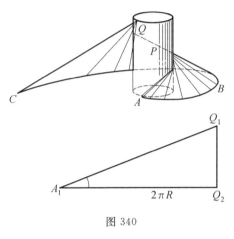

图 340

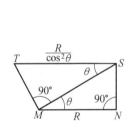

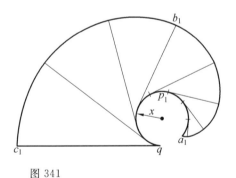

图 341

3. 线织面之展开

单曲面为展开可能之曲面. 捩面虽属展开不能之曲面, 然均可依近似展开之法展开, 兹将关于一般对于单曲面, 捩面展开之法, 述之如次:

锥面, 以其相邻之二面素为二边作三角形, 由其三角形而得其展开法, 既述之于前矣. 至其他之线织面, 可将其相邻面素之端, 互相联结, 而视其与面素为三角形之二边, 后由其多数三角形而成曲面. 似此展开之法, 谓之三角法. 如图

342,343,344,345,诸图,用示其大要图也.

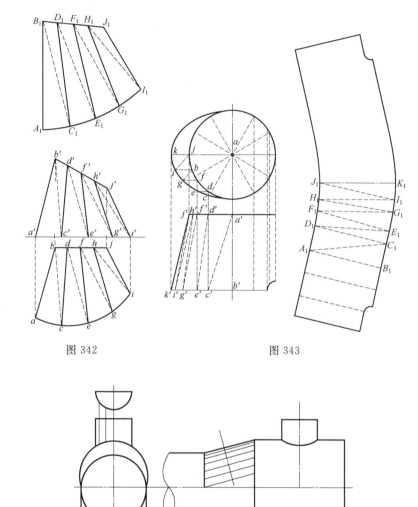

图 342   图 343

图 344

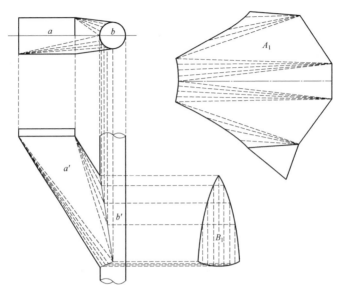

图 345

如图 346 所示，为直圆锥以平面 T 切之，而求其切口及曲面之展开，及于切口上之任意点，而引切线之图也.

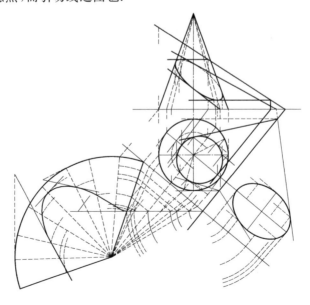

图 346

4. 复曲回转面之展开

如球,椭球,圆环之诸复曲回转面,虽不能展开而成平面,但实用上,有近似形之展开法,如斯之展开法,若欲全体作成一连续形,乃属不可能之事. 兹将其方法,述之如次:

(1)三角带法

此法,将曲面分成多数之子午面,而求其各部分之近似形之展开之法也. 如图 347 所示,乃球之展开图. 其法,先于子午面所分成之部分,更以垂直于其轴之平面分之而成梯形及三角形(两端为三角形). 后由梯形及三角形,而求其近似之展开图.

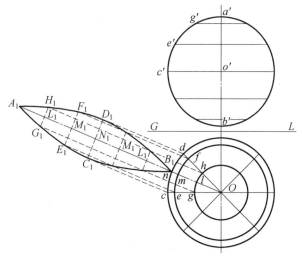

图 347

(2)带环法

此法,先将曲面以垂直于其轴之平面分之,则其所得之各部分为截头圆锥,及圆锥(两端为圆锥). 后由截头圆锥及圆锥再求其展开之法也. 如图 349 乃将图 348 所示之球,依此方法,而作成之展开图也.

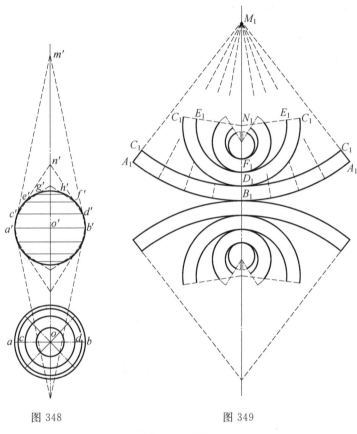

图 348　　　　　图 349

练 习 题

1. 如图 350 所示，为二角柱之相贯体，试求其展开图.
2. 图 351 所示为五平面与二锥面所成之立体，试求其展开图.

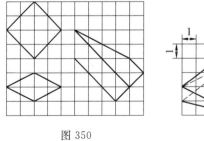

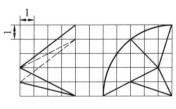

图 350　　　　　图 351

3. 图 352 为二圆柱与一截头圆锥所成之曲面,试求其展开图.

4. 图 353 为一圆柱与二截头圆锥所成之曲面,试求其展开图.

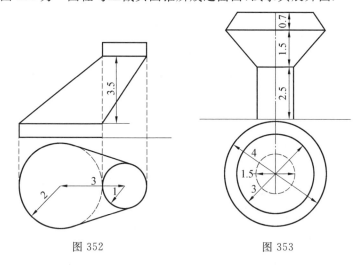

图 352　　　　图 353

5. 图 354 为一圆柱,一直立四角柱,二三角形,二锥状面,与二锥面所成之接续之投影,试求其各面之展开图.

6. 图 355 为二圆柱面,以一锥面接续之图,试求其曲面之展开图.

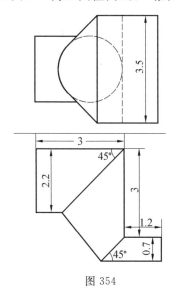

图 354

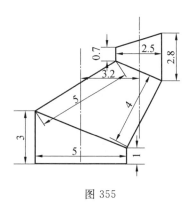

图 355

7. 试将图 356 所示之圆环之四之一展开.

8. 试于图 357 所示之锥面上,作过二点 P,Q 之最短线之投影.

9. 有椭圆体,其三轴之长为 7 cm,4 cm,3 cm. 试求其展开图.

10. 有直径 6 cm 二平行之半圆,各垂直于含其二直径之平面,其距离为 5 cm. 而二中心相结之直线与直径成 60°. 又有与上述之二直径垂直相交之直线,其交点与中心间之距离相等. 试以上述之二圆与直线为导线,而求其牛角之展开图.

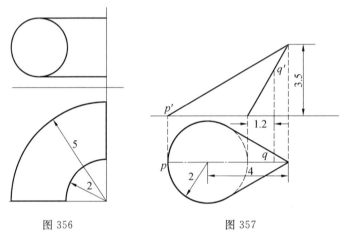

图 356　　　　　　　图 357

11. 试以半径 2 cm,节距 6 cm 之螺旋线为导线,而求其类似螺旋面之展开图. 求此图时,只限于过螺旋线一回转之两端,垂直于其轴之平面内之部分.

第十章　相贯体

1. 面之交切线

二面相交,其相交处谓之二面之交切线(Intersection).求二面交切线之法,兹述之如次:

A,B 为已知之二面,设与 A,B 二面相交之第三面 C 切于已知之二面.此时各切口之交点,应为 A,B 二面共通之点.同法求得二面多数共通之点,将其联结而作成图形可也.此时切已知二面之面 C,究应为何面,须依已知之面与其位置,而作适当之选择.通常,多使其切口成为直线或圆等之简单形为准绳.是故,面 C 通常虽多采用平面,然于特别时间亦有采用锥面、柱面、球面等之曲面,而较便利者.又二立体为多面体时,以含其各棱之平面切之,其作图上,似较称便.

2. 角柱与角锥之交切

角锥与角柱两方均为多面体,故其交切线为多角形.依此,先求其多面体之各棱与其他面之交点,后将其诸交点联结作成多角形,是即所求之交切.

作图题 1　求角锥与垂直于直立投影面之角柱之交切线.

解　因角柱垂直于直立投影面,故以含角锥之顶点与角柱之各棱之平面,及含角锥之棱而垂直于直立投影面之平面切之,而求其切口可也.

作图　如图 358 所示,求角柱之棱(eh,e')贯角锥之点时,须用含角柱之侧棱与角锥之顶点 v,v' 之平面而切角锥可也.此时切口之平面图为 vm,vn.次使其与 eh 之交点为 $1,6$,则交点 $1,6$ 即为所求之点之平面图.又求角锥之棱(vb, $v'b'$)贯角柱之点,可用含角锥之棱而垂直于直立投影面之平面切之,使其与切口相交之为 $(7,7')$,$(10,10')$.如此方法作图,则得如图 358 所示之交切线之平面图 $12345,678910$.

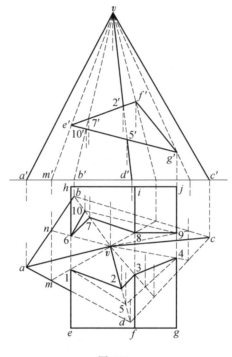

图 358

作图题 2 求垂直于水平投影面之角柱与角锥之交切线.

解 角柱,因其垂直于水平投影面,故以垂直于水平投影面之平面切之,而求其切口之各交点可也. 此时切断平面,以其含角锥之顶点者为适宜.

作图 如图 359,乃示其大要之图也. 图中 VC 为垂直于基线之棱,若求其与角柱相交点之立面图 5′时,可以含 VC 之直立面切之,将其切口,倒置于水平投影面上求之可也.

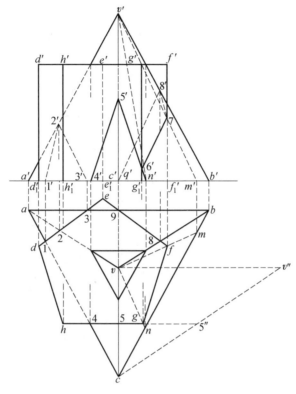

图 359

作图题 3 求平行于水平投影面之角柱与角锥之交切线.

解 于垂直于角柱之轴之直立面上,求其副投影.然后依作图题 1 之作法,而求其交切线可也.

作图 如图 360,乃示其大要之图也.求角柱之棱贯角锥之点,可如图所示之水平面切其角锥求之可也.

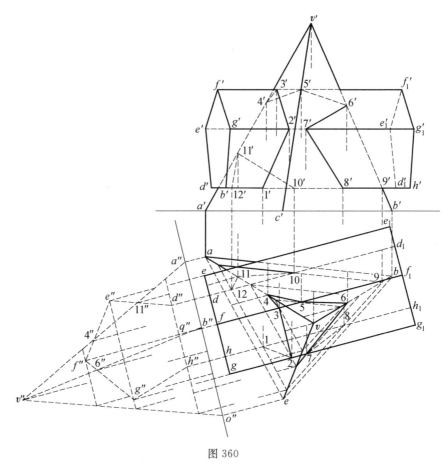

图 360

作图题 4 求其底在水平投影面上之斜角柱与斜角锥之交切线.

解 求角柱之棱贯角锥之点时,可用含角柱之棱与角锥之顶点之平面切其角锥,而求其切口与其角柱之棱之交点可也. 又求角锥之棱贯角柱之点时,可用含角锥之棱及平行于角柱之轴之平面切其角柱,而求其切口与其角锥之棱之交点可也.

作图 如图 361 乃示其大要之图也. 图中,v 为过角锥之顶点,平行于角柱之轴,其直线之水平迹也. 过角锥之顶点,平行于角柱之轴,之平面之水平迹,及含角锥之棱,与角锥之顶点之平面之水平迹,必通过点 v_1.

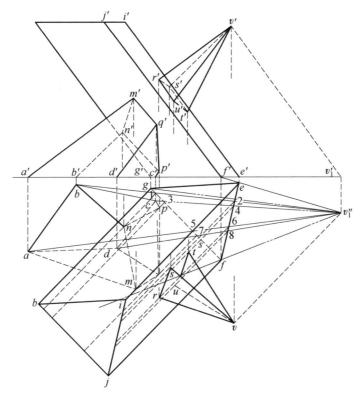

图 361

3. 二角柱之交切

作图题 5　求垂直于水平投影面之角柱,与他一角柱之交切线.

解　其一角柱垂直于水平投影面时,用垂直于水平投影面之平面切之,而求其切口之交点可也.

作图　如图 362 所示,为不垂直于水平投影面之角柱,而平行于直立投影面时,以平行于直立投影面之平面切之,而求其交切线上之点之图也. 又如图 363 所示,为其一角柱成水平,而于垂直于水平角柱之直立面上,求其副投影,其副投影求得后,再求其棱与面之交点之图也.

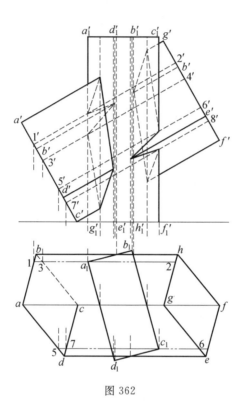

图 362

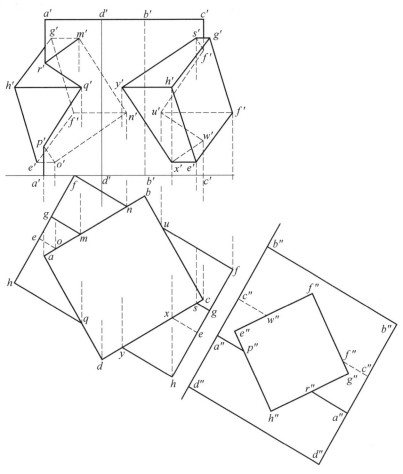

图 363

作图题 6 求其底在水平投影面上之二斜角柱之交切线.

解 角柱以平行于二角柱之轴之平面切之,其切口与其各轴平行.故用含其一棱,平行于他角柱之轴之平面切之,颇易求其交点.

作图 如图 364,乃示其大要之图也.图中直线 $f1,a2$ 等,乃平行于二角柱之轴之平面之水平迹所引之平行之线也.但平行于此二角柱之轴之平面之水平迹之求法,兹略不赘.

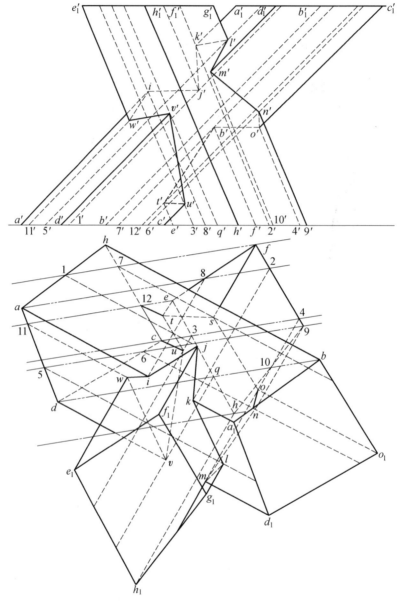

图 364

4. 二角锥之交切

作图题 7 求其底置于水平投影面上之二角锥之交切线.

解 以含二角锥之顶点之平面切其角锥,其切口为过各顶点之直线.是故用此平面切之,颇易求其交切线上之点.

作图 如图 365,乃示求斜角锥之交切线之图也.图中,x 为联结二顶点之直线之水平迹.求 x 时,若引含顶点之平面之水平迹,较易作图.

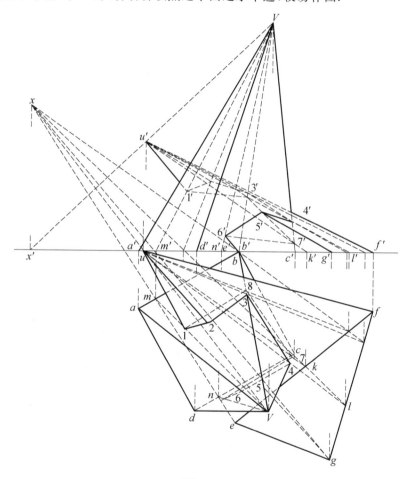

图 365

作图题 8 求其底不在投影面上之二角锥之交切线.

解 以含二角锥之顶点之平面切之,求其交切线上之点.其求法,与前作图题同.然此题,其角锥之底不在投影面上,故作图亦不如前图之简单.

作图 如图 366 所示,$V\text{-}MNO$,$R\text{-}ABCD$ 为已知之二锥体.其求法,先延

长 ad,bc,使其与 vr 之交点为 $6,3$. 次由此引投射线,使其与 $a'd',b'c'$ 之相对应之交点为 $6',3'$. 此时直线 $6'3'$ 与 $v'r'$ 之交点 $2'$,为联结角锥之二顶点之直线与含底 $ABCD$ 之平面,其交点之立面图也. 是故,由 $2'$ 所引之投射线,与 vr 相交之点 2,即为其平面图. 同法,可求联结二顶点之直线与含底 MNO 之平面,其相交点之投影 $1,1'$.

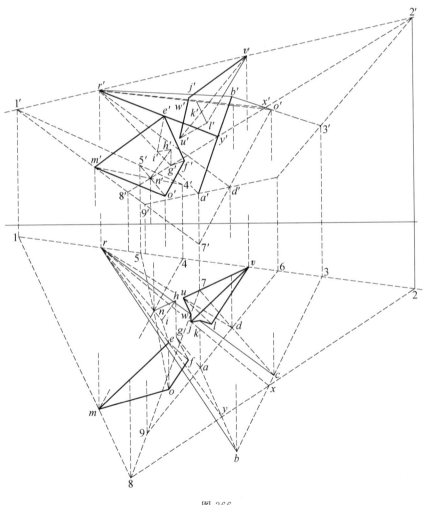

图 366

次求其一棱 VM 贯他角锥 $R\text{-}ABCD$ 之点. 其求法先引 $l'm'$,使其与四边形 $a'b'c'd'$ 之任意二边 $a'd',c'd$ 之延长线相交,其交点为 $9',7'$. 更由 $9',7'$ 引投射线,使其与 ad,cd 相对应之交点为 $9,7$,而直线 97 与 lm 之交点为 8. 此时直线 28,为含 VM 与 VR 之平面与含四边形 $ABCD$ 之平面,之相交之平面图. 是故 28 与四边形 $abcd$ 之交点 x,y 与 r 所结之直线,乃含 VM 及 R 之平面,切角锥 $V\text{-}ABCD$ 之切口之平面图. rx,ry 与 vm 之交点 j,e 为 VM 贯角锥 $V\text{-}ABCD$ 之点之平面图也. 今平面图既得,则其立面图 j',e',自不难求矣.

同法,求得一角锥之棱与他角锥之交点,将其诸点联结而作成多角形 $jwul,j'w'u'l',efghi,e'f'g'h'i'$,可也.

5. 圆柱与圆锥之交切

二立体以任意之平面切之,置其切口为 CD,EF,由锥体之顶点 A 引平行于柱体之轴之直线,使其与平面 H 相交之点为 X. 如图 367 所示,由 X 向一切口 CD 所引之二切线间有他切口时,则其交切线为不相交之二曲线. 又如图 368 所示,由 X 向 CD 引一切线与 EF 相交,向 EF 引一切线与 CD 相交时,其交切线为一曲线. 又如图 369 所示,向 CD,EF 所引之共通之切线,仅为一线时,其交切线,于过其各切点之面素之交点处相交,而成一曲线. 又如图 370 所示,由 X 向 CD,EF 所引之共通切线有二时,其交切线,于过其各切点之面素之二交点处相交,而成二曲线.

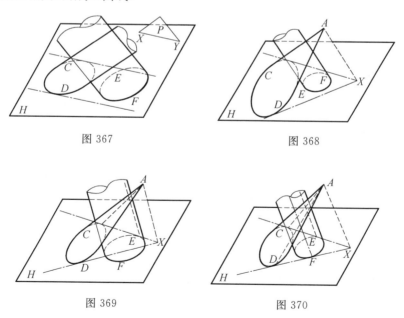

图 367　　　　　　　　图 368

图 369　　　　　　　　图 370

作图题 9　求锥体与柱体之交切线.

解　二立体，用含锥面之顶点且平行于柱面之轴之平面切之，其切口应为直线.依此其交切线上之点，颇易求也.

作图 1　如图 371，乃示其底置于水平投影面上之锥体，及其底附于直立投影面上之柱体，而求其交切线之图也.图中柱面之轴，因其平行于水平投影面，故平行于其轴之平面之水平迹，与其轴之平面图平行.依此，含锥面之顶点，及平行于柱体之轴之平面，不难求得.图中所示，其大要也.

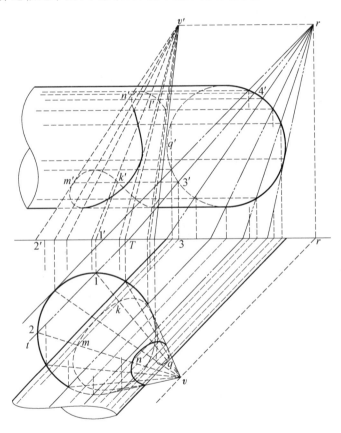

图 371

作图 2　如图 372，为其底置于水平投影面上之直圆锥与其轴平行于水平投影面之圆柱，而求其交切线之图也.其圆柱，因倾斜于直立投影面，故于垂直于其轴之直立上作副投影，即易求其交切线之投影.

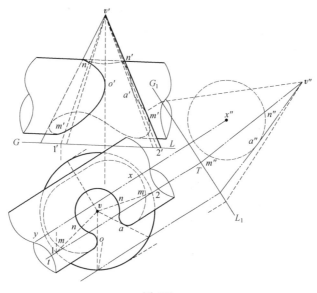

图 372

作图 3 如图 373,乃示其轴垂直于水平投影面之圆锥及圆柱,而求其交切线之图也.

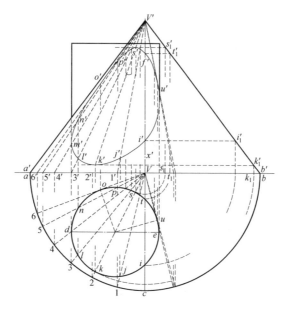

图 373

作图 4　如图 374,图 375,乃示其一面素,垂直于水平投影面之锥体,及其轴垂直于水平投影面之圆柱,而求其交切线之图也.如图 374 中,$mn,m'n'$ 为交切线之渐近线.图 375 中 $(mn,m'n')$,$(yz,y'z')$ 为渐近线.

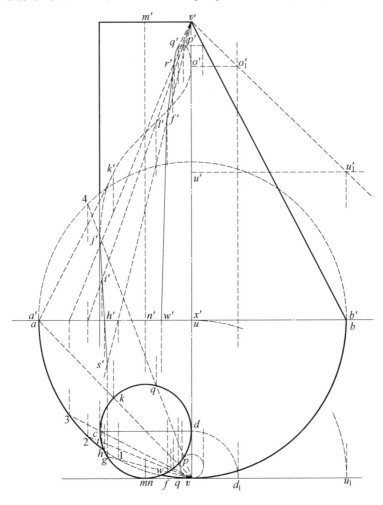

图 374

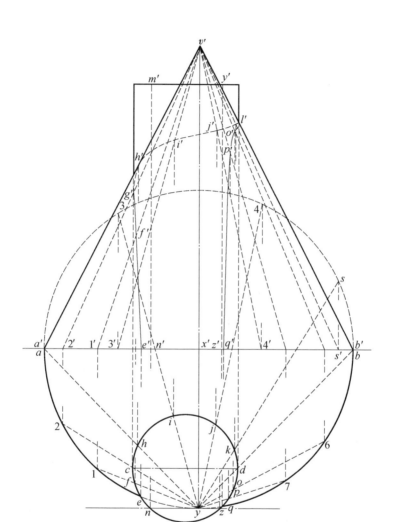

图 375

作图 5 如图 376,乃求水平圆柱与直立圆锥之交切点之图也.

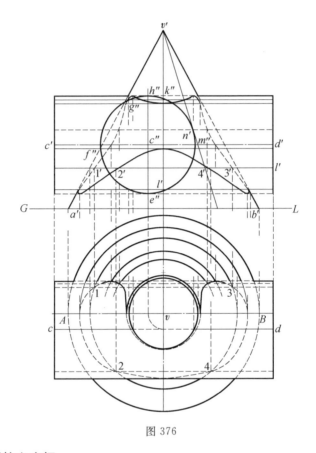

图 376

6. 二圆柱之交切

设二圆柱,以任意之平面 H 切之,其切口为 CD, EF,又置平行于二轴之任意平面与平面 H 之交迹为直线 XY. 此时如图 377 所示,其一切口,介于平行于 XY 之他切口之二切线间时,其交切线,即为不相交之二曲线. 又如图 378 所示,平行于 XY 之 CD 之一切线,切于 EF,平行于 EF 之一切线切于 CD 时,其交切线为一曲线. 又如图 379 所示,于 CD, EF 有一平行于 XY 之共通切线时,其交切线,乃过各交点之面素,于其面素之交点处相交,而成一曲线. 又如图 380,乃示 CD, EF,有平行于 XY 之二共通切线,其交切线,乃过各切点之面素,于其面素之二交点处相交,而成二曲线之图也.

作图题 10 求二圆柱之交切线.

解 以平行于二柱体之轴之平面切其柱面,其切口应为直线. 是故将其各

切口之交点联结而成曲线可也.

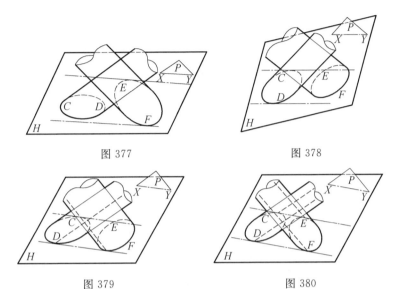

图 377　　　　　　　　图 378

图 379　　　　　　　　图 380

作图 1　如图 381,乃示其底置于水平投影面上之二柱体,而求其交切线之图也.图中直线 12,用表平行于二轴之一平面之水平迹.其各切口之交点 $(a,a'),(b,b'),(c,c'),(d,d')$ 为所求之交切线上之点.同法,可求其交切线上之各点.

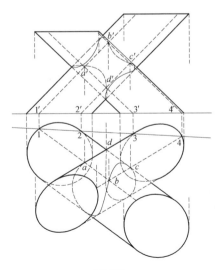

图 381

作图 2 如图 382，乃示其底垂直于水平投影面之柱体，及其底垂直于直立投影面之柱体，而求其交切线之图也．其求法，先作平行于二轴之任意平面 rRr'，而求其含垂直于水平投影面之底之平面 tTt' 之相交迹 $(34,3'4')$，及含垂直于直立投影面之底之平面 sSs' 之相交迹 $(12,1'2')$．次作平行于 12 之任意直线 gh，及垂直于直立投影面之底之平面图，其交点为 g,h，又由 gh 与 tT 之交点 5 引投射线，使其与 Ss' 相交之点为 $5'$．更由 $5'$ 引平行于 $3'4'$ 之平行线 $i'j'$，使

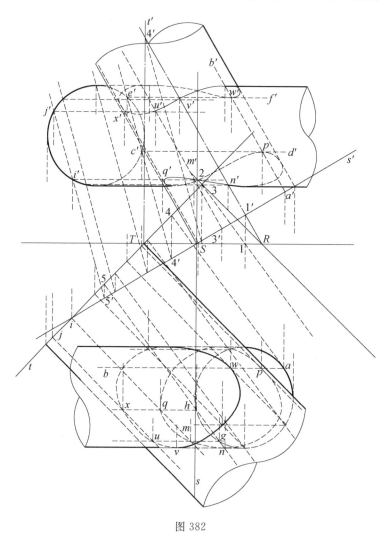

图 382

其与垂直于水平投影面之底之立面图相交于 i', j'. 通过 g, h 作与其底垂直于直立投影面之柱面之轴之平面图成平行之 gm, hx. 此时 gm, hx, 乃平行于二轴之一平面切此柱面, 而成切口之平面图. 又由 $i'j'$ 引与其底垂直于水平投影面之柱面之轴之立面图成平行之 $i'm', i'x'$. 此时 $i'm', j'x'$, 乃以同平面切此柱面所得之切口之立面图. 依此诸切口之交点 $(m, m'), (u, u'), (q, q')(x, x')$, 即为所求之切口上之点. 同法, 再求其交切线上之点可也.

作图 3　如图 383 所示, 乃半径相同, 其轴相交之二直圆柱, 其一圆柱, 垂直于水平投影面时, 而求其交切线之投影图也. 此时, 其轴相交, 其半径相同, 故二圆柱之交切线, 应为二椭圆. 是故平行于二轴之直立面上之交切线之投影为二直线. 图中 $m''n'', p''q''$ 为交切线之副投影. 后由其副投影, 而求其交切线之平面图及立面图可也.

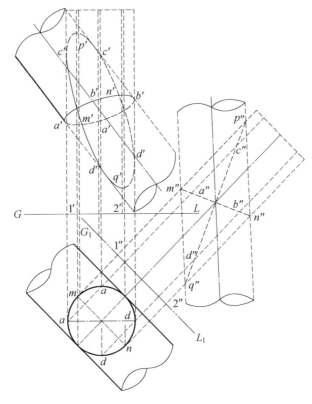

图 383

7. 二圆锥之交切

设任意之平面切二锥体，其切口为 CD, EF. 次联结二顶点 A, B 之直线，使其与平面 H 相交之点为 X. 此时如图 384 所示，由 X 向 EF 所引之二切线间若有 CD 时，其交切线必为不相交之二曲线. 又如图 385 所示，由 X 向 CD 所引之一切线与 EF 相交，向 EF 所引之一切线与 CD 相交时，其交切线必为一曲线. 又如图 386 所示，由 X 向 CD, EF 所引之共通之切线为一切线时，则其交切线于过各切点之面素之交点处相交，而成一曲线. 又如图 387 所示，由 X 向 CD，EF 所引之共通之切线为二切线时，则其交切线，于过各切点面素之二交点处相交，而成二曲线.

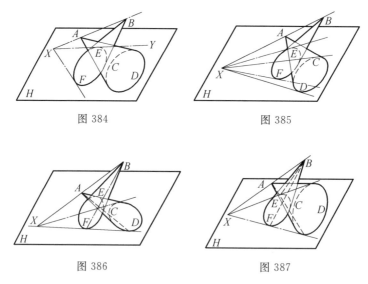

图 384   图 385

图 386   图 387

作图题 11 已知二锥体之投影，求其交切线.

解 用含二顶点之平面切其锥面，其切口因为直线，故易求其各切口之交点. 因之，亦可易求其交切线.

作图 1 如图 388 所示，乃两斜锥体之底，置于水平投影面上，而求其交切线之图也. 其作法，先求联结两顶点之直线之水平迹 S. 次过 S 引任意之直线 $S1$，使其与二锥体之底之平面图相交，其交点为 $1, 2, 3, 4$. 此时直线 $r1, r2, v3, v4$，乃以 $S1$ 为水平迹之平面切其锥面所得之切口之平面图. 其各交点 a, b, c, d，为所求之交切线上之点之平面图. 后由此可易求其各立面图 a', b', c', d'. 同法，求得其交切线上之点，将其联结，而作成曲线可也.

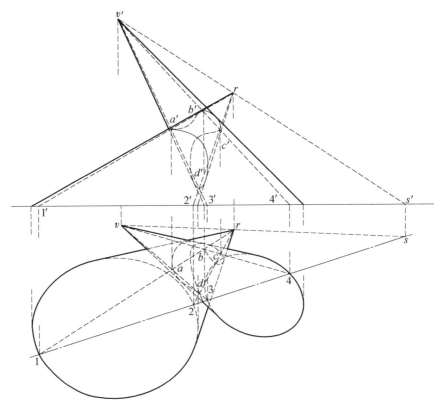

图 388

作图 2 如图 389,乃示其底置于水平投影面上之一圆锥,及其底垂直于水平投影面之他一圆锥,而求其交切线之图也.其法,联结其二顶点 v,u 之直线之水平迹 x,及含垂直于水平投影面之底之平面,而求其交点 y,y'.其法,先过 x 引任意之直线 $x3$,令其与其底垂直于水平投影面之平面图 ac 相交,其交点为 3.更由 3 引投影线,使其与基线相交之点为 $3'$,再将 $3'$ 与 y' 相结.此时,X3 与圆 ef 之交点 e 与 v 所结之直线,乃以 X3 为水平迹之平面切于 V 为顶点之锥面之切口之平面图.又 $y'3$ 与曲线 $a'c'$ 之交点 b',h' 与 u' 所结之直线,乃以同平面切 U 为顶点之锥面之切口之立面图.是故其切口之交点 s,s',o,o',即为所求之交切线上之二点.同法,后求其交切线上其他之点,将其联结而得,如图所示之交切线之投影.

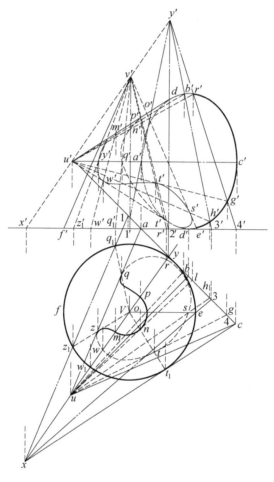

图 389

作图 3 如图 390,乃示其底垂直于水平投影面之锥体 UCD,及其底垂直于直立投影面之锥体 VAB,而求其交切线之法也。其求法,先联结二顶点 U,V 之直线,与含其底 CD 之平面,使其相交于点 x,x'。次令 x,x' 与含其底 AB 之平面相交于点 y,y'。其后过 y 引任意之直线,使其与 cd 相交于 o。更由 o 引投射线,使其与 $a'b'$ 相交于 o',再将 o' 与 X 相结。此时 yo 与曲线 ab 之交点 $1,2$ 与 v 所结之直线,乃含 UV 之一平面切 V 为顶点之锥面,其切口之平面图。又 $o'x'$ 与曲线 $c'd'$ 之交点 $3',4'$ 与 u' 所结之直线,乃以同平面切 U 为顶点之锥面,其切口之立面图也。是故,切口之交点 (p,p'),(q,q'),(l,l'),(n,n'),即为所求之切

224

口上之点. 同法, 再求切口上之各点, 将其连续, 而得如图所示之交切线之投影.

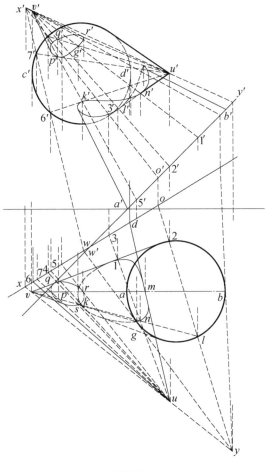

图 390

作图 4 如图 391, 乃示其底置于水平投影面上之直圆锥, 及其轴平行于基线之直圆锥面, 求其交切线之法也. 其求法与前题同. 先以含其二顶点之平面切之, 而求其切口之交点. 然本题若仅依其平面图及立面图而作图, 则作图上, 殊感不易, 势必作如图所示之侧面图助其不逮可也.

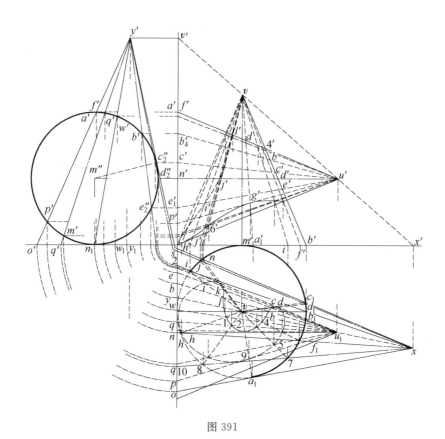

图 391

作图 5 如图 392,乃示二圆锥包络一球,其轴垂直于直立投影面时,而求其交切线之法也.其法,因圆锥之轴,平行于直立投影面,故其交切线之立面图为二直线,又 $v'b'$ 平行于 $u'c'$,故其交切线由椭圆与抛物线而成.至其交切线之平面图,可由其立面图求之.

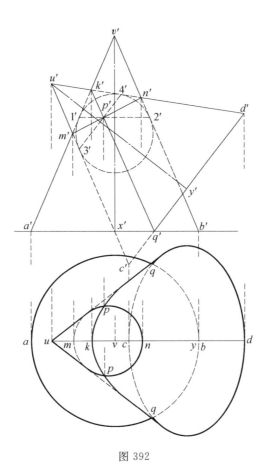

图 392

作图 6 如图 393,乃示其顶角相等之二直立圆锥,而求其交切线之法也. 其求法,当求其交切线时,若用含二顶点之平面切之作图固可,若以水平面切之 而求其切口之交点,则其法更觉简单也. 再本图之交切线,为一双曲线.

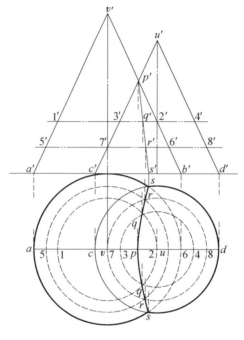

图 393

8. 圆环与圆锥之交切

作图题 12 求其轴垂直于水平投影面之圆锥与圆环之交切线.

解 二立体,因其彼此之轴垂直于水平投影面,故以水平面切之,其所得之切口均为圆.由此,后再求其交切线上之点.其次,交切线上之最高点与最低点,因其在含其二轴之平面上,故以同平面切之,而求其切口之交点后,即可得也.

作图 如图 394 所示,乃用含其二立体之轴之平面切之,将其所切得之切口,回转于圆环轴之周,使其平行于直立投影面.此时圆环切口之立面图与圆环之立面图相一致.故回转后,颇易求其切口之交点 q_1, q'_1, u_1, u'_1. 然后将已回转之切口复归原来之位置,即可得投影 q, q', u, u'. 图中之交切线,因其为一闭曲线,故点 q, q', u, u',不为最高点与最低点. 若其交切线为二闭曲线时,则点 q, q', u, u'为最高点及最低点. 其他交切线上之点,若以水平面切之,求法亦易,故作图从略.

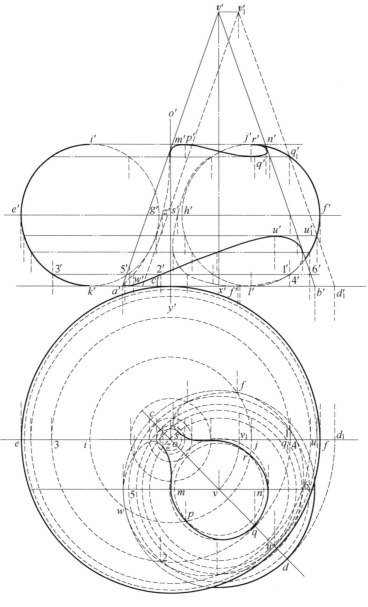

图 394

9. 球与圆锥之交切

作图题 13 求其底位于水平投影面上之圆锥与球之交切线.

解 二立体,以水平面或含圆锥之顶点之直立面切之,即易求其交切线上之点.

作图 1 如图 395,乃示直立圆锥及球,而求其交切线之图也.求交切线之最高点 (a, a'), (e, e') 及最低点 (c, c'), (g, g') 时,以含圆锥之轴,与球之中心之平面切之,即可求得.然后复以最高点与最低点间之水平面切之,即得交切线上之点.

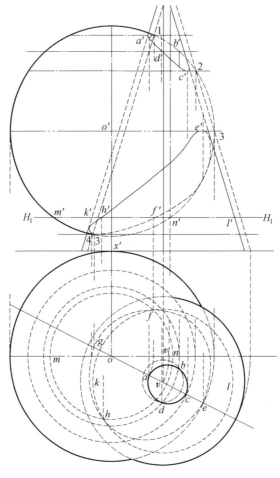

图 395

作图2 如图396,乃示斜圆锥及球,而求其交切线之图也.其求法,用含圆锥之顶点之直立面切之,将其切口倒于水平投影面.又将其回转至平行于直立投影面之位置,而求其切口之交点可也.

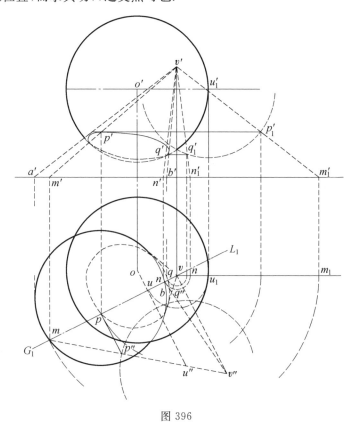

图 396

10. 二回转面之交切

作图题 14 求其轴相交之二回转面之交切线.

解 二回转面,以其轴之交点为中心之球面切之,其切口为垂直于其轴之圆.依此,而求其交切线上之点.

作图 如图397,乃示其轴平行于直立投影面之圆锥面,及圆弧回转面,而求其相交之图也.其求法,先以其轴之交点之立面图 o' 为中心作任意之圆,使其与二回转面之立面图所交之点相结,而成二直线 $1'2', 3'4'$. 此时 $1'2', 3'4'$ 为球面切二回转面之切口之立面图.故其交点 p' 为所求之交切线上之点之立面图.次以 $1'2'$ 为立面图之切口之平面图,因其为圆12,故由 p' 所引之投射线与圆12

相交之点 p，即为所求之平面图. 同法，后求交切线上之各点，将其联结而成曲线，是为所求之交切线.

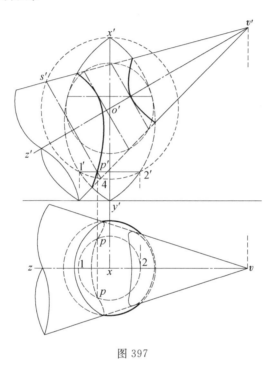

图 397

11. 斜圆柱与回转面之交切

作图题 15 求其底位于水平投影面上之斜圆柱，与其轴直立之回转面之交切线.

解 令以其轴与已知回转面之轴相交，且与已知圆柱之轴平行，其水平迹为圆之柱面切已知之二曲面. 此时，已知回转面之切口为水平圆，已知柱面之切口为直线. 依此，而求其切口之投影及其交点不难也.

作图 如图 398，乃示已知之回转面，以任意之水平面切之，其切口为圆 $mn, m'n'$. 过此圆之中心，引平行线 $xo_1, o'o'_1$ 平行于已知柱面之轴. 此时以 $xo_1, o'o'_1$ 为轴，含圆 $mn, m'n'$ 之柱面之水平迹为圆 mn 与同半径之圆 m_1n_1. 依此，圆 m_1n_1 与已知圆柱之底之平面图相交于点 1, 2, 由 1, 2 引平行线平行于 xo_1，使其与圆 mn 相交之点为 p, q. 此时 p, q 即为所求交切线上各点之平面图. 由此，引投射线使其与 $m'n'$ 相交之点 p', q'，为其各立面图. 同法，后求得交切线上之各点作成曲线,是即所求之交切线.

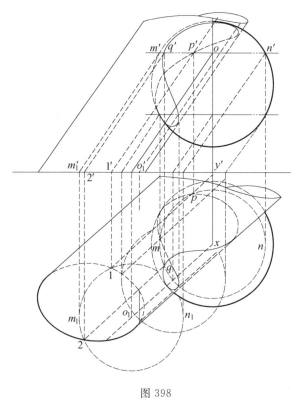

图 398

12. 圆锥与回转面之交切

作图题 16　求其底位于水平投影面上之斜圆锥与其轴直立之回转面之交切线.

解　已知二曲面,以其顶点与已知圆锥共通,其轴与已知回转面之轴相交,其水平迹为圆之锥面切之,其锥面之切口为直线,回转面之切口为水平圆.依此,而其切口之投影及其交点,自不难求得也.

作图　如图 399 所示,为已知之回转面,以任意之水平面切之,其切口为 $mn, m'n'$. 此时,含圆 $mn, m'n'$,且以已知锥面之顶点 v, v' 为顶点之锥面之水平迹为圆,且其轴与回转面之轴相交. 由是再求其锥面之水平迹之圆 sl,使其与已知圆锥之底之平面图相交于点 $1, 2$. 后引直线 $v1, v2$,而求其与圆 mn 之交点 a, b. 是时 a, b,即所求之交切线上二点之平面图也. 兹平面图既得,则其立面图

a',b',可由此求之.同法,求得交切线上之点,将其联结作成曲线,即为所求之交切线.

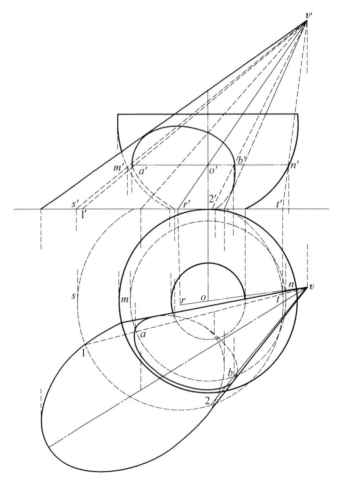

图 399

13. 二椭球之交切

作图题 17　求其轴平行于直立投影面之二椭球之交切线.

解　二椭球之切口,以平面切之,使其成相似之椭圆.次作含各切口,其轴平行于直立投影面,其水平迹为圆之柱面.此时二柱面之相交迹,为平行于直立投影面之二直线.此二直线与切断平面之交点,即为所求之交切线上之点.

作图　如图 400 所示,图中 CD, GH 为已知二椭球之轴,O, U 为二椭球之

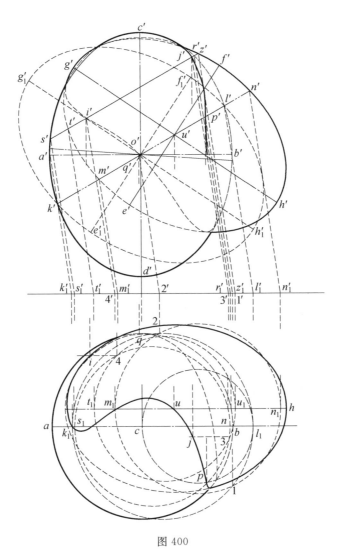

图 400

中心. 今先以 O 为中心, 其轴平行于 GH, 使其包络内切于 O 为中心之椭球之最大球, 且与 U 为中心之椭球相似而作椭球之立面图 $e'_1 g'_1 f'_1 h'_1$. 是即 $e'_1 f'_1 = a'b'$, $g'_1 h'_1 /\!/ g'h'$, $e'_1 f'_1 /\!/ e'f'$, $g'_1 h'_1 : e'_1 f'_1 = g'h' : e'f'$. 而作之椭圆 $e'_1 g'_1 f'_1 h'_1$ 也. 此时 O 为中心之二椭球之相交迹为二椭圆, 其立面图为直线. 图中直线 $l'k'$ 为其一立面图. 故以 $l'k'$ 为直立迹而垂直于直立投影面之平面及平行于此平面之平面, 切已知之二椭球, 其切口均为相似之椭圆. 是等椭圆之长轴与短轴之比,等于 $l'k' : a'b'$. 而含其切口之椭圆,其轴平行于直立投影面,其水平迹为圆之柱面之轴之立面图,应平行于 $a'k'$. 是故易求其含切口之水平迹为圆之柱面之投影也. 然此柱面之交迹,因其均为直线,故如图所示,可易求其交切线上之诸点 (p,p'),(q,q'),(i,i'),(j,j') 等.

14. 杂题

如图 401,乃示其轴垂直于水平投影面之椭球及其轴上有顶点之圆锥,而求其交切线之图也. 图中,用含椭球之轴之平面切之,将其切口回转于其轴之周,使其平行于直立投影面,而于其位置求其切口之交点. 后将其切口复归原有之位置,而作交切线之投影.

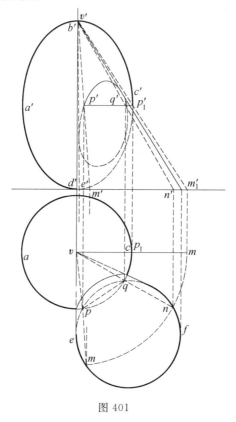

图 401

如图 402,乃示其底位于水平投影面上之正四角锥与球,而求其交切线之图也. 其作法如图,以水平面切之,即易求其交切线上之点.

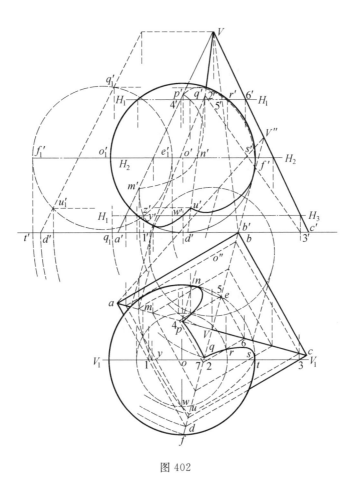

图 402

如图 403,乃示直立三角柱及球,而求其交切线之图也.

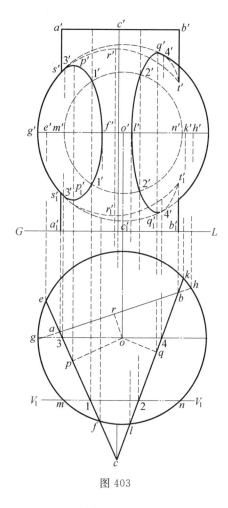

图 403

练 习 题

1. 图 404 为水平之正方柱与直立于水平面上之正六角柱之平面图，试求其二立体之交切线之立面图.

2. 图 405 为高 8 cm，底在水平面上之斜角锥，及直立之正方柱之平面图. 试求其二立体之交切线之立面图.

3. 图 406 中，正六角形 $abcdef$，正三角形 ghi，为水平投影面上二斜角柱之底之平面图，而 $(am, a'm')$，$(gn, g'n')$ 为其各之一侧棱，试求此二角柱之交切线之投影. 作图时，可将原图扩大三倍.

4. 图 407 中,正六角形 $abcdef$,正方形 $ghij$ 为水平投影面上之角柱之底及角锥之底之平面图. 而 $am, a'm'$ 为角柱之一侧棱,v 为角锥顶点之平面图. 令 $ab=2.5$ cm,$gh=3.5$ cm,顶点之高为 9 cm 时,试求二立体之交切线之投影.

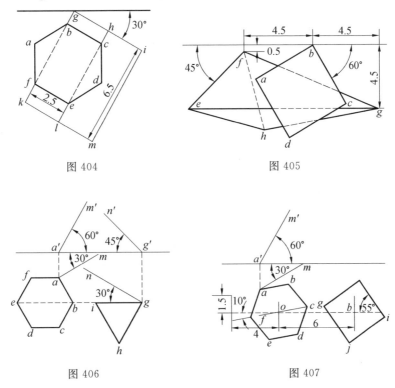

图 404 图 405

图 406 图 407

5. 图 408,为直立直圆柱及直立四角柱之平面图,试作二立体之交切线之投影.

6. 图 409,为横置于水平投影面上之直圆柱及高 7 cm 其底位于水平投影面上之直圆锥之平面图. 试作此二立体之交切线之投影.

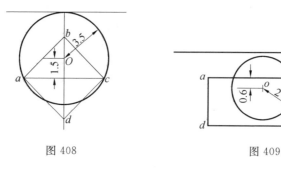

图 408　　　　　　图 409

7. 图 410 中, $klmn$ 为四面体之平面图, 其角点 L, K, M, N 距水平投影面之高为 0 cm, 5 cm, 7 cm, 10 cm. 又圆 O, 乃于四面体直立之方向, 所穿之穴之平面图. 试求四面体之立面图.

8. 图 411 所示为圆柱及四角锥. 试求其交切线.

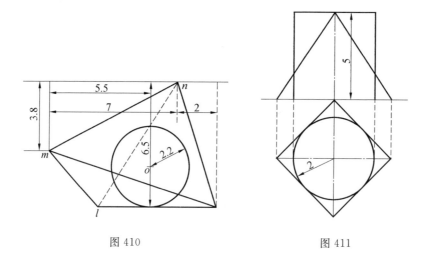

图 410　　　　　　图 411

9. 图 412 所示为直立圆环及水平圆柱, 试求其交切线.

10. 图 413 所示为长椭球及以 XX 为轴, 其直径为 4 cm 之圆柱. 试求其交切线.

11. 试求图 414 所示之二球之交切线.

12. 图 415, 乃示 XY 及 AB 为长轴, 6 cm 及 4 cm 为短轴之二长椭球. 试求其交切线.

13. 试求图 416 所示之二直圆锥之交切线.

14. 有扼圆与底圆之直径为 4 cm,7 cm,其两底圆间之距离为 12 cm 之单双曲线回转体及直径 3 cm 之圆柱. 此二立体之轴,于单双曲线回转体之中心以 75°相交时,试求两者之交切线.

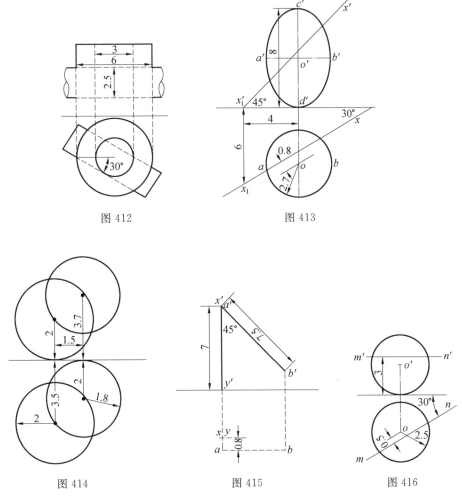

图 412

图 413

图 414

图 415

图 416

15. 有最大直径为 8 cm,最小直径为 2 cm 之圆环,其轴直立于水平投影面时,试求其顶角 30°之直立圆锥之交切线. 然圆锥顶点,与含圆环之最大圆之平面间之距离为 4 cm,其两轴之长之间隔为 1 cm.

16. 有长轴及短轴之长为 8 cm 及 5 cm 之扁椭球，其回转轴上距中心 2 cm 之距离处有顶点之抛物线回转体. 今抛物线回转面之焦点与顶点间之距离为 1 cm，两轴间之角为 30°时，试求两者之交切线.

17. 有与水平投影面成 45°，与直立投影面成 50°之平面 P，今使其与平面 P 外之任意一点 A 成 60°，试引与水平投影面成 50°之直线.

18. 有顶角 50°，40°之二直圆锥，包络直径 3 cm 之球时，试求其交切线. 其一为二椭圆，一为一椭圆与抛物线，一为一椭圆与双曲线之三种投影.

19. 有轴与水平投影面成 50°，与直立投影面成 30°，其水平迹为直径 4 cm 之圆之柱体. 另有轴与水平投影面成 40°，与直立投影面成 35°，其水平迹为直径 5 cm 之圆之柱体. 试作两者之交切线，为相交一闭曲线之投影.

20. 轴之长各为 10 cm，高为 9 cm，6 cm，底之直径各为 4 cm 之二斜锥体. 今将其底置于水平投影面上. 试求其交切线，为二闭曲线之投影.

第十一章 阴 影

1. 定义

如图 417 所示,图中 S 为发光点(Source of light),立体 O 为不透明之立体.今以 S 为顶点,而作包络立体 O 之锥面,使其与立体 O 之接触线为线 ABC.此时立体 O 之表面,以线 ABC 为界限,其在发光点 S 之反对侧之部分,因不受由 S 所射来之直接之光,故成黑暗.此黑暗之部分,谓之阴面(Shade).反之,又以 ABC 为界限,其向发光点 S 之部分,谓之光面(Illuminated face).次设任意之一平面 P,使其与上述之锥面相交于线 $A_1B_1C_1$,此线界限内之部分,因不能直接受 S 投射之光,而成黑暗.此黑暗之部分,称为立体 O 于平面 P 上之影(Shadow).是故一立体之影,由其立体阴线之影而限定.此阴线之影,谓之影线(Line of shadow).是即曲线 $A_1B_1C_1$ 为立体 O 之影线.

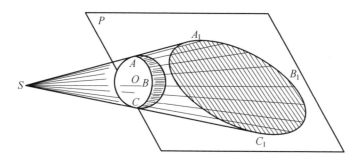

图 417

由发光点所发出之直线,谓之光线(Ray of light).以发光点为顶点包络一物体之锥面,谓之光线锥(Cone of ray).发光点,距物体为无限远距离时,其极限之光线锥成为柱面,故称此柱面,谓之光线柱(Cylinder of ray).

发光体,距物体为有限之距离时,其向物体所投射之光线为不平行,故称此光线,谓之辐射光线(Radiating ray).又发光点距物体为无限远距离时,由其极限发光点所投送之光线为平行之光线,故称为平行光线(Parallel ray).太阳所送至地球表面上之光线,吾人若认其为平行光线未为不可.

其一 平行光线

2. 关于影之诸重要之定义

(1)直线向一平面所投之影,通常为直线,然平行于光线之直线之影为一点.

(2)平面形于平行于平面形之平面上,与原形有等形之影.

(3)平行线向平面所投之影,亦为平行.

(4)相交线之影,于其交点之影处相交.

(5)曲线向平面所投之影,一般为曲线,然平面曲线,于垂直于含平面曲线之平面之平面上,而成直线.

(6)相切二线之影,于其切点之影处相切.

3. 光线之方向

作图题 1 光线之方向 r,r' 为已知,求已知之点向投影面所投之影.

解 由已知之点,引平行线平行于已知之光线,而求其与投影面相交之点可也.

作图 由图 418 所示,由已知之点 a,a',平行于光线 r,r',引 $aa_2,a'a'_2$.其直立迹 a'_2,即为所求之影.此时其水平迹位于直立投影面之后方,故其水平迹不能成影.又过点 b,b' 之光线之水平迹 b_1 为其所求之影.此时光线之直立迹,位于水平投影面之下,故其直立迹不能成影.

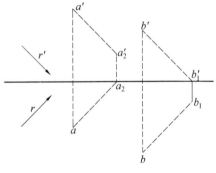

图 418

作图题 2 光线之方向 r,r' 为已知,求已知之直线向其投影面所投之影.

解 直线向平面所投之影为直线,故过其两端二点之光线之迹,联结所成之直线,即为所求之影.

作图 如图 419 所示,过直线 $ab,a'b'$ 之两端二点之光线,其水平迹 a_1,b_1 均在直立投影面之前方,故其影落于水平投影面上. 其直线 a_1b_1 即为所求之影. 又过直线 cd, $c'd'$ 之两端之光线,其直立迹 c'_2, d'_2,在水平投影面之上方,故其影落于直立投影面上. 其直线 $c'_2d'_2$ 亦为所求之影.

作图题 3 光线之方向 r,r' 为已知,求已知之三角形向其投影面所投之影.

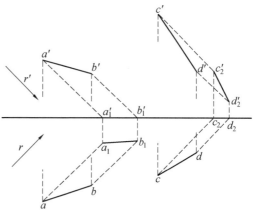

图 419

解 求三角形之三边向投影面所投之影可也.

作图 如图 420 所示,四边形 $a_1m_1n_1c_1$ 为水平投影面上之影,而三角形 $m_1b'_2n_1$ 为直立投影面上之影.

作图题 4 已知光线之方向 r,r',求直线 MN 向四边形 $ABCD$ 上所投之投影.

解 先将两者向一投影面投影. 次由其投影之交点引平行于光线之平行线,而求其与四边形之交点可也.

作图 如图 421 所示,四边形 $a_1b_1c_1d_1$ 为过已知四边形 $abcd,a'b'c'd'$ 之角点之光线,将其水平迹,联结而成之四边形也. 直线 m_1n_1 为过直线 $mn,m'n'$ 之两端

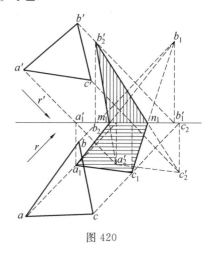

图 420

之光线,将其水平迹联结而成之直线也. 是故由 $a_1b_1c_1d_1$ 与 m_1n_1 之交点 p_1,q_1 向光线之平面图 r 引平行之直线,使其与四边形 $abcd$ 之交点为 p_2,q_2,则直线 p_2q_2,即为所求之影之平面图. 其平面图既得,后由是再求其立面图 p'_2,q'_2 可也.

作图题 5 已知光线之方向 r,r' 求已知之直线 MN 向平面 T 所投之投影.

解 求过直线两端之光线与平面 T 之交迹,将其联结而作成直线可也.

作图 如图 422 所示,点 n_2,n'_2 乃过已知直线一端 n,n' 之光线与平面

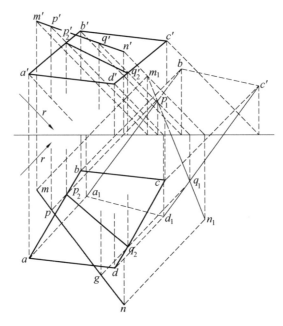

图 421

tTt' 之交点. 其过他端 m, m' 之光线, 当与平面 tTt' 相交之前, 与水平投影面相交. 故将过 $mn, m'n'$ 两端之光线之水平迹 m_1, n_1 相结, 使其与平面 tTt' 之水平迹 tT 之交点为 o_1, 而求其立面图 o'_1. 此时直线 o_1n_2, $o'_1n'_2$ 是为所求之影之投影.

作图题 6 已知光线之方向 r, r', 求直立于水平投影面上之直四角柱之阴影.

解 角柱向投影面所投之影为各棱之影所围成之多角形. 又阴面可由投影面上之影线求之可也.

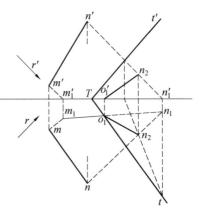

图 422

作图 如图 423 所示, 图中角点 c, c' 之影引至水平投影面上时为 c_1. 此时, cc_1 为棱 $cg, c'g'$ 之影. 次过角点 b, b' 之光线之水平迹 b_1, 因其位于直立投影面之后方, 故其直立迹 b'_2, 为点 b, b' 之影. 因之直线 c_1b_1, 其在基线前方之部分, 为水平投影面上之棱 $bc, b'c'$ 之影. 次使其与

246

基线相交之点与 b'_2 相结,则所成之直线,为直立面上之影.再角点 a, a' 之影,落于直立投影面上,设其影为 a'_2,则直线 $a'_2 b'_2$ 为棱 $ab, a'b'$ 之影.最后由 a 与光线之平面图 r 所引之平行线 $a a_2$ 为水平投影面上其棱 $ae, a'e'$ 之影.后将 $a a_2$ 与基线相交之点 a_2 与 a'_2 相结,则所成之直线,为直立投影面上之影.是故,上述各棱之影,其所围成之图形,即为投影面上之影线.由此可知,面 $EFGH$,$CBFG$, $ABFE$ 均为阴面.

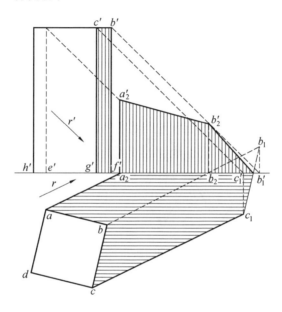

图 423

作图题 7 已知光线之方向为 r, r',求角锥之底在水平投影面上之阴影.

解 因其底位于水平投影面上,故通过顶点之光线之水平迹,与其底之角点相结之直线,为斜棱在水平投影面上之影.由是求其阴影,颇形简单.

作图 如图 424 所示,图中过顶点 v, v' 之光线,其水平迹 v_1 与 a, d 联结而成二直线.其二直线所围成之部分,为水平投影面上之阴影.然 v_1 因其位于直立投影面之后方,故其顶点之影,在直立投影面上 v'_2 处.而 $v_1 d, v_1 a$ 与基线之交点为 e_1, f_1,故三角形 $e_1 v'_2 f_1$ 为直立投影面上之影.因知三角形 $e_1 v_1 f_1$ 不为水平投影面上之影.综合上述之影,可知三斜面 VAB, VBC, VCD 均为阴面.

作图题 8 已知光线之方向为 r, r',求倾斜于两投影面之角柱之阴影.

解 角柱各棱之影,包围所成之图形,为角柱之影.后由角柱之影,即可决定其阴面. 又求阴面时, 可以平行于光线之平面切之, 由其切口与光线之方向而决定.

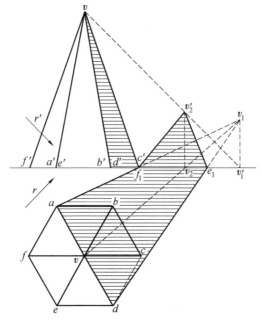

图 424

作图 如图 425 所示, 多角形 $m_1d_1j_1k_1n_1$ 为水平投影面上之影 $m_1c'_2b'_2a'_2g'_2l'_2n_1$ 为直立投影面上之影. 由此阴影, 可知底面 $GHIK$, 侧面 $ABHG$, $BCIH$, $CDJI$ 均为阴面.

又求侧面之阴面时, 以平行于光线之直立面 V_t 切之, 而求其立面图 $1'2'3'4'5'6'$. 后由此六角形与光线之立面图之方向, 藉知 $3'4'5'6'$ 之部分为不受光线之部分. 故 $ABHG$, $BCIH$, $CDJI$ 均为阴面. 同法, 将其底以平行于光线之直立面切之, 依其切口之立面图, 与光线之立面图 r' 所成之倾斜角之大小, 而决定其光面与阴面. 其作图法, 本图中兹略不赘.

作图题 9 直立于水平投影面上之正六角柱及一棱位于水平投影面上之正四角柱为已知, 求其两者之阴影.

解 先求水平投影面及直立投影面上之阴影, 然后决定其阴面. 又由投影面上之影之交点, 而决定其直立六角柱向四角柱所投之影.

作图 如图 426 所示, 乃求各立体之阴面, 及投影面上之影. 其法与本章作

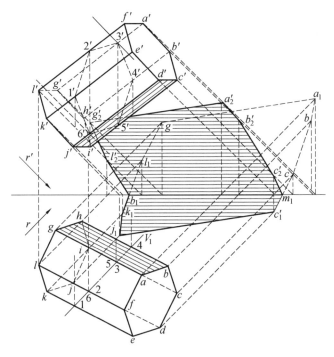

图 425

图题 6 及作图题 8 相似. 兹将其说明从略. 次直立角柱之角点 D, 于水平投影面上所成之影 d_1, 因其在四角柱之水平投影面上之影之内, 故知 D 之影在四角柱之上. 依此, 由 d_1 引平行于 gk 之 d_1s_1, 使其与四角柱之影线 gj_1g_1 相交于 S_1, 复由 S_1 引平行线平行于光线之平面图, 而与 gj 之交点为 S. 此时由 S 引平行于 gk 之 sd_3, 使其与 dd_1 之交点为 d_3, 则 d_3 为 D 向四角柱所投之影之平面图也. 由是再求其立面图 d'_3. 又 dd_1 与 oi, pj 相交于点 $2d_2$ 时, 则直线 $2d_2d_3$ 乃以 d 为平面图之棱, 向四角柱所投影之平面图. 由是可借此而求其立面图 $2'd'_2d'_3$. 又于水平投影面上之棱 CD, GK, 其影之交点为 c_4. 由 c_4 引平行线平行于光线之平面图, 其平行线与 gk 之交点为 c_3. 此时直线 d_3c_3 乃棱 CD 向四角柱所投之影之平面图. 后由其平面图, 再求其立面图 $d'_3c'_3$ 可也. 次角点 A 于投影面上之影, 因其出于四角柱之影外, 故棱 AB 之投影不在四角柱上. 依此, 过 A 之光线之水平迹 a_1 与 a 相结, 而与 gk, pj, oi 相交之点为 a_4, a_3, a_4, 则直线 $a_4a_3a_4$, 乃过 A 之侧棱, 向四角柱所投之影之平面图. 后借此, 可求其立面图.

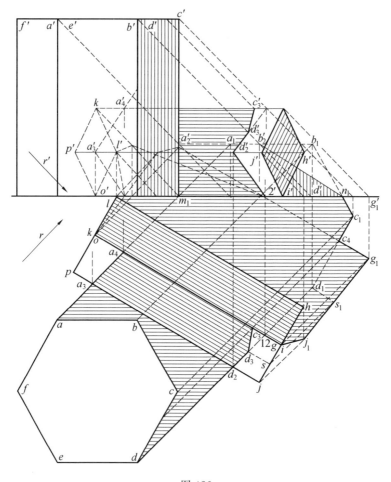

图 426

求 D 向四角柱所投之影 d_3，d'_3 时，可用含过 D 之光线之直立面切四角柱，而求其切口与过 D 之光线之交点可也．

作图题 10　光线之方向为已知，求圆向投影面所投之影．

解　设圆与一投影面平行，则其向投影面所投之影，与原形为同形之圆．故以过圆之中心之光线之迹为中心，可引与此圆同半径之圆．若此圆不平行于投影面时，则其影一般为椭圆．因之若欲求圆为互相直交之二直径之影，可以此而作共轭直径之椭圆即得．

作图　如图 427，乃示平行于直立投影面圆 O 之影之图也．其求法，先以过圆之中心之光线之直立迹为中心作与圆 O 同半径之圆,其基线上方之部分,于直立投影面上而成阴影. 又水平投影面上直角相交之二直径 AB, CD 所成之影 $a_1 b_1 c_1 d_1$, 为共轭直径之椭圆. 其基线下方之部分, 于水平投影面上而成阴影.

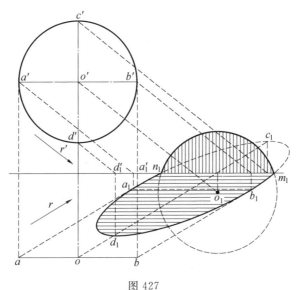

图 427

作图题 11 光线之方向为已知, 求其底垂直于水平投影面之直圆锥之阴影.

解 其底向投影面所投之影, 及由顶点之影向此所引之二切线, 其所围成之图形即为所求之影. 后由此影而决定其阴面可也. 或先求平行于光线之切平面, 由其接触线而决定其阴面亦可.

作图 如图 428 所示, 图中圆锥之底之相垂直之二直径 AB, CD, 向水平投影面所投之影为 $a_1 b_1, c_1 d_1$. 次以此为共轭直径而作椭圆, 更过顶点 v 之光线之水平迹 v_1, 向椭圆引切线 $v_1 m_1, v_1 n_1$, 其各切点为 m_1, n_1. 此时 v_1, 因在直立投影面之后方, 故此圆锥亦向直立投影面投射阴影. 由是使 $v_1 m_1, v_1 n_1$ 与基线相交之点为 f_1, e_1 将其与过顶点 v 之光线之直立迹 v'_2 相结, 而作 $v'_2 f_1, v'_2 e_1$. 此时 $e_1 c_1 b_1 d_1 m_1 f_1$ 为水平投影面上之阴影, $e_1 v'_2 f_1$ 为直立投影面上之阴影. 次以 $v_1 m_1, v_1 n_1$ 为水平投影面上之影, 而求其面素 $(vm, v'm')$, $(vn, v'n')$, 则得锥面之阴线.

通过顶点 V 之光线及含底之平面, 而求其相交点 u, u' 时, 可由 u' 向其立面

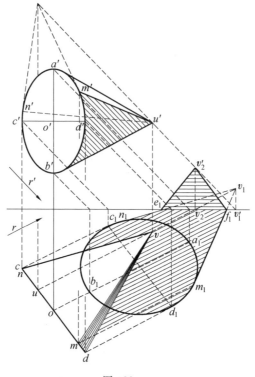

图 428

图引切线 $u'm', u'n'$，而得其切点 m', n'。此时，$v'm', v'n'$ 是为所求之阴线之立面图。于是由其立面图，而求其平面图 vm, vn 可也。

作图题 12 光线之方向为已知，复圆锥之底在水平投影面上时，求其曲面上之阴影。

解 圆锥用含圆锥之轴及光线之平面切之，其切口恒为二直线。此时切口与水平投影面所成之角，若小于光线与水平投面所成之角时，则上之锥面之全部皆为阴影，而上之锥底必向下之锥面投射阴影。求上之锥底向下之锥面投射阴影之法，可于其底圆之上取多数之点，通过其各点引光线，而求其与下之锥面之交点。此时将诸交点联结而成曲线，即为所求之影。

作图 如图 429 所示，图中锥面用含其轴与光线之平面切之，使其切口为直线 $vs, v's'$。此时 $v's'$ 与基线所成之角，小于光线之立图与基线所成之角，故于下之锥面上而生阴影。过上底圆之中心 o, o' 之光线，以其水平迹 o_1 为中心，

252

引与底圆同半径之圆,使其与锥底之平面图圆 ab 相交之点为 c,d. 此时圆弧 $cad, c'a'd'$ 为向下之锥面投射阴影之部分. 依此,将下之锥面,用含过此圆弧上之任意一点 p,p' 之光线,及顶点 v,v' 之平面切之,而求其切口之投影 vm_1, $v'm'_1$. 此时切口与过 p,p' 之光线所交之点 p_1,p'_1,乃为 p,p' 所投之影. 同此,再求得其他点之影,将其联结作成曲线 $cp_1d, c'p'_1d'$,即得所求之影.

作图题 13　光线之方向为已知,求中空截头圆锥之底位于水平投影面上时之阴影.

解　其底不在水平投影面上之影与在水平投影面上之底引共通切线时,则于投影面上而得阴影. 其阴面乃依投影面上之影而决定. 次求通过不在水平投影面上之底圆上诸点之光线与锥面之交点. 后将诸交点联结作成曲线,即得其锥面内面之影线.

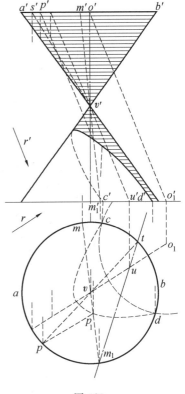

图 429

作图　如图 430 所示,通过不在水平投影面上之底圆 ABK 之中心之光源,以其水平迹 o_1 为中心,引与底圆同半径之圆 $a_1b_1k_1$. 次于此圆与在水平投影面上之底之平面图圆 ef 引共通切线 a_1e, b_1f,其各切点为 a_1, e, b_1, f. 此时由上述之切线与圆 $a_1b_1k_1$ 所围成之图形,乃圆锥于水平投影面上所成之影. 又求 e,f 之立面图 e', f' 时,可引过此诸点之锥面之面素 $(ea, e'a'), (fb, f'b')$. 此即为锥面之外面之阴影.

图中 ea_1 与基线相交于 g_1,圆 $a_1b_1k_1$ 与基线相交于 k_1,故知此圆锥亦向直立投影面投影. 依此可求以 k_1 为水平投影面上之影之圆 ABK 上之点 k, k'. 此时通过圆弧 AMK 上数点之光线,将其直立迹联结而成之曲线 $a'_2p'_2k_1$ 与直线 $g_1a'_2$ 即圆锥于直立投影面上所成之影线.

锥面内部之影线,乃圆弧 ADB 所投之影. 依此作过锥面之顶点 V 之光线,而求其水平迹 v_1 次于圆弧 ADB 上,取任意一点 c, c' 作平面与含过点 c, c' 之面

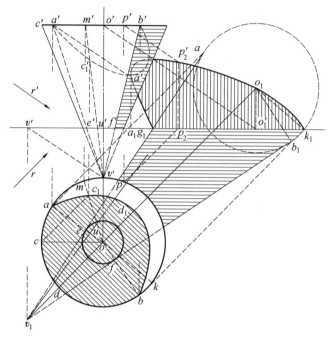

图 430

素之光线平行之平面之水平迹 v_1u,而使其与圆 ef 相交之点为 u. 此时直线 vu,及由 c 引平行于光线之平面图 r 之 cc_1,其所得之交点 c_1 为点 c,c' 所投之影之平面图. 后由此可求其立面图 c'_1. 同法,复求圆弧 ADB 上之点,向其锥面之内面投影,将其诸点联结作成曲线 $ac_1d_1b, a'c'_1d'_1b'$,即得所求之影线.

作图题 14 圆形顶盖之直立圆柱为已知,而求其曲面上之阴影.

解 过圆形顶盖之下缘上之数点引光线,而求其直立圆柱之交点. 后将诸交点结而成曲线,即为所求之影线.

作图 如图 431,乃示其大要之图也. 其作图法,颇形简单,故其说明从略.

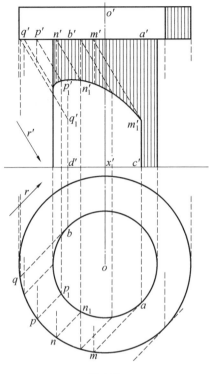

图 431

作图题 15 已知其一圆柱之轴垂直于水平投影面,他圆柱之轴平行于基线之相交二圆柱,求其各曲面上之阴影.

解 求直立圆柱之阴面,可由直立圆柱之底向投影面所投之影及平行于光线之切平面之迹所围成之图形,而求其影.又求平行于光线之切平面之接触线,即可决定其阴面.求平行于基线之圆柱之阴面时,若先求其侧面图,则其作图较易.次求直立圆柱之上底圆向水平圆柱所投之影时,须以任意之水平面切水平圆柱,而求其切口与切断平面上之上底圆之影之相交点可也.次求直立圆柱面之阴线向水平圆柱所投之影时,可用平行于含阴线之光线之平面切水平圆柱,而求其切口可也.其后于水平圆柱之左底圆及曲面之阴线上,取多数之点,而求其过诸点之光线与直立圆柱之交点.求得之交点,即为直立圆柱上之影.

作图 如图 432 所示,图中曲线 $mlki, m'l'k'i'$ 为直立圆柱之上底圆向水平圆柱所投之影,而 $igh, i'h'g'$ 为阴线 $ab, a'b'$ 所投之影.曲线 $tu_1w_1z_1$, $t'u'_1w'_1z'_1$ 为水平圆柱之左底圆及阴线 $cd, c'd'$ 向直立圆柱所投之影.

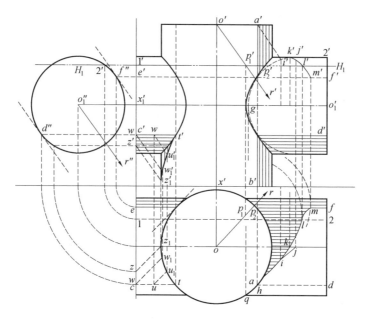

图 432

作图题 16 光线之方向为已知,求球之阴影.

解 球之阴线为一大圆,故其投影,若作一直线之副投影,则由此可得其平面图及立面图.然后再求其阴线向投影面所投之影可也.

作图 如图 433 所示,图中于平行于光线之直立面上所作之副投影为圆 o''. 此时垂直于光线之副投影圆 o'' 之直径 $a''b''$, 是为所求之阴线之副投影. 阴线之实形,因其与球为同半径之圆,故以点 o'', 直线 $a''b''$ 所成之各副投影之直径,为互相垂直之直径. 由是求二直径之平面图 ab, cd. 彼以此为二轴而作椭圆,则得阴线之平面图. 又求此二直径之立面图 $a'b', c'd'$, 以此为共轭直径而作椭圆,则得阴线之立面图. 又求此二直径向水平投影面所投

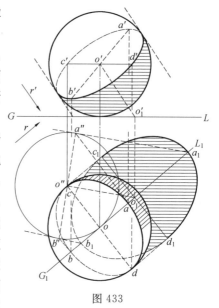

图 433

之影 $a_1b_1c_1d_1$，后以此为二轴，而作椭圆，则于水平投影面上而得阴影．若欲向直立投影面投影时，可求上述之二直径向直立投影面所投之影，后以此为共轭直径而作椭圆可也．

作图题 17　光线之方向为已知，而求直立于水平投影面上之圆锥向球所投之影．

解　先作球之阴影，次以切于圆锥且平行于光线之平面切球，而求其切口．此时由上述之阴线，与其切口所围成之图形，即为所求之影．

作图　以平行于光线之圆锥之切平面切球而求其切口时，可于垂直于切平面之水平迹之直立面上作副投影而求之可也．图 434 中，椭圆 $cfde$ 为阴线之平面图，椭圆 $c'f'd'e'$ 为其立面图．又椭圆 $gjhk$，$lpsq$ 为切口之平面图，椭圆 $g'j'h'k'$，$l'p's'q'$ 为其立面图．综合上述之诸椭圆所围成之 $ulwkz$，$u'l'w'k'z'$，即为所求之影之投影．

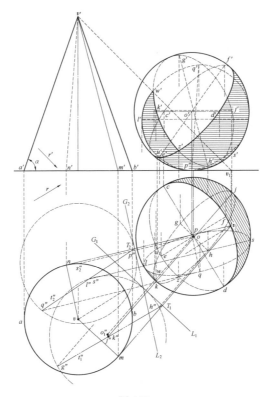

图 434

作图题 18 光线之方向为已知,而求直立于水平投影面上之长椭球之阴面.

解 椭球之阴线因为一椭圆,故其投影,使其为一直线之副投影,则易作其平面图及立面图.

作图 如图 435 所示,于平行于光线之直立面上,椭球之副投影为椭圆 $s''m''u''n''$,光线之副投影为 r''. 此时平行于 r'' 切椭圆 $s''m''u''n''$ 之切线,其切点 m'', n'' 所结之直线,为其所求之阴线之副投影. 其阴线之实形之椭圆,其长轴等于 $m''n''$,短轴则等于立体之平面图圆 su 之直径. 依此求得二轴之平面图后,而作二轴及共轭轴之椭圆,即得所求之阴线. 或如图所示,以水平面切之,而求阴线上各点之平面图,及立面图亦可.

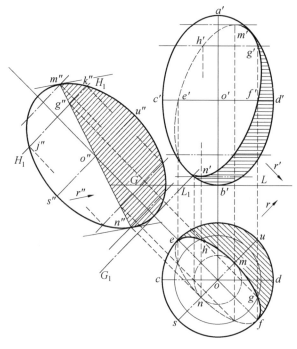

图 435

作图题 19 光线之方向为已知,而求回转面之轴垂直于水平投影面时之阴线.

解 求阴线上诸点之方法颇多,其第一法,于垂直于曲面之轴之切口,内切于曲面作圆锥面之阴线,而求其与切口之交点. 其第二法,于垂直于其轴之切

口,内切于曲面作球之阴线,而求其于切口之交点. 其第三法,以含其轴之平面切之,向此切口,平行于切断面上之光线之投影引切线,而求其切点. 其第四法,以平行于光线之平面切之,向其切口引平行于光线之切线,而求其切点. 其第四法,因其切口之投影,一般为圆以外之曲线,其作图颇繁,故鲜有用之者.

作图 1 阴线上之最高点及最低点,在平行于光线且含其轴之平面所切得之切口上,今将此切口,回转于其轴之周,使其平行于直立投影面,则其立面图与曲面之立面图两相一致. 次将光线 $or, o'r'$ 回转于 o, o' 之周,使其平行于直立投影面之位置为 $or_1, o'r'_1$. 然平行于 $o'r'_1$ 而切于曲面之立面图之直线其切点,为 j'_1, e'_1. 此时 j'_1, e'_1 即为回转后之最高点及最低点之立面图. 故由 j'_1, e'_1 所引之投影线与平行于基线之 or_1 相交之点,即为其各平面图. 后将回转之切口,复归原有之位置,则得其各投影 $(j, j'), (e, e')$.

次于上述之最高点与最低点之间,切以任意之水平面,则其立面图为直线 $m'n'$,平面图为圆 mn. 于其切口处,切于曲面之锥面顶点,在其轴之上,而其立面图为 v'. 后过其顶点引平行于光线之直线,而求其与切断水平面之交点 u, u'. 此时由 u 向圆 mn 所引之切线之切点 b, h,即为所求之阴线上二点之平面图. 故由 b, h 所引之投影线与 $m'n'$ 之交点 b', h',为其二点之立面图. 同法,求得阴线上之诸点,将其结成曲线,即为所求之阴线.

作图 2 阴线上之最高点与最低点之间,以任意之水平面切之,其切口之立面图为直线 $p'q'$,平面图为圆 pq. 次于其切口处而作内切于曲面之球,其中心之立面图为 y'. 然后由 y' 引垂线 $y's'$ 垂直于光线之立面图 $o'r'$,使其与 $p'q'$ 之交点为 s'. 更由 s' 引投影线使其与平行于基线之 or_1 相交之点为 s,由 s 引垂线垂直于光线之平面图 or,使其与圆 pq 之交点为 c, g. 此时 $y's'$ 乃含球之阴线之平面及含其轴平行于直立投影面之平面其相交之立面图,cg 乃含球之阴影之平面及含圆 PQ 之平面其相交之平面图. 此何故,尽因含阴线之平面与光线互相垂直之故也. 由是可知 c, g 二点,为圆 PQ 上之阴线上之点之平面图. 至其立面图 c', g',可由其平面图求之. 同法,后求得阴线上之诸点,将其连续而作阴线可也.

作图 3 先含其轴而作任意之平面 v_1,使其水平迹为直线 V_1V_1. 次由光线 $or, o'r'$ 上之任意一点 r, r' 之平面图 r 向 v_1v_1 引垂线,置其足为 r_2,则 or_2 为光线 $or, o'r'$ 向上述之平面 v_1 所投之投影之平面图. 次以平面 v_1 切其曲面,将其切口回转于其轴之周,当其平行于直立投影面时所成之立面图,与曲面之立面图相一致. 后于 $or, o'r'$ 之平面 v_1 上,求其投影回转后之投影 $or_3, o'r'_3$,再作

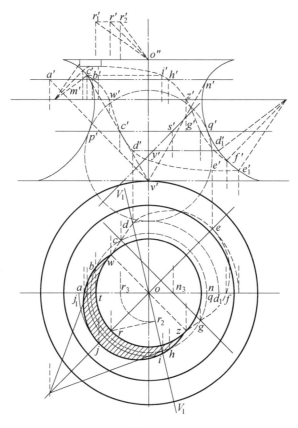

图 436

平行于 $o'r'_3$, 切于其曲面之立面图之直线, 而求其切点 d'_1, i'_1. 此时 d'_1, i'_1 因其为所求之阴线上之点于其回转后之立面图. 故将其复归原有之位置, 则得其投影 $(d, d'), (i, i')$. 同法, 求得阴线上之各点, 将其连续而作阴线可也.

作图题 20 光线之方向为已知, 求凹回转面之轴垂直于水平投影面时, 其曲面上之影.

解 向曲面投影之部分, 曲面之上端为圆. 求此圆向曲面投影之法, 可以任意之水平面切其曲面, 而求其切口与此平面上之上端圆之影之交点可也.

作图 如图 437 所示, 圆 mn 为任意之水平面 H_1 切其曲面所得之切口之平面图. 而 o_1 为中心之圆 if, 为上端圆 AB 向平面 H_1 所投影之平面图. 依此, 则二圆之交点 i, f, 即为所求之影上其二点之平面图. 后由其平面图, 方可求其立面图 i', f'.

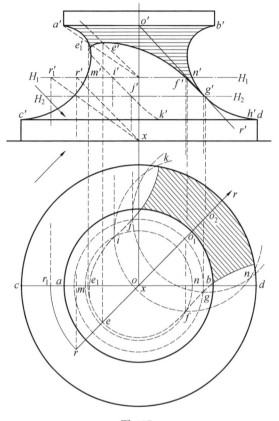

图 437

作图题 21 光线之方向与其轴垂直于水平投影面之类似螺旋面为已知,求其阴影.

解 切于类似螺旋面之导锥,作平行于光线之切平面而求其接触线. 此时平行于接触面之面素,为曲面之阴线. 当曲面阴线决定后,则阴线与曲面之周缘向投影面所投之影,即为所求之影线.

作图 如图 438 所示,图中三角形 $m'v'n'$ 为导锥之立面图,圆 mn 为其平面图. v_1e_1, v_1d_1 为平行于光线之导锥之切平面之水平迹,而 vd_1, ve_1 为其接触线 VD_1, VE_1 之平面图. 此时,平行于 VE_1 之类似螺旋面之面素入于影中,不成阴线. 故平行于 VD_1 之面素与螺旋线之一部分 ABC,及面素 AF 所投之影,其所围成之 $dkc'_2b'_2a'_2jf$,是为所求之影.

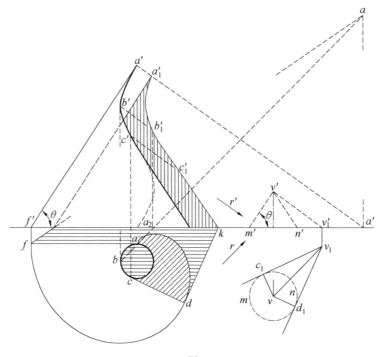

图 438

作图题 22 光线之方向为已知,求斜螺旋面之轴垂直于水平投影面之阴影.

解 求阴线之法,先求平行于光线之切平面之切点,后将其各切点联结而作曲线可也. 或求其面素向投影面投影,由切其影之曲线之切点,逆引光线,后联结与此对应之面素相交之点,而作成曲线亦可. 投影面上之影,可依包含面素之影所作之图形而得. 又求螺旋面之缘线向曲面投影之法,可由此缘线及面素向投影面所投之影之交点逆引光线,将其对应之面素之交点联结而作曲线即可. 或以含过缘线上各点之光线之平面切其曲面,而求其切口与光线之交点亦可.

作图 如图 439 所示,螺旋线 $afe, a'f'e'$ 为已知之曲面上一螺旋线过螺旋线上任意之点 $(e,e'),(f,f')$ 之面素为 $(eo,e'u'),(fo,f'v')$,其水平迹为 i,g. 次于 e,f 处,取切线 ee_1, ff_1 等于圆弧 ae, af. 此时,直线 e_1i, f_1g 于点 (e,e'),(f,f') 处,为切平面之水平迹. 次以 O 为中心,切 e_1i, f_1g 引圆,使其各切点为 j,h. 然此时二圆为其水平迹,点 $(o,u'),(c,v')$,各为圆锥之顶点. 此圆锥,称为螺旋面之倾斜锥.其各倾斜锥,于点 (e,e'),(f,f') 切于切平面.而各圆锥之底角均相等,及 $\angle eoj = \angle foh$.今置 $\angle eoj = \angle foh = \alpha$,则利用此种关系,可求其平行于光线之切平面之切点.是即求切于顶点 (o,v') 之倾斜锥,且平行于光线之切平面之水平迹 rk.其倾斜锥之水平迹与 rk 之切点为 k.后引与 ok 成角 α 之 oq,使其与圆 afe 之交点为 q.然此时 q 为平行于光线之切平面之切点之平面图.故由 q 所引之投影线与曲线 $a'f'e'$ 相交之点 q',即为其立面图,同法,后引螺旋上之螺旋线作倾斜锥,而求其平行于光线之切平面之切点可也.

如图 440 所示,图中阴线 (pq,$p'q'$),(mnu,$m'n'u'$),可于上之作图中求之.或于水平投影面上,作切各面素之影之曲线,由其切点逆引光线,而求其与其对应之面素之交点亦可.如所求之点 (u,u') 然.

次包含各面素向水平投影面投

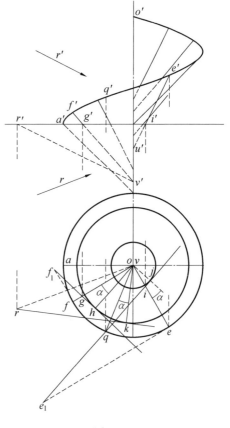

图 439

影而求其图形.如图所示,而得影 $ob_1d_1u_1a_1$.又由螺旋线 $pbdm$,$p'b'd'm'$ 与面素之影相交点引平行线平行于光线,而求其与其对应之面素之交点.此时将其各点联结而作成曲线 ($pj,p'j'$),($mz,m'z'$),是为曲面上之影.

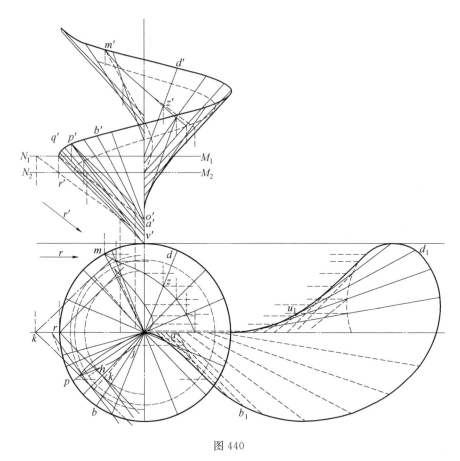

图 440

作图题 23 闭合之投影为已知,求其内面所生之影.

解 本题,由直立之半圆柱面,与四分之一之球面所成之闭合之倒.其四分之一球,其一端之半圆平行于直立投影面.柱面之轴垂直于水平投影面.其内面之影线为平行于圆柱之缘线及直立投影面之半圆所投之影.故过上述之线上多数之点引光线,而求其与内面相交之各点,后将其连续而作成曲线可也.

作图 如图 441 所示,先求过 a, a' 之光线与柱面相交之点 a_1, a'_1,过此点之直立线,乃柱面左缘线所投之影.次于半圆 ACB 上,引过任意之点 m, m' 之光线,使其与柱面相交于点 m_1, m'_1,则点 m_1, m'_1 为点 m, m' 向柱面所投之影.后求得其半圆上诸点向柱面所投之影,将其联结作曲线 $a'_1 m'_1 n'_1$,则得球向柱面所投之影线.

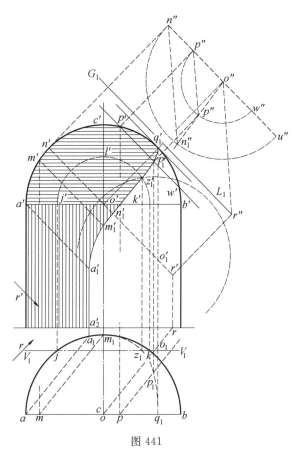

图 441

次求球之内面之影时,先过半圆 ACB 之任意点 p,p',作含已知光线且垂直于直立投影面之平面,而切球面.复于平行于切口之切断面之一平面上作副平面图.图中 p'' 为点 p,p' 之副平面图,半圆 $p''p''_1w$ 为切口之副平面图.此时过点 p,p' 之光线之副平面图与半圆 $p''p''_1w$ 之交点 p''_1,为点 p,p' 所投影之副平面图.由副平面图即可求其立面图 p'_1 及平面图 p_1.同法,若求得半圆 ACB 上之诸点向球面所投之影,则可求得其影线 $q_1p_1z_1\cdots,q'_1p'_1z'_1\cdots$.

作图题 24 求椭圆体之阴线.

解 椭圆体以平行于光线之平面切之,向其切口引平行于光线之切线.此时其切点为所求之阴线上之点.如斯之点,若多数求之,将其联结作成曲线,是即所求之阴线.当向切口引切线时,切口之投影若作为圆形之副投影面,则作图上,仅用圆与直线,即可.

作图 如图 442 所示,图中为其椭圆体之最长轴垂直于水平投影面,其最短轴平行于基线,而求其阴线之图也. 其平面图,因避烦从略.

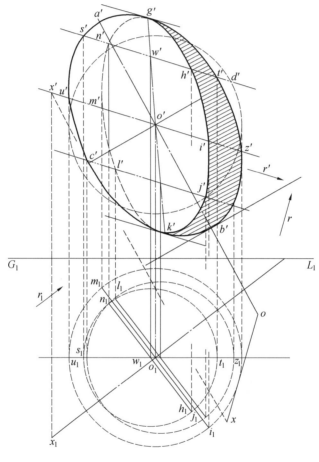

图 442

先以含椭圆体之中心 O 及平行于光线且垂直于直立投影面之平面切之,其切口之立面图为直线 $u'z'$. 次以垂直于直立投影面之轴之长为直径,以中心之立面图 o' 为中心引圆,由 u,z 向此引切线 $u'u_1, z'z_1$. 此时垂直于 $u'u_1$ 之 G_1L_1 为垂直于直立投影面之副投影面上之副基线,而上述之切口之副投影为圆 u_1z_1. 故在此副投影面上平行于已知光线而垂直于直立投影面之切口之副投影为圆.依此,若于诸圆中引垂直于已知光线之副投影之直径,则各直径之端,为阴线上之点之副投影.其副投影既得,由是求其立面图与平面图可也.图中曲线 $m'n'g'h'k'$,即为阴线之立面图.

作图题 25　求双曲抛物线面之阴影.

解　先求双曲抛物线面之面素向投影面所投之影.次作包含此影之图形,则得投影面上之影.求曲面上阴影之法,须求平行于光线之切平面之各切点,后将其各切点联结而成曲线可也.

作图　如图 443 所示,图中以垂直于水平投影面之直线 ab,$a'b'$ 及在直立投影面上之 cd,$c'd'$ 为导线,以水平投影面为导面之双曲抛物线面,而求其阴影之图也.

图中,包含 ab,$a'b'$ 及面素 $(ac,a'c')$,$(af,e'f')$,…,向水平投影面所投之影 ba_1,a_1m_1,e_1n_1,…之图形为水平投影面上之影.又由切于 a_1m_1,e_1n_1,…之曲线之切点 m_2,n_2 引平行线平行于光线之平面图,使其与 ac,af,…相交.其交点 m,n,…即为平行于已知光线之切平面其切点之平面图.依此,后将其各切点联结,则所成之曲线 $mnopq$,是为阴线之平面图.其立面图 $a'n'o'p'q'$,可由其平面图求之.

4. 杂题

作图题 26　如图 444,乃示圆管之轴平行于基线,而求其阴影之图也.

作图题 27　如图 445,乃示

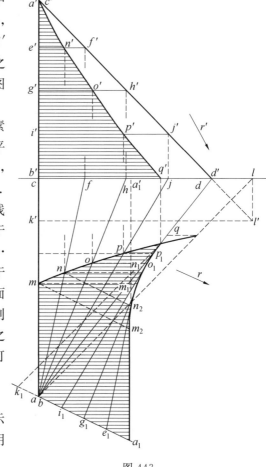

图 443

直立于水平投影面上之圆锥及半圆管,而求其阴影之图也.

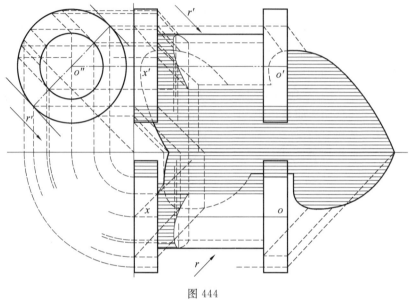

图 444

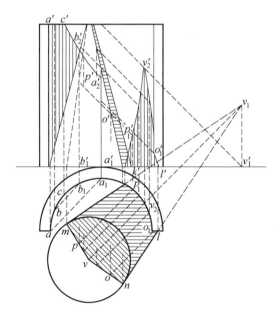

图 445

作图题 28　如图 446，乃示三角螺旋杆，而求其阴影之图也.

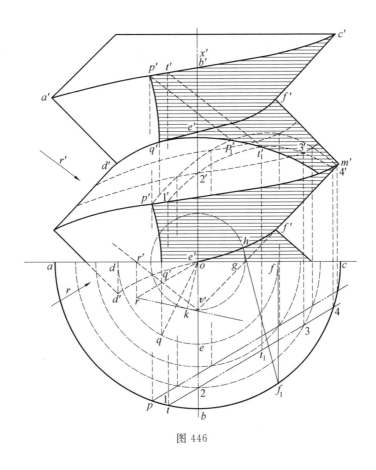

图 446

作图题 29　如图 447，乃示球与直立圆柱所求得之阴影之图也.

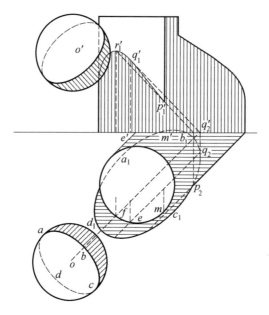

图 447

作图题 30 如图 448，乃示球，直立圆柱，及直立圆锥，而求其阴影之图也．

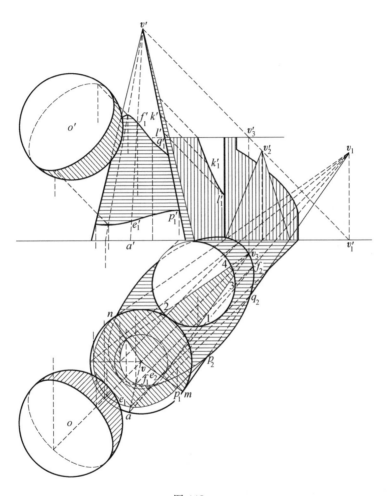

图 448

作图题 31　如图 449,乃示横于水平投影面上之圆柱及以一面素切于圆柱之十字形为已知,而求其各阴影之图也.求十字向圆柱所投影之法,可先设垂直于圆柱之副投影面,而作其副投影.如斯作图,较为简单.

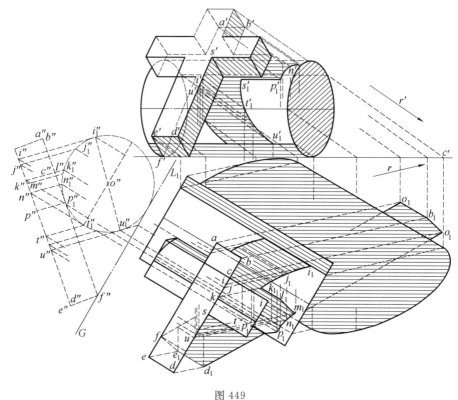

图 449

其二　辐射光线

5. 关于影之诸重要之定义

(1)直线向平面所投之影,通常虽为直线,但其延长线若通过发光点时,不拘其长延至如何程度,均为一点.

(2)相交二线之影,于其交点之影处相交.

(3)相切二线之影,于其切点之影处相交.

(4)平面形于平行于平面形之平面上,有原形相似之影.

(5)曲线之影,一般固为曲线,然单曲线,若含其单曲线之平面含发光点时,于不平行于此之平面上成直线之影.

(6) 平行线向平面所投之影,若不为平行,故其延长线相会于一点. 如图 450 所示, $AB, CD, EF, \cdots$ 为平行线, 今使其与平面 $V.P.$ 相交点为 $B, D, F, \cdots$. S 为发光体, 由 S 引直线平行于 AB, 使其与平面 $V.P.$ 相交于点 V_1. 此时 V_1 为 S 与 $AB, CD, EF, \cdots$ 之延长线上无限远距离之点相结之直线与 $V.P.$ 相交之点, 又 $V.P.$ 上 AB,

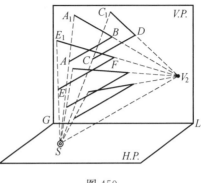

图 450

$CD, EF, \cdots$ 之影, 各通过 $B, D, F, \cdots$. 由此, 可知 $AB, CD, EF, \cdots$ 之影 A_1B, $C_1D, E_1F, \cdots$ 各在 $V_1B, V_1D, V_1F, \cdots$ 上. 如图 451 所示, 乃平行线 $(ab, a'b')$, $(cd, c'd'), (ef, e'f'), \cdots$ 向投影面所投之影. 其水平投影面上之影会于 v_1, 直立投影面上之影会于 v'_2.

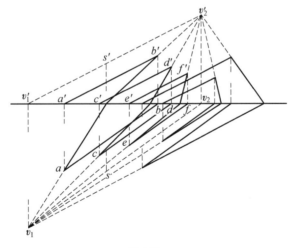

图 451

作图题 32 发光点 S 及直立圆柱为已知, 求其阴影.

解 先作含发光点且切于圆柱之平面. 次求其接触线, 即得圆柱之阴线. 然后再求其阴线向投影面所投之影可也.

作图 如图 452 所示, 图中由发光点之平面图 S, 向圆柱之平面图圆 O 引切线. 其切点为 a, c. 此时平面图之面素 a, c 为圆柱面上之阴线. 以圆弧 aec 为

273

平面图之底圆之弧为其底之阴线. 故过其底之中心 O 之光线, 以其水平迹 o_1 为中心, 其切于 Sa, Sc 之圆与二切线所围成之图形, 为水平投影面上之影. 又面素 $cd, c'd'$ 与圆弧 $aec, a'e'c'$ 向直立投影面所投之影 $c_2c'_2, c'_2p_2e_1$ 与基线所围成之图形, 为直立投影面上之影.

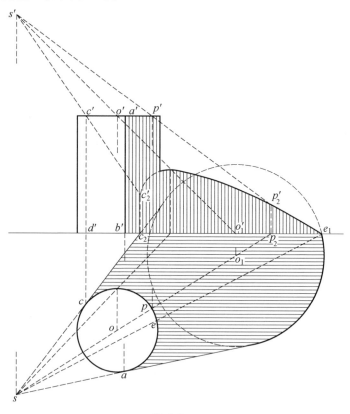

图 452

作图题 33　发光点为已知, 求回转面之轴垂直于水平投影面时之阴线.

解　以含发光点之任意平面, 切已知之立体, 由发光点向其切口引切线. 此时其切点, 即为所求之阴线上之点. 或以含轴之任意平面切已知之立体, 而由发光点之切断平面上之投影向其切口引切线. 此时其切点, 即为所求之阴线上之点. 次将其切口回转于其轴之周, 使其平行于直立投影面, 则切口之立面图与立体之立面图相一致. 由是, 复于回转后之位置引切线, 再使其复归原来之位置而作图. 或求内切球之阴线与球之接触线之交点亦可.

作图 如图 453 所示，乃用含发光点 S 之直立面切之，由 S 向各切口之投影引切线，求其切点. 由其切点而作阴线之图也.

如图 454 所示，乃以含轴之直立面切之，将其切口回转于其轴之周，使其平行于直立投影面而作图. 图中 V_1V_2 为含轴之任意平面之水平迹. s_1，为 S 于其直立面上其投影之平面图. 今 S 之投影当其回转后之立面图为 s'_2，由 s'_2 向立体之立面图引切线，其各切点为 $m'_1, n'_1, p'_1 q'_1$. 此四点，为其回转后阴线上之点之立面图. 后将切断面复归原有之位置，而得各投影 $(m, m'), (n, n'), (p, p'), (q, q')$. 求阴线上之最高点及最低点之法，可以含发光点及其轴之平面切之，由发光点向其切口引切线，而求其各切点可也. 又阴线之平面图与立体之平面图之切点，为发光点 S 之平面图 s 所引之切线之切点. 又阴线之立面图与立体之立面图之切点，为发光点 S 之立面图 s' 所引之切线之切点也.

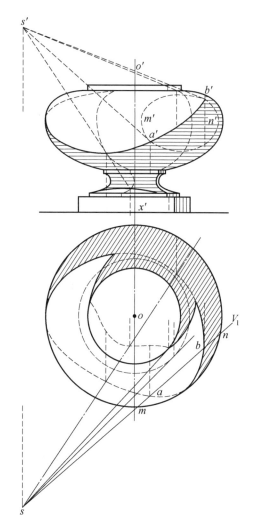

图 453

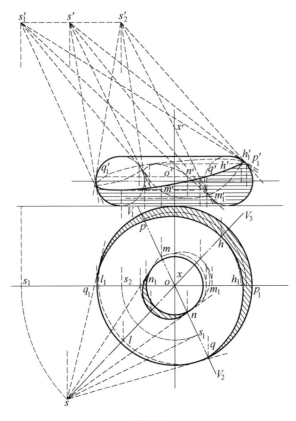

图 454

如图 455，乃示含发光点与其轴之平面平行于直立投影面时之图也．今发光点置于如图所示之位置时，则求内切球之阴线与球之接触线之交点之方法，益形简单．

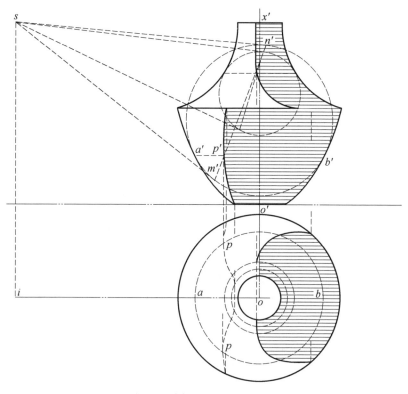

图 455

作图题 34 发光点 S 为已知,求水平圆柱与直立圆锥之阴影.

解 求两立体同投影面投影及阴线之方法,前例述之既详,兹不复赘.求水平圆柱之阴线及直立圆锥之阴线向圆柱投影之法,须设垂直于圆柱之轴之副投影面方可.

作图 如图 456 所示,乃就其大要所作之图也.

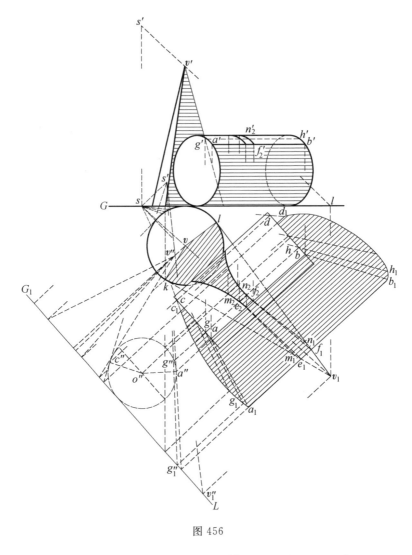

图 456

其三　依平行光线物体面所生之明暗

6. 照度

设射于一面上之一点，其光之强度为 a，其投入光线与其切点处法线间之角为 α，于其法线之方向，其光之强度可以 $a\cos\alpha$ 表之. 此时 $a\cos\alpha$，称为其点之照度（Degree of illumination）. 凡其面上同等照度之点联结所成之线，称为等照线(Iso-illuminated line). 当其角 α 愈小时,则其照度愈大. 故 $\alpha=0$ 时为最大, $\alpha=90°$ 时为最小. 等照线在单曲面上为一直线,在球面上为垂直于光线之圆.

如 $\alpha=0$ 之点处,因其反射光线与投入光线之方向正相反对,故为最明之点. 通称此点,为实辉点(Real brilliant point). 然实际诉诸吾人目中最明之点,决非实辉点,而为反对光线向吾人目中所射来之点,此点通称为现辉点(Apparent brilliant point). 如球,椭球,椭圆体等之立体上,仅有一辉点,而其凹凸不平之曲面上,应有多数辉点. 又单曲面上最明之处,非为一点而为一面素. 如斯面素,称为辉线(Brilliant line).

7. 现辉点之一般作图法

于一面上之一点,其投入光线及反射光线,与于其点处之法线成相等角. 正投影中之视点,因其置于投影面垂直之方向有无限远之距离,故投影图之现辉点为反射光线垂直于投影面之点. 依此,若求平面图之现辉点,须先将过任意点之光线,与垂直于水平投影面之直线间之角作二等分之直线,后作垂直于二等分线之切平面,而求其切点可也. 又求立面图之现辉点时,先将过任意点之光线与垂直于直立投影面之直线间之角作二等分之直线,后作垂直于二等分线之切平面,而求其切点可也.

作图题 35 光线之方向为已知,求椭球之轴垂直于水平投影面时之辉.

(Ⅰ)立面图之现辉点：

如图 457 所示,先将过其轴上之任意点 o,o' 之光线 $or,o'r'$ 与垂直于直立投影面之直线 $ou,o'u'$ 间之角作二等分线,而求其投影 $om,o'r'$. 次将 $om,o'r'$ 回转于点 o,o' 之周,使其平行于直立投影面之位置,而求 $om_2,o'm'_2$. 此时垂直于 $o'm'_2$ 而切于椭球之立面图之直线之

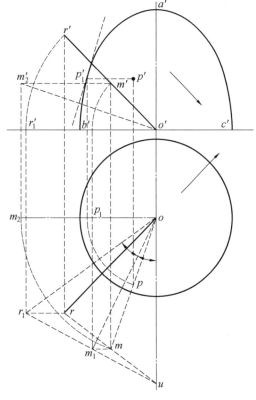

图 457

切点 p'_1 为回转后现辉点之立面图. 其平面图, 为 om_2 与由 p'_1 所引之投射线相交之点 p_1. 依此以 o 为中心, 作过 p_1 之圆, 使其与 om 相交之点为 p. 此时 p 即为所求之现辉点之平面图. 又由 p 引投射线及由 p'_1 引平行于基线之直线, 使其二者相交之点为 p', 是时 p' 即为所求之立面图.

(Ⅱ) 平面图之现辉点.

如图 458 所示, 先过轴上任意之点 o, o' 之光线 $or, o'r'$ 与垂直于水平投影面之 $o, o'a'$ 间之角作二等分之直线. 后作垂直于此直线之切平面, 其切点 p, p' 即为所求之现辉点. 次将 $or, o'r'$ 回转于点 o, o' 之周, 而求平行于直立投影面之位置 $or_1, o'r'_1$. 此时角 $a'o'r'_1$ 之二等分线 $o'm'_1$, 因其为回转后二等分线之立面图. 故先求垂直于 $o'm'_1$ 之切线之切点 p'_1, 后由此引投影线, 而求其与 or_1 之交点 p_1, 则点 p_1, p'_1 为回转后之现辉点. 由是, 以 o 为中心, 作过 p_1 之圆弧, 而求其与 or 之交点 p, 是为所求之现辉点之平面图. 又由 p 引投影线, 及由 p'_1 引平行于基线之直线, 其交点 p', 即为所求之立面图.

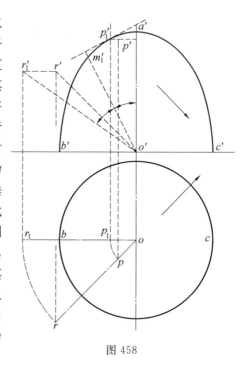

图 458

8. 单曲面之现辉线

如图 459 所示, 使其光线平行于水平投影面, 而作过直立圆柱之轴上之任意一点之光线 OR 及垂直于直立投影面之 OU. 其间所成之角分以二等分之直线 OM, 次垂直于 OM 作切平面. 是即平面图 or 与 ou 间之角之二等分线 om 与圆柱之平面图之圆 o 相交于点 m, 而以 m 为平面图之面素, 即现辉线也.

如图 460, 乃示其光线倾斜于两投影面时, 因无垂直于角 ROU 之二等分线 OM 之切平面之存在, 故无理论上之现辉点之存在. 然全曲面非理想上之平滑面, 若详细察之, 则呈凹凸起伏之状, 而于其各方向, 均有反射之光线. 是故垂直于投影面之反射光线为实在光线. 又因其有散光, 故由任何之方向观察物体时,均能认其存在.故角 ROU 二等分线之平面图 om 与圆 o 所交之点 p 为平面图之面素,即现辉线也.

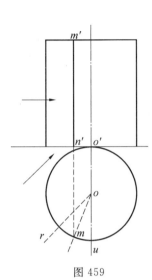

图 459

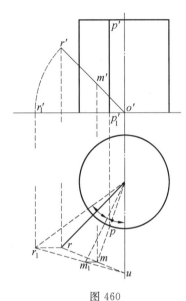

图 460

如图 461 所示,过基线上一点 o 之光线 OR 与垂直于直立投影面之 OU 间之角之二等分线为 OM.设垂直于 OM 之任意平面为 tTt'.次切此平面,而作其轴垂直于水平投影面之圆锥 VAB,其底角为 θ.此时,平面 tTt' 与圆锥之接触线 VP 为现辉线.故其底角为 θ 之直立圆锥,应有平行于 VP 之现辉线.其底角不等于 θ 之直立圆锥,则无平行于平面 tTt' 之切平面,故理论上之现辉线亦付缺如.然因其有散光之存在,故现辉线亦仍存在.由是可知,凡平行于 tT 之切线而过其切点之面素为底角不等于 θ 之直立圆锥上之现辉线.

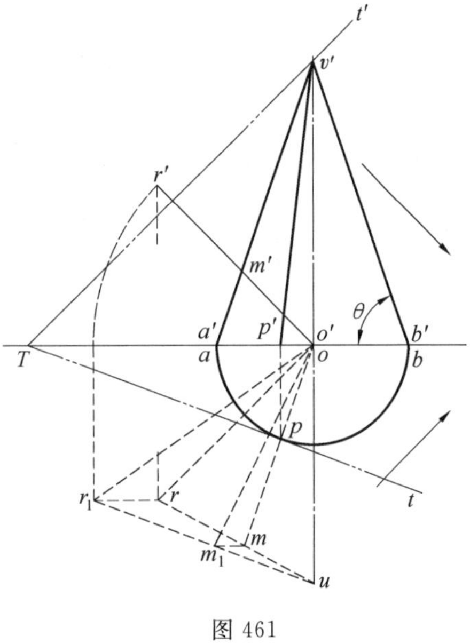

图 461

9. 物体面之明暗

物体面当光线直射之点为最明，而明暗之别，乃依其阴线而分，其明暗度，乃由同物体所发出之发射光线射入吾人眼眶中之多少而异．故光面上之现辉点或现辉线为最明．当光面相距渐远，则光之明度渐减．反之，阴面虽不受原光线之直射，然以大气各分子所发出之反射光线之关系，可认有几分之明度．当其相距渐远，大气层渐增，由大气各分子所发出之反射光线亦渐增，故其阴面之暗度因之而渐减．反之，其光面之明度因之而渐弱．

光面上所生之影，虽不受原光线之直线，然因大气各分子之反射光线，亦可认有几分之明度．但向光面所发出之大气各分子之反射光线，较之阴面为弱，而尤以辉点或辉线之附近更弱．故光面内之影较之阴面为暗，辉点及辉线处尤为黑暗．

10. 图上之明暗

投影图之附有明暗，乃依着色之浓淡及平行线之密度而异．

着色浓淡之方法有二，一为引多数之等照线．其相邻之二等照线间，有相同之明度及暗度，依其明暗之度，可作同一浓度之着色．如图462，图463所示．他为依明暗度顺次变更其浓度，而不分阶段之形迹．如图464，图465所示是也．

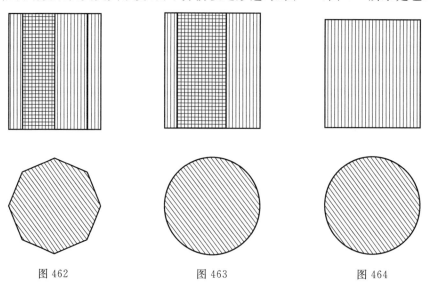

图462　　　　　图463　　　　　图464

图 465

平行线密度之方法亦有二,其一,乃引同样粗度之线,依其密度而示其明暗.他一,乃依线之粗度及密度而示其明暗.如图 466,图 467,图 468 所示是也.

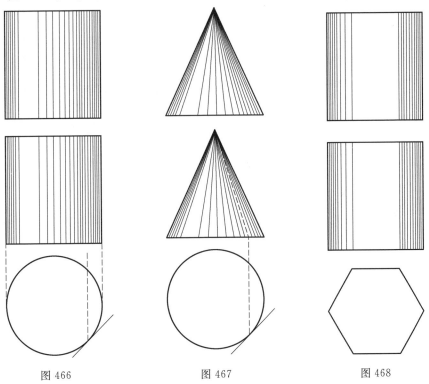

图 466　　　　　图 467　　　　　图 468

练 习 题

练习题中未示光线之方向者,其光线之平面图及立面图,均与基线成 $45°$。

1. 如图 469 所示,试求三角形 ABC 向平面 T 所投之影。
2. 试将图 470 扩大为二倍,而求其阴影。

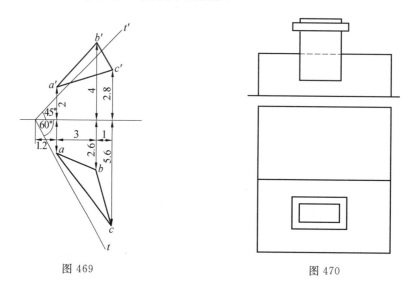

图 469　　　　　　　　　　图 470

3. 如图 471 所示,试求其立体之阴影。

4. 有底之直径为 6 cm,高为 7 cm 之直圆锥。其一面素切于水平投影面,其轴之平面图与基线成 $30°$。今圆锥之底为光面时,试求其阴影。

5. 有直径 4 cm,高 7 cm 之直圆柱。其轴与水平投影面成 $45°$,与直立投影面 $30°$。其一底与水平投影面,他一底与直立投影面,相接触于一点。当此圆柱,面于水平投影面之底向光线时,试求其阴影。

6. 如图 472 所示,试求其二圆柱之阴影。

7. 图 473 为汽笛切断后之半分,试求其投影。

8. 试将图 474,图 475 三倍扩大后,而求其立体面上之阴影。

9. 试将图 476,图 477,二倍扩大后,而求其立体之阴影。

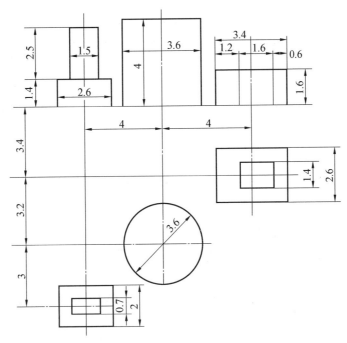

图 471

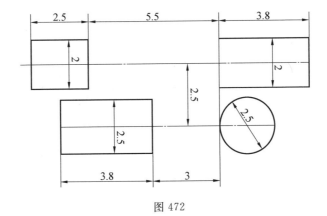

图 472

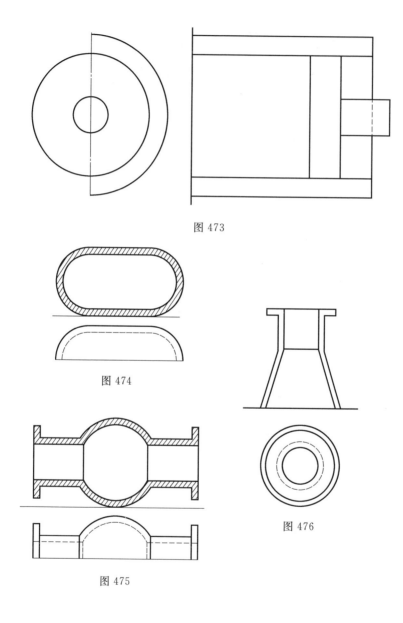

图 473

图 474

图 475

图 476

10. 试将图 478，二倍扩大后，而求其立体之阴影．
11. 如图 479 所示，其半圆环之切口为水平投影面上之平面图，试求其立体之阴影.

12.如图 480 所示之圆,为高 5 cm 之直立圆柱之平面图,其矩形为横置于水平投影面上之圆柱之平面图.试求其阴影.

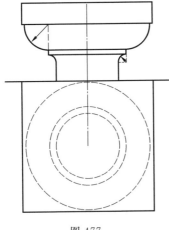

图 477

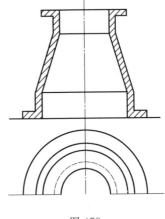

图 478

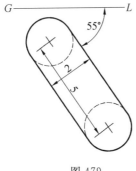

图 479

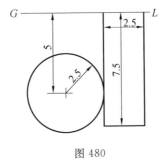

图 480

13.试求图 481 所示之球,向平面 P 所投之影.

14.试求图 482 所示之圆与半球之阴影.

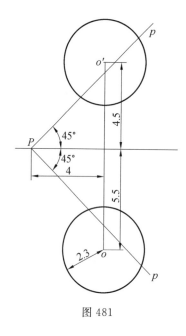

图 481

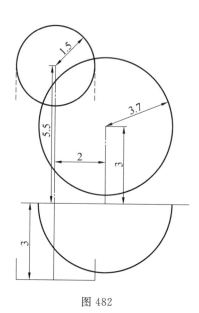

图 482

15. 如图 483 所示，试求其圆锥之阴影。

16. a,b 各为直径 64 毫米、40 毫米，圆之中心，其间隔为 54 毫米。大圆与水平投影面切于一点，而为中空半球之平面图。小圆为中心在水平投影面上方 50 毫米之球之平面图。今 ab 与基线成 $45°$，而置小球能向半球投影之位置，试求其各阴影。

17. 有底圆扭圆之直径为 8 cm，3 cm，高为 8 cm 之单双曲线回转体。其一底面位于水平投影面上。今将此立体之轴置于直立投影面前方 6 cm 处，试求其阴影。

18. 有外径为 8 cm，内径为 4 cm，节距为 3 cm 之三角螺旋杆，其轴垂直于水平投影面，其长为 9 cm。若光线平行于直立投影面与水平投影面成 $30°$ 时，试求其阴影。

19. 有直径 4 cm 之球，其中心位于水平投影面上方 4 cm，直立投影面前方

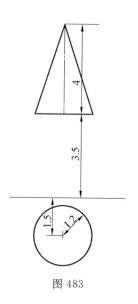

图 483

4 cm 处. 发光点距球之中心为 10 cm. 今将发光点与中心相结所成之直线, 与水平投影面成 50°, 与直立投影面成 20°. 试求其阴影.

20. 有直径各为 5 cm, 长各为 8 cm 之互相直交之二圆柱, 形成十字形. 今其一直立, 他一平行于直立投影面时, 试求其阴影.

21. 倾斜于两投影面之直线, 向横置于水平投影面直径为 5 cm 之球投影时, 试求其影.

第十二章 标高平面图

1. 标高平面图

正投影中,表示点之位置,厥为平面图与立面图. 今除去直立投影面之关系,专由平面图与高亦可求其点之位置. 其法仅尽点之平面图上记其高度之数字即可耳. 如此所作之图,谓之标高平面图 (Figured plan or indered paln). 例如图 484 所示,图中 $a_0 b_{20}$ 为一端 A 在水平投影面上,他端 B 高于水平投影面 20 cm 之直线之标高平面图也. 此投影图中,其对于直立投影图全无关系,故基线亦无引之必要.

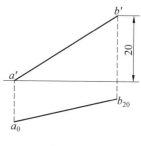

图 484

作图题 1 过已知点 a_2 引平行于直线 $m_{10} n_{15}$ 之直线,求其标高平面图.

解 平行线之投影为平行,故由点 a_2 引平行线于 $m_{10} n_{15}$,取其长等于 $m_{10} n_{15}$. 而于其他端明记 $\{2+(15-10)\}$ 或 $\{2-(15-10)\}$ 之指数可也.

作图 如图 485 所示,$a_2 b_7 l_5 m_{10} n_{15}$,而 b 之指数为 $\{2+(15-10)\}$,即 7. 若 b 位于 a_2 之反对侧,则可记入 $\{2-(15-10)\}$,即 -3 之指数.

作图题 2 直线 $a_2 b_7$ 为已知,求其与水平投影面所成之角,及其线有 4 之高之点.

解 将已知之直线回转于其平面图之周,使其与水平投影面相一致. 此时回转后之直线与平面图间所成之角,等于直线与水平面所成之角. 次于回转后之

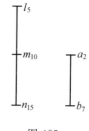

图 485

直线上，于 4 高之处取一点，后使其复归原有之位置，即于 4 之高处，而得其点之平面图.

作图 如图 486 所示，由 a,b 向 ab 引垂线 aa',bb'，取其各长为 2，9. 此时，直线 $a'b'$ 等于 a_2b_9 之实长，$a'b'$ 与 ab 所成之角等于直线与水平投影面所成之角. 又 bb' 上取 bm' 等于 4 之长，由 m' 引平行于 ab 之直线使其与 $a'b'$ 相交于点 c'. 此时由 c' 向 ab 所引之垂线之足 c_4，即为所求之点之标高平面图.

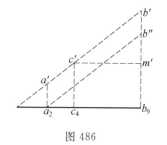

图 486

求直线与水平投影面所成之角，其法可于 bb' 上取 bb'' 等于 $(9-2)$ 即 7，而引 $b''a$. 此时因 ab'' // $a'b'$，故角 $b''ab$ 为所求之角.

注 上记之作图，因说明之便利计，故将点之指数从略.

作图题 3 求过已知点 m_9 与直线 $a_{16}b_4$ 相交之水平直线之标高平面图.

解 于 $a_{16}b_4$ 上，求与 m_9 有同指数之点，而引其与 m_9 相结之直线可也.

作图 如图 487 所示，将已知之直线回转于其平面图之周，而求其与水平投影面相一致之位置 $a'b'$. 次于 aa' 上取 ak' 等于 9，由 k' 引平行于 ab 之直线使其与 $a'b'$ 相交于 n'. 更由 n' 向 ab 引垂线，其足为 n. 此时，直线 m_9n_9 即为所求之水平直线之标高平面图.

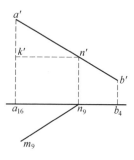

图 487

作图题 4 三点 $a_6,b_9,c_{1.5}$ 为已知，于含此三点之平面上，求过 $c_{1.5}$ 之水平直线之标高平面图.

解 在含三点之平面内引一水平直线，后由 $c_{1.5}$ 引平行于此之平行线可也.

作图 如图 488 所示，先引过 a_6 与直线 $b_9c_{1.5}$ 相交之水平直线 a_6m_6，次由 $c_{1.5}$ 引平行于此之平行线 $c_{1.5}d$. 引 a_6m_6 之法，固可与本章作图题 1 同法求之. 然本图可于任意之位置引基线，而求其立面图 $a'b'c'$ 之作图可也.

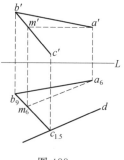

图 488

2. 倾斜尺度

正投影图表示平面之法,专赖其水平迹与直立迹而决定.今若仅对于水平投影面之关系,则于其平面上用垂直于水平迹之直线之标高平面图足矣.何言之尽,此平面与水平面所成之角,等于直线与水平面所成之角.平面之水平迹,因其指数通过零点且垂直于直线之平面图,故能限定其平面.似此直线之标高平面图,谓之平面之倾斜尺度(Scale of slope).例如图489所示,$a_0 e_{20}$ 为平面 T

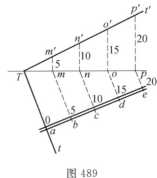

图 489

之倾斜尺度.平面之倾斜尺度与一般直线之标高平面图之区别,厥为沿此线旁另附一较粗之直线.此直线通附于平面之上勾股之左侧.

作图题 5 平面之倾斜尺度 $a_{10} b_{30}$ 为已知,求其与水平投影面所成之角.

解 求表示已知平面之倾斜尺度之直线与水平投影面所成之角可也.

作图 如图 490 所示,由 b 向 ab 引垂线于其垂线上,取 bb'' 等于 $(30-10)$,即等于 20 之高,而引 ab''.此时角 $b''ab$,即为所求之角.

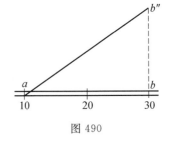

图 490

作图题 6 平行平面之倾斜尺度 $a_0 b_{20}$, $c_{10} d_{25}$ 为已知,求两者间之距离.

解 以平行于倾斜尺度之一直线为基线,而求其二平面之直立迹.此时直立迹间之距离等于二平面间之距离.

作图 如图 491 所示,以 ab 为基线而求其直立迹 ab',$e'd'$.由是求得二直线间之距离,即为所求之距离.

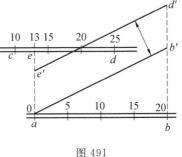

图 491

作图题 7 二平面之倾斜尺度 $a_{10} b_5$, $c_{10} d_5$ 为已知,求其二平面相交之标高平面图.

解 于两平面上引同高之水平直线,而求其交点.如此二交点所联结之直线,即为所求之直线.或于任意之位置引基线,求其二平面之直立迹之交点,由其交点,而求其平面图亦可.

作图 如图 492 所示,乃联结同高之水平直线之交点 m_{10},n_{50} 之图也. 如图 493 所示,先以 G_1L_1,G_2L_2 为基线,由其各直立迹之交点 s',t',而求其平面图 s,t,后将 s,t 相结而成直线 st. 次由 s',t' 测其至基线之距离,而得 11,12. 此数字,即为 s,t 之指数.

作图题 8 含已知点 p_{33} 作垂直于以 a_0b_{30} 为倾斜尺度之平面,而与水平投影面成角 θ 之平面,求其倾斜尺度.

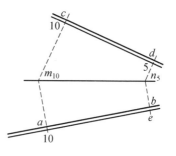

图 492

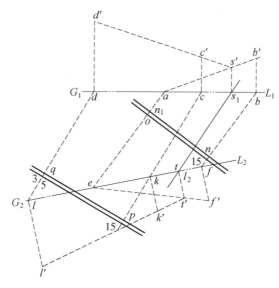

图 493

解 以点 p_{33} 为顶点,作底角 θ 之直立圆锥,而求其与直立圆锥相切,且与已知平面成垂直之平面之水平迹. 此时所求之平面之倾斜尺度,因其垂直于所求之水平迹,故易求得其所求之倾斜尺度.

作图 先引平行于 ab 之基线 GL,而求点 p_{33} 之立面图 p' 及已知平面之直立迹 kl'. 然后以点 p_{33} 为顶点,而求底角 θ 之直立圆锥之水平迹圆 mn. 又由点 p_{33} 向已知平面引垂线,作垂线之平面图 pr. 及立面图 $p'r'$,而求其水平迹 r_0. 此时由 r_0 向圆 mn 所引之切线 us,即为所求之平面之水平迹. 依此,引垂直于 us

之任意之直线 st，更由 p 向直线 st 引垂线 pt，后记取 s,t 之指数 $0,33$. 故 $s_0 t_{33}$ 为倾斜尺度之平面，即为所求之平面.

作图题9 二直线之标高平面图 $a_2 c_4$，$a_2 b_1$ 为已知，求其夹角垂直二等分之平面之倾斜尺度.

解 由已知二直线之交点向含二直线之平面引垂线，及于二直线之夹角引二等分之直线. 此时含此垂线与二等分线之平面，即为所求之平面.

作图 如图 495 所示，于 $a_2 c_4$ 上求与 b_1 同高之点 k_1，而引直线 $b_1 k_1$. 此时 $b_1 k_1$ 因其为含已知二直线之平面内之水平直线. 故若引与此垂直之基线 GL，则含二直线之平面，应垂直于直立投影面. 当求得二直线之立面图 $a'b'c'$ 之后，由 a' 向其引垂线 $a'm'$，又由 a 引平行线 $a_2 m_0$ 平行于基线. 此时以 $a'm'$ 为立面图，$a_2 m_0$ 为平面图之直线，乃由点 a_2 向含二直线之平面所引之垂线.

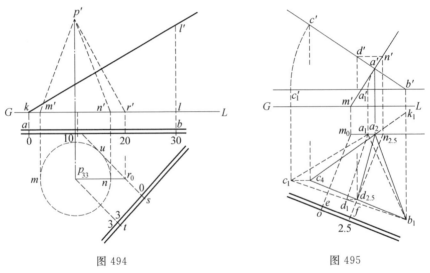

图 494　　　　　图 495

次将二直线回转于 $b_1 k_1$ 之周，若求其成水平时之平面图 $a_1 b_1$，$a_1 c_1$，则角 $b_1 a_1 c_1$ 等于二直线间之实角. 由是，引角 $b_1 a_1 c_1$ 二等分之直线 $a_1 d_1$，后使其复归原有之位置，而得二等分线之平面图 $a_2 d_{2.5}$. 后于此二等分线上，取任意之一点 $d_{2.5}$，于其垂线 $a_2 m_0$ 上求与 $d_{2.5}$ 同指数之点 $n_{2.5}$，而引直线 $d_{2.5} n_{2.5}$. 斯时此直线，因其为所求之平面上其水平直线之标高平面图. 故引垂直于此之 ef，而于其交点 f 旁，付以 2.5 之指数. 又由垂线 $a_2 m_0$ 之水平迹 m_0 向 ef 引垂线，其足为 e，而 e 之指数为 0. 此时倾斜尺度之平面 $e_0 f_{2.5}$，即为所求之平面.

作图题 10 二平面之倾斜尺度 a_0b_{20},c_0d_{20} 为已知,求其夹角二等分之平面之倾斜尺度.

解 先求已知二平面之相交迹,次作二平面之相交迹之垂直之平面.次以此平面切已知平面,而作其交切线间之角二等分之直线.此时,含上述之二平面之相交迹与二等分线之平面,即为所求之平面.

作图 如图 496 所示,乃先求二平面 a_0b_{20},c_0d_{20} 相交之标高平面图 e_0f_{20},及引二平面之水平迹 ae_0,ce_0.次引垂直于平面图 ef 之 x_0y_0,其交点为 t,又后求其与二平面之水平迹之交点.然后由 f 向 ef 引垂线,而于垂线上取 ff'' 等于 20,于 ef 上取 tR.等于由 t 向 ef'' 所引之垂线之长.此时 x_0R_0,y_0R_0,乃以 x_0y_0 为水平迹,以垂直于直线 e_0f_{20} 之平面与二平面 $a_0b_{20}c_0d_{20}$ 之相交迹,倒置于水平投影面时之位置.依此,若角 $x_0R_0y_0$ 之二等分线与 x_0y_0 之交点为 g_0,则直线 e_0g_0 为所求之平面其水平迹之标高平面图.是故置垂直于 e_0g_0 之任意直线 mn,与 e_0g_0 相交之点为 m.由 f 引平行于 e_0g_0 之直线,使其与 mn 之交点为 n,后将 m,n 之指数 0,20 记入,则倾斜尺度之平面 m_0n_{20},即为所求之平面.

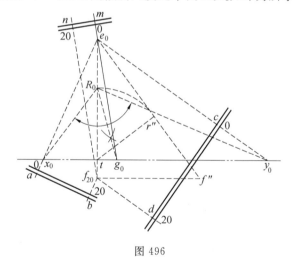

图 496

作图题 11 $m_{45}n_{10}$ 为标高平面图之直线,a_0b_{30} 为倾斜尺度之平面,求其间之角二等分直线之标高平面图.

解 先由 $m_{45}n_{10}$ 上任意之点 m_{45} 向平面 a_0b_{30} 引垂线而求其足.次求 $m_{45}n_{10}$ 与平面 a_0b_{30} 之交点.后求以 m_{45} 与上述之二交点为顶点之直角三角形,则得已知之直线与平面间所成之实角.由其实角之二等分直线,再求其投影可也.

作图 如图 497 所示,ab 为基线,求得平面 a_0b_{30} 之直立迹 ab' 及 $m_{45}n_{10}$ 之立面图 $m'n'$ 后,由点 m_{45} 向平面 a_0b_{30} 引垂线,而求其足之立面图 d',平面图 d. 又 ab' 与 $m'n'$ 之交点为 p',由 p' 所引之投影线与 mn 相交之点为 p,则点 p,p' 为已知之直线与平面之交点. 由 p' 至基线所测得之距离为 21. 故 21,为 p 之指数. 次将已知之平面回转于其水平迹之周,使其倒置于水平投影面,则点 $(p,p'),(d,d')$ 之位置为 P_0,D_0. 此时以 P_0D_0 为底边,以等于 $m'd'$ 之 M_0D_0 为高之直角三角形 $M_0D_0P_0$,应为三角形 mdp,$m'd'p'$ 之实形. 依此,置角 $M_0P_0D_0$

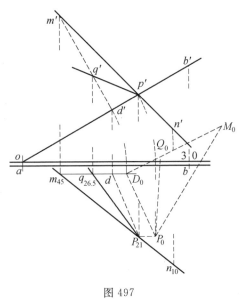

图 497

之二等分线与 M_0D_0 之相交点为 Q_0,而于 $m'd'$ 上取 $q'd'$ 等于 Q_0D_0. 此时直线 $p'q'$ 因其为所求之直线之立面图,故可由此而求其平面图 pq. 后由 q' 至基线测得其距离为 26.5,是为 q 之指数. 后将其指数记入,其所得之 $p_{21},q_{26.5}$,是为所求之直线之标高平面图.

作图题 12 三角形 $ABC(AB=25$ cm,$BC=30$ cm,$CA=40$ cm$)$ 之顶点 A,B,C,于水平投影面上方之 2 cm,1 cm,2.5 cm,求其三角形之标高平面图及其外切圆之中心向三角形所引垂线之标高平面图.

解 先将所求之三角形,回倒于水平投影面作图,次求含三角形之平面之水平迹. 后引垂直于此之基线,再将其置于所求之位置求之可也.

作图 如图 498,乃示于任意之位置,作与已知之三角形同形之三角形 $A_0B_0C_0$. 次将此回转于含三角形之平面之水平迹之周,使其倒于水平投影面之位置. 后以 A_0,B_0,C_0 为中心,以 2 cm,1 cm,2.5 cm 为半径作圆. 圆 A_0,B_0 之共通切线与直线 A_0B_0 相交之点为 e. 圆 B_0,C_0 之共通切线与直线 B_0C_0 相交之点为 f. 此时直线 ef,乃含三角形之平面之水平迹. 次垂直于 ef 引基线 GL,其交点为 P. 后以 P 为中心,由 c_0 向 GL 引垂线,而过垂线之足作圆弧,使其与由 GL 有 2.5 cm 之距离之直线相交于 c'. 此时直线 Pc',乃含三角形之平面之直立迹. 而三角形之立面图,应在 Pc' 之上. 依此,将三角形 $A_0B_0C_0$ 移起,而得其

立面图 $a'b'c'$ 平面图 abc. 后将 a,b,c 之指数 $2,1,2.5$ 记入, 则所得之 $a_2b_1c_{2.5}$, 即为所求之标高平面图.

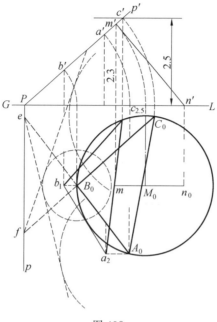

图 498

次求三角形 $A_0B_0C_0$ 之外切圆之中心 M_0, 将 M_0 移起, 而得其立面图 m', 平面图 m. 由 m' 至 GL 之距离, 所测得之 2.3 即为 m 之指数. 故 $m_{2.3}$ 为所求外切圆中心之标高平面图.

次由点 m,m' 向含三角形之平面引垂线 $mn, m'n'$, 而求其水平迹 n. 后将其指数 0 记入, 则所得之直线 $m_{2.3}, n_0$, 即为所求之直线之标高平面图.

作图题 13 有切于倾斜尺度 a_0b_{30}, c_0d_{30} 之平面而作顶点之高为 15 顶角 a 之圆锥, 求其平面图.

解 先求二平面之相交, 次于其上求水平投影面上方高 15 处之点 p_{15}. 另引二直线 PW, PZ 成角 a, 作切二直线任意之圆, 其中心为 S, 其半径为 r. 然后平行于各平面而求隔 r 之距离之平面 e_0f_{30}, g_0h_{30} 及其交点 k_0l_{15}. 次作 p_{15} 为中心, PS 为半径之球, 使其与 k_0l_{15} 相交于点 $s_{6.2}$. 后以 $s_{6.3}$ 为中心, r 为半径所作之球, 即为所求之圆锥之一内切球. 由此内切球可求其圆锥之平面图.

作图 如图 499 所示, 乃其大要之图也.

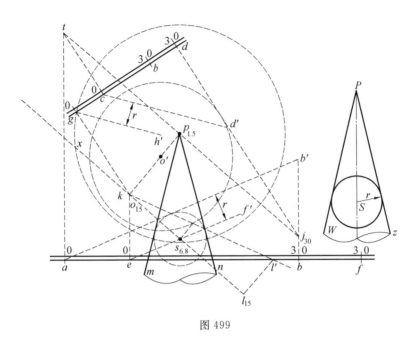

图 499

3. 等高线

表示地球表面各部起伏之状态,可以等距离之多数水平面切之,而于其各切口之平面图上,记入其各由基准面之高.后将同高之点联结而成一线.其线之平面图,通称为等高线(Contour line).测高之基准面,通用平均海水面,间有特殊目的,而采用最高海水面或最低海水面者.

作图题 14 依等高线,将已知地表面之一部,以倾斜尺度 $m_{70}n_0$ 之平面切之,求其切口之平面图.

解 于切断面上,引与各等高线等高之水平直线,而求其各对应之等高线相交之点.后将其诸交点联结而作成曲线可也.

作图 如图 500 所示,由 mn 上之 $0,10,20,\cdots$ 诸点,引垂直于 mn 之直线,而求其有指数 $0,10,20,\cdots$ 之等高线之相交点 $a,b,c,\cdots$ 是时曲线 $obc\cdots$,即为所求之切口之平面图.

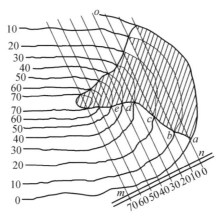

图 500

练 习 题

1. 如图 501 所示,试求其三平面共通点之标高平面图.

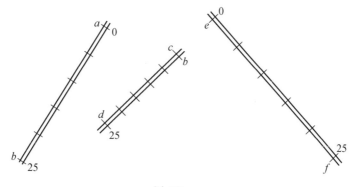

图 501

2. 图 502 中之 ef,乃含三角形 $a_{15}b_{25}c-5$ 之平面其二等分之直线之平面图.今 e 之指数为 16,试求 f 之指数.

3. 三角形 abc($ab=55$ 毫米,$bc=45$ 毫米,$ca=35$ 毫米),为三角形 ABC 之平面图.A,B,C 之高为 5 毫米,-30 毫米,40 毫米.于 BC 上取高为 15 毫米之点,试求其标高平面图.又过 B 求平行于 AD 之直线之标高平面图.及此三角形重心之标高平面图.

4. 有一边长为 60 毫米之正三角形 abc,其各顶点之指数为 5,35,25.其指数之单位为毫米,试求含此三角形之平面之倾斜尺度.

5.有一边长为40毫米之正六角形$abcdef$;a,b,c,d,e,f之指数为$5,55,25,3,65,40$.今指数之单位为毫米,试求含ACE,BDF之平面间之角其二等分之平面之倾斜尺度.

6.有一边长为50毫米之正方形$abcd$.a,b,c,d之指数为$30,5,60,55$.今指数之单位为毫米,试求直线$a_{30}c_{60}$,b_5d_{55}间之角.

7.直角相交之三直线中,其二直线与水平投影面成$30°,45°$,试求三直线之标高平面图.

8.与水平投影面成$60°$之平面上,试求三角形ABC之标高平面图.然其AB,BC与水平投影面成$35°,45°$.A,B,C,位于水平投影面之上方5毫米,35毫米,55毫米处.

9.正四面体之一面与水平投影面成$60°$,其三顶点,位于水平投影面之上方10毫米,20毫米,45毫米处,试求此四面体之标高平面图.

10.内切于直线80毫米,中心之高为40毫米之球,试求作其一面与水平投影面成$65°$之正四面体之标高平面图.

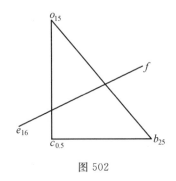

图 502

第十三章 轴测投影图

1. 总说

空间中之点,线,面,立体等,如欲其图正确之表示及作图问题之解释,必须有二或二以上之投影方能尽其详.若以立体之大体形状为主要之目的时,则仅以一投影表之足矣.以上所述之轴测投影图,斜投影图,及透视图等,皆属此类.故通名之曰单式投影图(Single plane projection).而第十一章以上所述之者,名之曰复式投影图(Double plane projection).

器具,机械,建造物等之各棱,多为长,宽,高,三方向之直线彼此互相直交.其每二对所围成之三种平面亦互相直交,而形成立体之表面.

凡器具,机械等之工作图(Working drawing),其着眼点专以作图之简易及明示其各部分之实长为主.故凡立体,常置其一面平行于水平面,他一面平行于直立面.其形状之构造,多以平面图,立面图,侧面图等表示为通例.例如图503(1)(2)(3),乃示一直六面体之工作图,其平面图(1),正面图(2),侧面图(3),乃表示其立体之上面,前面,侧面之实形.此种投影图作图既易,其各棱之实长,亦复易测.以之用于实用上之工作图,其便利自不待言.惟各投影专表示其一面,而不能与他面连络之表示,若用之于复杂之立体,则其实形,颇难辨别.兹欲去此缺点,可将其立体纵横旋转,或变更其基线,而作各面之倾斜投影,如图(5).此图虽能表示三面连络之状态及实物之形状,然作图之繁杂及测各棱之实长不易,是又不得不为此投影图咎.

如图504(1),(2),(3),乃示稍形复杂之立体之平面图,正面图,及侧面图.斯投影图,理论上虽能完全表示立体之形,然采用此图时,即专门技术师,亦不易于判断,且因之而生误断者颇多.是故于其投影之旁,常附添加(4)之副投影而说明其形状.或仅采用副投影(4)附以数字,表示其各部分之长,用代普通之投影图.

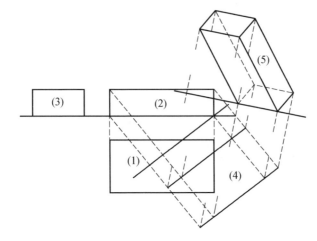

图 503

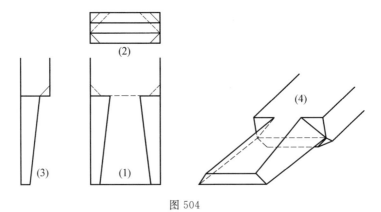

图 504

2. 轴测投影图

前节所示之副投影,不必旋转其立体或变更其基线,而即作图之方法也. 其法,先决定相互直交之三直线之投影,及沿此三直线测其与已知之实长相对应之长而定其缩尺. 后以其三直线为基准,即轴,而定其各点及各线之投影. 凡根据此法,所作之投影图,谓之轴测投影图(Axometric projection).

3. 轴测尺度

如图 505,乃示直线 ab, bc, ca 为互相直交之三平面于一投影面上所呈之迹. 由 a, b, c 向各对边所引之垂线 oa, ab, oc,为三平面相交之投影,其三直线相

会于一点 o. 次将 ao 延长,使其与 bc 相交之点为 m,更以 am 为直径引半圆,使其与由 o 向 am 所引之垂线相交于点 o. 此时角 ao_1m 为直角. 故 oo_1 之长等于 o 点至投影面之实距离. 依此,若于 oa 上取 ob_1,oc_1 等于 ob,oc,则 o_1a,o_1b_1,o_1c_1 之长,各等于三直线 oA,oB,oC 之实长. 故平行于 oA,oB,oC 之直线,其投影之长,各等于其实长之 $oa:o_1a,ob:o_1b_1,oc:o_1c_1$,后依此,经此比为缩尺比(Representative fraction),而作缩尺(Scale).

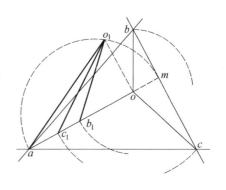

图 505

后以 oa,ob,oc 为轴测轴(Axonometric axis)时,则平行于此轴之直线之长可易测也. 如斯之缩尺,谓之轴测尺度(Axonometric scale).

三轴与投影面所成之角相异时,则上述之三缩尺比均不相等. 如斯之轴测投影图,谓之三测投影图(Trimetric projection). 三轴之中,其二轴与投影面所成之角相等时,则上述之缩尺有二,如斯之轴测投影图,谓之二测投影图(Dimetric projection). 三轴均与投影面成相等角时,则缩尺只有其一,如斯之轴测投影图,谓之等测投影图(Isometric projection). 实用上最简单者,厥为等测投影图也.

4. 立方体之等测投影图

立方体之一对角线垂直于投影面时,其各棱均与投影面成等角. 依此,以过其对角线之一端之三棱为轴之等测投影图而作副投影,可易求也. 如图 506 所示,$a'b'c'd'\cdots$,为对角线 FD 平行于基线时之立面图,$b'd'$ 等于面之对角线之实长,$b'f'$ 等于棱之实长. 又 $abcd\cdots$ 为其平面图,ac 等于面之对角线之实长. 又 $a''b''c''d''\cdots$ 为垂直于对角线 FD 之平面上之投影,而 $a''b''c''g''h''e''$ 为正六角形,$a''c''$ 等于面之对角线之实长,$d''a'',d''c'',d''h''$,互成 $120°$. 故此副投影,以 $d''a'',d''c'',d''h''$ 为轴测轴之立方体之等测投影图. 因知三轴测轴间之角,互成 $120°$.

等测投影图中之轴测轴,谓之等测轴(Isometric axis). 平行于诸轴之直线,谓之等测线(Isometric line).

次引对角线 $a''c''$ 使其与 $d''b''$ 之交点为 o''. 更于 $o''b''$ 之延长线上取 $o''b_0$ 等于 $o''a''$. 此时三角形 $a''o''b_0$ 为二等边直角三角形. $a''b_0$ 等于其立方体之棱之实长. 而 $\angle b_0 a'' b'' = 15°$,$\angle a'' b'' b_0 = 120°$,故

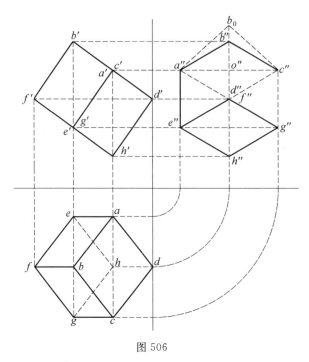

图 506

$$a''b'' : a''b_0 = \sin 45° : \sin 120° = \sqrt{2} : \sqrt{3}$$

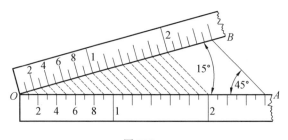

图 507

由是可知,其立方体之棱,及平行其棱之诸直线之等测投影为实长之$\sqrt{2}/\sqrt{3}$.即等测投影图中,平行于等测轴之直线之投影之长为实长之$\sqrt{2}/\sqrt{3}$.凡以此为缩尺比所作之缩尺,谓之等测尺度(Isometric scale).此等测尺度,可由$\angle b_0 a''b'' = 15°$,$a''b_0 b'' = 45°$而求出.如图 507 所示,图中取角 AOB 为 15°,而于 OA 上施以普通之尺寸,由此尺寸之诸点引与 OA 成 45°之直线使其与 OB 相交.次以其交点为刻度点而作尺度. 此时尺度 OB 为等测尺度. 或因其为 $\cos^{-1}\dfrac{\sqrt{2}}{\sqrt{3}}=35°16'$, 故于图 508 中, 先取角 AOB 等于 $35°16'$, 次于 OA 上由已刻成之普通尺度之刻点向 OB 引垂线, 后将此等垂线之足作刻度点之尺度. 此时尺度 OB, 即为等测尺度.

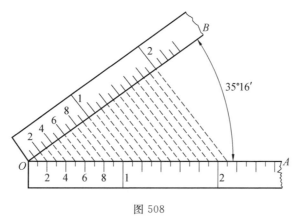

图 508

5. 等测图

等测投影图之缩尺, 因其三轴共通, 故以原尺代用缩尺, 将其投影图向其三轴之方向同样扩大, 而得与等测投影图相似之图. 其明示之立体之形与等测投影图有同一之效果. 且制图或于图上测其长度时, 均能使用实尺. 故用作实用图面便利颇多. 如斯之图, 称之为等测图 (Isometric drawing).

6. 平面形之等测图

作平面形之等测图时, 先须以一矩形包之, 将其相邻之二边使其与等测轴之二轴相一致, 而作其矩形之等测图. 然后以此矩形为基本, 而求其已知平面形之各点之位置可也. 如图 509 所示, 为已知之正八角形 ABCDEFGH 以一正方形 MNPQ 包之. 后基于此, 而求其等测图 abcdefgh 之图也. 又如图 510 所示, 乃基于圆之外接正方形之等测图而求圆之等测图之例也. 其圆之等测图为椭圆, 故如图所示以圆弧作近似之椭圆可也.

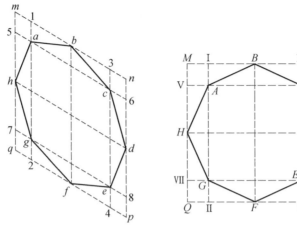

图 509

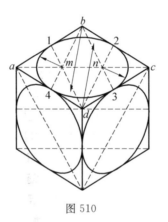

图 510

7. 立体之等测图

立体之等测圆乃以包含立体之长方柱之等测图为基准而作之图也. 如图 511 所示,其右图乃表示左图之立体之等测图也.

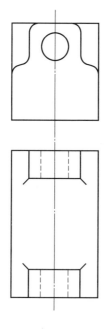

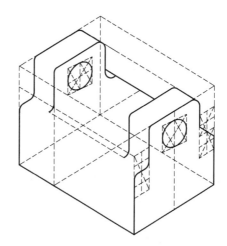

图 511

8. 等测投影图上之阴影

等测投影图中,其光线之方向,虽可任意,然于普通立方体之三棱为轴时,以平行其一对角线为常则. 又因于投影面上,不易求其影,故于三轴之中,在含其二轴之平面上求之. 例如图 512 所示,图中以三棱 fb, fg, fe 为三轴立方体之等测投影图为 $abcdefgh$,对角线

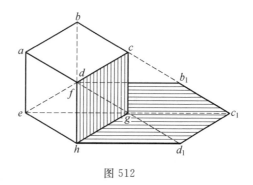

图 512

ag 为光线之方向. 而 eg 乃含光线 ag 且平行于 fb 之平面与含二轴 fg, fe 之平面之相交迹. 依此,则光线之等测图必平行于等测轴之一. 又平行于光线及其一轴之平面与含他二轴之平面之相交迹为垂直于前者之轴.

根据上节之所述,则图 512 所示之立方体之阴影不难求得. 次由 d, c, b 引平行线平行于 ag,而由 h, g, f 引平行于 eg 之直线使其与此相对应之交点为 d_1, c_1, b_1. 此时多角形 $hd_1c_1b_1fg$ 所围成之图形,乃含二轴 ef, fg 之平面上之影. 后由此影可知三面 $efgh, bcgf, dcgh$ 均为阴面. 如图 513 所示,乃七个同形之立方体所构成之立体,而求其阴影之图也.

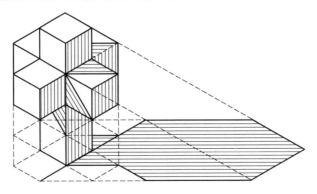

图 513

作图题 1 有贯通六角板之圆柱,求所成之立体上之阴影.

解 如图 514 所示,其圆柱之轴平行于其一等测轴 oy,而其六角板之一面置于含有他轴 ox, oz 之平面上.今求点 u_1 向圆柱所投之影 u_2 时,可由 u_1 引平行于 oy 之直线而求其与含有圆柱底之平面之相交点 u.次由 u 向 oy 引垂线而求其与圆柱底之交点 u_0.更由 u_0 引平行线于 oy 及由 u_1 引平行于 oz 之直线使其相交之点为 u_2 此时 u_2 即为所求之影.又求点 h 向六角板所投之影 h_1 时,可由 h 引平行线于 oy,使其与六角板相交之点为 g.此时由 g 引垂直于 oy 之直线及由 h 引平行于 oz 之直线,其相交之点 h_1,即为所求之影.又求圆柱之阴线时,可向其底引垂直

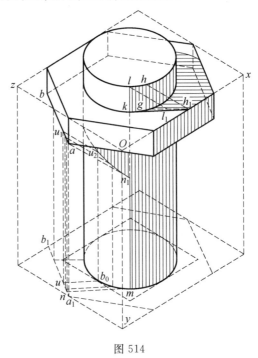

图 514

于 oy 之切线,其切点为 m.此时过 m 之面素 ml,即为所求之阴线.综合上之所述,即求得立体上之阴线.

作图题 2 已知之六角柱其底置于二轴 OX,OZ 上,求其阴影.

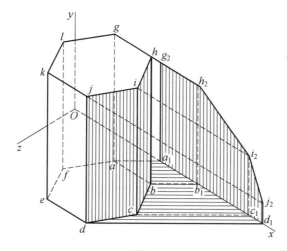

图 515

作图 如图 515 所示,先由 d 引垂直于 OY 之直线,使其与 OX 之交点为 d_1.次由 d_1 引平行线于 OY,及由 j 引平行于 OX 之直线,使其相交之点为 j_2.此时 dd_1 为棱 dj 向面 XOZ 所投之影,而 d_1j_1 乃向面 YOX 所投之影.同法,若求得角柱向平面 XOZ,YOX 所投之影,而由此影可决定其阴面.

练 习 题

1.试将图 516 所示之立体,扩大二倍后,而作其等测图.

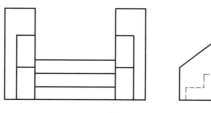

图 516

2.试将图 517 所示之齿车扩大二倍,而求其等测投影图.

3.试将图 518 所示之钉扩在二倍,而求其等测投影图.

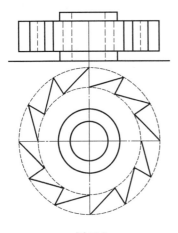

图 517

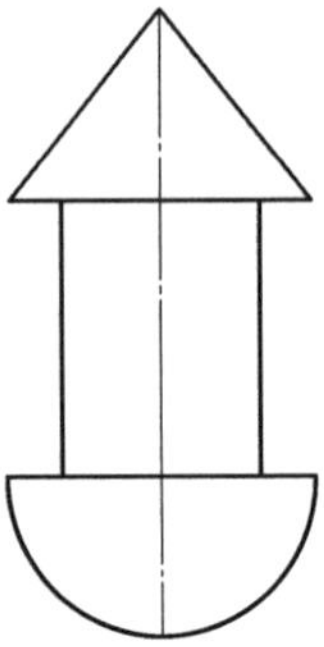

图 518

4. 试求图 519 所示之立体之等测图及求其阴影.

5. 试求图 520 所示之立体之等测图及求其阴影.

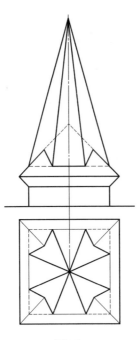

图 519

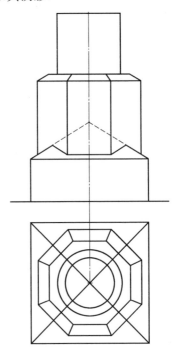

图 520

6. 有直径 5 cm,节距 3 cm 之螺旋线,试作其三卷,并求其等测投影图.
7. 有长轴 8 cm,短轴 5 cm 之长椭球,试求其等测投影图及其阴影.
8. 有一边长为 4 cm 之正八面体,试求其等测投影图,及其阴影.
9. 有外径 8 cm,内径 7 cm,长 3 cm 之圆管,试求其等测圆及其阴影.
10. 有一边长 3 cm 之正十二面体,试求其等测图及其阴影.

斜投影图

第十四章 斜投影

1. 基本作图

投影图法中,凡投射线均互相平行,今假其投射线与投影面斜交时,则所得之投影图,谓之斜投影图(Oblique projection). 斜投影图,常作于直立投影面上,其主眼如轴测投影图然,能以单一之投影,而表示其立体之概形. 兹关于斜投影图之定理,就其主要者述之如下:

(1) 联结二点之直线之斜投影为联结二点斜投影之直线.

(2) 平行直线之斜投影相平行,其投影长之比等于原直线实长之比.

(2′) 相等且平行之直线,其斜投影亦相等且平行.

(2″) 将有限直线分成或比之点之斜投影,为该直线之斜投影分成同比.

(3) 平行于投影面之平面图形之斜投影与原图形相同且平行.

备考 或图形依平行光线投于直立投影面上之影,为该图形之斜投影.

斜投影中之投影线因为平行,故平行于投影面之直线,其投影之长与实长相等. 又投影线与投影面成 $45°$ 时,其垂直于投影面之直线之投影等于其实长. 如图 521 所示,图中垂直于投影面 V 之直线 AB,其斜投影 Ab_1,Ab_2 等之等于实长 AB,可由三角形 BAb_1,BAb_2 为二等边直角三角形而知之. 是故,斜投影中之投影线,若使其与投影面成 $45°$,则作图较便. 如斯之斜投影,谓之克阿利亚投影(Cavalier projection).

作长方柱之克阿利亚投影时,若置其一面平行于投影面,则平行于投影面之面之投影等于其实形,而各棱之投影,等于其各之实长. 又凡立体上各点之位置,因由其直交三轴而限定,故三轴中若其一轴垂直于投影面,则平行于三轴之直线投影之长均等于其实长. 故易作其立体之克阿利亚投影.

垂直于投影面之直线,其投影之长,若使其等于其实长之二分之一,可置其投影线与投影面所成之角约为 $72°27'$ 即可. 如斯之斜投影, 谓之克比烈特投影 (Cabinet projection).

2. 长方柱之斜投影

长方柱之斜投影, 其能作各种立体之斜投影之基础者, 兹述之如次.

如图 522 所示, 取矩形 $abcd$ 等于长方柱一面之实形, 由 c 与 d 成任意之角 θ 引 cg, 取其与垂直于面 $abcd$ 之棱之实长相等. 次作平行四边形 $bcgf$, 矩形 $fghe$, 平行四边形 $abfe$, $cdhg$. 此时 $abcdefgh$ 为已知长方柱之克阿利亚投影. 如欲作克比烈特投影, 可取 cg 等于其实长之半作图可也.

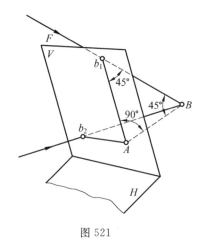

图 521

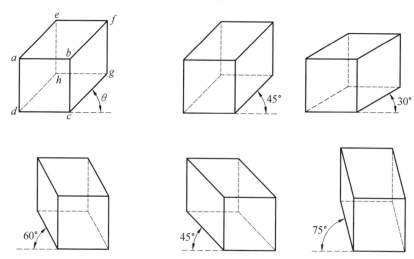

图 522

3. 平面形之斜投影

平面形之斜投影之作法与平面形之等测投影图同. 必先作包含平面形之矩形之斜投影图, 后基此而求所求之平面形上各点之位置.

如图 523 所示, 乃求圆之斜投影图也. 当其圆平行于投影面时, 其投影为圆,其不平行时为椭圆.

4. 立体之斜投影

作立体之斜投影之法与等测图之作法同.先以包含立体之长方柱之斜投影为基础,而后作其斜投影图可也.如图 524 所示,乃将附有环钳之圆管切开分成半分后所成之斜投影图也.

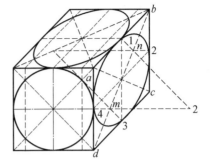

图 523

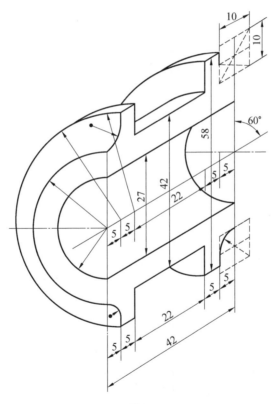

图 524

5. 斜投影之阴影

添阴影于斜投影图时,其光线之方向虽可任意,然多以平行于立方体之对角线为常则.求投影面上之影之法,本属颇鲜,通常惯作包含其立体之长方柱于含其一面之平面上而求其影.如图 525 所示,乃求其立方体之阴影图也.其光线平行于对角线 df.影 $gc_1b_1a_1e$ 乃含底面 $efgh$ 之平面上之阴影.求点 c 所投之影时,可由 g 引平行线平行于 hf 及由 c 引平行于 df 之直线,而求其交点可也.

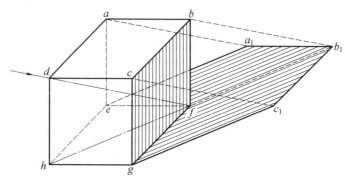

图 525

如图 526 所示,乃求阶段之阴影图也.其光线之方向亦取其平行于立方体之对角线.图中 dd_1, cc_1, bb_1, nn_2 等,取其平行于图 525 中之 df. 而 fd_1, aa_1, pq_2, on_2 等,取其平行于图 525 中之 hf 之图也.

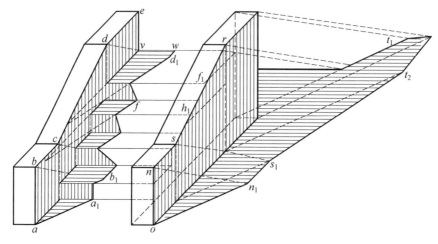

图 526

如图 527 所示,乃等测投影图与克阿利亚投影图相比较之图也.

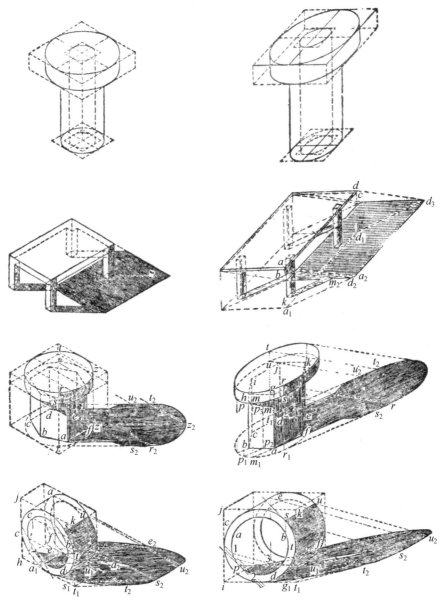

图 527

Kongjian Xiangxiangli Jinjie

练 习 题

试将等测投影图中之练习题，用克阿利亚投影法或克比烈特投影法作图.

透视图

总　论

1. 透视图

当视点距物体为有限之距离时，其全部视线不成平行而集诸一点，余既述之于前矣．此诸视线与一面之交点连续所得之图形，通称为透视图（Perspective drawing）．今此面若为柱面，则称为圆柱透视图（Cylindrical perspective）．

又透视图可大别之为线透视（Linear perspective）与色透视（Aerial perspective）．前者专用于决定物体之位置及形状．后者不仅决定物体之位置及形状，且其视点（Paint of sight）与物体间，因受所隔之气层及光线之作用，而于其所生之阴影上，兼施以色彩之浓淡．故色透视之对于自在画关系至为重要．本书所论，以决定物体正确之位置之形状为目的，故仅就线透视之一端详细述之．

2. 定义

透视图一如等测图，斜投影图，而于一投影面上表示其投影之另一作图法也．当作物体之透视图时，若物体之位置未予以固定，则作图限于不能．固定物体之位置，以平面图与立面图为简便．透视图中，对直立投影图，特称为画面（Picture plane）．对水平投影面，特称为基面（Ground plane）．而画面与基面之交，称为基线．

视点之平面图，称为停点（Station point）．其立面图，称为心点（Centre of vision）．又过心点平行于基线所引之直线，称为地平线（Horizon）．如图 528 所示，平面 P 为画面，平面 Q 为基面，直线 GL 为基线，E 为视点，V_0 为心点，直线 HH 为地平线，S 为停点．含将画面以基线为轴向后方回转使其与基面相一致，如图 529 所示．依此，则由 S 至 GL 之距离 Ss_0 与由视点至画面之距离相等．GL 与 HH 间之距离与由视点至基面之距离相等．

透视图中，通置视点于画面之前基面之上，置物体于画面之后，基面之下为原则.是即置视点于正投影图中之第一二面角内,置物体于其第二二面角内之谓.当画面回转后,则停点位于基线之下,心点位于基线之上,而物体之平面图及立面图均位于基线之上.

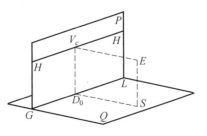

图 528

3. 视锥

以视点为顶点之圆锥面,称为视锥(Visual cone).锥面之顶角,谓之视角(Visual angle).吾人目中之视角,虽有一定之限制,然亦依其人而生差异.普通视角之范畴,约由 $45°$ 至 $60°$.凡投入此视角之圆锥面中之物体则见,其视角外者不见.故吾人作透视图时,须将其物体放入于视角内,而定眼球与其物体之位置.

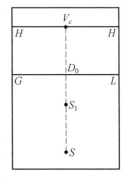

图 529

4. 心点与地平线

心点及地平线之位置,其影响于物体之透视图至大,如观察高层建筑物然,由下仰视,似觉颇高,由高俯察,似觉颇低,其理由,要不外地平线与基线间之间隔大小之故也.其间隔小时,其透视图给予吾人有颇高之感,故吾人如欲作高壮感之图,势必将地平线降低然后可.反之,如欲作低感之图,势非将地平线增高不为功.又如欲作广面积之透视图,其视点若不置于高之位置,则其全景无从充分之表现.似此之图,通称为鸟瞰图(Bird's eye view).

5. 线之透视

线之透视,乃作平面形及立体之透视之基础,兹就其透视之重要事项述之.

(1)相交线之透视于其交点之透视处相交.

(2)相切二线之透视于其切点之透视处相切.

(3)与画面相交线之透视过其交点.

(4)直线之透视一般为直线,但过视点之直线之透视,其长度不拘延至如何程度,终为一点.

(5)平行于画面之线及平面形之透视与原形相似.

(6)曲线之透视一般为曲线,但视点在含其曲线之平面内时,其透视为直线.

第十五章 灭点与灭线

1. 点之透视图

作点之透视图,可将其点与视点结成直线,而求其与画面相交之点可也. 是法与求视点之直立迹问题之作图法悉同.

如图 530 所示,图中 S 及 V_c 为停点及心点,a,a' 为已知点 A 之平面图,立面图. 此时直线 S_a 乃过 A 之视线之平面图,而 V_ca' 则为其立面图. 据此,由 S_a 与基线之交点 A_0 引垂直于基线之 A_0A',使其与 V_ca' 之交点为 A',是即所求之透视图. 此时 Sa,谓为点 A 之足线(Foot line). V_ca' 为目线(Eye line). 求是点之透视图时,其引足线与目线作图之方法,称为直接法(Direct method). 或称为视线法(Method by visual ray).

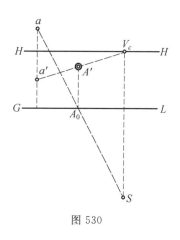

图 530

2. 直线之透视图

直线之透视图,可由直线两端二点之透视相结而成直线即得.

如图 531 所示,ab 为直线 AB 之平面图,$a'b'$ 为其立面图. 其 A,B 二点之透视 A',B' 相结之直线,即为所求之直线之透视图也.

3. 灭点

如图 532 所示,图中以任意之直线 AB 与画面相交之点为 P,则 AB 之透视,应通过点 P. 次由视点 E 引平行线 EV 平行于 AB,而使其与画面相交于点 V. 此时 EV 乃由 AB 上 P 相距无限远距离之点与 E 所结成之直线而得. 故 V 为 AB 上于无限远距离点之透视. 依此则 AB 之透视应在直线 PV 上. 又平行

于 AB 之任意直线为 CD 使其与画面相交之点为 Q. 此时由 CD 上 Q 于无限远距离点之透视亦为 V, 故 CD 之透视应在直线 QV 上. 由是可知, 凡平行于 AB 之各直线之透视应相会于一点 V. 如点 V 之点, 谓之 AB 之焦点.

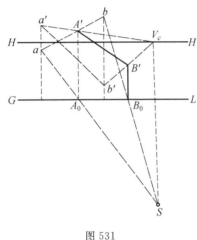

图 531

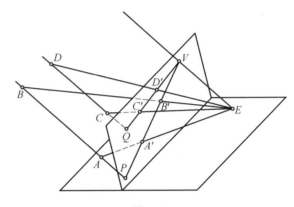

图 532

透视中, 平行直线之透视图为不平行, 而其各延长线均相会于焦点之一点. 如图 533 所示, 乃街道两侧之建筑物其水平直线之透视图也. 图中其水平直线相会于一点 V_c. 其相会于焦点之直线与几何学上之平行相异其趣, 故称为透视的平行.

4. 灭点之位置

直线之焦点, 应依其直线与画面所成之角决定后方能固定其位置. 兹举其要述之:

图 533

(1) 垂直于画面其直线之灭点为心点.

(2) 平行于基线其直线之灭点在地平线上.

与画面成 $45°$ 之直线之灭点, 特称为距离点 (Point of distance). 距离点在心点之两侧, 其距心点之距离因其等于视点至画面之距离, 故得其名.

(3) 垂直于基线之平面上, 其直线之焦点, 在过心点且垂直于基线之直线上.

(4)平行于画面之直线之焦点,因其位于无限远之距离处,故非为实在焦点.故平行于画面之直线之透视为平行.由是吾人可知,凡平于基线其直线之透视应平行于基线,垂直于基面其直线之透视应垂直于基线.

5. 依心点与距离点而作点之透视图之方法

如图 534 所示,图中 D_1, D_2 为距离点,m' 为已知点 M 之立面图.由 m' 引平行于基线之直线 m_1m_2,而于其上取 $m'm_1$ 及 $m'm_2$ 使其等于由点 M 至画面之距离.此时 m_1, m_2,乃由 M 与画面成 $45°$ 之水平直线之直立迹.故由 M 与画面成 $45°$ 之水平直线之透视应在直线 D_1m_1, D_2m_2 上.又心点因其为垂直于画面之直线之焦点,故由

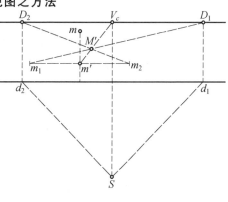

图 534

M 引垂直于画面之直线之透视应在 $m'V_c$ 上.依此若 m_1D_1, m_2D_2 与 $m'V_c$ 相交之点为 M',则 M' 即为点 M 之透视.

6. 于垂直于画面之直线上求等距离点之方法

如图 535 所示,图中 D 为一距离点,由基线上任意之点 B,于其基线上取等距离之点 D_0, F_0, H_0 等,使其与 D 相结,而与 V_cB 相交之点为 $D', F', H'.$ 此时 DD_0, DF_0, DH_0 乃与画面成 $45°$ 之水平直线之透视.而 BV_c 因其由 B 向画面所引之垂线之透视,故 $BD', D'F', F'H'$ 所为之透视之直线之实长应等于 BD_0, D_0F_0, F_0H_0.故采用如此之心点与距离点,即可求得垂直于画面之直线上之等距离点.

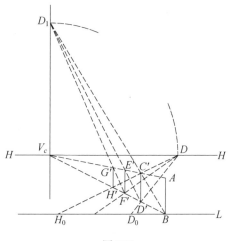

图 535

次由 B 向基线引垂线 BA,取其等于 BD_0.更引 AV_c 及由 D', F', H' 引平行于 AB 之直线,使其相交于点 C', E', G'.此时因 BV_c, AV_c,为垂直于画面之

直线之透视. $AB, C'D', E'F', G'H'$ 为垂直于基面之直线之透视,故四边形 $ABD'C', C'D'F'E', E'F'H'G'$ 为正方形之透视,对角线 $BC', D'E', F'G'$ 为垂直于基线,而与基面成 $45°$ 之直线之透视. 次由 V_c 引垂直于基线之 V_cD_1,于 V_cD_1 上,若取 V_cD_1 等于 V_cD,则 D_1 应垂直于基线且与基面成 $45°$ 之直线之焦点. 依此,则 $BC', D'E', F'G'$ 之延长线应过点 D_1. 是故若取 BA 等于已知之实距离,即不采用距离点 D,而由 V_c, D_1 亦可求得 D', F', H' 等之等距离点之透视.

7. 依灭点求直线透视之方法

如图 536 所示,图中 $ab, a'b'$ 为已知直线之平面图,立面图. 由停点 S,心点 V_c,引平行线 Sv_0, V_cV,平行于 $ab, a'b'$. 次由 Sv_0 与基线之交点 v_0,引垂直于基线之直线,使其与 V_cV 相交之点为 V_0. 此时 V 为已知直线 $ab, a'b'$ 之焦点. 当求得直线 $ab, a'b'$ 之直立迹 p' 后,则直线 $ab, a'b'$ 之透视,应在 $p'V$ 上. 依此 V_ca', V_cb' 与 $p'V$ 相交之点若为 A', B',则直线 $A'B'$,即为所求之透视. 或引 Sa, Sb,使其与基线相交于点 A_0, B_0,更由 A_0, B_0 引垂线于基线,而求其与 $p'V$ 相交之点 A', B' 亦可.

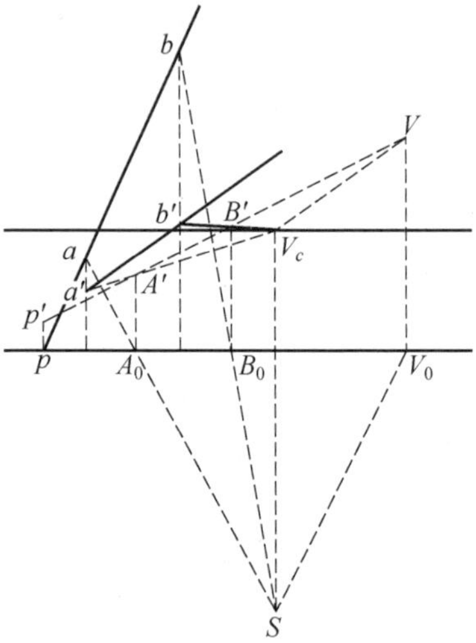

图 536

8. 灭线

如图 537 所示,图中先作平面 R 平行于含视点 E 之任意平面 P,使其与画面相交为 V_1V_2. 此时平面 P 及平行于平面 P 之平面上之各直线之灭点应在 V_1V_2 上. 依此,平面 P 及平行于平面 P 之各平面之透视,均以 V_1V_2 为界限,而于此处消失. 似此之 V_1V_2,谓之平面 P 之灭线.

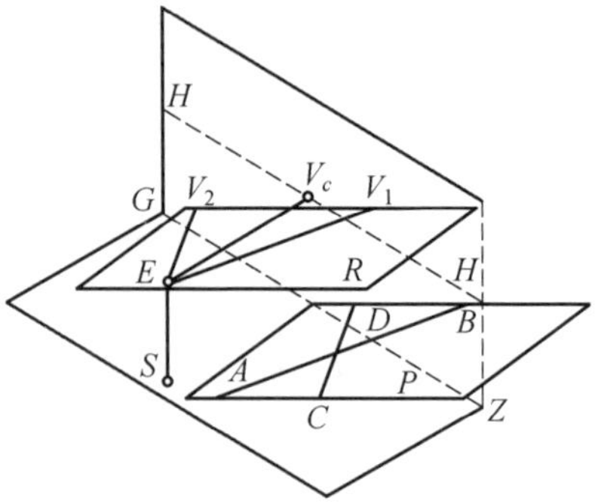

灭线随其平面之倾斜而变更其位置. 其大要,兹述之如次:

图 537

(1) 倾斜于画面之平面之灭点,倾斜于地平线,而不通过心点.

（2）垂直于画面之平面之灭点，通过心点．

（3）垂直于基线之平面之灭点为通过心点，而垂直于地平线之直线．
如图 538，乃表示建筑物之侧面 ABC 之灭线 V_1V_2 之图也．

（4）平行于基面之平面之灭线为地平线．如图 538 中面 JEF 所示．

（5）平行于基线之平面之灭线，平行于地平线，如图 538 中，屋顶之面 ABC，ACD 之灭线 V_2H_2，V_1H_1 所示．

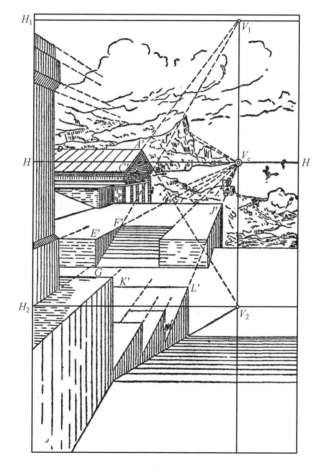

图 538

（6）垂直于基面之平面之灭线垂直于地平线．如图 539 中，桥梁侧面之灭线 V_1V_2 是也．

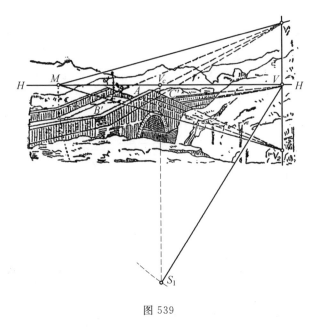

图 539

(7) 平行于画面之平面之灭线延至无限远距离时,为虚线.

9. 灭尺度

如图 540 所示,图中 $I'J'$ 为直立于基面上之直线之透视,先将心点 V_c 与 I', J' 相结,则所得之 V_cI', V_cJ' 为垂直于画面之二直线之透视. 且二直线在垂直于基面之平面上. 依此,而 V_cI', V_cJ' 间以平行于 $I'J'$ 之 K', L', $P'Q'$ 为透视之直立线之实长与 $I'J'$ 之实长相等. 又将地平线上任意之点 V_1 与 K', L' 相结,则 V_1K', V_1L' 在垂直于基面之平面上,且为平行直线之透视. 依此,而 V_1K', V_1L' 间,以平行于 $K'L'$ 任意之直线 $R'T'$ 为透视之直立线之实长与 $I'J'$ 之实长相等. 应用是种关系,可依直立线之透视求其实长,而得一种之尺度法.

如图 540 所示,由基线上任意之一点 M_0,引直立线 M_0N_0,于 M_0N_0 上附以普通之尺度 1,2,3,…,次将此各点与地平线上任意之一点 V 相结,而由 J' 引平行线平行于基线,使其与 VM_0 相交之点为 D_0. 后由 D_0 引直立线,于其直立线上取 D_0C_0 等于 $I'J'$ 之长. 此时 C_0 因其在 $V6$ 之线上,故 $I'J'$ 之实长可知其有 6 之长.

次于灭线 H_0V_0 之平面上,有过其上任意一点 B 之直立线之透视 $B'A'$. 次由 V_c 向 V_0H_0 引垂线,其足为 V_0,后将基线上任意之一点 N 与 V_0, V_c 相结,

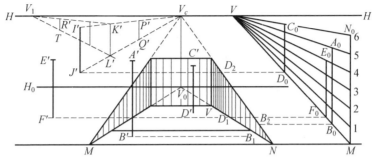

图 540

次由 B' 引平行线平行于基线使其与 V_0N 相交之点为 B_1，复由 B_1 引垂线垂直于基线使其与 V_0N 相交之点为 B_2，更由此引平行线平行于基线使其与 VM_0 相交于点 B_0. 然后由 B_0 引直立线 B_0A_0 使其等于 $A'B'$，则 A_0 当在 $V5$ 之线上. 此时 $A'B'$ 之实长应有 5 之长. 似此一种之尺度 $VM_0, V1, V2, V3, \cdots\cdots$，谓之灭尺度 (Vanishing scale).

如图 541 所示，图中乃以灭尺度度吾人身高之图也. 其法，可由平行于基线之直线之透视度其实长，而作灭尺度. 如图 542 所示，图中于基线上施以普通尺度，如 $0, 1, 2, 3, 4, \cdots\cdots$，使其各点与地平线上一点 V 相结而作尺度. 此时其基面上，可由此尺度度平行于基线之直线之透视 $M'N', K'L'$ 之实长 6, 8.

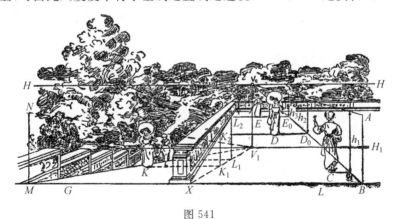

图 541

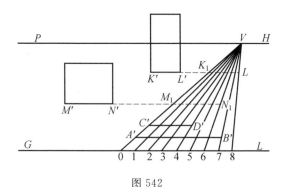

图 542

10. 平行四边形之应用

(1) 将已知直线作 $2,4,8$ 之等分之法.

如图 543 所示,$A'B'$ 为已知直线 AB 之透视,V 为其焦点.将任意之一点 V_1 与 A',B' 相结使其与过 V 任意之直线相交于点 C',D'.此时 $A'C',B'D'$ 因为 V_1 为灭点之直线之透视,故 $A'C'D'B'$ 为一平行四边形之透视.依此,将其四边形之对角线之交点 1 与 V_1 相结使其与 $A'B'$ 相交之点为 Q'.然 V_1Q' 因其透视的平行于边 $A'C'$,故 Q' 应为 AB 之中点之透视.同法,可求得 AQ,BQ 之中点之透视 P',R'.如是循序作图,可等分 $A'B'$ 为 $2,4,8$ 等.

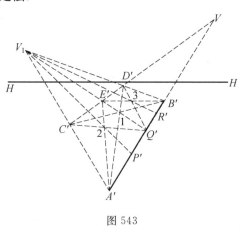

图 543

(2) 将已知直线延长为 $2,3,4$ 倍等之法.

如图 544 所示,设 $A'B'$ 为任意之直线 AB 之透视,其焦点为 V.次做图 543 之作图法取任意一点 V_1,而作 AB 为一边之平地四边形之透视 $A'P'Q'B'$,置其对角线之焦点为 1.次将 1 与 V 相结使其与 V_1B' 相交于点 2.此时,2 因其为平行四边形 $APQB$ 之一边 QB 其中点之透视,故置 $P'2$ 与 $A'V$ 之交点为 C',则 $B'C'$ 之实长与 $A'B'$ 之实长相等.故此,若求得 D',E',F' 等点,则得 AB 之三倍,四倍,五倍,等长之透视.

(3) 求对称点之法.

如图 545 所示，图中 P' 乃 V 为焦点之直线 $A'B'$ 上之一点，而于 AB' 上求其与 P' 相对称之点 Q'．其作图之法与前图同．先作 $A'B'$ 为一边之平行四边形之透视 $A'C'D'B'$，而引对角线 $A'D'$，$B'C'$．次将 $P'V_1$ 与 $A'D'$ 之交点 1 与 V 相结，而求其与 $B'C'$ 相交之点 2．更引 $V_1 2$，使其与 $A'B'$ 相交于点 Q'．此时 12 为透视的平行于 $A'B'$．$1P'$，$2Q'$ 为透视的平行于 AC'．故 $A'P'$，$B'Q'$ 之实长相等．依此，Q 即为所求之点.

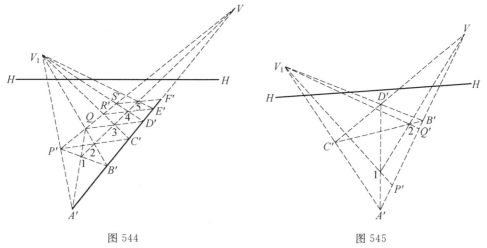

图 544　　　　　　　　　图 545

练 习 题

1. 视点位于基面 3 cm 之上，画面 6 cm 之前，试求由视点 3 cm 之左，基面 5 cm 之上，画面 4 cm 之后，其一点之透视.

2. 视点位于基面 3 cm 之上，画面 6 cm 之前，试求与基面成 45°，与画面成 30°，其直线之灭点.

3. 视点位于基面 3 cm 之上，画面 6 cm 之前，试求次之平面之灭线.

(a) 与基面成 60°，与画面成垂直之平面.

(b) 与画面成 40°，与基面成 50° 之平面.

4. 每隔 50 米高 8 米之电柱，直立于与基线成 45° 之直线上．今置视点于适当之位置，以适当之缩尺，试作电柱 20 株之透视.

5. 基面上，有正六角形（一边之长 3 cm），其一边与基线成 45°，试求其透视.

6. 有一边长为 3 cm 之直立正六角形，其一边置于基面上，且此边与基线成 35°，试作其透视.

7. 由基线上之一点 A'，与基线成 30°，45° 之二直线 $A'B'$（长 6 cm），$B'D'$（长 4 cm）为互相垂直之水平直线之透视. 然角 $B'A'D'$ 为 105°. 试作其二直线为二边之矩形之透视，及前者之对角线上有顶点，面积为前者之 $\frac{1}{4}$ 之矩形之透视. 但视点之高为 5 cm.

8. 视点位于基面 3 cm 之上，画面 6 cm 之前时，试求视点左 7 cm，基面上 7 cm，画面后 50 cm 处其点之透视.

第十六章 测 点

1. 测点

如图 546 所示,图中 AB 为任意之直线,其延长线与画面相交之点为 A. 又由视点引平行线平行于 AB 而与画面相交于点 V. 此时 AB 之透视之在直线 AV 上,乃为吾人所既知之者. 次于画面上,过 V 引任意之直线 VM 取其长与 VE 相等. 又由 A 引平行线平行于 VM,而于其上取 Ab_0 等于 AB. 此时三角形 EVM, BAb_0 为二等边三角形,而其相等之边彼此平行. 故底边 ME, Bb_0 彼此平行. 由是,M

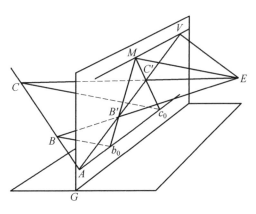

图 546

为直线 Bb_0 及平行于 Bb_0 之各直线之灭点. 故 B 点之透视应为二直线 AV, Mb_0 之交点 B'. 同法于 AB 上取任意之一点 C,于 Ab_0 上取 b_0c_0 等于 BC. 此时 c_0C 平行于 ME,故点 C 之透视为 AV 与 c_0M 之交点 c'. 反之,若 $B'C'$ 为 BC 之透视,则 b_0c_0 等于 BC 之实长. 兹根据上述,可由 V, M 二点求其直线之透视及由透视而求其实长. 似此点 M,谓之直线 AB 之测点(Measuring point).

设 VM 为画面上任意之方向所引之直线,则 AB 之测点多至无数,然均在 V 为中心 VE 为半径之圆周上. 此时 VM 以平行或垂直于地平线者为多.

2. 由灭测点而求直线透视之方法

如图 547 所示,图中 ab, $a'b'$ 为已知直线之投影,S 为停点,V_c 为心点. 由 S

引平行于 ab 之 Sv_0 使其与基线相交之点为 v_0. 更由 v_0 向基线引垂线及由 V_c 引平行于 $a'b'$ 之 V_cV 使其相交于点 V. 此时 V 即为已知直线之焦点. 次于基线上取 v_0m_0 等于 v_0S, 更由 m_0 向地平线引垂线, 其足为 m_1. 此时 Vm_1 之长, 因其等于由 V 至视点之实距离, 故由 V 引平行于地平线之 VM, 而于其上, 取 VM 等于 Vm_1, 则 M 为已知直线之一测点.

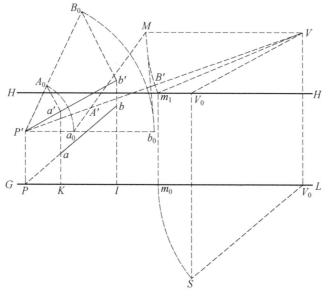

图 547

次再求直线 AB 之直立迹 p', 由 p' 引平行于 VM 之直线, 后于其上取 $p'a_0$, $p'b_0$ 各等于由 p' 至点 A, B 之距离. 则所引之 $p'V, Ma_0, Mb_0$, 相交于点 A', B'. 此时 $A'B'$ 即为所求之直线之透视.

作图题 1 于基面上之一直线上求直立之等间隔等长之直线之透视.

如图 548 所示, 图中 Af 为基面上一直线之平面图. 其求法, 先求其焦点 V 与测点 M. 点 A 因其在基线上, 故于基线上取 $Ab_0, b_0c_0, c_0d_0, d_0e_0, e_0f_0$ 等等于已知之间隔. 次引 $Mb_0, Mc_0, Md_0, Me_0, Mf_0$ 使其与 AV 相交于点 B', C', D', E', F'. 此时 B', C', D', E', F' 等应为已知直立线其足之透视. 依此, 复取垂直于基线之 AA_1 等于已知直线之长. 后使 A_1 与 V 相结, 若其与由 B', C', D', E', F' 引垂直于基线之直线相交于点 $B'_1, C'_1, D'_1, E'_1, F'_1$, 则 $AA_1, B'B'_1, C'C'_1, D'D'_1, E'E'_1, F'F'_1$, 即为所求之直线之透视.

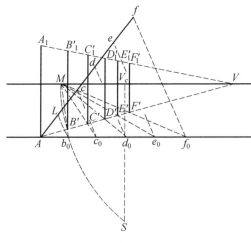

图 548

3. 垂直于基面之平面上直线之透视

如图 549 所示,先设垂直于基面而与画面成角 ϕ 之任意平面为 ABC. 而 AB,AC 乃与基面成角 α,β 之直线. 次由视点 E 引平行线平行于平面 BAC 内之水平直线 AP,而使其与画面相交于点 V,则 V 之在地平线上自无论矣. 然由 V 所引之垂直于地平线之 V_1V_2 为已知平面之灭线,而 AB,AC 之灭点应在此灭线上. 是即由 E 引平行于 AB,AC 之直线使其与 V_1V_2 相交,其各交点为 V_1,

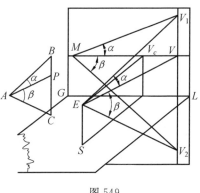

图 549

V_2. 斯时 V_1,V_2 为 AB,AC 之焦点. 而 $\angle V_1EV=\alpha$, $\angle V_2EV=\beta$.

次以 V_1V_2 为轴,将 E 旋转使其转至画面上之位置为 M,则 M 应位于地平线上. 故 $\angle V_1MV=\alpha$, $\angle V_2MV=\beta$. 然 $VM=VE$,故 M 为平面 BAC 及平行于此之平面内之水平直线之测点.

根据上述之关系,依求任意之直立面之灭线及此平面内之水平直线之测点,可易求其平面内之任意直线之灭点.

4. 分测点

如图 550 所示,$g'A$ 以 V 为灭点,M 为一测点之直线 GA 之透视,G 为画面

337

上之点. 次引 $g'a_0$ 平行于 VM 使其与 MA' 相交于点 a_0, 则 $g'a_0$ 之长等于 GA 之实长.

次于 VM 上取任意一点 $\frac{M}{x}$ 之点, 使 $VM:V\frac{M}{x}$ 之比之值为 x. 若 $\frac{M}{x}$ 与 A' 相结与 $g'a_0$ 相交于点 $\frac{a}{x}$, 则 $g'a_0:g'\frac{a}{x}$ 之比之值等于 x. 依此而 $g'\frac{a}{x}$ 之长之 x 倍等于直线 GA 之实长. 故知 x 之比之值时, 即不根据测点 M 而依 $\frac{M}{x}$ 之点, 亦可知 GA 之长. 反之, 知 GA 之实长, 又可求其透视. 似 $\frac{M}{x}$ 之点, 谓之分测点 (Fractional measuring point).

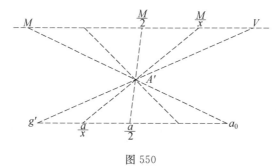

图 550

距离点因其为垂直于画面之直线之测点, 故依用上述之分测点, 可求垂直于画面之直线之透视. 反之, 由其透视亦可求其实长. 然此时称此, 不为分测点, 而为分距离点 (Fractional point of distance).

分测点与分距离点中 x 比之值, 务求用如 2, 4, 5, 10 等之简单之数. 普通用于分测点时, 多以 $\frac{M}{2}, \frac{M}{4}, \frac{M}{5}, \frac{M}{10}$ 等之记号. 用于分距离点时, 多以 $\frac{D}{2}, \frac{D}{4}, \frac{D}{5}, \frac{D}{10}$ 等之记号.

如图 551 所示, 图中直立于基面上之直线之透视, 用灭尺度及分测点而求其实长及其直线间之距离之图也. 其法, 先将 $\frac{M}{2}$ 与 N', Q' 相结使其与基线相交于点 n_0, q_0. 此时 $n_0 q_0$ 之长为 3 cm, 故直立线 MN, PQ 间之间隔为 3 cm×2 = 6 cm.

如图 552 所示, 图中为旗杆 A, B 间之间隔为 1 100 cm×4 − 1 100 cm = 3 300 cm 之图也.

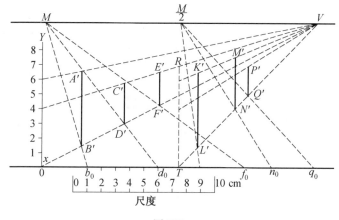

图 551

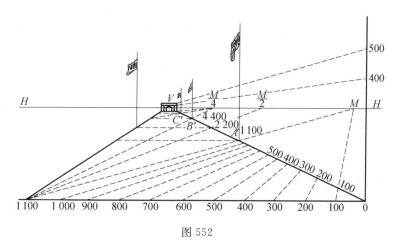

图 552

如图 553 所示，乃画面至灯台之距离为 $1\,000\text{ cm} \times 2 = 2\,000\text{ cm}$ 之图也. 图中灯台之高为 $600\text{ cm} \times \dfrac{A'B'}{A'X'} = 600\text{ cm} \times 5 = 3\,000\text{ cm}$.

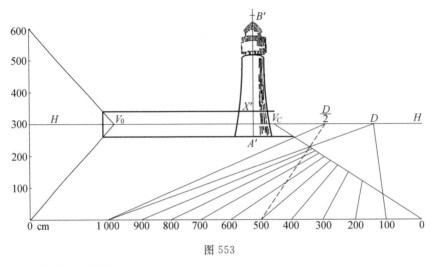

图 553

5. 分割一直线为任意比之方法

如图 554 所示,为 $A'K'$ 以 V 为灭点之一直线 AK 之透视而分其成为已知之比之图也. 其法,先由 V 向任意之方向引直线 $V\frac{M}{x}$. 次于其上取任意之点 $\frac{M}{x}$, 即以此为已知直线之一分测点. 今便于解说计,置 A' 为画面上之点,由 A' 引平行于 $V\frac{M}{x}$ 之直线使其与 $\frac{M}{x}K'$ 相交于点 K_0, 则 AK

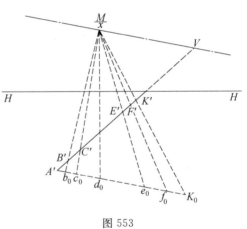

图 553

之实长等于 $A'K_0$ 之 x 倍. 依此,将 $A'K_0$ 分为已知之比,其各点为 b_0, c_0, d_0, e_0, f_0, 复将各点与 $\frac{M}{x}$ 相结使其与 $A'K'$ 相交于点 B', C', D', E', F'. 此时 $B'C', D', E', F'$, 即为所求之分割点之透视.

练 习 题

1. 视点位于基面 4 cm 之上,画面 6 cm 之前,且在与尺面成 50°之直立面内,试求其与基面成 15°,30°,45°之直线之灭点.

2. 过基面 2 cm 之上,画面 5 cm 之后之一点 A,试作其与基面成 35°,画面成 40°之直线 AB(长 8 cm)之透视.然视点位于 A 之右 2 cm,基面上之 4 cm,画面前之 C cm 处.

3. 过基线上 1 cm 处之一点 A',与基线成 40°之直线 $A'B'$,其长为 5 cm.今直线 $A'B'$,为 A' 向 B' 之方向距离 8 cm 处,点 V 为灭点之直线 AB 之透视时,试求 AB 7 等分点之透视.

4. 过基面之上 2 cm,画面后 30 cm 处之一点 A,有长为 50 cm 之直线 AB,与画面成 45°,基面成 30°,B 位于 A 之右后之方向.今视点位于基面 6 cm 之上,画面 8 cm 之前,A 2 厘米之右时,试求 AB 之透视.又将 AB 由 A 分为 1:2:3 之比,再求其点之透视.

5. 作倾斜于基面及画面之任意平行四边形之透视,试求与此四边形共通重心,各边平行,面积为此平行四边形之 $\frac{1}{2}$ 及 2 倍之二平行四边形之透视.

6. 有三角形 $V_1A'V_2$($A'V_1=10$ cm,$A'V_2=12$ cm,$V_1V_2=16$ cm),$A'V_1$ 与基线成 30°.又 $A'V_1$,$A'V_2$ 上,有 B',C' 二点,$A'B'=5$ cm,$A'C'=7$ cm.今 $A'B'$,$A'C'$,以 V_1,V_2 为灭点之直线 AB,AC 之透视,$\angle BAC$ 为 60°时,试求 $\angle BAC$ 之二等分线之透视,及其灭点.然 A 在基线上,AB 之实长为 8 cm.

Kongjian Xiangxiangli Jinjie

第十七章　平行透视

1. 平行透视

平行于画面其直线之灭点,因其至无限远之距离,故平行于画面之平行线透视亦为平行.又垂直于画面其直线之焦点,因为心点,故垂直于画面其各直线之透视应相会于心点.由是可知,凡平行或垂直于画面之直线,其所成之物体之透视,可由其心点与停点,或心点与距离点,而能解决也.似此之透视,通称为平行透视(Parallel perspective),或称为一点透视(One point perspective).

2. 在基面上其一边平行于基线之矩形之透视图

如图 555 所示,图中矩形 $abcd$,当基线升至地平线上时为矩形之平面图,V_c 为心点,D 为距离点.其作图法先将 ab,cd 延长使其与基线相交于点 m_1,n_1,则垂直于基线之边之透视应在 $V_c m_1,V_c n_1$ 上.次于基线上,取 $m_1 a_1,m_1 b_1$ 等于 ma,mb,后引 Da_1,Db_1 而使其与 $m_1 V_c$ 相交于点 A',B'.此时 $A'B'$ 为垂直于基线之一边之透视.是故由 A',B' 引平行线平行于基线,而得与 $n_1 V_c$ 相交之点

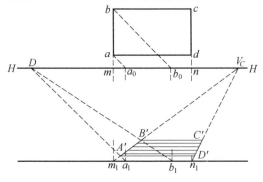

图 555

D', C'. 斯时 $A'B'C'D'$, 即为矩形之透视图矣.

3. 直立于基面上其一面平行于画面之四角柱之透视

如图 556 所示, 图中矩形 $abcd$ 当基线升至 G_1L_1 时为四角柱之平面图. 其求法与前图(图 555)同, 必先求基面上其角柱之底之透视 $A'B'C'D'$. 次由 m_1 引垂直于基线之 m_1m_2, 取其长等于角柱之高. 后引 V_cm_2 及由 A' 引垂直于基线之 $A'E'$, 使其相交于点 E'. 此时, $A'E'$ 为垂直于底 $ABCD$ 之一棱之透视. 依此, 由 E' 引平行于 $A'D'$ 之直线及由 D' 引垂直于基线之直线, 使其相交于点 L'. 又由 B' 引垂直于 $A'D'$ 之直线, 使其与 $E'V_c$ 相交于点 F'. 更由 F' 引平行于 $B'C'$ 之直线, 使其与 $L'V_c$ 相交于点 K'. 后将 K', C' 相结. 斯时由上述之直线所成之图形 $A'BC'D'L'E'F'K'$, 即为已知角柱之透视.

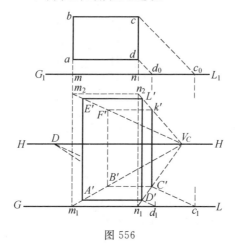

图 556

作图题 1 求正六角柱直立于基面上之透视图.

如图 557 所示, 图中正六角形 $abcdef$, 当基线升至 G_1L_1 时为正六角柱之平面图. 其求法, 先由心点及距离点而于基面上作正六角形之透视图 $A'B'C'D'E'F'$. 次将心点 V_c 与 A' 相结, 使其与基线相交于点 p_1. 复由 p_1 向基线引垂线 p_1p_2, 取其长等于角柱之高. 然后, 由 A' 向基线引垂线, 使其与 p_2V_c 相交于点 G'. 此时, $A'G'$ 为垂直于基面之一棱之透视. 同法, 若求得垂直于基面之其他棱之透视, 则得所求之角柱之透视图 $A'B'C'D'E'F'L'G'H'I'J'K'$.

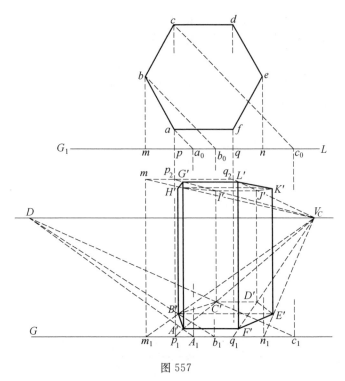

图 557

作图题 2 求正五角锥其底在基面上之透视图.

如图 558 所示,图中 $f-abcde$,当基线升至地平线时为角锥之平面图. 其作法,先求平面图之透视图 $O'-A'B'C'D'E'$. 次将心点 V_c 与 O' 相结,其所成之直线与基线相交于点 r. 复由 r 引垂直于基线之 rt 而取其长等于角锥之高. 更引 tV_c 及由 O' 引垂直于基线之 $O'F'$,使其相交于点 F'. 此时 F' 为角锥顶点之透视. 故将 F' 与 A',B',C',D',E' 相结,即得所求之角锥之透视图.

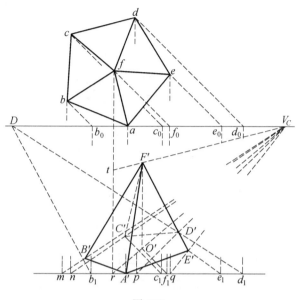

图 558

4. 长方柱及角锥之杂例

如图 559 所示,乃求正五角柱其底在画面上之透视图也. 其求法,如以一长方柱包含五角柱,由长方柱之透视而求其五角柱之透视,其作图法简且易也.

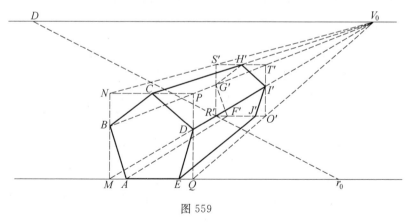

图 559

如图 560 所示,图中为三重相叠之长方板之透视图. 其最前面与一面相一致.

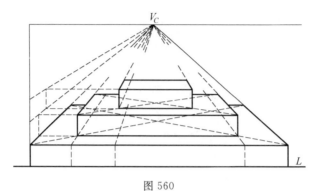

图 560

如图 561 所示,图中为阶段之透视图,其前面与画面相一致.

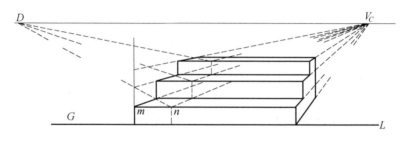

图 561

如图 562 所示,图中为其侧面与画面相一致之透视图也.

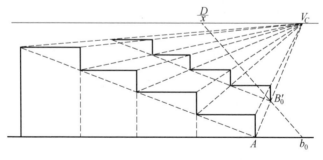

图 562

如图 563 所示,图中为尖塔之一面与画面相一致时,其外形之透视图也.

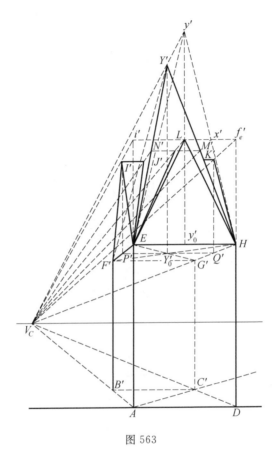

图 563

5. 曲线之透视图

曲线之透视,由曲线上各点之透视相结所成之曲线而得.当曲线在基面上或平行于基面时,可依心点与距离点而求其透视图.如图 564 所示,为基面上所求之曲线之透视.此图乃过曲线上之各点而作与画面成 45° 之水平直线及垂直于画面之直线之透视,而求其各交点之图也.凡依与画面成 45° 之直线及垂直于画面之直线而求点之透视之法,谓之垂直对角线法.

求曲线于基面上之透视时,可用方格包含其曲线,求得方格之透视后,计其方格之分量,再求其曲线上之点.如图 565 所示,即此例也.基于方格而求曲线上之点之方法,谓之方格法.

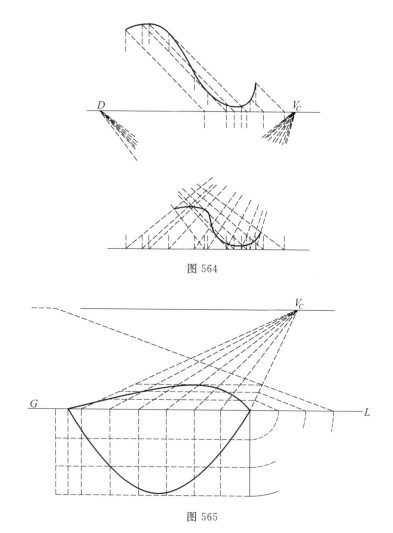

图 564

图 565

6. 圆之透视图

圆之透视,通常形成椭圆,故求得其长短轴或共轭直径,则能求得其圆之透视图. 如图 566 所示,为基面上所作其圆之透视图也. 图中圆 abc,当基线升至地平线上时为圆之平面图. 求法,先由停点 S_1 向圆 abc 引切线,其切点 a,b 与地平线相交之点为 a_1,b_1. 次将 a_1b_1 之中点 d_1 与 S_1 相结使其与圆 abc 相交于点 c,d. 此时,弦 ab,cd 之透视为此圆之透视之椭圆之共轭直径. 依此,求 ab,cd 之透视 $A'B',C'D'$ 后,即以此为共轭直径而作椭圆 $A'C'B'D'$ 可也. 如图 567 所

示,图中 ab 平行于基线,而 ab 与 cd 互相垂直.因之,其各透视 $A'B'$,$C'D'$ 亦垂直.此时 $A'B'$,$C'D'$ 为椭圆之长短轴,故以 $A'B'$ 为长轴,$C'D'$ 为短轴而作椭圆可也.

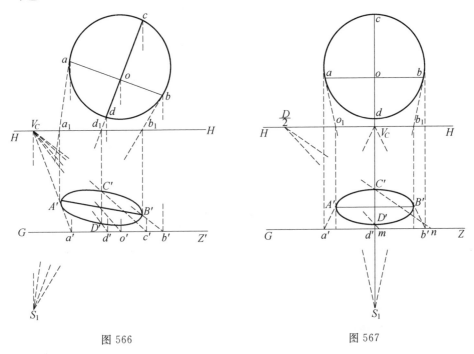

图 566　　　　　　　　　　　图 567

或置外切于圆之正方形之一边平行于基线,基此正方形之透视,而求圆周上之点之透视亦可.

如图 568 所示,图中为平行于外切之正方形之一边之直线,而求其与圆相交点之透视之图也.

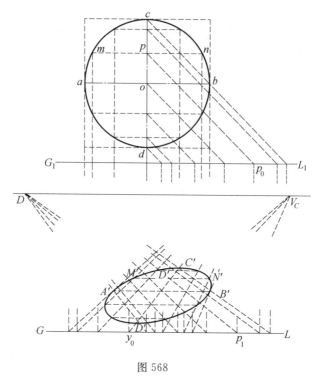

图 568

7. 同心圆之透视图

如图 569 所示,其右图中,弧 AKC 为中心 O 之四分圆与正方形 $AOCQ$ 之对角线 OQ 相交于点 K. 次过半径 OC 上之任意点 W,Z 引圆 WJR,ZIT, 使其与 OQ 相交于点 J,I. 又使其与 OA 相交于点 R,T. 然后由 W,Z 引平行线平行于 OA, 使其与 AQ 相交于点 w,z. 再使 CK,WJ,ZI 与 AQ 相交于点 $1,2,3$. 复使 WR,ZT 与 QA 之延长线相交于点 $4,5$. 此时 $Qw=12=A4, wz=23=45$. 依此关系己知圆之直径上之点,可作同心圆之透视图.

图 569 之左图中, $A'C'B'D'$ 为平行于基面之圆之透视,四边形 $P'Q'M'N'$ 为平行于基线之外切正方形之一边之透视. 又 $C'D',A'B'$ 为平行于基线且垂直于画面之直径之透视. 然后过 $C'D'$ 上之点 W',Z', 而作同心圆之透视图也.

先将心点 V_c 与 W',Z' 相结,使其与 $P'Q'$ 相交于点 w,z. 又对角线 $Q'N'$ 与曲线 $A'B'C'D'$ 之交点 K' 与 C' 相结,使其与 $P'Q'$ 相交于点 1. 然后,于 $P'Q'$ 之上取 $12,23$ 等于 $Q'w,wz$. 再引 $2W',3Z'$, 使其与 $Q'N'$ 相交于点 J',I'. 此时 J',I', 是即过 W',Z' 之圆心圆而与对角线 $Q'N'$ 相交之点. 又于 $P'Q'$ 上取 $A'4$,

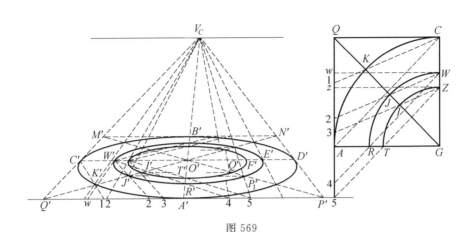

图 569

45 之长等于 $Q'w, wz$. 更引 $W'4, Z'5$, 使其与 $A'B'$ 相交于点 R', T'. 此时 R', T' 为直径 $A'B'$ 上之点. 又由 $J'I'$ 引平行线平行于 $P'Q'$, 使其与对角线 $P'M'$ 相交于点 P'_1, Q'_1, 则 P'_1, Q'_1 为 $P'M'$ 上之点.

后引 P'_1V_c, Q'_1V_c 而求其与 $Q'N'$ 之交点, 则得对角线 $Q'N'$ 上之点. 以下仿此, 可得 $O'B', O'M'$ 上之点.

依上述之作图, 可得同心圆上之八点, 后将各点联结, 即得所求之曲线.

8. 圆周之等分

图 570 之右图中, 圆弧 ACB, 以 AB 为直径为 OC 为垂直于 AB 之半径所作之半圆之图也. 其作法, 先将四分圆 AC, 分任意数之等分点为 $1, 2, 3, 4$. 次将各点与 B 相结, 使其与 OC 相交于点 $1'', 2'', 3'', 4''$. 次以 OC 为正三角形之一边, 求其顶点 X, 而使其与 $1'', 2'', 3'', 4''$ 相结. 今若等分数相同, 则不拘其半径之大小 而 $O1'' : 1''2'' : 2''3'' : 3''4'' : 4''C$ 之比为一定. 故用此关系, 可等分已知之圆周.

如图 570 之左图, $A'B'C'$ 为平行于基面之圆之透视, $A'B'$ 为垂直于画面之直径之透视, $C'D'$ 为平行于基线之直径之透视. 次以 X 为中心, 以等于 $O'C'$ 之长为半径引圆, 使其与 XC, XO 相交于点 C_1, O_1. 更将 X 与 $1'', 2'', 3'', 4''$ 相结, 其直线与直线 O_1C_1 相交于点 $1', 2', 3', 4'$. 次于 $O'C'$ 上, 取 $O'1, 12, 23, 34$ 等之长等于 $O_1 1', 1'2', 2'3', 3'4'$. 此时 $1, 2, 3, 4$ 与 A', B' 所结之直线与曲线 $A'C'B'$ 相交之点, 为圆周 20 等分之点之透视. 同法. 亦可求其右半圆之等分点.

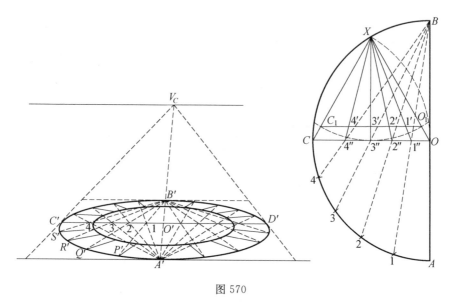

图 570

9. 杂题

如图 571 所示,为直圆柱之一底位于基面上之透视图也.其求法,先求其二底之透视,使其与平行二共通切线相切,其所成之图形,即为直立圆柱之透视.

如图 572 所示,乃四正方柱所支持之十字拱之透视图也.求四支柱之透视图,可依前节所述之角柱之透视图之作图法,求十字拱之透视图,可先作平行于基面之任意平面 H_1 与十字拱之交点 $P_1, Q_1, P_2, Q_2, W_1, W_2, Z_1, Z_2$ 之透视.后将似此各点求得多数,将其联结而作成曲线可也,十字拱之透视图中,求其平行于基线之切线时,可由视点向平行于基线之半圆柱引切线,使其与画面相交于 Y.后过 Y 引水平线即可.垂直于画面之半圆柱,其两端之透视均为圆,故无求各个圆周上点之透视之必要.

如图 573 所示,乃十字拱之实例.

如图 574 所示,为栈道桥概形之透视图.

如图 575 所示,为半圆形隧道及隧道内之壁龛之透视图.

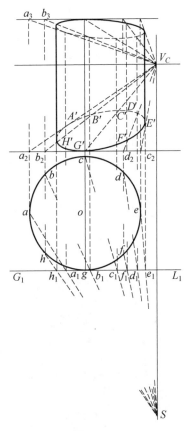

图 571

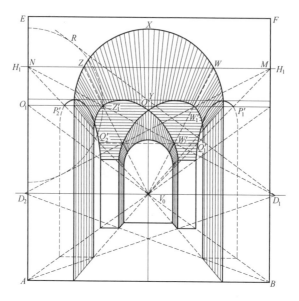

图 572

图 573

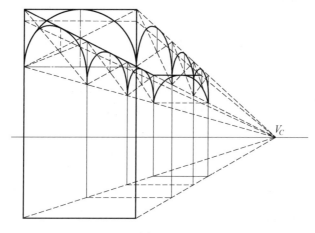

图 574

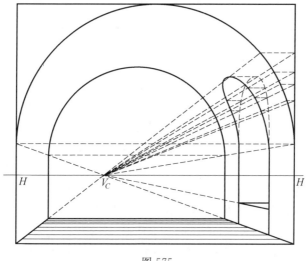

图 575

练 习 题

1. 试作外径 6 cm,内径 4 cm,长 5 cm 之圆管之透视图.其圆管之位置,使其横于基面上而垂直于画面.然视点位于基面上 4 cm,画面前 7 cm,圆管之轴右 3 cm 处.

2. 两底圆之直径为 6 cm,4 cm,高为 7 cm 之截头圆锥,其小底上附有直径

6 cm 厚 1 cm 之圆板,而大底置于基面上. 今视点位于基面上 3 cm,画面前 8 cm,立体右 4 cm 之处,试作立体之透视图.

3. 有一边长为 4 cm 之正八面体,其一对角线垂直于基面,试作其透视图.

4. 有长轴 8 cm,短轴 5 cm,之长椭球,其轴垂直于基面,试作其透视图.

5. 有底圆扼圆之直径为 8 cm,4 cm,两底圆之距离为 8 cm 之单双曲线回转面. 其轴垂直于基面,试作其透视图. 然视点置于基面上 3 cm,画面前 10 cm,曲面之轴右 5 cm 处.

6. 如图 576 所示之家屋正面,使其平行于画面. 试作其二倍扩大之透视图.

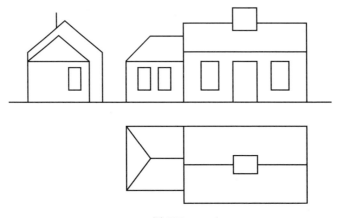

图 576

7. 有直径 6 cm,节距 4 cm 之螺旋线. 今使其轴垂直于基面,试作螺旋线之二周之透视图.

8. 有底之直径为 6 cm,高为 7 cm 之直圆锥,其底平行于画面,位于画面后 1 cm 之位置,试作其透视图. 然视点置于立体之右.

9. 有外径 8 cm,内径 6 cm 之中空半球形体. 今使其切基面于一点,其平面部平行于基面,试作其透视图. 然视点置于基面上 8 cm,画面前 10 cm 之位置.

10. 基面上有长轴 8 cm,短轴 5 cm 之椭圆,其长轴之一端在基线上且垂直于基线. 停点在长轴之延长线上而位于基线前 5 cm 之位置. 今若使椭圆之透视为圆,问视点距基面之高几何.

第十八章 有角透视

1. 有角透视

一般立体之透视,多由心点与距离点两者而决定.其由倾斜于画面之线面所成之者,舍心点与距离点外,亦有用灭点与测点者.凡用灭点与测点所作之透视圆.称为有角透视(Angular perspective)或称为成角透视.

2. 长方形之透视图

(1)依二灭点之方法

如图 577 所示,图中 $abcd$,当基线移至地平线时,为基面上之矩形 $ABCD$ 之平面图.本题作图之法,先求边 AD,AB 之灭点 V_1,V_2.次延长 AB,BC,CD,DA,使其与基线相交于点 a_2,b_1,d_2,a_1.然后引 $V_1a_1,V_1b_1,V_2a_2,V_2d_2$,而置其各交点为 A',B',C',D'.此时四边形 $A'B'C'D'$,即为已知矩形之透视.

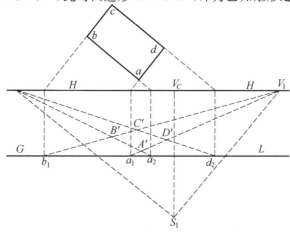

图 577

(2) 依灭点与测点之方法

如图 578 所示，边 AD，AB 之灭点为 V_1，V_2. 其各测点为 M_1，M_2. 次延长 AD，AB 使其与基线相交于点 a_1，a_2. 次引 a_1V_1，a_2V_2，其交点为 A'. 此时 A' 即为 A 之透视. 次于基线上取 a_1d_0，a_2b_0 之长等于由 D，B 至 a_1，a_2 之距离. 再引 M_1d_0，M_2b_0 使其与 a_1V_1，a_2V_2 之相对应之交点为 D'，B'. 后引 $B'V_1$，$D'V_2$ 使其相交于点 C'. 此时所得之 $A'B'C'D'$，即为已知矩形之透视.

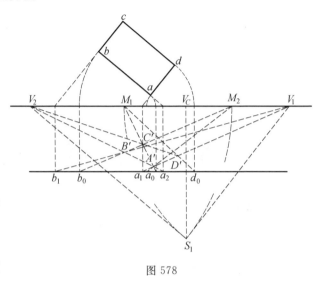

图 578

(3) 依其他之方法

依灭点与目线，或灭点与足线，均可求其矩形之各角点之透视. 如图 579 所示，乃依灭点与目线所求之图也.

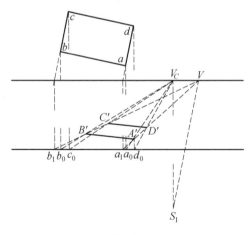

图 579

3. 长方柱之透视图

作长方柱之透视图,须先求其一底之透视,然后再求其垂直于此棱之透视可也.如图 580 所示,乃其一底位于基面上所作之透视图也.本图作法,先求其底 $ABCD$ 在基面上之透视图 $A'B'C'D'$.次由 a 向基线引垂线,由其垂线之足,于其垂线上取 a_0m 之长等于角柱之高.后引 mV_c 及由 A' 引垂直于基线之直线,使其相交于点 E'.此时 $A'E'$,应为其一侧棱之透视.令 E' 既决定,即可由 E' 求 F',G',H' 等各点之透视.

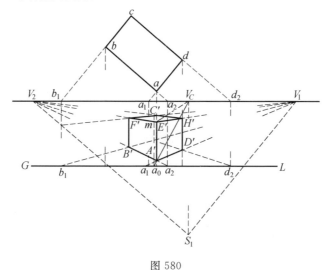

图 580

作图题 1 有盖长方形箱之投影为已知,求其透视图.

如图 581 所示,图中 $abcd$ 为已知箱之平面图,$a'b'c'd'h'n'$ 为其立面图.今先求箱之水平棱 AD,AB 之焦点 V_1,V_2 及测点 M_1,M_2.次由 M_1 引与地平线成 α,$(90°-\alpha)$ 之二直线及由 V_1 引垂直于地平线之直线,使其相交于 V_3,V_4.此时 V_3 为盖之倾斜棱 IH 之灭点,V_4 为 IN 之灭点.

将盖取去之部分,其透视图之作法与前段所述相同,兹将其作图之说明从略.

次由 AD 之延长线与基线相交之点 a_2 引垂直于基线之直线,复于其直线上取 $a_2 2$ 之长等于角点 O 之高 $z'y'$,而引 $2V_1$,使其与 $H'V_4$ 相交于点 O'.又于 $a_2 2$ 上取 $a_2 5$ 之长等于角点 N 之高 $n'y'$,而引 $5V_1$,使其与 $O'V_3$ 相交于点 N.更引 $V_4 N'$,$V_3 H'$ 使其相交之点为 I'.如是,即得盖之侧面之透视图 $O'H'I'N'$.然后,将各角点与灭点相结而求其交点,则得盖之透视图 $H'I'K'G'P'L'N'O'$.

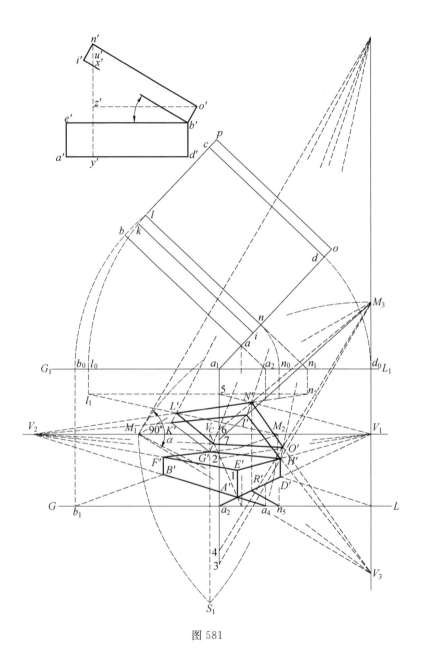

图 581

4. 圆之透视

如图 582 所示,O_0 为已知中心之透视图,r 为已知半径. 其求法先连 $S'O_0$ 使其延长线与 GL 相交于点 O'. 次于 O' 之左右侧,取 $o'a'$,$o'b'$. 等于 r,将 a',b' 与 S' 相连,即得切所求之圆之二矩线. 次以距离点 D_1 为中心,连以 O_0,使其与前二直线相交于 B_0,D_0. 由此二点引平行于 GL 之 B_0A_0,D_0C_0,则 $A_0B_0C_0D_0$ 为所求之圆外接之正方形. B_0D_0,A_0C_0 为其对角线,其各边之中点 $1,3,5,7$ 为圆周上之点之透视图.

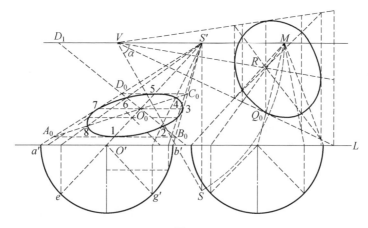

图 582

又以 $a'b'$ 为直径作所求之圆之实形,次将直角 $a'o'f'$,$b'o'f'$ 分成二等分,由其半径之端 e',g' 向 $a'b'$ 引垂线使其足与 S' 相连,则此等与对角线之交点 2,$4,6,8$ 亦为圆周上之点. 后依 $1,2,3,\cdots,7,8$ 之顺序相结,即得所求之圆之透视图.

5. 透视的平面图法

视点向基面垂直之方向移动与已知物体之透视之于心点之左右方向之关系毫无稍异. 然视点距基面愈远,则物体上各点之透视与基线愈离. 故作复杂之透视图时,视点必须向上方移动至实际之数倍后,方可作其物体之平面图. 然后,由各点向基线引垂线而取其各高. 如斯方法,称为透视的平面图法(Method by perspective plan).

如图 583 所示,乃依透视的平面图法,而作建筑物外形之透视图也. 其作法,先将基线置于适当之位置 G_1L_1 处,而作平面图 $adjk$ 之透视图 $A_1D_1J_1K_1$. 然后由 A_1 向基线 GL 引垂线,由其足 B',取 $B'A'$ 等于 $b'a'$. 次将 A',B' 与焦点

V_1, V_2 相结及由 K_1, D_1 引垂直于基线之直线,使其相对应之交点为 K', L', D', C'. 次于 $B'A'$ 上取 $B'e$ 等于 $b'e'$. 更引 e_0V_1 及由 E_1 引垂直于基线之直线, 使其相交于点 E'. 后引 $E'V_2$ 及由 F_1 引垂直于基线之直线,使其相交于点 F', 而作直线 $F'D', E'A', E'K'$. 此时依上述之线所作之图形,即为建筑物之透视图也.

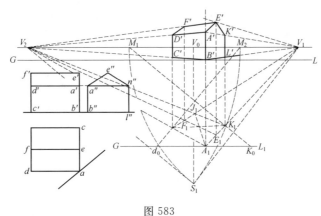

图 583

6. 杂题

如图 584 所示,乃阶段之透视图. 其法,先将其各角点联结,后由其直线之焦点与心点所作得之图也.

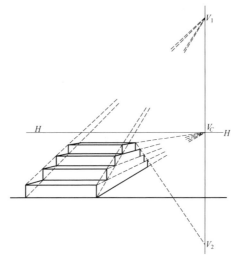

图 584

如图 585，乃示正五角柱，其一侧面置于基面上所作之透视图也．

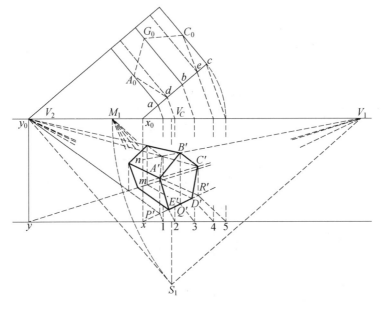

图 585

如图 586，乃示圆柱横于基面上所作之透视图也．

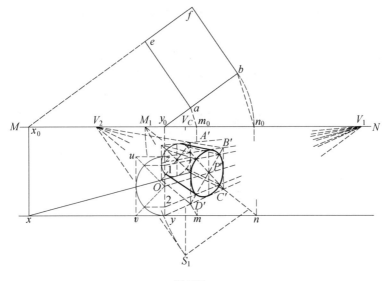

图 586

练 习 题

1. 取一边长 3 cm 之正方形五个组成十字形，使其直立于基面上，令十字面与画面成 30°．试求其透视图．

2. 如图 587 所示之建筑物置于成角之位置，试求其透视图．

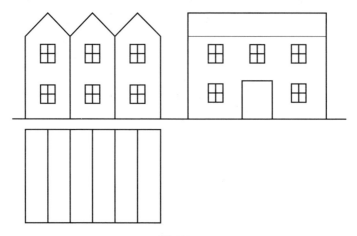

图 587

3. 有一边长为 4 cm 之立方体，其一对角线与基面成垂直，试求其透视图．

4. 有底之直径为 5 cm，高为 7 cm 之直圆锥，其轴平行于基面而与画面成 60°，试求其透视图．

5. 有外径 7 cm，内径 5 cm，长 6 cm 之圆管，今使其横于基面上，其轴与画面成 35°，试求吾人能窥其内部之透视图．

6. 将图 519 所示之立体，直立于基面上成角之位置，试求其透视图．

7. 将图 520 所示之立体，直立于基面上成角之位置，试求其透视图．

第十九章　斜透视

1. 斜透视

由倾斜于基面及画面之直线而作立体之透视时,必须求得含其一倾斜面之平面之灭线.后于其灭线上,再求其倾斜面中所含之直线之灭点及测点.如是作图,则事半而功倍矣.凡应用此方法所作之透视图,称为斜透视(Oblique perspective).斜透视便利之点,厥为已知立体,不必于基面及画面上求作正投影面.至用有角透视,其灭点所结之直线,以专与地平线平行为主.然于此种透视,通常多不必与地平线平行.故称此种透视,亦可谓之三点透视(Three point perspective).

2. 斜透视之一般

如图 588 所示,图中四边形 $ABCD$ 为倾斜于基面及画面之四边形.其作法,先作含视点 E 而平行于四边形之平面 P,使其与画面相交为 V_1V_2.此时含四边形之平面及平行于此平面内之直线之灭点应在 V_1V_2 上.次以 D_1,D_2 为距离点,HH 为地平线,V_0 为心点,S_1 为视点 E 回转于 HH 之周与画面成一致时之位置.又以 V_1,V_2 为直线 AD,AB 之灭点,M_1,M_2 为其各测点.次以视点 E 回转于 V_1V_2 之周,使其与画面所成一致之位置为 S_0,由 E 向 V_1V_2 所引垂线之足为 V_0'.此时 $V_0V_0'S_0$ 为一直线,$V_0'E=V_0'S_0$,三角形 $EV_0'V_0$ 为直角三角形.依此,由 V_0' 引平行于 V_1V_2 之直线,而于此直线上取 $V_0'E_1$ 等于 $V_0'S_1$,则 $V_0'E_1=V_0'S_0$.又于 V_1V_2 上取 $V_0'D_4$ 等于 $V_0'S_0$.此时,直线 V_1V_2,V_0',S_0,D_4 间之关系,应与 HH,V_0,S_1,D_2 间之关系相同.故将四边形 $ABCD$ 回转于含此四边形之平面之直立迹之周,使其与画面成一致时之位置时,若以其直立迹为基线,V_1V_2 为地平线,V_0' 为心点,S_0 为停点,D_4 为距离点考之,其四边形 $ABCD$ 之透视图之作,可依前章之平行透视,有角透视之作图法求之可也.

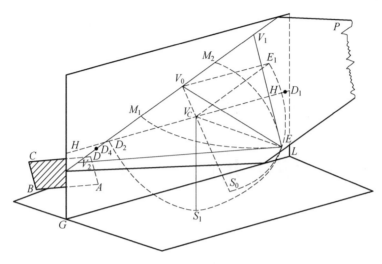

图 588

如图 589，乃示其回转后之位置之图也．图中 $A'B'C'D'$ 为四边形 $ABCD$ 之透视．点 A 位于画面上，直线 $b_0 d_0$ 乃含四边形之平面之直立迹．依次，$A'b_0$，$A'd_0$ 等于 AB，AD 之实长．又四边形 $E'F'G'H'$，乃示平行于四边形 $ABCD$ 之四边形其透视之图也．

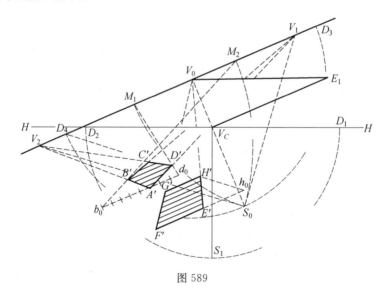

图 589

作图题 1 求倾斜于画面之长方柱之透视图.

如图 590 所示,图中平面 Q 为含角柱之底 $ABCD$ 之平面. 矩形 $ABCD$ 乃

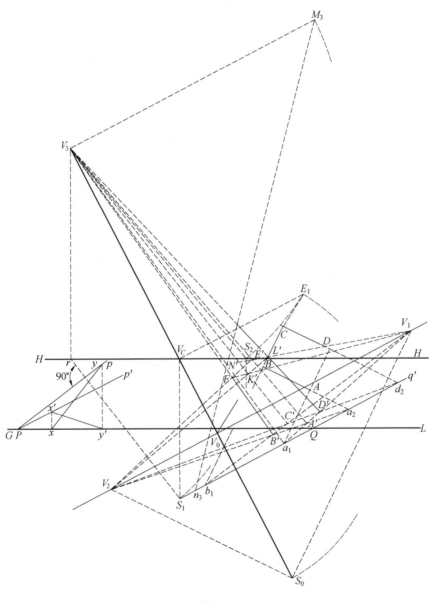

图 590

以其底回转于 Qq' 之周,使其与画面成一致时之位置之图. 次作 $ABCD$ 之透视图 $A'B'C'D'$. 再求垂直于平面 Q 之直线之灭点 V_3,由 V_3 引平行线 V_3M_3 平行于 V_1V_2,取其长等于 V_3 至视点之实距离. 次于 Qq' 上,由 AD 之延长线与 Qq' 之交点 a_1,取 a_1n_3 之长等于角柱之高,更引 n_3M_3,a_1V_3 使其相交于点 N'. 后引 $N'V_1$,$A'V_3$ 使其相交于点 E'. 此时 $A'E'$ 乃过 A 之侧棱之透视. 又引 $E'V_1$,$E'V_2$ 与 $D'V_3$,$B'V_3$,其相对应之交点为 L',F'. 再引 $F'V_1$,$L'V_2$ 使其相交于点 K'. 后联结 K',C'. 此时所成之图形 $A'B'C'D'E'F'K'L'$,即为所求之角柱之透视图也.

3. 杂题

如图 591 所示,图中为圆柱之轴倾斜于画面时所作之圆柱之透视图也. 此

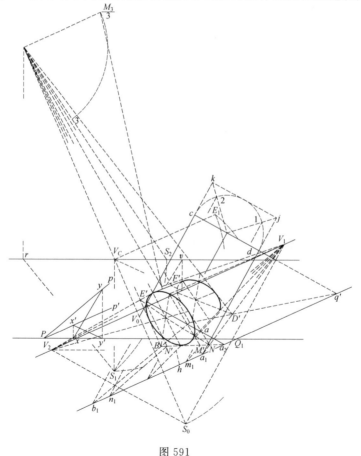

图 591

图之求法,先将此圆柱以一正方柱包之,设含其一侧面 $ABCD$ 之平面为平面 Q. 次与图 590 同法,作角柱之透视图. 后由角柱之透视图而作图柱底之透视图. 图中 $\dfrac{M_3}{3}$ 之点为垂直于平面 Q 之直线之 $\dfrac{1}{3}$ 之分测点也.

如图 592 所示,为圆柱上有圆板之立体所作之透视图. 此图亦以方柱包之而求其透视之法也.

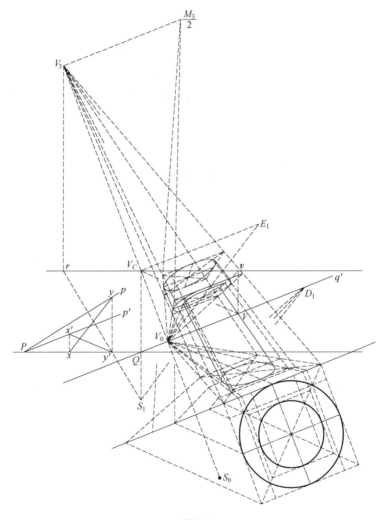

图 592

练 习 题

1. 有直径为 4 cm,高为 6 cm 之直圆柱,其轴与画面成 35°,与基面成 45°,试作其透视图.

2. 有底之直径为 4 cm,高为 7 cm 之直圆锥,其底面与画面成 60°,与基面成 45°,试作其透视图.

3. 有一边长为 4 cm 之正八面体,其一面与画面成 60°,与基面成 45°,其一边与基面成 30°,试求其透视图.

4. 有高 7 cm,以一边长 3 cm 之正六角形为底之正六角柱.其底与画面成 70°,与基面成 40°,底之一边与基面成 30°,试求其角柱之透视图.

5. 如图 520 所示之立体,其底与画面成 60°,与基面成 45°,底之一边与基面成 30°,试求其透视图.

6. 如图 583 所示之建筑物,其底与基面成 30°,与画面成 70°,其侧面与基面成 80°,试求其透视图.

7. 如图 593 所示之立体,其底与基面成 30°,与画面成 60°,其底之一边与基面成 10°,试求其透视图.

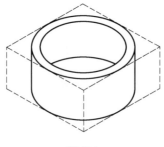

图 593

8. 如图 594 所示之立体,试作其等测投影图,斜投影图,平行透视图,有角透视图,斜透视图等比较之.其缩尺为 $\frac{1}{20}$.

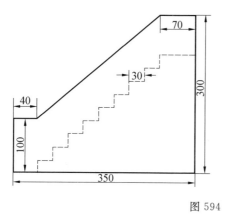
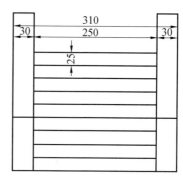

图 594

第二十章　阿特赫玛氏法

1. 点之透视

如图 595 所示，乃以 $\frac{1}{3}$ 之缩尺所作之平面图也．图中 S 为停点，PQ 为基线，a 为基面上一点 A 之平面图．角 PSQ 为视角，由 S 向 PQ 所引之垂线之足为 X．又由 P 引垂直于 PQ 之直线，后向此直线由 a 引垂线，使其足为 a_0．此时 A 应在画面后方 $\overline{Pa_0}$ 之三倍，P 之右方 $\overline{aa_0}$ 之三倍之距离处．

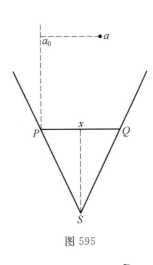

图 595

次如图 596 所示，取基线 P_1Q_1 之长为 PQ 之三倍，由其中点向地平线 HH 引垂线，其足 V_c 为心点．又于 HH 上取 V_cX 等于 PX，由 X 引垂直于 HH 之直线使其与 P_1V_c 相交于点 p，复由 p 引平行于 HH 之直线，于其直线上取 pa_3 等于 aa_0．又于地平线上取 $V_c\frac{D}{3}$ 等于 SX．此时 $\frac{D}{3}$ 因其为分距离点，故于 P_1Q_1 上取 P_1a_1 等于 Pa_0，则 a_1 与 $\frac{D}{3}$ 相结而与 V_cP_1 所交之点为 a_2．此时点 A 之透视乃在由 a_2 所引之平行于基线之直线上．又因其亦在 V_c 与 a_3 所结之直线上，故两者之交点 A' 应为点 A 之透视．今 V_ca_3 与基线相交于点 a_4，则 P_1a_4 之长当等于 aa_0 之三倍．

应用上述之方法而求点之透视，谓之阿特赫玛（Adhemar）氏法．

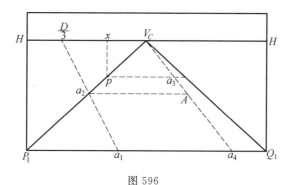

图 596

2. 四边形之透视

如图 597 所示,乃以 $\frac{1}{6}$ 之缩尺所作之平面图也. 图中 S 为停点,PQ 为基线,$abcd$ 为基面上四边形 $ABCD$ 之平面图. 由 S 向 PQ 引垂线,其足为 X_0,Pg_0,Qi_0,为 P,Q 向 PQ 所引之垂线. ab 与 SX 相交于点 k,其延长线与 SP 相交于点 e,由 e 向 Pg_0 所引垂线之足为 e_0. 又 bc 之延长线与 SX,SQ 相交于点 g,j,由 j 向 Qi_0 所引之垂线之足为 j_0. 又 cd 之延长线与 SX,SQ 相交于点 u,i,由 i 向 Qi_0 所引之垂线之足为 i_0. 又 da 之延长线于 SP,SQ 相交于点 f,l,由 f,l 向 Pg_0,Qi_0 所引之垂线之足为 f_0,l_0. 又由 a,b,c,d 向 Pg_0 所引之垂线之足为 a_0,b_0,c_0,d_0.

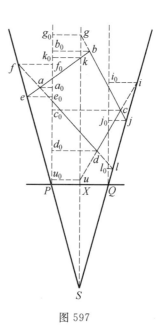

图 597

如图 598 所示,图中取基线 P_1Q_1 之长为 PQ 之六倍,由其中点向地平线 HH 所引垂线之足 V_c 用为心点. 又于 HH 上取 $V_c x$ 等于 PX,由 x 向 HH 所引之垂线使其与 V_cP_1 相交于点 p. 又于 HH 上取 $V_c\frac{D_1}{6}$,$V_c\frac{D_2}{6}$ 等于 SX,则 $\frac{D_1}{6}$,$\frac{D_2}{6}$ 应为分距离点. 依此,由 p 引平行于 HH 之直线,而于此直线上取 pa_3,pb_3,pc_3,pd_3 等于 aa_0,bb_0,cc_0,dd_0,又于 P_1Q_1 上取 P_1a_1,P_1b_1,P_1c_1,P_1d_1 等于 Pa_0,Pb_0,Pc_0,Pd_0. 后令 a_1,b_1,c_1,d_1 与 $\frac{D_1}{6}$ 相

结，而与 V_cP_1 相交于点 a_2, b_2, c_2, d_2. 次于 a_2, b_2, c_2, d_2 引平行线平行于 P_1Q_1，使其与 $V_ca_3, V_cb_3, V_cc_3, V_cd_3$ 相对应之交点为 A', B', C', D'，则四边形 $A'B'C'D'$ 应为已知四边形之透视. 图中 $a_1, b_1, c_1, a_2, b_2, c_2$ 各点，缘以避免作图之繁，故缺如也.

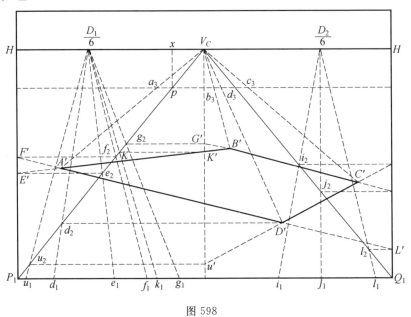

图 598

次于 P_1Q_1 上，取 P_1e_1, P_1k_1 等于 Pe_0, Pk_0，后将 e_1, k_1 与 $\frac{D_1}{6}$ 相结，使其与 V_cP_1 相交于点 e_k, k_2. 更由 e_2, k_2 各向垂直于地平线之 P_1H, V_cK' 引垂线，置其相对应之交点为 E', K'. 此时 E', K' 应在 $A'B'$ 上，或其延长线上.

再于 P_1Q_1 上，取 P_1g_1, Q_1j_1 等于 Pg_0, Qj_0. 次将 g_1, j_1 与 $\frac{D_1}{6}, \frac{D_2}{6}$ 相结，使其与 V_cP_1, V_cQ_1 相对应之交点为 g_2, j_2. 更由 g_2, j_2 向垂直于地平线之 V_cK', Q_1H 引垂线，置其相对应之交点为 G', J'. 此时 G', J' 应在 $B'C'$ 之延长线上.

又于 P_1Q_1 上取 P_1u_1, Q_1i_1 等于 Pu_0, Qi_0. 次将 u_1, i_1 与 $\frac{D_1}{6}, \frac{D_2}{6}$ 相结，使其与 V_cP_1, V_cQ_1 相对应之交点为 u_2, i_2. 更由 u_2, i_2 向垂直于地平线之 V_cK', Q_1H 引垂线，置其相对应之交为 U', I'. 此时 U', I' 应在 $C'D'$ 之延长线上.

后于 P_1Q_1 上，取 P_1f_1, Q_1l_1 等于 Pf_0, Ql_0. 次将 f_1, l_1 与 $\frac{D_1}{6}, \frac{D_2}{6}$ 相结，使

其与 V_cP_1, V_cQ_1 相对应之交点为 f_0, l_2. 更由 f_{20}, l_2 向 P_1H, Q_1H 引垂线. 置其相对应之交点为 F', L'. 此时 F', L' 应在 $A'D'$ 之延长线上.

上述之 $E', K', G', J', U', I', F', L'$ 各点既得,将其联结而作成直线,即可求其 A', B', C', D' 诸点.

3. 长方柱之透视

如图 599 所示,乃以 $\frac{1}{4}$ 之缩尺所作之投影图也. 图中矩形 $abcd$ 为长方柱之底在基面上之平面图. 又 S 为停点,PQ 为基线,h 为角柱之高,h_1 为地平线之高. 由 PQ 上之任意点 R 引平行线 Ri 平行于 SQ,使其与 ad, bc 之延长线之各交点为 g, l. 又由 ad, bc 之延长线与 SP 相交于点 e, f. 次引平等线平行于 PQ,使其与 Ri 相交于点 m, n. 此时 Ri 谓之 R 线.

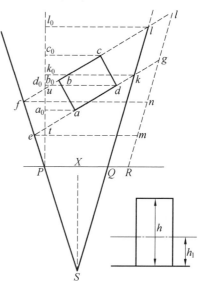

图 599

如图 600 所示,图中取 P_0O 之长等于 PQ 之四倍. 其中点为 V_1,又隔 P_0O 点 h_1 之四倍之距离,引平行于此之平行线 HH,由 V_1 向 HH 向引垂线之足为 V_c. 然此时 P_0O 为基线,HH 为地平线,V_c 为心点. 次引平行于 P_0O 之任意直线 P_1Q_1,由 P_0, O 向 P_1Q_1 所引之各垂线之足为 P_1, Q_1. 复于 P_0O 上取 OQ_2 等于 SQ,则 Q_2 视 P_0O 为地平线时为 R 线之 $\frac{1}{4}$ 之分测点. 又于 P_1Q_1 上取 Q_1R_1 等于 QR 之四倍,则直线 OR_1 视 P_0O_1 及 P_1Q_1 为地平线及基线时为 R 线之透视. 但实际之 R 线之透视,乃由 R_1 向 P_0O 所引之垂线之足 R_2 与 HH, Q_1O 之交点 H 相结所成之 HR_2 也.

先于 P_0O 上取 V_1x 等于 PX,由 x 向 P_1Q_1 所引之垂线与 V_1P_1 相交于 p,由 p 引平行线 pd_3 平行于 P_1Q_1. 次于 R_1P_1 上取 $R_1m_1, R_1n_1, R_1g_1, Ri_1$ 等于 Rm, Rn, Rg, Ri. 后将 m_1, n_1, g_1, i_1 与 Q_2 相结,使其与 OR_1 相交于点 M_1, N_1, G_1, I_1. 更由 M_1, N_1 向 P_1P_0 所引之各垂线之足为 E_1, F_1. 次于 pd 上取 pa_3, pb_3, pc_3, pd_3 等于由 a, b, c, d 至垂直于 PQ 之 Pl 之距离 aa_0, bb_0, cc_0, dd_0 后将 a_3, b_3, c_3, d_3 与 V_1 相结,使其与 E_1G, F_1I_1 相对应之各交点为 A_1, B_1, C_1,

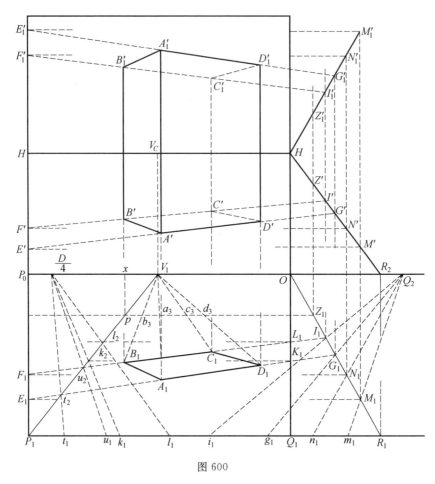

图 600

D_1. 此时四边形 $A_1B_1C_1D_1$, 以 P_1Q_1 为基线, P_0O 为地平线时, 为角柱之底 $ABCD$ 之透视.

次由 pd_3 与 OR_1 之交点 Z_1 向基线引垂线, 使其与 HR_2 相交于点 Z'. 后于其延长线上, 取 $Z'Z'_1$ 等于 h, 将 H 与 Z'_1 相结. 再由 M_1, N_1, G_1, I_1 向基线引垂线, 使其与 HR_2 相交于点 M', N', G', I'. 又使其与 HZ'_1 相交于点 M'_1, N'_1, G'_1, I'_1. 复由 M', N', M'_1, N'_1 向 P_1P_0 引垂线, 其足为 E', F', E'_1, F'_1. 后引直线 $E'G', F'I', E'_1G'_1, F'_1I'_1$. 此时直线 $E'G', F'I', E'_1G'_1, F'_1I'_1$ 与由 A_1, B_1, C_1, D_1 向基线所引之垂线, 其相对应之交点 $A', B', C', D', A'_1, B'_1, C'_1, D'_1$ 应为角柱之各角点之透视. 依此, 将以上诸点联结而成如图所示之图

形,即为角柱之透视图.

4. 建筑物之透视

作建筑物之透视图与作长方柱之透视图全同一法. 如图 601,图 602 所示,乃其大要之图也.

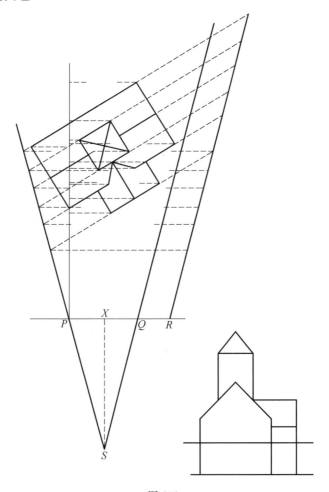

图 601

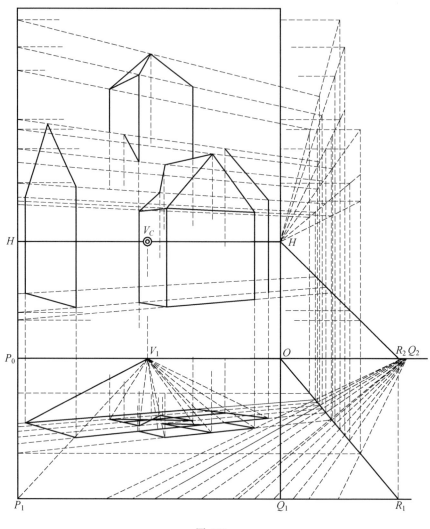

图 602

第二十一章 三平面法

1. 三平面法

以上所述之图法，必先以画面为直立投影面，基面为水平投影面，而表示物体之正投影．后由其正投影，再求其透视图．如斯作图，乃属其普通方法．至另一作图法与此相异其趣者，厥为三平面作图之方法也．

将物体之正投影，表示于普通之直立投影面，及水平投影面上，而置画面垂直于基线．凡置画面于如斯之位置而作透视图之方法，谓之三平面法（Method by three planes）．

2. 点之透视

如图 603 所示，图中 a, a' 为已知点 A 之平面图，立面图．e, e' 为视点之平面图，立面图．OY, OX 为画面之水平迹，直立迹．此时 ae 与 OY 所交之点 a_0 为点 A 透视之平面图．$a'e'$ 与 OX 所交之点 a'_0 为点 A 之透视之立面图．依此，将画面回转于 OX 之周，使其与直立投影面相一致，即可得点 A 之透视，然将如斯之画面回转时，因透视与立面图相重合而混杂，故通常必将画面移至适当之位置 $X_1 o_1 Y_1$ 处，而于其位置向直立投影面回倒．依此，由 a_0 向 $o_1 Y_1$ 所引之垂线，其足为 a_1．次于基线上取 $O_1 a_2$ 等于 $O_1 a_1$．更由 a_2 引垂直于基线之 $a_2 A'$ 及由 a'_0 引平行于基线之直线，使其相交于点 A'．此时 A'，即为所求之点 A 之透视．

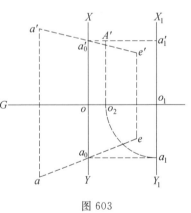

图 603

3. 多面体之透视

多面体之透视，乃由多面体之各角点之透视相结所作之直线而成. 例如图 604 中之 $B'A'D'J'G'H'V'$，乃根据左图之二投影而求得已知立体之透视图也. 求各角点透视之法与图 603 同.

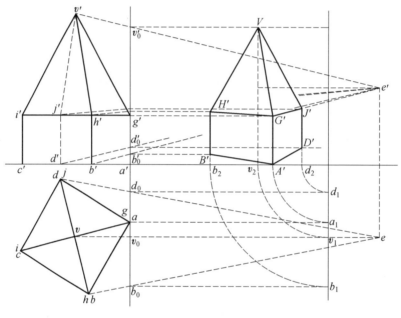

图 604

4. 圆锥之透视

圆锥之透视，乃由其底之透视与由顶点之透视向此所引之二切线而成. 求底之透视时，亦可由包含其底之正方形之透视而求之. 其后将圆周上数点之透视连续而成曲线可也. 如图 605 所示，乃直圆锥之底位于水平投影面上时所作之透视图也.

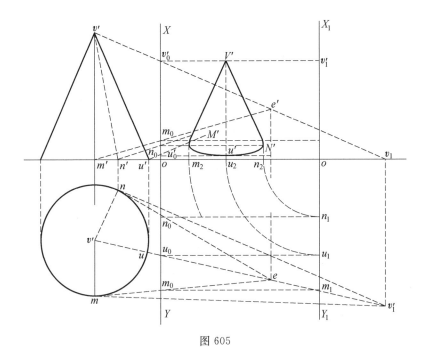

图 605

5. 倾斜于画面之直线之透视

当作倾斜于画面之直线之透视图时,为作图便利计,可采用其焦点之作图法,如图 606 所示,图中 ab, $a'b'$ 为已知直线 AB 之平面图及立面图. p, p' 为 AB 与画面相交点 P 之平面图及立面图. 先若求得点 P 之透视 P',则 AB 之透视应通过点 P'. 又由视点 E 引平行于 AB 之直线而求其与画面之相交点 V. 此时 V,即为 AB 之焦点,而 AB 及平行于 AB 之直线之透视应通过点 V. 依此,则 e' 于 a', b' 相结之直线与 OX 相交于 a'_0, b'_0. 后由 a'_0, b'_0 引平行线平行于基线,使其与直线 $P'V$ 相交于点 A', B'. 此时 $A'B'$,即为 AB 之透视.

如图 607 所示,乃先求 GF, FH 之焦点 V_1, V_2,然后作已知立体之透视图之图也.

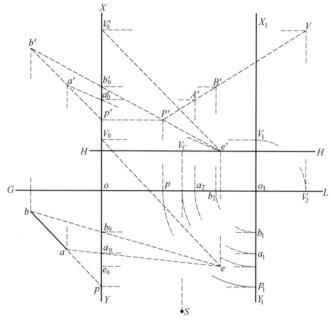

图 606

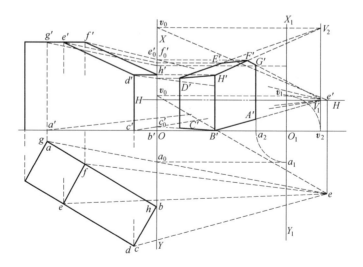

图 607

练 习 题

1. 试用三平面法,求直立于水平投影面上之圆柱(直径 4 cm,高 7 cm)之透视图.而视点置于画面前 6 cm,水平面上 3 cm,圆柱之轴右 4 cm 处.

2. 图 594 所示之阶段之正面,与画面成 35°,试以三平面法求其透视图.但视点之位置为任意,缩尺为 $\frac{1}{50}$.

3. 将图 576 所示之建筑物置于成角之位置,试采用三平面法求其透视图.

4. 如图 519 所示之立体之一面,与画面成 30°,试依三平面法求其透视图.

5. 有直径 4 cm,长 8 cm 之二圆柱,其角互直交而成十字形.试依三平面法求其透视图.

6. 有一边长为 4 cm 之正八面体.其一对角线垂直于水平面,他一对角线与画面成 30°.试依三平面法求其透视图.

7. 有直径 4 cm,节距 4 cm 之螺旋线.试依三平面法求其二周之透视图.但其轴垂直于水平投影面,视点置于轴之右方 3 cm 之位置.

8. 有外径 8 cm,内径 2 cm 之圆环.其轴为水平而与画面成 20°.试依三平面法求其透视图.

9. 有高 5 cm 之截头圆锥.其底之直径为 3 cm,5 cm.当其轴垂直于水平面时,试依三平面法求其透视图.

10. 如图 574 所示之栈道之外形置于成角之位置.试依三平面法求其透视图.

第二十二章　透视之阴影

1. 基面上点之阴影

如图608所示,L'为发光点之透视,L_0为发光点向基面所引垂线之足. 又P'为已知点P之透视,P_0为P向基面所引之垂线之足. 此时,过点P光线之透视为$L'P'$,而过点P含光线且垂直于基面之平面与基面之相交迹之透视为L_0P_0,故$L'P'$与L_0P_0之交点P'_1,为P向基面所投影之透视.

发光点至无限远之距离时,其光线为平行光线. 其透视不为平行而相会于其灭点. 然光线平行于画面时,光线之透视亦平行.

如图609所示,图中r,r'为平行于画面之光线之平面图,立面图. 此时平行此光线之光线之透视应平行于r'. 依此,使P'为点P之透视,P_0为P向基面所引垂线足之透视,则平行于r之$P_0P'_1$与平行于r'之$P'P'_1$之交点P'_1,为P向基面所投之影之透视.

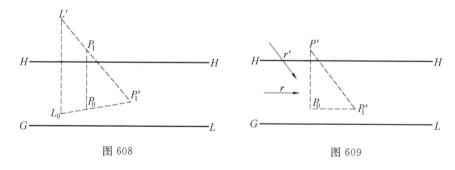

图 608　　　　　　图 609

如图610所示,图中r,r'乃示倾斜于画面之光线之平面图,立面图. 由停点S引平行于r之直线,使其与基线相交于点r_0. 更由r_0向地平线引垂线,其足

为 r_1. 又由心点 V_c 引平行于 r' 之直线，使其与 r_1r_0 相交于点 R'. 此时图中平行于已知光线之光线之透视，相会于 R'. 平行于光线而垂直于基面这平面与基面相交迹之透视，相会于 r'_1. 依此，P' 为一点 P 之透视，P_0 为 P 向基面所引之垂线之足之透视时，则直线 $P'R'$ 与 P_0r_1 之交点 P'_1，为 P 向基面所投影之透视.

2. 角柱之底位于基面上时之阴影

(1)发光点在有限之距离时

如图 611 所示，图中 L' 为发光点之透视，L_0 为发光点向基面所引之垂线之足之透视. 此时作图与图 607 同，先求点 F', E', H', G' 向基面所投之影 F'_1，E'_1, H'_1, G'_1. 由是将 $B', F'_1, E'_1, H'_1, G'_1, C'$ 顺次联结，其所得之直线所围成之图形，为其于基面上之影. 由此影所得之面 $F'B'A'E', E'A'D'H'$，$H'D'C'G'$，是为阴面.

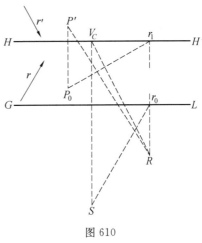

图 610

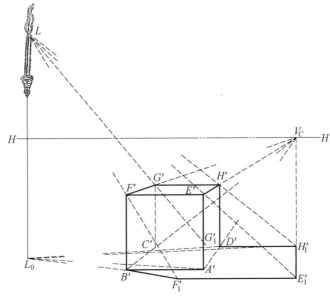

图 611

(2) 平行光线平行于画面时

其作图法与图 608 相似,先求其立体上之各点向基面所投之影,后将此连续而作成图可也. 如图 612,图 613,乃示其大要之图也. 图 613 中,其左方之角柱,因其向右方之角柱上投影,故求其影,可如求 $M'J'$ 所投之影 $1M'_2$ 时,须由 J' 引平行于基线之直线,使其与 $A'B'$ 相交于点 1. 由 1 引垂线于基线,后由 M' 引平行于已知光线之直线,使其与垂线相交于点 M'_2 可也. 同法,求得 $L'K'$ 所投之影 $2L'_2$,则得影 $1M'_2L'_22$.

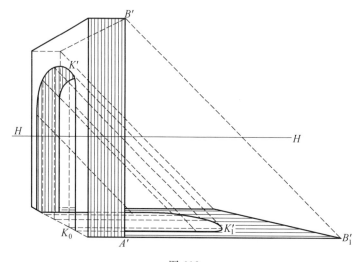

图 612

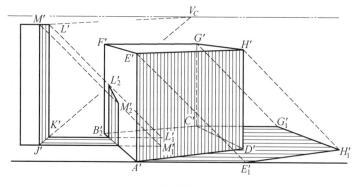

图 613

(3) 平行光线倾斜于画面时

如图 614，图 615 所示，图中 R' 为已知光线之灭点，r_1 为光线之平面图之灭点. 此时凡各点光线之透视均聚会于点 R'，而平行于光线之直立面之水平迹之透视应会于点 r_1. 依此，可如图 609 所图法，于立体上之各角点求其向基面所投之影. 将其各点连续所作之图形，则得基面上之影. 后由基面上之影，可决定其立体之阴面.

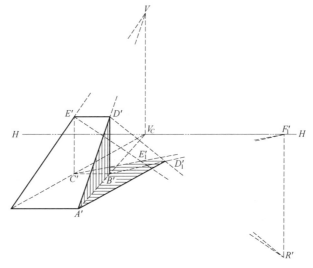

图 614

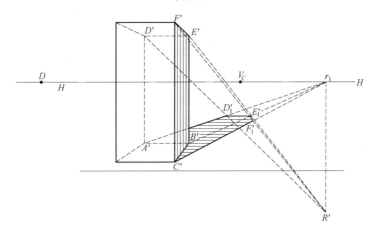

图 615

3. 直线向基面及其他之倾斜面所投之影

如图 616 所示,图中 $M'N'$ 为直线 MN 之透视,V 为其灭点,点 M 为基面上之点. 又 $A'D'E'F'B'C'$ 为一面 $AEFB$ 位于基面上时三角柱 $ADEFBC$ 之透视,直线 V_1V_2 为面 $ABCD$ 之灭线,直线 V_1V_3 为面 $CDEF$ 之灭线,R' 为光线之灭点. 此时直线 VR' 为含其直线且平行于光线之平面之灭线. 依此,VR' 与地平线 HH 相交之点 V_4,是即直线 MN 向基面所投之影之灭点. 又 VR' 与 V_1V_2 相交之点为 V_5,则 V_5 为 MN 向面 $ABCD$ 所投之影之灭点. VR' 与 V_1V_3 相交之点为 V_6,则 V_6 为 MN 向面 $CDEF$ 所投之影之灭点.

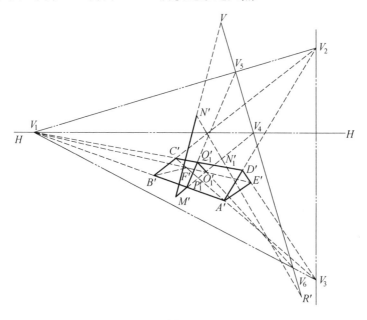

图 616

依此,置直线 $N'R'$ 与 $M'V_4$ 相交之点为 N'_1,则 $M'N'_1$ 为 MN 向基面所投之影. 又 $M'V_4$ 与 $A'B'$ 之交点 P'_1 与 V_5 相结,使其与 $C'D'$ 相交于点 Q'_1,则 $P'_1Q'_1$ 为 MN 向面 $ABCD$ 所投之影. Q'_1V_6 与 $E'F'$ 相交之点为 O'_1,则 $Q'_1O'_1$ 为 MN 向面 $CDEF$ 所投之影. 此时 O'_1 之在 $M'N'$ 上,自无论矣.

作图题 1 求直立于基面上之角柱向置于基面上之角锥所投之影.

如图 617 所示,图中 T' 为角锥之顶点向其底所垂之垂线之足. 光线为平行光线,而平行于画面.

先由 C' 引平行线 $C'L'$ 平行于基线,使其与 $M'O',T'O'$ 相交于点 $L',3.$ 次由 3 向基线引垂线使其与 $V'O'$ 相交于点 4，后引直线 $4L'$. 此时 $C'L'$，乃示含直线 $G'C'$ 及平行于光线之平面之水平迹. 直线 34，因其为其平面与含三角形 $V'T'O'$ 之平面之相交迹，故直线 $4L'$ 应为前者与面 $V'M'O'$ 之相交迹. 依此，由 G' 所引之平行于光线之平行线与 $4L'$ 相交于点 G'_1，则 G'_1 为点 G' 向角锥之斜面 $V'M'O'$ 所投之影. 是故 $L'G'$ 为 $G'C'$ 向斜面 $V'M'O'$ 所投之影. 同法，若求得角柱他棱 $F'B'$，$E'A$ 所投之影，则得所求之影 $L'G'_1F'_1E'_1K'$.

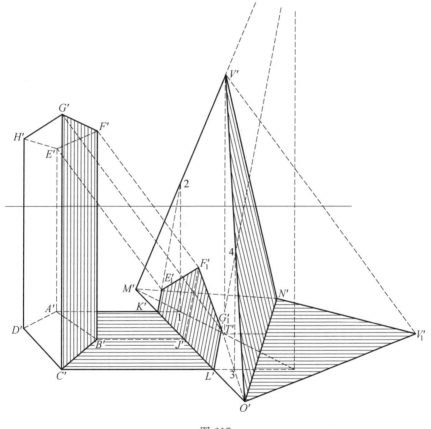

图 617

作图题 2 求其底置于基面上之角锥向其一侧面置于基面上之角柱所投之影.

如图 618 所示，图中 R' 为光线之灭点，r_1 为 R' 向地平线所引之垂线足，O' 为角锥之顶点 V' 向其底所引之垂线足.

先引 $V'R'$, $O'r_1$ 使其相交于点 V'_1, 次将 V'_1 与 A'_1B' 相结使其与 $D'H'$, $G'K'$ 相交于点 $3,4,9,10$. 再由 $O'r_1$ 与 $D'H'$, $G'K'$ 之交点 X', Y' 向基线引垂线, 使其与 $V'R'$ 相交于点 $1,2$. 更将 1 与 $3,4$ 相结使其与 $E'I'$ 相交于点 $5,6$. 又 2 与 $9,10$ 相结, 使其与 $F'J'$ 相交于点 $7,8$. 此时四边形 3465 为角锥向侧面 $E'D'H'I'$ 所投之影. 又 5687 为其向侧面 $E'I'J'F'$ 所投之影.

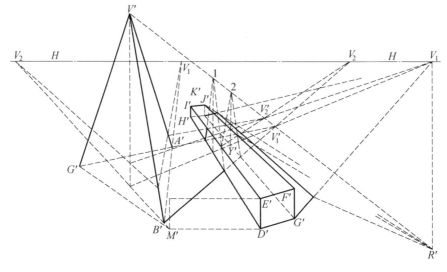

图 618

次由 D' 引平行线平行于基线, 使其与地平线上任意之点 V_2 与 O' 相结之直线相交于点 M'. 更由 M' 引垂直于基线之直线, 即平行于 $D'E'$ 之直线及由 E' 引平行于 $D'M'$ 之直线, 使其相交于点 N'. 而 $N'V_2$ 与 $V'O'$ 之交点 S' 与 r_1 相结, 使其与 $V'R'$ 相交于点 V'_2. 此时 V'_2 因其为角锥之顶点 V' 向含面 $E'I'J'F'$ 之平面所投之影, 故直线 $\overline{68}$, $\overline{57}$ 相会于 V'_2.

作图题 3 求垂直于画面之圆管曲面上之阴影.

如图 619 所示, 图中 R' 为光线之灭点, V_c 为心点. 其圆管之一端 $A'B'C'$ 置于画面上. 此时直线 $R'V_c$ 乃示平行于圆管之轴及其无线之平面之灭线. 是故平行于光线之圆管其切平面之直立迹应平行于 $R'V_c$. 依此, 若引平行于 $R'V_c$ 之切线 $B'T'$ 切于圆 $A'B'C'$, 则过其切点之柱面之面素 $B'K'$ 为外侧之一阴线. 其另一阴线, 因其位于不见之部分, 故略.

次引平行于 $R'V_c$ 而切于圆 $D'E'F'$ 之直线, 其切点为 D'. 此时 D' 为圆管内面影线之一端. 次置平行于 $R'V_c$ 之任意直线与圆 $D'EF'$ 相交于点 $1,2$, 则 1 与

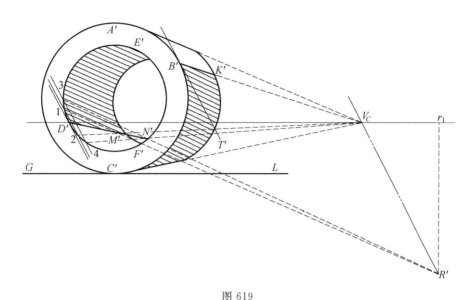

图 619

R', 2 与 V_c 相结, 其所得之交点为 M. 此时 M' 为点 1 向内面所投之影. 同法, 而求其内面上之影, 将其各点连续作成曲线 $1M'N'$, 即得其内面上之影线.

作图题 4 十字拱之透视为已知, 求其阴影.

如图 620 所示, 图中拱之一面与画面相一致. 故形成十字拱之半圆柱面, 其一垂直于画面, 他一平行于画面.

先置 R' 为光线之焦点, V_c 为心点, 则垂直于画面之圆柱面其内面之影, 可用图 619 作图法求之. 次由 R' 引平行于基线之直线, 及由 V_c 引垂直于基线之直线, 使其相交于点 R_0, 故 R_0 为平行于基线及光线之平面与垂直于基线之平面其相交迹之焦点. 而平行于画面之半圆柱面之轴与基线平行, 其两端之半圆与基线垂直. 依此, 由 R_0 向左侧圆之透视引切线, 置其切点为 P', 则 P' 为平行于画面之圆柱面内其影之一端. 又过 R_0 之任意直线与左侧圆相交于点 3, 4, 次由 4 引平行于基线之直线, 使其与过 3 之光线 $3R'$ 相交于点 Q', 则 Q' 为点 3 向其内面所投之影. 后依此法, 而求平行于画面之圆柱面其内面之影线上之点, 将各点联结而作成曲线, 即得其内面之影.

又与画面一致之半圆 $A'B'C'$, 其中心为 O'. 由半圆直径之一端 A' 向基线引垂线, 其足为 G'. 次将 G' 与 r_1 相结, 而与 $E'L'$ 相交于点 E'. 更由 E' 引垂线垂直于基线, 使其与 $R'A'$ 相交于点 A'_1. 次由 A'_1 引平行线平行于基线, 使其与 $R'O'$ 相交于点 O'_1, 则 O'_1 为半圆 $A'B'C'$ 之中心 O' 向面 $E'F'K'L'$ 所投之影. 依

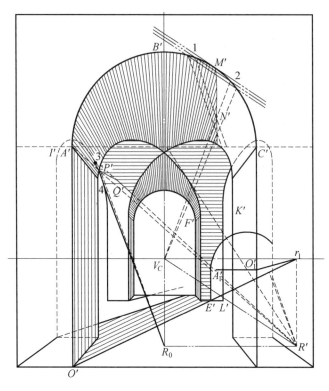

图 620

此,以 O'_1 为中心过 A'_1 作圆,则得半圆 $A'B'C'$ 向平行于一拱脚之画面之面 $E'F'K'L'$ 所投之影.

又其基面上所投之影,兹从略.

作图题 5 由半圆筒与四半球所成之壁龛为已知,求其圆面之影.

如图 621 所示,图中 R' 为光线之焦点,V_c 为心点,D 为距离点,其壁龛之前面与画面相一致.

(1)圆筒内面之影

由 $A'r_1$ 与曲线 $A'B'C'$ 之交点 B' 引垂直于基线之 $B'E'_1$,使其与 $E'R'$ 相交于点 E'_1. 此时直线 E'_1B' 为直线 $E'A'$ 向圆筒内面所投之影. 次由半圆 $E'K'J'$ 上之任意点 N' 向基线引垂线,其足为 M_1. 次置 $M'r_1$ 与曲线 $A'B'C'$ 之交点为 1,则由 1 向基线所引之垂线与 $N'R'$ 相交之点 N'_1,为点 N' 所投之影. 同法,可求半圆 $E'K'J'$ 上之点向半圆筒之内面所投之影. 后将其各点连续而成曲线,即

392

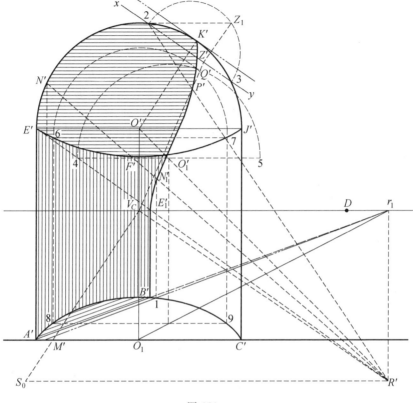

图 621

得半圆 $E'K'J'$ 向圆筒内面所投之影.

(2) 球内面之影

四半球以平行于画面之任意平面切之,则所得之切口之透视为半圆 $6Q'7$,其水平迹之透视为直线 89. 由半圆 $E'K'J'$ 之中心 O' 向基线引垂线,其足为 O_1. O_1 与 r_1 相结之直线,使其与直线 89 相交,由其交点向基线所引之垂线与 $O'R'$ 相交于点 O'_1. 更由 O'_1 引平行线平行于基线,使其与 $R'E'$ 相交于点 4. 此时 O'_1 为中心,$O'_1 4$ 为半径之半圆为上述切断平面上半圆 $E'K'J'$ 之影,依此,使此半圆与上述之切口之半圆 $6Q'7$ 相交于点 Q',则 Q' 为球面内影线上之一点. 同法,若求得影线上之点,将其连续作成曲面,即得球面内之影.

或以平行于光线而垂直于画面之平面切之,而于其切口上,求其影线上之点亦可. 此法,先将 V_c 与 R' 联结而成直线. 此直线因其为过心点而含光线且垂直于画面之平面之直立迹,故平行于此平面而切于半圆 $E'K'J'$ 之直线之切点若为 K',则 K' 为球内面之影线之端.次由 V_c 引垂直于 V_cR' 之 V_cS_0,取 V_cS_0 等于视点至画面之距离 V_cD,则直线 S_0R' 为通过视点之光线以 V_cR' 为轴,而倒于画面之位置之图.又平行于 V_cR' 之任意直线 xy 与半圆 $E'K'J'$ 相交于点 2,3,以 23 为直径作圆.此时此半圆乃以 xy 为直立迹,以垂直于画面之平面切其球面,将其所得之切口回转于 xy 之周,使其与画面成一致之位置之图.依此,由 2 引平行于 S_0R' 之直线,使其与半圆 $2Z_13$ 相交于点 Z_1 是时 Z_1 因其为点 2 向球之内面所投之影倒于画面之位置之图,故将其复归原有之位置,则得其透视 P'.是即由 Z_1 向 xy 所引之垂线足 Z'_1 与 V_c 相结之直线及 2 与 R' 相结之直线,而得其相交点 P'.同法:求得影线上之点,将其联结而成曲线可也.

作图题 6 求于心点切画面之球之阴影.

如图 622 所示,V_c 为心点,D 为距离点,S_1 以地平线为基线时之停点,R' 为光线之灭点,r_1 为 R' 向地平线所引垂线之足.

先于地平线上,由心点 V_c 取 V_cO_2 等于已知球之半径.次以 O_2 为中心,以球之半径作圆.后由 D 向此圆引切线及由心点向地平线引垂线而得交点.过此交点,以心点为中心作圆,即得其球之透视.

(1) 求球之阴面之方法.

由 V_c 引垂直于 V_cR' 之 V_cS_2,取 V_cS_2 等于 V_cD,而引 S_2R'.此时 S_2R' 乃通过视点之光线以 V_cR' 为轴而倒于画面之位置.又于 S_2V_c 之延长线上,取 V_cO_1 等于球之半径,若以 O_1 为中心过 V_c 作圆,则此圆为含过视点之光线且垂直于画面之平面切于此球,而后以 V_cR' 为轴,将其切口倒于画面时之位置.依此,使垂直于 S_2R' 之直径 c_1d_1 之端与 S_2 所结之直线与 V_cR' 相交于点 C', D',则 $C'D'$ 为球之阴线之透视之椭圆之一轴也.

次将 $C'D'$ 之中点 M' 与 S_2 相结,使其与 c_1d_1 相交于点 m_1,更过 m_1 作垂直于直径 c_1d_1 之弦 a_1b_1.此时 a_1b_1 之长等于垂直于阴线之透视之椭圆 $C'D'$ 之轴之实长.而含阴线之光线,因其垂直于光线,故于 V_cR' 上取 $V_cS_3M'm_2$ 等于 $V_cD, M'm_1$.更由 m_2 引垂直于 V_cR' 之直线,而于其上取 m_2a_2, m_2b_2 等于 m_1a_1,再由 M' 引垂直于 $C'D'$ 之直线及 a_2, b_2 与 S_3 相结之直线,使其相交点为 A', B'.此时 $A'B'$ 因其为垂直于 $C'D'$ 之轴,故 $A'B', C'D'$ 为二轴之椭圆,是为阴线之透视.

(2) 求基线上球影之方法.

由 S_2 引垂线于 S_2R',使其与 V_cR' 之交点为 w',故由 w' 所引之垂直于

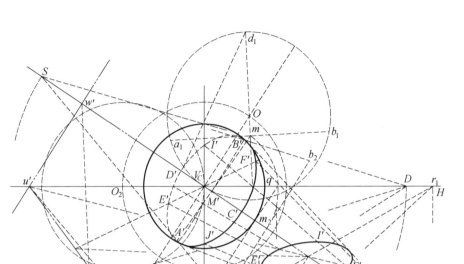

图 622

V_cR' 之 $w'u'$ 为含球之阴面其平面之灭线. 依此, 含阴面之平面其水平迹之透视, 应通过 $w'u'$ 与地平线之交点 u'. 次由 V_c 向地平线引垂线, 其足为 N, 于基面上取 Np_0 等于球之半径, 将 p_0 与 D 相结, 其所成之直线与 V_cN 相交于点 P'_2. 此时 P'_2 因其为由球之中心向基面所引之垂线足之透视, 故由 P'_2 引平行于基线之 P'_2Z', 为含球之中心且平行于画面之平面其水平迹之透视. 而平行于 $u'w'$ 之 V_cS_2, 因其在含球之阴线之平面内, 且为平行于画面之直径其延长线之透视, 故其与 P'_2Z' 所交之点 Z', 应为平行于画面之直径之水平迹. 依此则 u' 与 Z' 相结之直线, 为含阴面之平面其水平迹之透视. 其后再求球之中心向基面所投之影 P'_1. 此 P'_1 为 P'_2r_1 与 V_cR' 之交点, 固无待述. 此时阴线之各直径通过球之中心, 其各透视, 通过点 P'_1. 又其各直径之延长线与基面相交点之透视，应在 $u'z'$ 上.

阴线之任意直径之透视，即过 V_c 任意之弦 $E'F'$ 之延长线与 $u'Z'$ 相交之点 1，由点 1 与 P'_1 相结，使其与 $R'E'$，$R'F'$ 相交点于点 E'_1，F'_1. 则 $E'_1F'_1$ 为 $E'F'$ 向基面所投之影. 同法，后求得其他直径之影，将其各直径之端连续而成曲线，是即于基面上而得其球之影.

4. 杂题

作图 1 如图 623 所示，以 R' 为光线之灭点，而求八角形之并口及建筑物之一面垂直于画面之阴影图也. 求法，先由心点 V_c 向地平线引垂线，及由 R_1 向地平线引平行线，使其相交于点 V_1，此时 V_1 为屋顶里面之水平线 $S'Q'$ 向垂直于画面之面所投之影之焦点，依此，将 V_1R' 与 $R'Q'$ 相交于点 Q'_1，则 $S'Q'_1$ 为 $S'Q'$ 所投之影. 又由 Q'_1 向 V_c 引 $Q'_1Z'_1$，则 $Q'_1Z'_1$ 为 $P'Q'$ 所投之影.

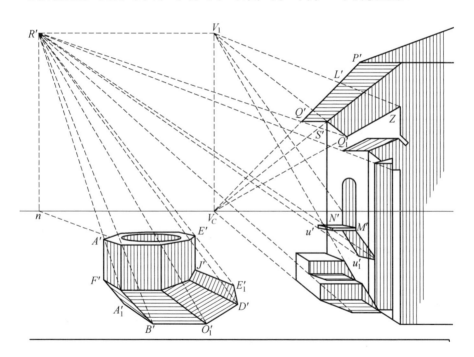

图 623

作图 2 如图 624 所示，乃求垂直于画面之墙向其一面平行于画面，一面位于基面上之直角柱所投之阴影之图也. 其求法，先将平行于基线之 $E'F'$ 延长，使其交于墙与基面之境界线之一点 N'_0 处. 次由 N'_0 引直立线，使其与墙

之上端交于 N'. 此时由 N' 所引之平行于 V_cR' 之 $N'N'_1$，为含光线且垂直于画面之平面及含平行于画面之 $E'F'G'D'$ 之平面之相交迹. 依此，若 $N'N'_1$ 与 $E'F',G'D'$ 相交于点 $N'_1,2$，则 $\overline{2N'_1}$ 为面 $E'F'G'D'$ 上之影线. 又 2 与心点 V_c 相结，使其与 $H'K'$ 相交于点 3，则 $\overline{23}$ 为面 $D'G'H'K'$ 上之影线.

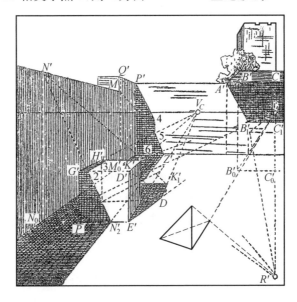

图 624

作图 3 如图 625 所示，乃求直立于基面上之圆柱与垂直画面之墙之阴影图也. 其求法，先作平行于基线之一直线 $T'S'_1$，使其交于墙与基面之境界线 $T'L'$ 之一点 T'. 复由 T' 引直立线 $T'S'$，使其与墙之上端相交于点 S'. 此时，由 S' 所引之平行于 V_cR' 之直线与 TS'_1 相交于点 S'_1，故由 S'_1 向心点 V_c 所引之直线为墙向基面所投之影线. 此影线与圆柱之底相交于点 A'，由底上 A' 之左方任意之一点 1 引平行线平行于基线，使其与 $T'L'$ 相交于点 L'. 更由 L' 引直立线，使其与墙之上端相交于点 K'. 由 K' 引平行于 V_cR' 之直线，使其与过点 1 之圆柱之面素相交. 其所交之点 K'_1，是为圆柱之影线上之一点. 同法，求得影线上之各点，将其联结而作成曲线，即得圆柱之曲面上之阴影.

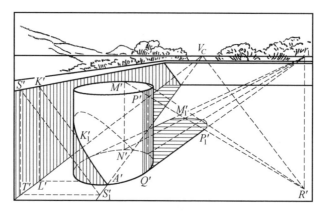

图 625

作图 4 如图 626 所示,图中为垂直及平行于画面之墙与横于基面上之圆柱,其圆柱之一端与垂直于画面之墙相一致时所求之其阴影之图也. 其作法,先由光线之焦点 R' 引平行于地平线之直线,及由心点 V_c 引垂直于地平线之直线,而求其交点 V. 此时,V 为平行于圆柱之轴及光线之平面与垂直于基线之平面相交之焦点也. 次以 $K'L'$ 为垂直于圆柱之右端之基面之直径,由 V 向右端所引之切线 VA' 与 V_cL' 相交于点 P'_1. 次由 L' 引平行于基线之 $L'Z'$,使 $L'Z'$ 与 $L'P'_1$ 透视的相等. 此时,由 Z' 向直径 $K'L'$ 之圆引切线,由其切点 X' 引平行于圆柱之轴之直线,此直线与 VA' 所交之点 A',即切点也. 是故过 A' 之面素 $A'M'_1$ 为曲面之阴线(求 Z' 之法. 可将 P'_1 与距离点相结而取其与 $L'Z'$ 之交点可也).

又求墙向圆柱上投影,可由圆柱之右端上之一点 C' 引直立线,使其与墙之上端相交于点 N'. 次由 N' 所引之平行于 V_cR' 之直线及过 C' 之面素,使其相交于点 N'_1. 此时 N'_1,即为圆柱之曲面上之影线上之一点. 同法,求得影线上之各点,将其连成曲线可也.

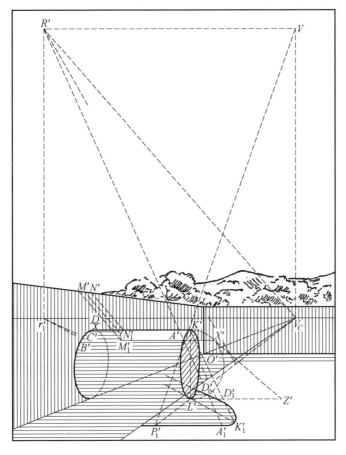

图 626

练 习 题

光线之方向未加明示时,其光线为平行光线.其平面图及其立面图均与基线成 $45°$.

1. 将图 602 所示之图扩大三倍后,求其透视图及其阴影.

2. 有高 7 cm 之直立六角柱,以一边长 3 cm 之正六角形为底,角柱之上,置有直径 8 cm,厚 1 cm 之圆板.试求其透视及其阴影.然视点之高为 3 cm.

3. 将图 519 所示之图扩大二倍,置其于成角之位置.试求其透视图及其阴影.

4. 有高 8 cm 之直圆锥，其底之直径为 7 cm，今使其立于基面上. 试求其透视图及阴影.

5. 有内径 6 cm，外径 8 cm，长 5 cm 之圆管，其一端置于基面上. 今视点之高为 10 cm，试求其透视及阴影.

6. 有截头圆锥，其底之直径为 4 cm，8 cm，两底间之距离为 7 cm. 小底上有直径 8 cm，厚 1 cm 之圆板，大底圆置于基面上. 今视点之高为 4 cm，试作其透视及阴影. 然光线与画面平行与基面成 40°.

7. 有长 8 cm 之直角柱，以一边长 3 cm 之正方形为底. 又有高 10 cm 之直角锥，以一边长 8 cm 之正三角形为底. 今二者直立于基面上，使其角柱向角锥有投影之位置. 试求其二者之透视及阴影. 设视点之高为 6 cm.

8. 有直径 6 cm，长 7 cm 之圆柱，使其横于基面上且平行于画面. 试求其透视及阴影.

9. 有直径 6 cm，节距 8 cm 之螺旋线，今其轴垂直于基面. 试求其透视及阴影. 然光线平行于画面而与基面成 45°.

10. 如图 576 所示之建筑物，其正面与画面成 30°，今光线由左后方来时，试求其透视及阴影. 但屋顶之面，应使其全为光面.

第二十三章 虚 像

1. 虚像

由平面镜反射作用所生之虚像(Image),对于镜面与原图形相对称. 故求已知图形虚像之作图,不外将其图形中之各点向镜面引垂线及延长垂线为等长之一端耳.

如图 627 所示,(Ⅰ)为水平面,(Ⅱ)为垂直于透视面之直立平面,(Ⅲ)为平行于透视面之平面,(Ⅳ)为斜交于透视面之直立平面. 今以其各面为镜面,而作一垂线 A_0B_0 之虚像 $AioBio$. (Ⅰ)中之虚像之作图,仅将 A_0B_0 延长,取 B_0Aio 之长等于 A_0B_0,此时因垂线 A_0Aio 与 A_0B_0 相合,而平行于透视面之故也.

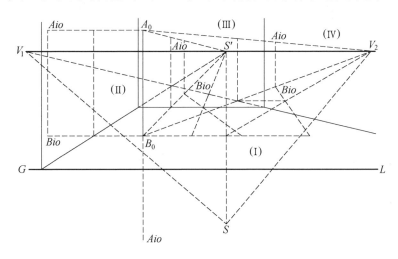

图 627

决定(Ⅱ)中之虚像时,因其由 A_0,B_0 所引之垂线,平行于 GL,故其足不难求出.后于其延长线上,再取其等长.其作法如(Ⅰ).

(Ⅲ)中,向镜面所引之垂线,因其为矩线,故其足亦不难求出.又垂线延为等长之作图法,可用距离点为测点求之.如欲作图之简易,可于地平线上取任意之点为分测点可也.

定(Ⅳ)中之虚像,可先向镜面引垂线,利用垂线之灭点 V_2 而定垂线之透视图.后依(Ⅲ)作图之法,求其垂线之足,且延其垂线,取其等长.

如图 628,图 629 所示,为于水面上,所求之虚像之透视图也.

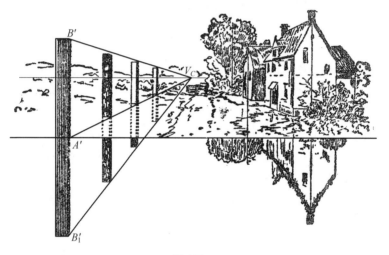

图 628

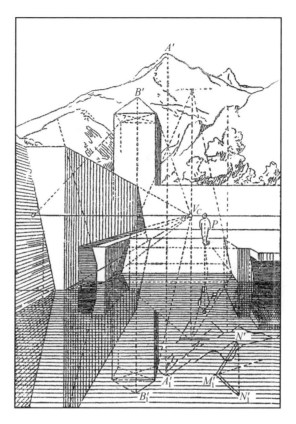

图 629

附 录

附录1 高考数学试题是如何考查空间想象能力的

曹凤山

高考数学试题"在考查基础知识的同时,注重考查能力",能力培养日益成为大家的自觉追求.要搞好能力培养,首先必须明确各项能力的构成成分、层次,高考对各项能力的要求,然后细化为一系列子目标,设计相应操作性的教学程序,在教学过程中有意识、有步骤地培养.这里,以2010年高考数学浙江卷立体几何试题(理科)为依托,就空间想象能力的构成因素、层次以及高考对空间想象能力的要求等做一些剖析.

1 空间想象能力的构成成分、层次

空间想象能力是用数学处理空间形成,探明关系、结构特征的一种想象能力,是一种对几何结构的表象及其对表象的加工能力.

空间想象能力包含三个不同层次的成分:空间观念、建构几何表象的能力、几何表象的操作能力.

空间观念是培养空间想象能力的基础,它的第一个层次是空间感,即能在大脑中建立二维映象,能对二维平面图形三维视觉化;第二个层次是实物的几何化;第三个层次是空间几何机构的二维表示及由二维图形表示想象出基本元素间的空间结构关系.

建构几何表象的能力即在文字、符号语言刺激指导下构想几何形状的能力.

几何表象的操作能力是指对大脑中建立的表象进行加工或操作,以便建构新的表象的能力.

2 《考试说明》的要求

根据空间想象能力的构成、层次,高考选拔的需要以及合格高中生可以达到的层次,《考试说明》把它细化为以下具有可测性的要求:能根据条件作出正确的图形,根据条件想象出直观形象;能正确地分析出图形中基本元素及其相互关系;能对图形进行分解、组合;会运用图形与图表等手段形象地揭示问题的本质.

3 《考试说明》要求在高考试题中的具体体现

2010年高考数学浙江卷试题很好地体现了《考试说明》对空间想象能力的要求.以下从四个方面进行剖析.

3.1 会作图、能想图

题目1 (2010年高考数学浙江卷理科第6题)设l、m是两条不同的直线,α是一个平面,则下列命题正确的是( ).

A. 若$l \perp m$,$m \subset \alpha$,则$l \perp \alpha$

B. 若$l \perp \alpha$,$l // m$,则$m \perp \alpha$

C. 若$l // \alpha$,$m \subset \alpha$,则$l // m$

D. 若$l // \alpha$,$m // \alpha$,则$l // m$

解析 本题主要以符号语言给出,在判断的过程中,抽象地背诵线线、线面之间位置关系的公理和判定定理等很难奏效,必须正确画出图形,把符号语言转化为图形语言,然后依据图形研究、判断.正方体是空间各种位置关系的"集合体",通常可以通过构造正方体,在其中"裁剪",找出合适的线线、线面、面面位置关系加以研究.

构造正方形$ABCD-A_1B_1C_1D_1$,如图1,取l、m分别为AA_1、BC,平面BC_1为α,这时$l \perp m$,$m \subset \alpha$,但$l // \alpha$,排除A选项;同时,在上述构造图形中满足$l // \alpha$,$m \subset \alpha$,但是$l \perp m$,排除C选项;取l为AA_1,平面BC_1为α,m为AD,满足选项D的条件,不过结论是$l \perp m$,排除D.答案为B.

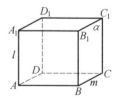

图1

从这道考题可以看出,《考试说明》中的"能根据条件作出正确的图形"的"条件"一般指符号语言和文字语言,就是把文字或符号语言"翻译"成图形语言来解决问题,属于建构几何表象能力的考查,要求无图想图.

题目2 (2010年高考数学浙江卷理科第12题)若某几何体的三视图(单位:cm)如图2所示,则此几何体的体积是_____ cm³.

解析 本题给出几何体的三视图,要求体积,首先必须正确想象直观图形,然后根据三视图与直观图的关系,识别图象,分析出基本元素及其相互关系.下部可以看出是四棱台,其上、下底的边长分别为 4 cm、8 cm,高为 3 cm;上部为一长方体,长、宽、高分别为 4 cm、4 cm、2 cm,由试卷中给出的公式,计算得体积为 144 cm³.

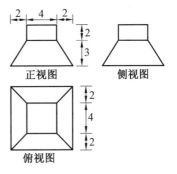

图 2

从本题可以看出,《考试说明》中"根据条件想象出直观形象"的"条件"主要指三视图或者平面图.以三视图或者平面图给出的条件,都是在一个平面内,其图形与立体图形的差异容易产生错觉,因此要依靠想象物体的直观图,有图想图,属于空间观念的考查.

无论无图想图或是有图想图都是空间想象能力中比较高的要求.

3.2 能分析图形中基本元素及其相互关系

无论是上面的会作图或能想图,或是下面的图形处理,要解决问题,都必须能够对图形中线线、线面、面面位置关系以及各种数量关系作出准确的分析、判断,本篇文章中都有涉及,这里就不再单独展开.

3.3 能对图形进行适当处理

题目 3 (2010 年高考数学浙江卷理科第 20 题)
如图 3,在矩形 $ABCD$ 中,点 E、F 分别在线段 AB、AD 上,$AE=EB=AF=\dfrac{2}{3}FD=4$. 沿直线 EF 将 $\triangle AEF$ 翻折成 $\triangle A'EF$,使平面 $A'EF \perp$ 平面 BEF.

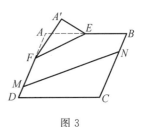

图 3

(Ⅰ)求二面角 A'-FD-C 的余弦值;

(Ⅱ)点 M、N 分别在线段 FD、BC 上,若沿直线 MN 将四边形 $MNCD$ 向上翻折,使 C 与 A' 重合,求线段 FM 的长.

解析 对图形的处理能力是深化空间想象能力考查的标志.对空间图形的处理,一方面是指对图形的分割、补全、折叠、展开等变形,另一方面是指对图形的平移变形处理,添加辅助线、辅助面和变形等.新课程下的高考立体几何解答题的考查都是"双轨制":综合法和向量法.由于课程内容的调整,把空间图形的性质代数化,大部分学生习惯利用空间向量解题,以模式化的"算"代替"空间想象",造成一些考生空间想象能力不足,不能适应高考的要求,不少考生就被这道"不难"的题"绊倒".

解法1 向量法.

（Ⅰ）建系的方式比较多,例如原点可以选在点 A、点 F、点 H、点 E 等,如图4,我们选在 A 点,分别选 AD、AB 所在的直线为 x 轴、y 轴建立坐标系 $A\text{-}xyz$. 由已知条件容易得到点 C、F、D 的坐标分别为 $(10,8,0)$、$(4,0,0)$、$(10,0,0)$,关键是点 A' 的坐标. 取线段 EF 的中点 H,联结 $A'H$,因为 $A'E=A'F$,H 是 EF 的中点,所以 $A'H\perp EF$. 又因为平面 $A'EF\perp$ 平面 BEF,所以 $A'H\perp$ 平面

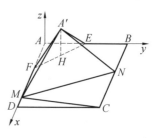

图4

$ABCD$. 下面容易得到点 $A'(2,2,2\sqrt{2})$. 这里是一个比较简单的图形处理问题,根据实际情境,要联结、作辅助线,在确定坐标时,分别在平面 $A'EF$、平面 AEF 内解决.

由 $\overrightarrow{FA'}=(-2,2,2\sqrt{2})$,$\overrightarrow{FD}=(6,0,0)$. 设 $\boldsymbol{n}=(x,y,z)$ 为平面 $A'FD$ 的一个法向量,所以 $\boldsymbol{n}\cdot\overrightarrow{FA'}=0$,$\boldsymbol{n}\cdot\overrightarrow{FD}=0$,即

$$\begin{cases} -2x+2y+2\sqrt{2}z=0 \\ 6x=0 \end{cases}$$

取 $z=\sqrt{2}$,则 $\boldsymbol{n}=(0,-2,\sqrt{2})$. 又平面 BEF 的一个法向量 $\boldsymbol{m}=(0,0,1)$,故 $\cos\langle\boldsymbol{n},\boldsymbol{m}\rangle=\dfrac{\boldsymbol{n}\cdot\boldsymbol{m}}{|\boldsymbol{n}|\cdot|\boldsymbol{m}|}=\dfrac{\sqrt{3}}{3}$. 所以二面角的余弦值为 $\dfrac{\sqrt{3}}{3}$.

（Ⅱ）寻找等量关系是重点,也是这道试题的难点,是命题人设置的"关卡",没有空间想象就没有等量关系,"算"就"英雄无用武之地". 翻折问题的重点是折叠前后几何元素位置关系的变化、几何量的大小,正确想象、画出折叠前后的图形是关键. 平时,学生做的许多翻折问题都是把一个平面图形折起来以后形成一个封闭的立体图形,边、顶点之间的对应关系比较明显,没有多余的点、线,而本问题中,折起来后图形不是封闭的,如点 B 还在原来的平面内,点 D 则被"吊在半空中",点 B、D 还是"多余点". 从中可以看出,图形处理等考查主要是在图形的变式和非标准位置图形中体现的.

实际上,沿直线 MN 将四边形 $MNCD$ 向上翻折,使 C 与 A' 重合,则线段 CM 与线段 MA' 重合,线段 CN 与线段 $A'N$ 重合,分别联结 CM、$A'M$,则 $CM=A'M$,等量关系就出现了. 这里的图形处理是组合、作出辅助线.

设 $FM=x$,则 $M(4+x,0,0)$,由空间两点间距离公式得 $A'M^2=(2+x)^2+2^2+(2\sqrt{2})^2$,在 $\text{Rt}\triangle MDC$ 中,$MC^2=(6-x)^2+8^2+0^2$,所以 $(6-x)^2+8^2+0^2=(-2-x)^2+2^2+(2\sqrt{2})^2$,得 $x=\dfrac{21}{4}$,长度的确定可以是在一个平面内处理.

这时还有一个问题,因为题目要求是点 M、N 分别在线段 FD、BC 上,那么,点 M 在线段 FD 上,点 N 在线段 BC 上吗？同理,翻折前后应该有 $CN=A'N$,记 $BN=m$,点 N 的坐标为 $(m,8,0)$,类似地可以得到 $BN=m=\dfrac{13}{4}$,即此时点 N 在线段 BC 上,所以 $FM=\dfrac{21}{4}$.

解法 2 综合法.

这里只对一种较常见的思路进行分析.

（Ⅰ）一般认为,综合法对空间想象能力的要求更高,因为要对位置关系有更透彻的观察,更具体的想象,尤其是图像的分解、组合,即对图像的处理要求较高.

求二面角 A'-FD-C 的余弦值,首先要"找",在给出的图形中没有的情况下,就要完成"作－证－求"三部曲.这个问题就是要作出二面角的平面角,然后再证明、求解.因为 $AE=AF$,翻折后 $A'E=A'F$,作二面角的第一条垂线比较简单,由于"中点效应",容易想到 AF 的中点 G,从而找到二面角的平面角.

如图 5,取线段 EF 的中点 H,AF 的中点 G,联结 $A'G$、$A'H$、GH.因为 $A'E=A'F$ 及 H 是 EF 的中点,所以 $A'H\perp EF$.又因为平面 $A'EF\perp$ 平面 BEF,所以 $A'H\perp$ 平面 BEF.又 $AF\subset$ 平面 BEF,故 $A'H\perp AF$,又因为 G,H 是 AF,EF 的中点,易知 $GH\parallel AB$,所以 $GH\perp AF$,于是 $AF\perp$ 平面 $A'GH$,所以 $\angle A'GH$ 为二面角 A'-DF-C 的平面角.在 $\text{Rt}\triangle A'GH$ 中,$A'H=2\sqrt{2}$,$GH=2$,$A'G=2\sqrt{3}$,所以 $\cos\angle A'GH=\dfrac{\sqrt{3}}{3}$.故二面角 A'-DF-C 的余弦值为 $\dfrac{\sqrt{3}}{3}$.

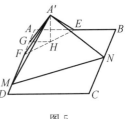

图 5

（Ⅱ）这一步的求解分析基本上等同于解法 1 的分析,只是建立等量关系后,线段长不是利用向量坐标,而是通过三角形求解. 设 $FM=x$,因为翻折后,C 与 A' 重合,所以 $CM=A'M$,而 $CM^2=DC^2+DM^2=8^2+(6-x)^2$,$A'M^2=A'H^2+MH^2=A'H^2+MG^2+GH^2=(2\sqrt{2})^2+(x+2)^2+2^2$,得 $x=\dfrac{21}{4}$,经检验,此时点 N 在线段 BC 上,所以 $FM=\dfrac{21}{4}$.

3.4 与概念考查相结合

立体几何图形的特征是通过概念来描述的,对概念的理解是解题的基础. 在选择题、填空题、解答题中,通过线线、线面、面面位置关系的判断,二面角、距离的求解与证明等,都与概念的考查紧密结合,只不过考查侧重点不同,以上试题分析中都有所涉及,限于篇幅,这里不再展开.

参考文献

[1] 教育部考试中心. 高考数学测量理论与实践[M]. 北京:高等教育出版社,2005.

[2] 浙江省教育考试院. 2010 年浙江省普通高考考试说明[M]. 杭州:浙江摄影出版社,2010.

附录2 高频考点三视图命题走势

——新课程新高考新增内容透析

李秀华

"新高考"逐渐深入,新试题不断翻新,加强对新增内容考查的研究,一方面为高一、高二带来教学指导,另一方面为高三备考提供参考.

本文以"三视图"为例,谈谈自己对"三视图命题趋势"的认识.

1 四年来三视图考的什么

表1

	2007		2008		2009		2010	
广东	文17	几何体体积面积	文7理5	侧视图作图	文17	组合体侧视图	文9理6	组合体正视图
山东	文3理3	三视图的特征	文6理6	三视图还原几何体求面积	文4理4	组合体三视图体积		
海南宁夏	文8理8	还原几何体求体积	理12文18	三视图为想图构图	文11理11	侧视图还为直观图	理14	正视图还原几何体

表2

	2009				
	安徽	福建	辽宁	浙江	天津
		文5	逆向探索 俯视图	文16 理15	三视图求 体积	文12 理12	三视图求 体积	文12 理12	逆向探求 视图边长

	2010				
新课标	安徽	福建	辽宁	浙江	天津
视图想 几何体	文9 理8	三视图求 面积	文3 理12	正视图求 面积	文16 理15	三视图求 棱长	文8 理12	三视图求 体积	文9 理12	三视图求 体积

以上看出:新增内容三视图是新高考的重点:年年考,卷卷考.

2 三视图在怎样出题

(1)研究三视图与原几何体图形关系,考查三视图的画法

例1 (2010年高考广东卷理科第6题)如图1,△ABC为正三角形,$AA' \parallel BB' \parallel CC'$,$CC' \perp$平面$ABC$且$3AA' = \frac{3}{2}BB' = CC' = AB$,则多面体$ABC-A'B'C'$的正视图(也称主视图)是(   ).

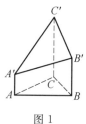

图1

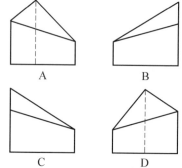

例2 (2008年高考广东卷理科第5题)将正棱柱截去三个角(如图2所示A,B,C分别是△GHI三边的中点)得到几何体如图3,则该几何体按图3所示方向的侧视图(或称左视图)为(   ).

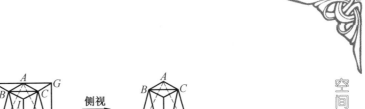

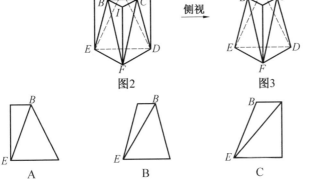

要求学生在给定几何题的条件下,能够根据几何体的正视图、侧视图、俯视图的定义,画出其三视图.考查三视图的定义与对其内涵的理解,从空间几何体的整体入手,直观认识和理解空间图形和三视图,考查学生识图、画图、想图能力以及直观感知、空间想象能力.

(2)给出三视图,考查几何体的形状、体积、面积及其相关计算问题

例 3 (2009年天津理)如图是一个几何体的三视图.若它的体积是 $3\sqrt{3}$,则其高 $a=$ _____.

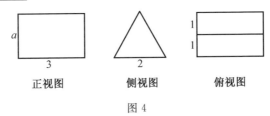

图4

例 4 (2010年天津理)一个几何体的三视图如图5所示,则该几何体的体积为_____.

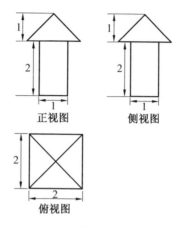

图 5

此类问题,给出三视图,要求复原几何体,加大考查学生直观感知、空间想象、推理论证、逻辑思维的能力,全面认识和探索三视图与几何图形及其性质的紧密联系.体现了切割、挖补、组合的思想方法,这将依然是今后的高考的热点.

(3)对三视图之间的关系的研究复杂化,出现分类讨论、定与不定的问题

例5 (2009年上海文)如图6,已知三棱锥的底面是直角三角形,直角边长分别为3和4,过直角顶点的侧棱长为4,且垂直于底面,该三棱锥的正视图是( ).

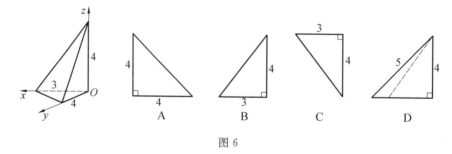

图 6

考查内容趋于多样化:给出三视图要求复原成原几何体,给出几何体(但不具体)以及三视图的一部分,考查其他视图的画法或者原几何体的某些相关问题,这将会是今后命题的热点.

(4)考查定性和定量关系的同时与函数、不等式等主干知识相结合

例6 (2008年海南理)某几何体的一条棱长为$\sqrt{7}$,在该几何体的正视图

中,这条棱的投影是长为 $\sqrt{6}$ 的线段,在该几何体侧视图与俯视图中,这条棱的投影分别是长为 a 和 b 的线段,则 $a+b$ 的最大值为(　　).

A. $2\sqrt{2}$　　　　B. $2\sqrt{3}$　　　　C. 4　　　　D. $2\sqrt{5}$

可见,三视图的考查在难度上提高的话,将会与函数、三角、不等式、统计等传统知识的交汇融合,在考查学生对知识的整合能力方面予以展开.

3　今年的三视图如何备考

(1)围绕三视图与原几何体图形关系,考查图形定性定理关系仍是重点和热点

例 7　若干个体积为 1 的正方体搭成一个几何体,其正视图和俯视图如图 7 所示,则这个几何体的最大体积与最小体积的差是(　　).

A. 5　　　　B. 7　　　　C. 8　　　　D. 9

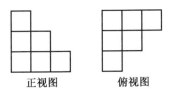

图 7

例 8　如图 8,在三棱锥 $A-BCD$ 中,$AB\perp$ 平面 BCD,它的正视图和俯视图都是直角三角形,图中尺寸单位为 cm.

(Ⅰ)在正视图右边的网格内,按网格尺寸和画三视图的要求,画出三棱锥的侧(左)视图;

(Ⅱ)按照图中给出的尺寸,求三棱锥 $A-BCD$ 的侧面积.

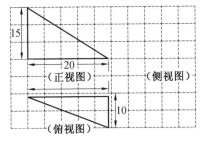 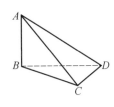

图 8

例 9　已知一个棱长为 2 的正方体,被一个平面截后所得几何体的三视图如图 9 所示,则该几何体的体积是(　　).

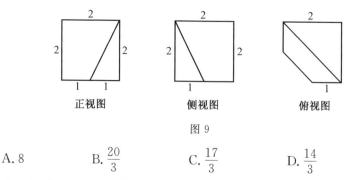

图 9

A. 8   B. $\dfrac{20}{3}$ C. $\dfrac{17}{3}$ D. $\dfrac{14}{3}$

求几何体的表面积、体积以及与其相关的运算问题会更加灵活,要求考生在计算时做到不重复、不遗漏,要熟悉几种常见几何体的体积、面积计算公式.

教学中,立足课本,抓住基础,突出重点.熟练掌握三视图的画法,其关键是找准与投影面投射线平行或垂直的线和面.建议:心中想:在后面、右方、下方各放置一块墙(形成一墙角),然后作投影理解,正视图是光线从正方向直射到后面的墙形成的影子,侧视图与俯视图可作同样的理解.与投影墙平行的线段在三视图中长度不变,不平行的长度改变.

(2)三视图与函数、不等式等主干知识相结合,将是三视图命题创新的方向.

例 10 某几何体的三视图如图所示,当 xy 最大时,该几何体的体积是_____.

图 10

体现数形结合思想、数学建模思想,综合考查考生空间想象能力、分析解决问题能力,数据处理能力,难度较大,要求考生对三视图与空间图形要有深刻的认识和理解.

教学中,注意三种语言的转化,即符号语言、文字语言、图形语言三者之间的互相转化,提高识图、画图、想图能力.关注易陷入陷阱的图形特征和逆向思考的问题.

(3)三视图与立体几何重点内容相结合的综合题、交汇题将是三视图考查的命题趋势.

例 11 一空间几何体的三视图如图 11.

(1)画出该几何体的直观图；

(2)在几何体中，E 为线段 PD 的中点，求证：$PB \parallel$ 平面 AEC；

(3)在几何体中，F 为线段 PA 上的点，且 $\dfrac{PF}{PA} = \lambda$，则 λ 为何值时，$PA \perp$ 平面 BDF? 并求此时几何体 $FBDC$ 的体积.

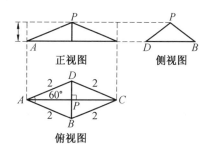

图 11

以三视图和直观图为载体并与传统立体几何的重点内容相整合，考查多面体的面积、体积、空间线面关系等知识，考查空间想象能力、逻辑推理能力、运算能力和应用意识，题目覆盖面大.

Kongjian Xiangxiangli Jinjie

附录3 立体几何"三图"教学分析与建议

方厚良　罗灿

"三图"指的是空间几何体的三视图、直观图和展开图,是《数学2》"立体几何初步"的内容.课标和教材对"三图"的教学要求是:能画出简单空间图形(长方体、球、圆柱、圆锥、棱柱等的简易组合)的三视图;通过观察用两种方法(平行投影与中心投影)画出三视图与直观图,了解空间图形的不同表示;能识别三视图所表示的立体模型,会使用材料(如纸板)制作模型,会用斜二侧法画出空间图形的直观图;完成实习作业,用三视图和直观图表示现实世界中的物体.对展开图没做具体要求,只是在表面积计算时,教材给予文字与图示说明,指出是空间图形问题转化为平面图形问题的一种方法.笔者从教学实践观察和学习者的角度,对"三图"的教学做具体的分析并提出几点操作建议.

1　从"双基"层面看"三图"

三视图是义务教育阶段相关内容的巩固和提高,直观图画法(斜二侧画法)是高中内容,展开图在长方体和正方体这些具体几何体学习时有所示例;"三图"的共同点是在平面上表示空间图形;三视图从细节上刻画了空间几何体的结构,由它可得到一个精确的空间几何体;直观图是对空间几何体的整体刻画,由它可想象实物的形象;展开图折叠起来就成为几何体,可用于模型制作.

1.1　理解一个关键概念——"投影"

投影(包括其下位概念:平行投影、中心投影、斜投影、正投影、投影面、投影图等)是"三图"学习的基础:三视图是用物体的三个正投影来表现空间几何体的方法,斜二侧画法是一种特殊的平行投影画法(不要求学生了解,可参看文献[1]).对于投影,学生具有从日常生活得到的直接经验,易于接受但并不严谨.教材的呈现用的是描述性语言,这主要是现行课标与教材的要求决定的:从整体到局部,从具体到抽象,在没有定义、定理等前提下,不能建立在严格的逻辑推理的基础上,只能用直观感知、操作确认的方式学习.阅读教材,笔者觉得要理解好投影这一概念,关键要理解和处理好如下三层关系:(1)影子与视图.从影子到视图,是一个将物体的物理属性剥离抽象后得出几何概念的过程,"影子"是从物理光学的角度给出的直观描述,即投影线(光线)照射不透明物体在其后投影面(屏幕)上的阴影图形,理解起来有一定的模糊性,如文献[2]提出的质疑;几何学习要剥去物理属性,只研究物体形状、大小和位置关系,它需要想象,从几何的角度就无所谓透明不透明,相反,从某种意义上讲,要用想象去"透视"物体,如要"看见"几何体内部看不见的部分(虚线表示).(2)规则与规律.为了直观、规范的表达图形,对三视图和直观图给出作图规则:看得见的轮廓线和棱用实线表示,不能看见的轮廓线和棱用虚线表示,通过比较概括,得出三视图规律:"长对正、高平齐、宽相等".(3)直感与思辨.由于没有线面、面面平行和垂直的定义,也没有相关定理,这就缺乏推理论证的逻辑基础.实质上投影线与投影面是"线面垂直关系",投影面可以理解为是平行移动不确定的,实则蕴涵"面面平行关系";点、线、面、体在投影面上的投影图都可归结为"点到平面上的投影(或射影)".故从直观感知到思辨论证还有一个较长的过程.

附带提及,关于"投影"这一概念在"平面向量"一章还要再次接触,即向量在另一向量上的投影,它既不是向量也不是线段,而是一个实数,同时具有几何意义,学生在理解上还会遇上较大的困难.

1.2 确立一种对应观念——几何体与"三图"的"一对多"关系

几何体与其"三图"从对应角度来看,是一种"一对多"的关系,教学中要注意引导学生得出这一重要观念,这有助于学生形成正确、完整的空间观念,避免认识上的偏差.具体分析这种对应关系,有以下三层意思:(1)由几何体的三视图、直观图和展开图可以识别空间几何体,即由"三图"可确定相应的几何体;(2)一个几何体可以有不同的三视图、直观图和展开图.以三视图为例,几何体摆放位置不动,变换观察点(如正面的确定)或者观察点不变而改变几何体的摆放,这两种情况都会得到不同的三视图;(3)三视图、直观图和展开图之间也有对应关系.正因为有了几何体与其"三图"的"一对多"的对应关系,才可实现空间几何体与平面图形的互化,当然由于不是一一对应,就需要更深入的灵活观察和思考,避免思维的僵化和定势.

1.3 重视一种"新"的技能——制作模型

"会使用材料(如纸板)制作模型"是课标明确提出的要求.在纸上或黑板上

用笔作三视图、直观图和展开图,属于传统意义上的作图技能;让学生拿起纸板、剪刀、尺子等工具制作几何体模型可视为一种新的动手实践和技能.从现行课标和教材编写来看,突出了直观感知,降低了推理论证.这种制作模型的"新"的技能就更显其重要性:模型制作更能激发学生数学学习和想象创作的欲望;在量、裁、剪、折、拼等实践操作、尝试探索活动中,学生自然的体验了"用手思考"给他们带来的惊喜快乐,知识与能力也就是水到渠成了.反观传统的数学课堂,给学生真正意义上的手脑合用的机会很少,有识之士早已指出其带来的教育弊端——"眼高手低",因此,教师应该重视制作模型.

2 从能力要求看"三图"

立体几何初步对学生主要有以下四方面的能力要求:几何直观能力、运用图形语言进行交流的能力、空间想象能力与一定的推理论证能力.

几何直观能力是"三图"学习的基础,三图的学习可促进几何直观能力的提高;"三图"的规范、正确、熟练是"运用图形语言进行交流的能力"的保障,所谓语言是思维的载体,对几何来说,"图"就尤为重要;空间想象能力是立体几何初步教学的重点,"三图"教学作为一个阶段性学习自然要承担起这个任务,直观能力更多侧重于整体感知,空间想象能力不仅有整体成分还要深入到一些具体的细节,包括大小与位置的关系等;一定的推理论证能力的提法值得细心体会,这里有一个度的把握问题,课标与教材没有给出明确范畴,需要教师加入自己的个人理解."三图"与"一定的推理论证能力"的关系要精心处理:初学阶段,要控制二者的综合难度,不宜用到后面平行、垂直的相关知识,有也只能是易于直观感知层面;完成立体几何初步学习后,可以适当进行综合,可选择近年相关典型考题分析探讨,达到既促进学生对"三图"理解深入又帮助学生能力提升的目的,使学生思维从感性的形象思维过渡到理性的逻辑思维,从"知其然"(技能)提升到"知其所以然"(能力).

3 "三图"教学具体建议

为了更好地实现"三图"教学的课程目标,我们在以上对双基与能力分析的基础上,特别提出以下几条针对性的教学建议,供大家参考.

3.1 加强变式训练,变中体悟不变

变式训练是我国"双基"教学的宝贵经验,"不求其全,但求其变;不求其全,但求其联"是变式教学的精髓."三图"的教学首先是一种基本技能的学习,教师要在引导学生充分理解投影相关知识的基础上,精心准备系列问题和练习,并通过变换问题、变换载体等方式,让学生通过观察、比较、分析、概括等思维活动,多侧面、多角度的体验"三图"的规律,理解其本质,体悟变中不变.例如,为了让学生正确理解几何体与其"三图"的"一对多"关系,教师可以选择学生熟悉的长方体的"三图"做如下设计:(1)给定一个长、宽、高分别是 4 cm、4 cm、2 cm 的长方体,水平放置.作出其三视图、直观图和展开图;(2)变换长方体的放置位置,例如,以边长是 4 cm、2 cm 的矩形为底画"三图";(3)把(1)中长方体的右面作为观察的正面,作三视图;(4)把(1)中长方体以其上下底中心直线为轴逆时针转动 45°,作出其三视图、直观图.具体操作时,可将不同层次的问题选派相应学力的学生代表板演解答过程,然后组织学生点评、辨析、修正等.通过自主探索、合作讨论,生、师生多渠道的互动交流掌握基本技能,并形成正确的空间观念.

3.2 倡导多样的学习方式,提供多渠道手脑合一的亲身实践

教师要注意加强直观教学,多提供实物模型和用计算机软件给学习观察,要放手让学生亲身实践,在操作中学习.教师要对教材以下三个方面的编写理解到位并在教学中运用好:(1)模型制作.手脑分家一直是传统学习的弊病,教育的有识之士提出"用手思考"是很有深意的.立体几何的学习,模型制作是一种很好的学习方式,《数学2》给出了不少这样的习题,如第 9 页第 5 题、第 21 页第 3 题、第 35 页第 4 题、第 36 页第 8 题等;(2)实习作业.教材在第 33 页对"实习作业"明确了目的、要求、过程,并提出了两个思考问题;(3)阅读与思考.教材第 22 页提供了阅读材料"画法几何与蒙日".以上三处内容一般会被老师忽略,笔者认为,不管是为改善学生单一的学习方式,还是为提高"三图"教学的直接效益,教师都必须组织学生落实好,做到有计划、有检查、有展示、有交流、有评价.

3.3 能力的培养要注意分阶段、适时、循序的逐渐达成

由于现行教材不是采用先给出定义、定理再逻辑展开的编写方式,而是以对空间几何体整体结构的直观感知为基础,所以几何直观能力是立体几何四个能力的基础,教学中既要以它为出发点,又要在学习中不断提高直观洞察力,几何直观能力培养要贯穿教学始终;立体几何一般包括文字语言、图形语言和符号语言,在学习和解题中常要进行语言互译,其中图形语言起到桥梁作用,"三图"技能的熟练是提高运用图形语言交流能力的关键,在立体几何的后续学习中,教师可以有意识地尝试把"三图"作为问题呈现的一种语言表达方式,在运用中不断巩固、加深对"三图"的理解;空间想象能力是各种能力的重点,通过由实物模型画"三图"与由"三图"识别几何模型的过程体会空间问题与平面问题

的互化,三视图、直观图和展开图之间的互化等途径提高空间想象能力;特别要注意的是"一定的推理论证能力"与"三图"结合的度的把握,立体几何初步"空间几何体"这章几乎不提该能力要求,主要是运用直观感知、操作确认、度量计算三种方法认识和探索几何图形及其性质,初学阶段不宜对与平行、垂直相关内容进行综合,但有了线面间平行、垂直的概念和定理后中,可以以"三图"为载体设计问题,通过思辨论证方式培养学生的推理论证能力.下面通过一道考题分析立体几何能力要求:

例 (2008年高考数学海南/宁夏卷理科第12题)某几何体的一条棱长为 $\sqrt{7}$,在该几何体的正视图中,这条棱的投影是长为 $\sqrt{6}$ 的线段,在该几何体的侧视图与俯视图中,这条棱的投影分别是长为 a 和 b 的线段,则 $a+b$ 的最大值为 (　　).

A. $2\sqrt{2}$　　　　B. $2\sqrt{3}$　　　　C. 4　　　　D. $2\sqrt{5}$

分析　此题为三视图与基本不等式应用的一道综合题,切入的关键点在于对三视图的定义的理解.三个投影面两两垂直,利用平行总可以将长为 $\sqrt{7}$ 的棱平移到三个投影面的交点处,从而进一步构造长方体,使长为 $\sqrt{7}$ 的棱为该长方体的体对角线, $\sqrt{6}$、a、b 为该长方体从一顶点出发的三个面的对角线,得出 $a^2+b^2=8$,由基本不等式易得答案 C.此题对空间想象能力要求高,其中还需要一定的推理判断.事实上,一般高考的"三图"题(特别是"三视图")的考查,不同于"三图"的阶段性教学要求,大多需要完成立体几何初步学习,具有一定的平行、垂直逻辑判断.这是教学中要特别引起注意的.

参考文献

[1] 沈建刚.斜二侧画法的一次"寻根"之旅[J].中学数学教学参考(上旬),2010:1-2.

[2] 袁武.立体几何教材中几个值得商榷的问题[J].中学数学教学参考(上旬),2010:3.

附录4 例析三视图还原实物图

何元国

近几年,新课标省份高考有一类常见的考题:已知三视图求几何体的相关量.其目的是考查学生识图能力、空间想象能力,要求考生由三视图能够想象得到空间的实物图,进而画出直观图,并能准确地计算出几何体的相关量.考生普遍感到很棘手,其难点是由三视图还原实物图,特别是三视图中给出的量和点与线、线与线位置关系是指实物图中哪个量和线、面位置关系.为了帮助学生更好地掌握三视图还原实物图的方法步骤,下面举例分析说明.

1 实物图是简单几何体

简单几何体(圆柱、圆锥、圆台、球、直三棱柱、长方体、正四棱台)的常见三视图中,锥体、台体常见的三个视图中不多于两个含有界线,其余只有轮廓线.因此,若含有界线的视图不多于两个,则实物图一般是简单几何体.

例1 (2009年辽宁卷)设某几何体的三视图(尺寸的长度单位m),该几何体的体积为_____ m³.

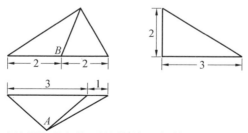

分析 该题三视图说明实物图是简单几何体.由主、俯视图得知底面是三角形,底面在主视图中的投影长为4 m的线段,故主视方向平行于底面.同理

由左、俯视图知左视方向平行于底面和后侧面的交线.

左视图是直角三角形,又说明靠后的侧面与底面垂直.由主、俯视图知道底面是三角形且底面的顶点 A 在主视图中的投影为点 B,结合左视图得知底面是底边长为 4 m、高为 3 m 的等腰三角形.

由主、左视图(轮廓线)均是三角形得知该几何体是一个棱锥且顶点在地面上的投影是底面三角形底边的一个四等分点.又结合左视图得知该三棱锥的高为 2 m,如图 1 所示.

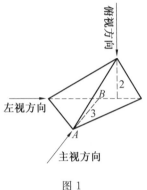

图 1

解 由三视图反映的实物图中的线、面位置关系及量,知该几何体如图 1 所示,其中的量如图所标.该几何体的体积为:

$$V = \frac{1}{3} \times \frac{1}{2} \times 4 \times 3 \times 2 = 4 \text{ m}^3.$$

例 2 (2010 年湖南卷 13 题)下图中的三个直角三角形是一个体积为 20 cm³ 的几何体的三视图,则 $h =$ _____ cm.

分析 该题三个视图中均无界线,说明实物图是简单几何体.由主、俯视图知底面在主视图中的投影是线段,故主视方向平行于底面.同理,由左、俯视图知左视方向平行于底面.

主视图中的直角又说明左侧面与底面垂直.同理,由左视图中的直角知靠后的侧面与底面垂直.由俯视图知道底面是直角三角形.

主、左和俯视图均为直角三角形可以得到该几何体是三棱锥且顶点在地面上的投影是底面三角形的直角顶点(该棱的长为 h),其直观图如图 2 所示,其中的量如图所示.

解 由三视图反映的实物图中的线、面位置关系及量,知该几何体如图 2 所示,其中的量如图所示.

因为 $V=\dfrac{1}{3}\times\dfrac{1}{2}\times 5\times 6\times h=5h$，所以令 $5h=20$，即 $h=4$ cm．

点评 （1）三视图还原实物图学生需储备以下知识：①三视图的画法：首先确定三视（主视、俯视和左视）的方向，然后作平行投影，能看见的线画成实线，否则，画成虚线，特别要注意实物图中"界点"的投影在三视图中的确切位置；三视图的特点：主、俯视图长对正，主、左视图高平齐，俯、左视图宽相等（视图的整体与局部均遵循此特点）．②熟练掌握简单几何体圆柱、圆锥、圆台、球、直三棱柱、长方体、正四棱台等常见三视图．③组合体的三视图画法步骤及特点．

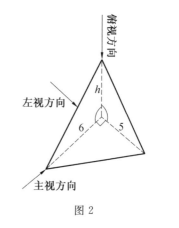

图 2

（2）三视图还原实物图学生需掌握两点：①同一物体三视的方向不同，所画的三视图可能不同．因此，还原实物图首先应确定三视的方向．由于三视图是平面图形，故由主、俯视图和底面的界点在主视图中的位置可以确定主视的方向．同理，由主、左视图和底面的界点在左视图中的位置可以确定左视的方向；然后，由主视图和俯视图可以确定底面与侧面的位置关系及底面的形状；由左视图和俯视图可以确定底面与侧面的位置关系、底面的形状及大小；再由主视图和左视图结合底面形状就可以确定几何体的形状．②三视图中主、俯视图长相等，这里的"长"指的是与主视方向平行透过几何体的光带长（横向），主、左视图的高相等，这里的"高"指的是与左视方向平行透过几何体的光带的高，俯、左视图的宽相等，这里的"宽"指的是与俯视方向平行透过几何体的光带宽（延主视方向）．只有掌握了这两点，才能正确判定三视的方向并准确界定几何体．

2 实物图是简单组合体

简单的组合体是由简单几何体通过切割、挖掉或拼接而生成的．因此，若三个视图中至少有两个视图中含有界线，则实物图一般是组合体．由组合体的三视图还原实物图的步骤：第一步确定三视的方向；第二步由三视图确定组合体的生成方式；第三步由"切"、"挖"、"拼"生成方式，选择具体的方法，还原实物图．

例3 （北师大必修2）根据下列三视图，画出物体的实物图．

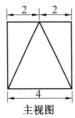
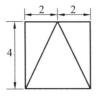
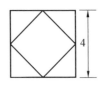

主视图　　　　　　　左视图　　　　　　　俯视图

分析　由三视图知实物图是"切割"而得的组合体.由于三视图的轮廓线均是正方形可知其实物图是棱长为 4 的正方体,如图 3.又由三视图中的界线知该几何体是由正方体图 3 经图 4 切割法而得到所还原的实物图如图 5 所示.

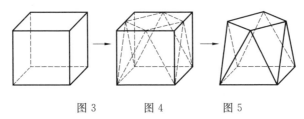

图 3　　　　图 4　　　　图 5

点评　切割生成的组合体,由其三视图还原实物图的步骤:第一步确定三视的方向;第二步由三视图的轮廓线还原几何体;第三步由三视图中的界线确定切割的方式(切口面),如例 3 即得实物图 5.

例 4　(2010 年模拟卷)一个几何体的三视图如下图,该几何体的体积为 _____ cm³.

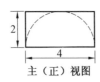

主(正)视图　　　　左(侧)视图　　　　俯视图
(单位:cm)

分析　由三视图知实物图是"挖掉"部分而得到的组合体.轮廓线是组合体一部分的三视图,由简单几何体的常见三视图知其实物是底面边长为 4 的正方形,侧棱长为 2 的长方体图 6;界线(虚线)是组合体的另一部分的三视图,由简单几何体的常见三视图知其是底面半径为 2 的半球,如图 7;由几何图 6 挖掉几何体图 7 得到所还原的实物图正如图 8 所示.

解　由三视图得实物图如图 8 所示,故该几何体的体积为

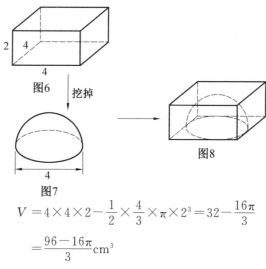

$$V = 4 \times 4 \times 2 - \frac{1}{2} \times \frac{4}{3} \times \pi \times 2^3 = 32 - \frac{16\pi}{3}$$

$$= \frac{96 - 16\pi}{3} \text{cm}^3$$

点评 挖掉生成的组合体,其三视图还原实物图的步骤:第一步确定三视的方向;第二步由三视图的轮廓线还原几何体;第三步由三视图中的界线确定"挖掉"了什么样的几何体及怎么挖的,如例4即得实物图8.

例5 (2010年安徽卷第8题)一个几何体的三视图如下图,该几何体的表面积为_____.

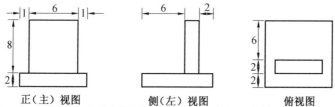

正(主)视图　　　侧(左)视图　　　俯视图

分析 由三视图知实物图是"拼接"而得到的组合体.轮廓线的一部分是拼接体一部分的三视图,由简单几何体的常见三视图知其实物图是长方体图9,底面矩形的一边为6,另一边为2,长方体的侧棱为8;轮廓线的另一部分是拼接体的另一部分的三视图,由简单几何体的常见三视图知其实物图是长方体图10,底面矩形的一边为8,另一边为10,长方体的侧棱为2;由两部分拼接(符合三视图的要求)生成组合体如图11所示.

解 由三视图得实物图如图11所示,故该几何体的表面积为:$S_{表} = 2 \times (6 \times 8 + 2 \times 8) + 2 \times (2 \times 8 + 10 \times 2) + 2 \times (10 \times 8) = 360$.

点评 拼接生成的组合体,其三视图还原实物图的步骤:第一步确定三视

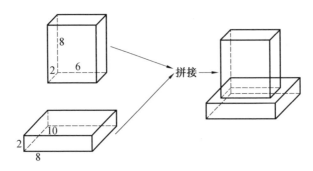

的方向;第二步确定拼接的方式,并由各个拼接部分的三视图还原各拼接部分的实物图;第三步将各拼接部分的实物图再拼接,即得所还原的实物图如例5图11所示.

人常说:"处处留心皆学问."只有留心观察身边的简单几何体,才能正确掌握其常见的三视图,体会三视图中给出的量在实物图中的意义,三视图中给出的点、线与线的位置在实物图中的意义.尤其要掌握直三棱柱直立或平卧情形下的常见三视图(2009年天津卷12题、2010年陕西卷7题、2010年福建卷12题).那么,结合三视图还原实物图的方法步骤,则由三视图还原实物图将不再是难事,求解几何体的相关量会更轻松.

附录5　通过立体几何教学培养学生的空间想象能力

第一节　空间想象能力及其培养途径

作为个体心理特性的能力是对活动的进行起稳定的调节作用的个体经验,它直接影响活动的效率,影响活动能否顺利完成。想象是在原有感性形象的基础上创造新形象的心理过程.当想象的材料是客观事物的空间形式且其创造的新形象也是空间形式时,这样的想象便是空间想象.直接影响空间想象的效率,并使其顺利完成的个体心理特性便是空间想象能力.具体来说,"空间想象能力指的是人们对客观事物的空间形式进行观察、分析和抽象的能力".

能力只能在相应的活动中形成并在活动过程中显露.空间想象能力通过以下四个相互联系的方面具体地表现出来:"1°熟悉平面与立体几何的基本图形,能正确地画出它们的图;能在头脑中分析出它们的基本元素间的位置关系和度量关系.2°能借助图形来反映并思考客观事物的空间形状及位置关系.3°能借助图形来反映并思考用语言或式子所表达的空间形状及位置关系.4°能熟练地从复杂图形中区分出基本图形,并能分析其中的基本元素之间的关系."显然,这四方面的具体表现也构成了检测空间想象能力的四项指标和培养空间想象能力的四项具体要求.

为了正确地理解培养空间想象能力的这四项要求,我们有必要简略地探讨一下实物、模型、直观图、语言表述、思维同空间想象之间的关系.实物是人们形成空间想象的客观基础.模型虽然是物质的东西,但比之于实物,它已经过了人们对实物的分析、抽象,概括了实物所显示的空间形象的基本特征.借助模型可以丰富人们空间表象的储备,也可以促进人们对空间表象的加工改造,因此,模型在培养空间想象能力中是不可缺少的.直观图是人们头脑中空间形象的重要的外部表达形式,在识图和画图两个互逆的过程中,人们不断地经历着对空间表象的再造、创造,从而促进人们空间想象有力的发展,这也正是在培养空间想象能力的四项要求中每条都提到识图、画图方面要求的重要原因.然而,不管实物、模型和直观图在培养空间想象能力中有多大作用,它们毕竟只是手段,而空间想象能力的核心是想象,是在人的头脑中对空间知觉进行分析、抽象、概括从而创造新的空间形象.想象与思维是一种交叉的关系,思维过程中有想象,想象过程中有思维,两者密不可分.语言则是思维的外部表现,空间想象能力的发展离不开语言的概括和调节.所以,空间想象能力和思维能力的培养是相辅相成的,谁也离不开谁.事实上,高水平的空间想象已不是依靠模型、直观图,而是模型、画图、内部语言各环节都消失的想象.

在我们明确了什么是空间想象能力以及它的具体表现和要求之后,很容易想到通过立体几何教学发展学生的空间想象能力应该解决下列问题:

正确地使用和制作模型;

正确而迅速地识图和画图;

恰当地将空间图形性质的学习、逻辑思维能力的培养与空间想象能力的发展有机地联系起来;

从对空间图形的语言表述到正确而迅速地在头脑中创造空间形象,经过分析、抽象、概括和判断、推理获得对该空间图形的认识,并能用语言表达这种新的认识.

第二节 如何正确地使用模型

抽象的空间概念必须通过对具体实物或模型的观察才能逐步建立起来,因此,从一定意义上来说,立体几何教学是不能脱离实物和模型的.特别是模型,由于它是实物的模拟形象,可以摆脱实物的种种局限,剔除与教学内容无关的因素而突出其主要的成分,因而在立体几何教学中有着独特的作用.但是,空间想象的核心是创造,使用实物和模型的目的不在于认识它们本身而在于丰富空间表象的储备,促进对记忆表象的分析、综合、加工以加速由感性材料转化为理性认识的过渡,这是在立体几何教学中使用实物和模型必须遵循的原则.下面我们就立体几何教学中使用"已成型模型""典型模型"和"组构式模型"促进学生空间想象能力的发展作概略的论述.

一、正确使用"已成型模型",丰富学生空间表象的储备

(一)已成型模型及其作用

已成型模型是指按一定的点、线、面、体的相互关系制作定型的模型.由教具厂生产的立体几何模型大多属于此类,教师或学生按照教科书上的定理、习题,在解答完成之后依已知条件和解答结论制作的模型也属于此类.在立体几何教学中,有的教师习惯于直接出示已成型模型,并比照模型讲解定理、例题,这在初学阶段是可以的,但长此以往会使学生失去根据语言叙述进行空间想象的机会,从而极不利于空间想象能力的发展.这当然不是全盘否定已成型模型,已成型模型在丰富学生空间表象的储备方面有着十分重要的作用,在使用时配合直观图和语言描述,对于澄清概念和促进学生对空间图形的分析、抽象、概括也有积极作用.

(二)使用已成型模型进行三种练习

使用已成型模型可以进行以下三种类型的练习.

1.模型与直观图的对照练习

这是以丰富学生空间表象储备为主要目的的一种练习.它的基本形式是:给学生出示空间图形的模型,同时给出对应于各模型的直观图,使二者异序排列,要求学生看模型认直观图,看直观图辨模型.由于这种练习不涉及概念的应用,练习的安排不受授课内容、进度的限制,模型与直观图的对照形象、具体并易引起学生的兴趣,因此,这种练习适于在初学阶段相对集中地进行.

模型与直观图的对照练习是以丰富学生的空间表象储备为主要目的,所以在模型与直观图的选材上应注意典型性,它应当包括空间直线与平面间各种位置关系的形象,如相交、平行、垂直、从属、介于等,显示出角度、长度在直观图中的畸变,以及有一定数量的组合图形(如"两个平面相交的同时与第三个平面相交").具体的选材可以教科书中常涉及的空间图形为主.

丰富学生空间表象的储备,需要有一定的数量作保证,但更重要的是质量.要使学生对某一空间图形形成正确、全面的表象,必让学生从不同的角度观察同一图形,从对各个局部形象的认识中形成对整体的认识.因此,在模型与直观图的对照练习中,需配备一定数量的"一型多图"和"直观图显示与模型摆放角度相异"的练习题.

进行这种练习应力求生动活泼,可在初学阶段于每节课堂教学中安排一小段时间进行"看谁认得快、辨得准"的练习,也可以安排整节课时间进行从易到难、从一型一图到一型多图、从单一型到组合型的练习,还可以在课下举办"模

型与直观图对照练习展"组织学生参观、练习.经验证明,学生十分欢迎这些练习,而且由于模型同直观图的对照增强了想象的有意程度,因而为以后的概念、法则教学打下了良好的基础.

2.实物与模型的对照练习

实物给人的空间知觉是一个个的孤立映象,属于个别表象,而人脑用来创造新形象的材料应当是反映一类事物共有形象的一般表象.进行实物与模型的对照练习有助于一般表象的形成.这样的练习有两种方式:一种是由实物概括成模型.例如,观察教室墙的交线、立交桥、马路边上横架路上的电线等实物,找出与它们的概括形象——异面直线相对应的模型;另一种是示以模型列举实物.在这样的练习中,实物不一定出现,而应尽多地通过生动的语言来唤起学生头脑中的表象,这样表象不受时间、空间的限制,而且带有概括性的特点,不仅有助于增加表象储备,而且有利于向抽象、概括过渡.

实物与模型的对照练习,通常是配合概念和定理的教学来进行的.在引出概念或定理之前提出问题,让学生从实物中概括找出与之对应的模型,作为建立概念的形象支柱;在引出概念或证明定理之后,让学生举出与模型相应的实物例子.例如:在直线与平面相关位置的教学中,教师可以首先提出问题:"直线与平面的相关位置有几种可能",让学生自己从实物显示的形象中进行概括、分类,学生则可通过"日光灯管与教室地面、顶棚的位置关系""旗杆直立地面,旗杆拉线与地面的关系""铅笔放置桌面的形象"等找出与之相应的模型,并借助模型的形象建立直线与平面平行、直线与平面相交、直线在平面内的概念.又如:在直线与平面垂直的判定定理教学中,对照模型让学生举出"一条直线与一个平面内两条相交直线都垂直时,这条直线与这个平面垂直""一条直线与一个平面内两条直线都垂直时,这条直线不一定与这个平面垂直""一条直线与一个平面内一条直线垂直时,这条直线不一定与这个平面垂直""一条直线与一个平面内任一条直线垂直时,这条直线就与这个平面垂直"和"一条直线与一个平面内无穷多条直线都垂直时,这条直线不一定与这个平面垂直"的各种实例.鉴于高中一年级学生的空间想象力,特别是从实际物体形象概括为一般空间表象的能力已有一定基础,实物与模型的练习不宜过多,一般来说,可在《空间两个平面》这一单元之前选择典型教材进行.典型的标准,一是概念、定理有易与其他概念、定理混淆之处,二是概念、定理有较多较贴切的实例可供印证.例如:异面直线、空间直线与平面位置关系的类别,直线与平面垂直的判定定理;三垂线定理及其逆定理等可作为典型教材.

实物与模型的对照练习也可以配合模型与直观图的对照练习来进行．例如：在举办"模型与直观图的对照练习展"中，对于一些模型不仅可提出找相应直观图的要求，而且可以提出："这个模型反映了哪些实物、实际事例的形象"，看谁答得对，答得多．这后一种方式的练习以丰富学生空间表象的储备为目的，不要求同概念、定理教学配合，不受教学进度的限制，安排起来比较方便．有的教师认为，对周围实物的感知是学生每天必定遇到的事，没有必要进行这样的专门练习，事实不然．学生平时对从周围事物的感知中形成的空间想象是无意想象，对空间想象能力的发展作用较差，而实物与模型的对照练习则是有预定目的的有意想象，对于正确而迅速地促成一般空间表象的形成有着不容忽视的作用．

3. 模型、语言与教学符号描述和直观图的对应练习

这样的练习有三种类型．一是给出模型要求学生用语言或数学符号描述并找出（或画出）对应的直观图；二是给出直观图，要求学生用语言、数学符号描述并找出相应的模型；三是用语言、数学符号描述空间图形，要求学生找出模型并找出（或画出）相应的直观图。这样的练习是第一种练习添加了语言与数学符号描述而成，而且正是由于这个添加的因素使得练习增加了思维的成分．进行这种练习时必须注意模型所展示的空间图形应该是学生已经学过并有相应的语言及数学符号表述的，相应直观图的画法也应是已经学过的．另外，这样的练习并不限于已成型模型，若采用组构式模型效果往往更佳．

对于上述第一、二种类型练习，可以在课堂教学中安排一定时间来进行，也可以做为课外作业留给学生去练习．如果在前述"模型与直观图对照练习展"中，随着教学的进展增加用语言和数学符号表述的内容，使学生对已有的空间表象增加思维的成分，那么效果将更为理想．

上述第三种类型的练习是培养空间想象能力的高层次练习．它不是从具体形象出发，而是从语言或数学符号开始．学生需要将语言或数学符号所表述的空间图形，通过对自己头脑中空间表象的选择、加工、改组，创出新的空间表象，然后依照直观图画法的规则去判断（或画出）相应的直观图，或者将头脑中的想象外化为模型．因此，这种类型的练习，效果明显而难度较大．教师在组织这种练习时，要从单一型逐步过渡到组合型，一开始就给组合型的练习是不恰当的，总停留在单一型的练习也不合适．

空间想象力最本质的特点是创造．实物、模型的使用，直观图的教学，都是为了使学生能从头脑里已有的空间表象出发，按一定的目的、要求创造出新的

空间形象.为此,教师必须高度重视第三种类型的练习,以促进学生空间想象能力较快的发展.具体的作法是"老师说图形,学生想图形",教师用语言表述空间图形,学生默想该图形的形象,同时用手在空间比划图形形状,用手指在桌面上默画其直观图.这种练习可在课堂教学中进行,可在立体几何自习课中进行,也可以发动同学们相互之间进行"你说我想"、"你说我找(模型或直观图)"的练习.由于这种练习突出了"想象"这一中心环节,加速了模型、画图、内部语言各环节的消失而内化为学生空间想象能力的过程,所以效果较好.

(三)制作和使用"已成型模型"的注意事项

已成型模型的主要作用是丰富学生的空间表象储备,它的使用和制作应当注意以下几点:

第一,它的使用主要在初学阶段,随着学生空间想象能力的发展应有意识地减弱.一般来说,在教学进行《空间两个平面》一节后,除"语言或符号与直观图、模型的练习"外,应基本上停止使用.在简单多面体和旋转体的教学中,只应在棱台、多面体与旋转体的切、接问题,以及如"将正方体的棱分成4等份,在$\frac{1}{4}$处截去各棱角得到一个多面体,正方体体积减少几分之几"(六年制重点中学高中数学课本立体几何总复习参考题B组第22题)等这样一类极难辩认的空间图形中使用.

第二,"直观手段应当做到使学生把注意力集中于最主要、最本质的东西上."因此,模型的制作必须目的明确,简明无华,闪光材料和五颜六色的渲染,辅助部分喧宾夺主,都是应该避免的.模型确实应该起到陶冶美的情操的作用,但这种美应当体现在简捷、准确、明晰诸方面.

第三,空间知觉往往是多种分析器官协同活动的结果,让学生动手制作已成型模型有助于空间想象能力的发展.但制作模型很费时间,需要的能力又是多方面的,因此,让学生制作模型不能太多,制作的重点要放在典型模型上,而不应让学生在模仿制作已成型的模型上耗费过多的时间.

二、制作、使用"典型模型",培养学生对空间图形的分析、抽象能力

(一)"典型模型"及其制作

典型模型是指那些在几何结构上具有典型性,可以通过分解、组合演示空间图形基本元素关系和空间图形某些性质的教学模型.符合上述条件的模型有三个,其中最主要的两个是正方体和正四面体模型,另外一个是只显示底面和高的圆锥模型.

这几个典型模型结构简单,制作方便.正方体和正四面体模型应当在立体几何的第一节课上要求学生按以下方法每人制作一个:用木条、铅丝或塑料条做成框架式的正方体和正四面体,正方体棱长 10 cm,正四面体棱长 15 cm.同时配制两个硬纸板的衬底,一个上面画有与正方体一个面全等的正方形并在顶点处标 A、B、C、D 四个字母;另一个上面画有与正四面体一个面全等的正三角形并在顶点处标 A、B、C 三个字母.衬底的作用在于使用这两个模型时将模型底面重叠于衬底的图形上,假想正方体对应于 A、B、C、D 的上底面正方形四顶点 A'、B'、C'、D',正四面体的第四个顶点为 V,这是为了便于用语言和数学符号表示模型中的点、直线和平面.另外配备几根竹针及几条染成不同颜色的"小线",长度约 20 cm,它们的用途是在使用典型模型时联结"面对角线"、"体对角线"或其他线段.只显示底面和高的圆锥模型,可用硬纸板做成直径为 17.3 cm 的圆(也可在方形硬纸板上画图),在圆心处固定一与硬纸板面垂直的细木棒,长度不短于 20 cm,这个典型模型可以在学习旋转体时再让学生制作.在制作典型模型时,要求学生成形准确,大小合宜,坚固美观,以培养学生的审美观念.还可以组织优秀模型的评比展览,以提高学生的兴趣.

(二)"典型模型"的作用

典型模型数量少,制作易,用处多,应该做到人手一套,为学生借助模型发展空间想象能力提供有效的手段.更重要的是,正确地使用典型模型能有效地提高学生对空间图形分析、抽象的能力,从而促进空间形式再造想象和创造想象的形成.

空间想象能力的发展需要有丰富的空间表象储备,更需要对原有表象进行加工改造.对空间想象来说,这种加工改造具体表现为:原有空间表象的分解和重新组合,突出原有空间表象的某一部分以形成新的空间形象;对原有空间形象抽象、概括,在新的共同规律下建立新的联系.典型模型集空间图形基本元素相互位置的各种可能于一身.教师在教学中可以方便地引导学生从其中"抽出"某些点、直线、平面来研究它们的相关位置,也可以通过小线的盘绕将模型中的点、直线、平面组合形成有关的角、线段和截面,从而有助于学生对记忆表象的分解、组合.在推证定理、求解习题的过程中,利用典型模型来构想定理和习题中的空间想象,既借助典型模型中点、直线、平面的相互关系,又脱离典型模型本身去发现新的空间形象的特征,从而有助于创造想象能力的提高.典型模型与已成型模型最大的不同,在于后者是将所研究的空间形象一次完整地呈现在学生的面前,而且对于一种空间形象只能呈现一种具体状况,尽管可以通过摆放、观察角度的改变来使学生较为全面地认识它,但终究摆脱不了这种已成型模型的局限性.典型模型则不然,从典型模型到形成所研究的空间形象,学生必须借助典型模型不断地对自己头脑中的记忆表象进行分析、改造、抽象、概括,从而使建立起来的新形象带有更大的概括性.正确地使用典型模型,可以在加深学生对立体几何基础知识理解的同时,推进对空间记忆表象的加工改造.

(三)"典型模型"的使用

典型模型的使用范围比较广泛,这里就个人的体会介绍几种主要的方法.由于重点放在怎样使用上,所以在举教学实例时只叙述与使用典型模型有关的部分,而不详细介绍教学的全过程.

1.肢解　即在典型模型中,分解其基本元素以演示点、直线、平面时的相关位置以及所成的有和距离.肢解,可在引入概念、探索规律时运用,也可运用于深化概念、理解实质.肢解的过程实质上包括对整体的分析,对分解出的部分与整体关系的分析,探讨分解出的部分的特征,并通过转化、抽象建立新的空间形象.

例 1　在"两条直线的位置关系"一节中典型模型的使用.

(1)教师以"空间两条直线的位置关系有哪些可能的类别"为题请学生讨论.在学生举出一些实例而尚未完全得出结论时,教师要求学生观察各自的正方体模型的十二条棱,并找出它们之间的位置关系.

(2)教师引导学生着重注意正方体十二条棱中成异面直线的各组,并让学生从实际生活中找出与正方体中各棱相互关系类似的各种实例,讨论异面直线区别于相交、平行直线的本质特征.注意通过模型分析让学生看到异面直线无公共点,而平行直线也无公共点;两条异面直线可分别在两个平面内,而两条相交直线、两条平行直线也可分别在两个平面内.因此,这些性质都不是异面直经的本质特征.

(3)请学生用小线连出正方体相邻面、相对面的对角线以及正方体的一条对角线,印证从前两步所得两条直线相关位置的类别,着重发现成异面直线关系的各组直线的共同本质特征,给出异面直线的定义.

(4)列表表示空间两条直线相关位置的类别

(5)教师提出异面直线画法的问题,在围绕"不同在任一个平面内"的特点寻求画法时,配合对正方体进行如图 1 的肢解,对照教科书上三种用衬托法画出的直观图(图 2),使学生掌握画法之要点.在对照中,要特别注意引导学生破除原典型模型的局限,如:从图 1 的第一个肢解图形中,认清 $ABCD$ 代表一个

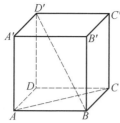
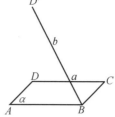

图 1

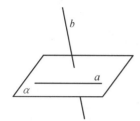
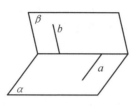
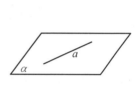

图 2

平面,它是无限延展的、不能认为 B 是此平面的"顶点",CD 是此平面的"边";应注意变式图形的作用,引导学生认清图 1 中的 BD' 与 CD 是异面直线,BD' 与 AD 也是异面直线;还应指导学生选择能突出特点和显示直观的画法,如图 1 中 BD' 与 CD 易使人误认为二者相交,故在图 2 中将 CD 画为 a 的位置. 对于其他两个肢解图形也应作类似的讨论.

(6) 教师可对正方体模型从另外的方向进行肢解, 如肢解出 BD' 和 $A'B'C'D'$(或者 BD' 和 $BCC'B'$, BD' 和 $ADD'A'$, BD' 和 $ABB'A'$, BD' 和 $C'CDD'$)、$B'C'CB$ 和 $ABCD$(或者 $B'C'CB$ 和 $A'B'C'D'$, $B'C'CB$ 和 $ABB'A'$; $B'C'CB$ 和 $DCC'D'$ 等)、$B'C'$ 和 $ADD'A'$(或者 $B'C'$ 和 $ABCD$; $A'B'$ 和 $ABCD$ 等)令学生从图 2 中选取与其对应的直观图, 还可以提出图 2 中的某一个直观图, 让学生从正方体模型中肢解对应的形象.

(7) 教师提出"如何判定两条直线是异面直线"的问题, 引导学生观察正方体、正四面体模型, 找出它们当中成异面关系的两条直线的共同特点, 从而引出定理:"平面内一点与平面外一点的连线和平面内不经过该点的直线是异面直线", 并进行分析和证明.

例题 1 给出了在建立概念的过程中借助典型模型的肢解形成正确的空间形象的范例. 在立体几何概念教学中, 这种方法有着广泛的应用. 如空间直线与平面的相关位置,两个平面的相关位置,射影、斜线与平面所成的角,二面角的平面角等,都可以用肢解的办法从典型模型中"抽出"来研究.

在定理的教学中,借助典型模型的肢解来探讨定理所对应的空间图形,可以起到引入定理和寻求证明方法的作用. 例如:

从正方体模型中,由 $A'B' \parallel AB, A'D' \parallel AD$ 和面 $ABCD \parallel$ 面 $A'B'C'D'$ 的关系,容易引出定理:如果一个平面内两条相交直线都与另一个平面平行,则这两个平面平行;

从正四面体模型中(图 3),由四个正三角形全等,容易得出当 D 为 BC 中点时,VD, AD 都垂直于 BC,从而有 $BC \perp$ 平面 VAD,引发出三垂线定理和三垂线定理的逆定理的证明思路.

下面我们给出一个例题,来看一下在证明定理时通过对典型模型的肢解,引出定理及其证明的思路的过程.

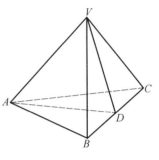

图 3

例 2 在讲授定理"对应边平行且方向相同的两个角相等"时,对典型模型的肢解步骤

(1) 从典型模型正方体中发现符合定理条件的角,如图 4 中 $\angle DAB$ 与 $\angle D'A'B'$;

(2) 在保持此二角在整体中的相关位置的前提下,分解典型模型(可用显示对角面 $BB'D'D$ 的方法,同时,配合以图 5);

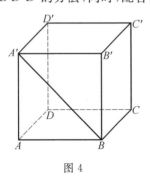

图 4

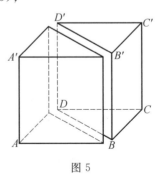

图 5

(3) 对分解后部分的特征进行探讨,并与定理条件进行对照,完成分解部分向定理条件的转化(可用语言表述,如:"当 AA', BB', DD' 保持平行而倾斜时是否仍有 $\angle D'A'B' = \angle DAB$"? 并配合示以图 6);

(4)进一步抽象、概括形成定理所指的新的空间形象,从而得到证明此定理的思路.如图7.

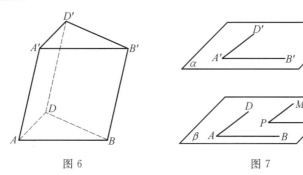

图6　　　　　　　　图7

空间图形的基本元素及其相互关系的概念和定理,本来就是从客观事物的整体中抽象出来的,新的空间形象建立在对已有表象分解、组合的基础上.肢解的方法恰恰体现了这个过程.因此,在建立立体几何概念和探索立体几何定理的证明思路的过程中,配合对典型模型的肢解,将能有效地培养学生的空间想象能力.

2.构形　即以典型模型以依托,通过添加辅助线、面和模型中线、面的延展形成新的形象(可借助"小线"盘绕和假想).构形多用于深化概念和灵活运用定理的练习中.现通过下面的例题说明构形的想象过程.

例3　在正方体 AC' 中,E,F,G,H 分别为棱 AA',AB,BB',CC' 上的点且不与顶点重合,试判断 EF,FG,GH 是否共面?

为了说明过程,此处借助于图8.

构形:用小线在正方体模型中依题意盘绕出 EF,FG,GH.

分析:原模型中 E,F,G 三点都在平面 AB' 中;H 在平面 BC' 也在平面 DC' 内.

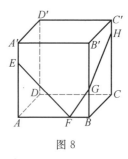

图8

推理:因为 E,F,G 不在同一直线上,所以平面 AB' 即为 E,F,G 所确定的平面;因为点 H 在平面 DC' 内,而平面 DC' // 平面 AB',所以点 H 必在平面 AB' 外.

想象:抽象概括形成 EF,FG,GH 脱离原模型的形象如图9.

结论:据"经过平面外一点与平面内一点的直线与平面内不过此的直线异

面"的定理,得出如下结论:

EF,FG,GH 不共面.

构形对作截面的问题也有重要的作用.

例 4 在正方体 AC' 中,P,Q,R 分别为 AA',AB,BC 的中点,试求平面 PQR 与平面 $A'ADD'$ 所成二面角的大小.

我们试以图 10、图 11 来说明想象过程.

构形:在正方体模型中以小线连 PQ,QR.

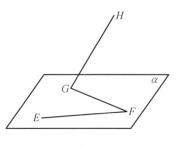

图 9

分析:在原模型中分析平面 PQR 与正方体各面之关系. 平面 PQR 与面 AB' 有公共点 P,Q;平面 PQR 与面 AC 有公共点 Q,R;平面 PQR 与面 AD' 有公共点 P;平面 PQR 与面 BC' 有公共点 R. 平面 PQR 与面 $A'C'$ 及面 BC' 的关系有待探讨. 在平面 PQR 确定之后,方可进一步推导它与 $A'ADD'$ 所成二面角的大小.

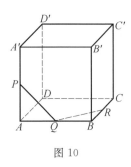

图 10

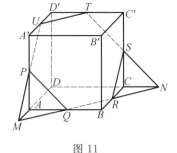

图 11

推理:依公理二及"两点确定一条直线"的公理可知,PQ,QR 分别为平面 PQR 与面 AB' 及面 AC 的交线(图 10).

推理:平面 PQR 与平面 AD' 有公共点 P,必有过 P 的交线. 为此,应找出平面 PQR 与平面 AD' 的另一公共点. 延长 RQ,DA 交于 M,既然 RQ 在平面 PQR 内,DA 在平面 AD' 内,则 M 必为二平面的公共点. 连 MP 延长交 $A'B$ 于 U,则 PU 为平面 PQR 与平面 AD' 的交点线(图 11).

构形:在上述推理中以小线、竹针比示过程,并连出 PU.

推理:因为平面 PQR 与平面 AC 及平面 $A'C'$ 都相交,而且平面 AC ∥ 平面 $A'C'$,所以两条交线必平行. 过 U 作 UT ∥ QR 交 $D'C'$ 于 T(图 11).

构形:配合上述推理连出 UT.

推理:依以上第二步推理之方法可得平面 PQR 与面 $DCC'D'$ 的交线是 TS;连 SR,得平面 PQR 与面 $BCC'B'$ 的交线(图 11).

构形:依照上面的推理最后成型.

至此,新的空间形象——平面 PQR 被正方体各面所截的截面 $PQRSTU$ 形成.

在正方体中分析截面 $PQRSTU$ 的特征,依二面角的平面角概念可使本题获解.在这里就不再写出其分析了.

构形方法适用的范围是很广的.一般来说,在典型模型中添加辅助线、面以构成新的图形便可以运用这种方法.从典型模型中得出的结论常常还可以推广到更一般的情况.例如,在求证"平行于三棱锥的两条相对棱的平面截三棱锥所得的截面是平行四边形"时,可以在正四面体中通过"构形",如图 12 所示,得到"$VA \parallel GD$, $VA \parallel FE$,从而 $GD \parallel FE$"和"$BC \parallel GF$,$BC \parallel DE$,从而 $GF \parallel DE$"的结果.考虑到当正四面体变换为三棱锥时,上面的性质并不改变,这样,从典型模型的"构形"中,即可获得一般情况下解决问题的方法.

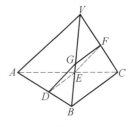

图 12

从以上三例可见,构形的过程是以肢解为基础,以逻辑推理为主线,不断地分析、抽象以形成新的空间形象的过程.由于这个过程具体体现了人们对记忆表象加工改造的过程,所以能有效地提高学生的空间想象能力.

3. 移出和嵌入 运用典型模型来解题时,对于不需要的图形先要"视而不见",犹如将需要的图形"移出"研究;在对"移出"图形有了清晰的印象之后,再对"视而不见"的图形"视而可见",犹如将原"移出"的图形"嵌入"原图,从整体的角度来进行研究.

例 5 如图 13,在正四面体 $V-ABC$ 中,D,E 分别为 BC 与 VA 的中点,$AF \perp VD$,$AF \cap VD = F$,$AF \cap DE = P$,连 VP 延长交面 ABC 于 O.求证:$VO \perp$ 平面 ABC.

讲解时用正四面体模型以小线、竹针构形,此处用图 13、图 14 示意.

"移出"从已知条件易推得 VA,VD,AD,VO,DE,AF 在同一平面内,将平面 VAD"移出"正四面体外(图 14),立体几何问题就转化为平面几何中三角形三高相会问题,得 $VO \perp AD$.

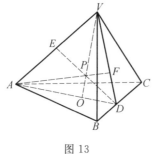
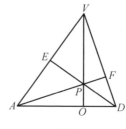

图 13　　　　　　　　图 14

"嵌入"：将 △VAD 置回正四面体中，问题回归为立体几何，即 $VO \perp AD$ 时，VO 与面 ABC 是否垂直．因为 $VD \perp BC, AD \perp BC$，所以 $BC \perp$ 平面 VAD，从而平面 $VAD \perp$ 平面 ABC；再由"两个平面互相垂直，在一个平面内垂直于交线的直线必垂直于另一个平面"，便可证得 $VO \perp$ 平面 ABC．

从想象的过程来看，"移出"是从整体中强调某一部分；"嵌入"是将原强调的那部分放回整体中去认识．从思维过程来看，"移出"往往是从立体问题转化为平面问题；"嵌入"又往往是从平面问题回归为立体问题．强调和转化是再造想象的要素，为此，运用典型模型进行"移出"和"嵌入"的练习是促进学生空间想象能力发展的好办法．

4. 归类　　由于典型模型的几何结构有典型性，所以从一个典型模型中往往可以找到同一类问题的多种形象．发挥典型模型的这个优势，我们常在寻求规律、研究分类、总结思路的过程中借助典型模型．例如，关于异面直线距离的求法，就可以从正方体、正四面体中显示、归纳出不同条件下的不同求法：

(1) 用定义直接判断．如图 15 中，AA' 与 BC' 的距离为 BA 的长．

(2) 转化为两平面平行的方法．如图 16 中，$A'C'$ 与 $B'C$ 的距离即平面 ACB' 与平面 $A'C'D$ 间的距离．

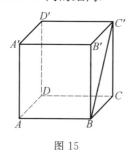
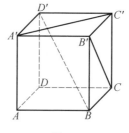

图 15　　　　　　　　图 16

(3)转化为直线与平面平行的方法.如图 16 中 AA' 与 BD' 的距离即 AA' 与平面 $DBB'D'$ 的距离.又如图 17 中,若 G,F 分别为 AB,BD 的中点,则 GF 与 CD 的距离即为 GF 与平面 ACD 的距离.

(4)利用直线与平面垂直的方法.如图 18 中 AC 与 BD' 的距离,可由 $AC\perp$ 平面 DBD' 而易于作出 AC 与 BD' 的公垂线.

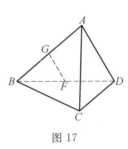

图 17

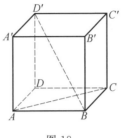

图 18

(5)利用"分别在两条异面直线上两点间距离的公式"求解.

(6)函数极值法.如图 19 中的 DC 与 $D'B$ 的距离求法.

这样的例子很多,象多面体截面的作出方法,就可以在正方体中用例 4 的那种作出截面 PQR 的方法来归纳总结.

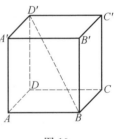

图 19

归类的过程是逻辑思维的过程,也是空间想象的过程.归类的结果,从思维方面讲是获得了以抽象形式表现的规律,从想象方面讲是获得了概括性的新的表象群.这自然对空间想象能力的发展大有好处.

5.假想

随着学生空间想象能力的发展,典型模型的使用应逐步减少求实的成分而增加假想的成分.只显示底面圆和高的圆锥模型便是这种假想的例子.在使用这个模型时,如果假想它有上底面且上底面与下底面半径相等即可当圆柱模型,上底面与下底面半径不等则可当圆台模型.它们的各种截面也可以通过假想设置.在旋转体与多面体切、接关系问题中,借助假想运用典型模型,对正确形成空间形象有重要作用.例如,圆锥内接正方体的问题,关键是要找出能体现圆锥及其内接正方体元素之间关系的截面.将正方体摆在只显示底面圆及高的圆锥模型上,假想圆锥母线、侧面与正方体上底面的关系,很容易发现过正方体与圆锥底面垂直的相对二棱所作截面应如图 20 所示.

利用典型模型借助假想形成空间形象,还可以结合类比、对比、概括推向更广的范围.例如,从上面圆锥内接正方体截面的寻求,可以联想到球的内接正方体截面、圆柱内接长方体截面的做法.

典型模型还有许多别的运用方法.如将正方体上底面中心与下底面各顶点相连、过正方体平行棱中点作截面和假想取去正四面体相对二棱,可分别得到正四棱锥、长方形和空间四边形;将正方体、正四面体用纸蒙住侧面再把纸展开,可以进行侧面展开的练习.

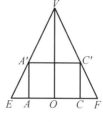

图 20

三、恰当地运用"组构式模型",在助思中发展空间想象能力

(一)"组构式模型"及其制作

组构式模型是指以表示点、直线、平面等空间图形基本元素的模型为基件,通过连接、固定装置按照题目条件和解题思路组织装配成形的模型.这种模型,精细者常用比较先进的支撑、连接、固定装置,简单者则用小线、竹针、硬纸板甚至铅笔、三角板等文具为基件,以桌面、书夹和手夹连接和支撑.

教师用来在课堂上演示的组构式模型,至少应由以下基件组成.

1. 300×200 的硬纸板或薄木板三块,其中两块如图 21 左,一块图如 21 右,剪、锯有开口,以备插接构成相交平面,三块板均用墨涂黑,以备必要时在其上描点画线;

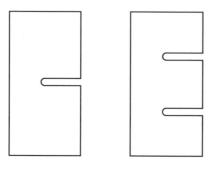

图 21

2. 400×300 的硬纸板或薄木板一块,用墨涂黑,并在其上扎出供竹针、小

线通过的小孔,孔的位置如图 22. A,B,C,D,O,E 孔间距离相等,且 D,O,E 共线,A,B,C 共线,$OB \perp AC$. 这个基件主要用于"直线与平面垂直的判定定理"、"射影长与斜线长定理"、"斜线与平面所成的角是这条斜线和平面内经过斜足的直线所成的一切角中最小的角"、"三垂线定理及其逆定理"等定理的组构.

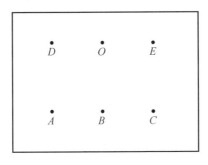

图 22

3. 400×300 的木条长方形框,蒙以铁纱网,网孔孔径应使竹针、小线恰好通过. 这个基件可广泛应用于需演示直线与平面垂直、斜交的有关习题. 由于穿透孔较多,应用时对直线与平面相交的交点位置可有广泛选择的余地,但在演示前教师务必事先选好穿孔位置,演示时对在平面内的直线需用小线(染成与铁纱网不同的颜色)显示.

4. 300×200 的硬纸板或薄木板两块,用它们组成二面角时,两板应能绕轴旋转,以便按演示需要显示二面角为锐角、直角、钝角的各种情况. 两面均可染成黑色,以备在面内显示有关线段或直线.

5. 染成不同颜色的小线和不染色的竹针若干. 由于表示平面的基件大都涂黑,故小线染色务必用浅色. 竹针顶部及适当部位用小刀刻痕,以便使用小线连挂时能快速固定.

让学生自备组构式模型的基件是必要的,尺寸可小于教师演示的基件;也可以用书本、桌面表示平面,铅笔表示直线,书夹表示二面角.

此外,还可利用典型模型组构空间图形. 如在演示时必须使用支撑架,可把化学实验用的支撑架稍加改造即可.

(二)"组构式模型"的作用

"引用模型的主要目的不是为了说明存在相应概念的原型以及它的基本形状,更重要的在于借助模型进行观察分析,然后抽象概括出准确的概念,最后还得离开模型而画出图形,并在头脑中形成有关的形象. 所以使用具体模型的目的主要不是使抽象概念形象化,而在于完成从具体到抽象再到具体的完整的认识过程."组构式模型在达到这个主要目的方面,有着已成型模型和单纯使用典型模型所不能起到的作用.

组构式模型的使用是在探讨定理证明和习题解法时,通过组构式模型的摆放、观察,以促成对题目全过程所涉及的空间图形的想象.特别在解证过程中需要添加辅助直线、辅助平面的时候,组构式模型的作用显得更为突出.关于这一点从对下述例题分别运用已成型模型和组构式模型的比较中即可看出.

例 6 a,b 为异面直线,平面 α 过 b 平行于 a,平面 β 过 a 平行于 b,求证:$\alpha \,/\!/\, \beta$.

显然,在证明本题的过程中,需要作出过 a 与 b 上一点 p 的辅助平面 σ(图23).若使用已成型模型,那么这个题目条件中没有的平面 σ 在学生尚未想象与推理之前就已显示了出来,这等于剥夺了学生想象与推理的机会.如果采用组构式模型,那么它的使用过程和想象、推理过程就如下述:

(1)根据题目中数学语言和数学符号所表述的条件,学生通过表象储备想象出其形象,并依据有关画法规则画出直观图(图24).

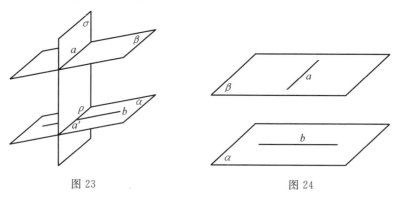

图 23　　　　　　　　图 24

(2)推理:由平面平行的判定定理可知,应在 β(或 α)内再找一条与 α(或 β)平行的直线.又由直线与平面平行的判定定理可知,应过 b(或 a)及 a(或 b)上一点 P(或 Q)作辅助平面 γ(或 σ)交 β(或 α)于 b'(或 a').

(3)组构模型进行想象:在原模型中插入平面 γ(或 σ).

(4)依有关画法规定,画出模型显示的空间图形(图25).

概括运用组构模型形成想象的过程,可用下面的推导思路表示:

显然,这个过程是完整的空间想象过程,这也正是组构式模型在培养空间

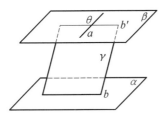 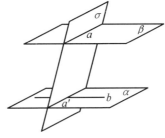

图 25

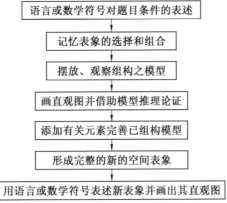

想象能力中独特作用之所在.

此外,组构式模型可以配合学生的思考过程来随时组构,可以在组构中用"动作"来加强学生对空间图形的认识,便于从不同的角度、不同的外表形式来表示同一种空间图形,还可以有意地超出模型的局限摆放相交及从属关系,从而使学生对空间图形概念和性质的认识更准确、完整.

(三)"组构式模型"的使用

1.在分析、推导过程中使用"组构式模型"

这是"组构式模型"最常见的一种使用方式.它的基本模式在前面的例 6 中已经说过,这里我们再通过以下例题来说明.

例 7 在推证定理"如果一条直线和一个平面内的两条相交直线都垂直,那么这条直线垂直于这个平面"时使用"组构式模型"的方法.

(1)教师提出定理,并依据题意组构出"起始模型",如图 26 所示.

(2)教师引导学生分析:"欲证 $l \perp \alpha$,应证 l 与平面 α 内任一直线垂直",而据异面直线垂直的定义,可将 a,b 分别平移使之都过 l 与平面 α 的交点 B.不失一般性,平面 α 内任一直线以在平面 α 内过 B 的任一直线 g 来表示.在分析过程中,教师组构模型如图 27 所示.

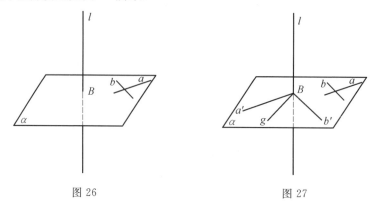

图 26   图 27

(3)教师继续引导学生分析:"欲证 $l \perp g$ 应证 l 与 g 的交角为 $90°$,也即证 l 与 g 交成的二邻角相等."为此,应将此二角分置两个三角形中,证这两个三角形全等.教师边分析边组构模型:在 l 上 B 之两侧分别取点 A, A',使 $BA = BA'$;又在 g 上任取一点 E,连 EA, EA',如图 28 所示.

(4)教师继续引导学生:"欲证 $\triangle ABE \cong \triangle A'BE$,应证 $AE = A'E$."又为了与已知条件 $l \perp a'$ 及 $l \perp b'$ 联系,考虑到如前面作 $\triangle ABE$ 与 $\triangle A'BE$ 的情况,用于 l, a' 和 l, b',则可构成两组全等三角形.为此,在平面 α 内过 E 作一直线使与 a' 交于 C,与 b' 交于 D,连 $AC, A'C$ 和 $AD, A'D$,组构模型如图 29 所示.

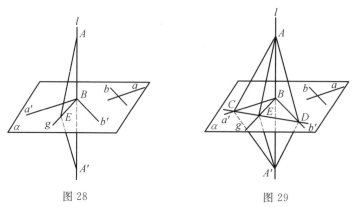

图 28   图 29

(5)就如图 29 所示模型,进行推证,再借模型之助画出对应的直观图.

显而易见,这样组构的模型,可将分析推证的思维过程与空间想象的形成过程统一起来,因而,对于思维能力与想象能力的相互促进和提高是大有好处的.

2.在组构模型的过程中,利用动态体现事物的发展变化

组构本身是一种动作,因此运用组构模型可以体现空间形象的动态变化.通过以下的例题,我们可以看到这种动态体现的过程.

例8 在"直线与平面所成的角"的教学中,使用组构式模型促进这一概念的形成.

(1)教师引导学生从"如何用数量精确地刻划斜线与平面的位置关系"的探讨中,引出斜线与平面所成角的定义,并组构模型显示斜线与平面所成的角,如图30所示.

(2)教师引导学生从"当斜线与平面位置关系确定时,它们所成角的大小唯一确定",到引出定理"斜线和平面所成的角,是这条斜线和平面内经过斜足的直线所成的一切角中最小的角",同时配合组构模型从 O 处拉出一条小线,使其保持在平面 α 内但不断地变换位置(图31),以加深学生的印象.

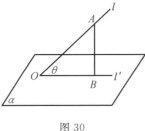

图 30

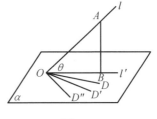

图 31

(3)教师引导学生在寻求定理的证明(略去思路分析)时,对于 AC,BC 的引出及 $\angle AOB,\angle AOC$ 大小的比较,均配以模型的组构(图32).

(4)教师提出:"直线与平面的位置关系除斜交外,尚有垂直、平行及直线在平面内三种关系,对这三种关系是否也能用角的大小来表示?"通过组构模型,使直线 L 向与平面 α 垂直的状态变化,直到 L 与平面 α 垂直;又使 L 向与平面 α 形成"L 在平面 α 内"的状态变化,请学生观察 L 与平面 α 所成角的大小变化.让学生认识到"垂线"及"直线在平面内"是

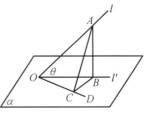

图 32

"斜线与平面所成的角"变化中的特殊状态,并进而认识到"垂线与平面所成的角是 90°"和"直线在平面内时直线与平面所成的角为 0°"这两种规定的合理性.

(5)教师引导学生设想在如图 30 所示的模型中,当 L 保持过 A 而逐渐向与平面 α 平行的位置变化时,L 与平面 α 所成之角逐渐变小,从而得出结论:"当 L∥α 时,L 与平面 α 所成之角为 0°."教学时也可用伸出的胳臂代表直线 L,教室地面代表平面 α,逐渐抬臂让学生观察 L 与平面 α 所成之角的大小变化.

(6)教师引导学生总结"直线与平面所成的角"的概念.

这种利用组构模型显示空间图形发展变化的方法,适用范围很大,组构过程往往十分简单.例如,两条直线异面时有相互倾斜程度和距离远近的不同,表示这种情况只要手持两根竹针就可以组构.运用组构模型方法得当,不仅可使空间形象更加清晰,而且在形成学生辩证逻辑思维方面也很有益.

3.多角度观察"组构式模型",从变式中认识空间图形的本质特征.

对模型多角度观察,从变式中认识空间图形的本质特征,并不是"组构式模型"特有的作用,使用典型模型、已成型模型都可以起到这种作用.但在以下两点上,组构式模型具有优越性:

(1)由于组构式模型是边分析思考边组构的,教师在演示过程中可以从一开始就摆出与"习惯形象"(如平面通常摆成水平平面,平面外一点通常摆在平面分空间为两部分的上方部分)不同的位置,然后配合分析思考组构成不同于"习惯形象"的模型.从认识的深刻程度来看,远比在已成型的情况下变换模型的摆放位置要深刻得多.

(2)组构式模型不只用于教师课堂教学的演示,由于其基件易得,组构过程有明显的助思作用,所以学生乐于在解题、证题时使用.学生在对同一空间形象组构模型时,决不会出现同一位置、同一模式,画出来的直观图也不会一模一样.教师可以将众多学生对同一个问题组构的不同模型示之于众,进行分析、评讲,这无论是对引导学生思维还是从调动学生积极性来看,都比在已成型的情况下再变换模型的摆放位置更为有效.

4.借助组构式模型,减消模型在表示空间图形中的局限性

模型只是空间图形的一种模拟形象,它不可避免地要受各种条件的制约而带有局限性.例如,直线和平面的模型就不可能显示无限的状况.在教学中,教师必须注意减消模型的局限性所带来的消极作用.由于已成型模型是事先根据

空间图形的形象,选取合理的能突出空间图形特点的形状制成的,因此在使用时往往不会暴露其局限性,而组构式模型是边分析边组构成型的,组构的基件不可能对每一个空间图形都合理和恰到好处,因此在使用时常常会显露出模型在表示空间图形的有关概念、性质方面的不足.教师抓住这样的机会来引起学生的认识冲突,会使学生对空间图形的认识更加全面、深刻.有时,为了使学生深入理解概念,促进空间想象,教师可以在组构过程中有意识地暴露模型的局限性,引导学生讨论.例如,在让学生用竹针与硬纸板组构直线与平面相交模型时,学生一般都会将交点显示在硬纸板上,此时教师可摆出竹针过硬纸板角顶、边缘或硬纸板外(图33)三种情况,并向学生提出:"这三种情况是否可以表示直线与平面相交?"引导学生从平面的无限延展而得到肯定的结论.通过这样的讨论,学生头脑里关于平面的概念就会更加清晰.类似地,也可将"直线在平面内"组构成如图34所示的情况,将"两个相交平面同垂直于一个平面"组构为如图35所示的情况,让学生来判断是否正确.

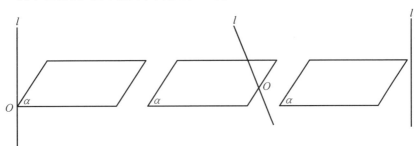

图 33

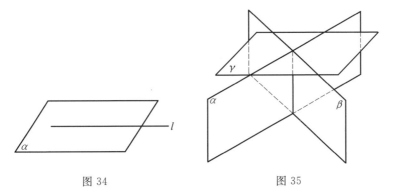

图 34

图 35

5.使用组构式模型时要逐步减缩组构过程

使用组构式模型同使用其他种类的模型一样,使用是为了不使用.为此,随着教学过程的进行,使用组构式模型要逐步减缩组构过程,直至完全脱离模型,直接用直观图来助思.减缩的方法有两种,一是同类问题只组构一种,其他则直接用直观图.例如,在讲授定理"斜线和平面所成的角,是这条斜线和平面内经过斜足的直线所成的一切角中最小的角"及"三垂线定理"时,可配合组构式模型进行,而在学习"如果一个角所在平面外一点到角的两边距离相等,那么这一点在平面上的射影在这个角的平分线上"和"三垂线定理的逆定理"时,就不再用组构模型,而可引导学生直接画直观图.减缩的第二种方法,是在依题意组构起始模型后,借起始模型假想辅助线或辅助平面而不再具体组构.例如,在推证定理"如果两条直线同垂直于一个平面,那么这两条直线平行"时,配合组构式模型,可只组构到图 36 这一步,而对于"过 b, b' 作辅助平面 $\beta, \alpha \cap \beta = C$"及"在 β 内推证 $b \perp C, b' \perp C$ 且 $b \cap b' = O$,与在同一平面内过一点有且只有一条直线与已知直线垂直的定理相矛盾"这两步,就不再用组构模型来显示了.

随着组构过程的减缩,学生想象空间图形时的抽象程度也在逐步提高.

在结束本节论述的时候需要强调指出:实物和模型的使用是手段,发展空间想象力才是目的.因此,实物和模型的使用必须适度.适度的标准要看学生的程度而定.总之,要随着学生空间想象能力的发展,逐步有意识地减少实物和模型的运用,直至完全不通过实物、模型来进行想象.

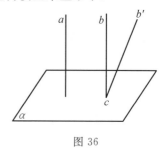

图 36

第三节 如何进行识图与图画的教学

识图与画图是培养空间想象能力的重要手段,也是空间想象能力高低的可见性标志.识图与画图在发展空间想象能力方面有什么作用?怎样使学生正确而迅速地掌握"识图"和"画图"的技能,促进他们空间想象能力的发展呢?

一、识图与画图在发展空间想象能力中的作用

识图是人们通过对某个空间图形的直观图或视图的观察、分析、想象,在头脑里建立起该空间图形的表象,认识该空间图形的特征;画图是人们将自己头脑里根据某空间图形的特征想象出来的形象,按照画图规则的要求画在同一平

面内.简言之,识图是从空间图形的直观图或视图到空间想象;画图是从空间想象到空间图形的直观图或视图.对于某一个确定的人来讲,识图是认识别人画的图,而自己画出来的图对别人来说又是被认识的对象.从这个意义上说,人们是通过识图、画图来交流各自的空间想象的.由此可见:

第一、识图与画图是互逆过程,它们得以实现的中心环节是空间想象,即:人们对自己头脑中的空间记忆表象,通过再现、分析、改造、组合、概括,进行新的空间表象的创造;

第二,作为人们交流空间想象的工具,识图与画图必须有统一的规则,而统一规则的制订又应以是否符合空间想象为标准.

正因为空间想象在识图与画图过程中处于中心环节和衡量标准的地位,识图与画图为空间想象提供了预目定的、创造素材和"驰骋的场地",因此,识图与画图成了高效地发展学生创造性空间想象不可缺少的手段.

实物、模型和图形都是空间想象的感性材料,但它们之间又有着很大的不同.实物是人们空间表象形成的最原始的感性材料;模型则是人们对零散的众多实物所显示的空间形象,经过概括、改造而形成的"典型实物".人们凭借模型来进行空间想象显然增加了思维的成分,但模型总是把空间图形的各种关系以其原貌直接诉诸人们的感官,这样虽然有易于感知的优点,但同时也减少了人们在空间想象过程中理解作用的发挥.至于图,无论是直观图还是视图,也不论是二维的平面图形的图还是三维的立体图形的图,都已不再是原空间图形的本身,而是空间图形的"象",是人们对空间图形经过观察、分析、抽象、概括、推理所形成的空间想象的外化形态.不论是画法规则的制定,还是凭借图来进行空间想象,都要求语言、思维与想象密切结合.因此,识图与画图的教学,在提高空间想象的概括程度,理解空间图形的性质,促进语言、思维和空间想象能力的发展等方面,都有着实物和模型不能代替的作用.

识图与画图对于空间想象能力的发展是如此重要,以至成为大家公认的完成立体几何教学任务中贯彻始终的要求.但是,我们也有必要指出,识图与画图的技能不等于空间想象能力,它只是发展和培养空间想象能力的手段.空间想象能力的高度发展要求我们的是通过识图、画图手段的运用逐步减缩识图、画图的过程,最后取消模型、画图、内部语言各环节而直接对空间图形进行想象.

二、引导学生自己发现直观图画法的基本规则

画出空间图形的直观图有两个思维过程:第一,根据题意在头脑中形成一个空间形,这是形象思维即想象的过程;第二,通过一定的法则,用图形表达头脑中的空间图形,这是分析图形结构进行逻辑推理和运用画法规则的过程.可见,正确而迅速地掌握直观图的画法规则是推理和想象结果得以实现和交流的重要一环.直观图画法规则是人们对空间形象表达方式的发展、归纳和总结,学生掌握它的过程也是学生空间想象力发展的过程,所以在立体几何教学中应该给予重视.通常教学中存在这样一种倾向,即教师将规则一条条地讲给学生,然后通过重复练习使之掌握.这样的教法至少可以说是低效的.正确的教法应该是创造条件引导学生自己发现画法的规则,具体做法是:从观察入手,分析空间图形在观察者视觉中的畸变规律,从而概括出直观图的画法规则.

(一)处理好二维到三维的过渡

学习识、画空间图形的直观图时(特别在开始阶段),学生受识、画平面图形习惯性思维的影响,往往把空间图形的直观图当作平面图形的图来识、画.如果教师不能引导学生克服这种思维定势,那么不仅"识图"、"画图"过不了关.甚至还会阻碍空间想象能力的发展.克服这种思维定势的关键是处理好从二维到三维的过渡.这里有必要先来简要地分析一下平面图形的图与空间图形的直观图之间的关系.

平面图形的二维的,画出平面图形的图系在二维空间内实现,因此,虽则平面图形的图并非平面图形本身,而是该平面图形的象,但图中所显示的形状、大小比例都与原平面图形一致,这是学生在平面几何中不感觉画图困难的重要原因.进入立体几何的学习阶段后,研究的对象由平面图形拓展为空间图形,空间图形中有"其上各点不都在同一平面内"的一类,为了叙述的方便,我们不妨称它们为立体图形,以与空间图形中的平面图形相区别.立体图形是三维的,而画立体图形的直观图却要在二维空间内实现,这就引出了平行投影的方法,而且正是在平行投影这一点上平面图形的图与立体图形的图得到了统一.对于平面图形进行平行投影,由于图形所在平面与投影面位置不同而影象各异,只有当平面图形所在的平面与投影面平行的情况下,才能保持影象(即平面图形的图)与原平面图形形状大小完全相同.对于立体图形,我们不可能一次将它们的所有部分都置于与投影面平行的位置,而只能使其中某一部分所在平面处于与投影面平行的状态,这样所得到的影象(即该立体图形的直观图),除处于与投影面平行状态的那一面内的图形外,其他部分的图形必将发生畸变.正是对这种畸变的不理解,造成了学生把空间图形的直观图当作平面图形的图来识、画的问题.

从以上分析可知,要处理好识、画几何图形中二维到三维的过渡,必须让学生懂得平行投影的道理,了解上述畸变的来由.虽然在立体几何教学中不可能系统地讲授投影原理,但教师必须也完全可能让学生通过对不同角度观察同一空间图形时看到的形象和某些部分的畸变,以及对空间图形摄影、描画所获得的经验的分析来领会平行投影的道理,了解畸变的来由.例如:

对于同一个空间图形,由于观察的位置不同,在视觉中的形象也有异.对一个正方体进行多角度的观察,学生可得到如图 37 所示的印象,并可进而分析畸变的情况;

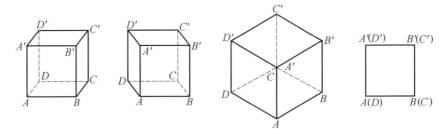

图 37

让学生凭自己的经验来描绘桌、椅、桶、房屋等的图画,并对比正投影下桌面、椅面、桶口面、屋地面与投影面平行时这些物体的投影,讨论何者更能显示物体的形体特征,并分析这些物体图画中有关部分的畸变;

以框架式模型置于阳光、幻灯下,让学生观察其影象,分析影象与模型的关系及有关部分的畸变.

在空间图形直观图教学中处理好二维向三维的过渡,还有另一方面的意义,即随着平面几何拓展为立体几何,平面几何中许多概念都有了新的含义.教师必须经常提醒并通过一定的练习,让学生注意在概念上由二维拓展到三维时直观图的相应变化.

例如二直线互相垂直,在平面几何中必然显示二直线"相交"且夹角为 $90°$,而在立体几何中则有垂直相交和异面直线垂直之别,如果从不同角度观察,还可表示为许多不同的直观图,如图 38(其中正方体 AC' 中,$AC \perp BD$,$BD' \perp AB'$).

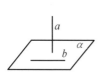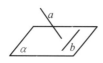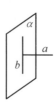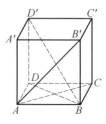

图 38

又如四边形,在平面几何中只有四顶点共面的情况,而在立体几何中则有空间四边形的情况,如图 39.

处理好直观图教学中二维到三维的过渡,在立体几何的初学阶段特别重要,但这并不意味着在学习的其他阶段可以放松.事实上处理好识、画图中二维与三维的辩证关系,应当贯穿于整个立体几何学习的始终.

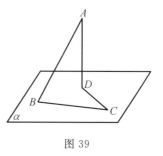

图 39

(二) 怎样进行斜二轴测投影画法规则的教学

前面我们曾谈到,立体几何直观图画法规则的教学不应采用灌输和死记硬背的办法,而应当引导学生自己去发现.具体地说,就是要从观察入手,分析空间图形在观察者视觉中的畸变规律,从而概括出直观图的画法规则.下面,我们将概略地介绍运用这种方法进行斜二轴测投影画法规则的教学过程.

例 9 斜二轴测投影画法规则教学的简要过程.

(1) 教师提出课题:平面的画法、水平平面的画法和水平平面内平面图形的直观图画法.

(2) 让学生观察水平放置于桌面上的正方体的六个面.它们都是平面的一部分,都呈正方形.但由于它们同观察者的相对位置不同而给观察者以不同的形象:竖直正对观察者的面保持原状呈正方形;其他各面在观察者的视觉里发生了畸变,呈平行四边形(也有的成直线).

(3) 肢解出正方体中水平放置的面来观察:水平方向的线段,其方向和长度不变;与水平方向直线垂直的线段较原来缩短,且两者夹角呈锐角(或钝角).

(4) 引导学生总结观察到的现象,得出平面和水平平面直观图的画法规则.

平面的画法:通常画平行四边形来表示平面,但当平面"竖直正对"观察者时,表示此平面的平行四边形呈正方形(或矩形);

水平平面的画法:当平面水平放置时,通常把平行四边形的锐角画成 45°(或 60°),横边画成邻边长度的两倍.

(5)继续演示并讨论:在正方体竖直正对观察者的面上绘出一个各边与正方体该面各棱平行的正方形,过其相对两边的中点画 X 轴、Y 轴.翻转正方体使该面呈水平位置(图 40),让学生观察并想象其上原图在视觉中的畸变,从而得出水平放置的正方形的直观图的画法(画法叙述从略).

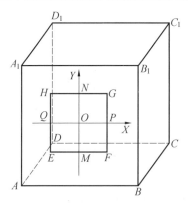 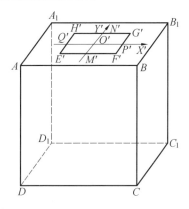

图 40

(6)运用(5)的方法对水平放置的任意四边形以至任意多边形在视觉中的畸变进行观察,引导学生归纳得出水平平面图形直观图的斜二轴测投影的画法规则:

①在已知图形中取互相垂直的轴 OX,OY,画直观图时,把它画成对应的轴 $O'X',O'Y'$,使$\angle X'O'Y'=45°$(或 135°),由它们确定的平面即表示水平平面;

②已知图形中平行于 X 轴或 Y 轴的线段,在直观图中分别画成平行于 X' 轴或 Y' 轴的线段;

③已知图形中平行于 X 轴的线段,在直观图中保持原长度不变;平行于 Y 轴的线段,长度为原来的一半.

教师还应向学生提出下列问题:"已知图形中既不与 X 轴平行也不与 Y 轴平行的线段,在直观图中长度有无变化? 这些线段怎么画?"通过讨论,使学生知道这类线段的长度也有变化,但不必一一探讨其变形系数.在画这类线段的直观图时,只需过两端点引 X 轴或 Y 轴之平行线,按上述画法规则画出这两端在直观图中的对应点,联结这两个对应点即得这类线段的直观图.

(7)将问题引申至与观察者呈各种位置的平面(如图 41 所示),用类似方法让学生发现平行投影的以下规律：

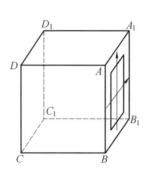 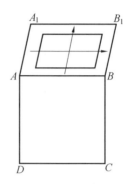

图 41

① 平行性不变，即共线点的投影，一般仍旧共线；共点线的投影，一般仍旧共点；平行线的平行投影，一般仍为平行线；

② 比例性不变，即平行或共线线段的平行投影的比，一般仍等于原线段的比；

③ 正立平面（竖直正对观察者的平面）内图形与真实图形一致.

在教学中，教师不必引进平行投影这个概念，而可以用"原图形的直观图"来代替"原图形的平行投影"进行表述.

（三）怎样进行正等轴测投影画法规则的教学

斜二轴测投影画法规则的教学观点和方法完全适用于正等轴测投影画法规则的教学.

例 10　正等轴测投影画法规则教学的简要过程.

（1）从用斜二轴测投影画圆的直观图既繁且不能恰当地显示圆的特征引入课题.

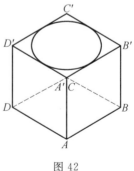

（2）将正方体置桌面上，让学生正对正方体垂直于桌面的相对二棱并从上方观察. 此时，正方体的各面在观察者视觉里都发生了畸变（如图 42 所示）.

（3）观察正方体的各棱，它们的长短虽然在视觉里均有所缩短，但缩短之比例似乎相同；它们的相互位置，在视觉里保持平行性不变，相交所成的角由直角变成了钝角（或锐角）.

图 42

（4）概括这些特点，总结出正等轴测投影的画法规则为：

①在已知图形中取互相垂直的轴 OX、OY,画直观图时把它们画成对应的轴 $O'X'$、$O'Y'$,使 $\angle X'O'Y'=120°$(或 $60°$),它们确定的平面表示水平平面;

②已知图形上平行于 X 轴或 Y 轴的线段,在直观图中分别画成平行于 X' 轴或 Y' 轴的线段;

③平行于 X 轴或 Y 轴的线段,长度都不变.

(5)用正等轴测投影画法画圆的直观图十分麻烦. 为寻求简便画法,应研究圆在正等轴测投影中的畸变情况.

(6)教师在示范的正方体上方的一面内作正方形的内切圆,让学生观察当此正方形按(2)中要求水平放置时其内切圆的畸变情况.

(7)对照正等轴测投影画法规则,引导学生从"比例性不变"规律找到正方形畸变为菱形,圆畸变为菱形之内切椭圆,且其四切点为菱形四边的中点.

(8)引导学生考虑如何设法用尺、规画出椭圆被四切点截成的四段弧. 经观察及试画,使学生自己找到这四段弧所在圆的圆心位置(如图 43 中点 M,N,A',C')和半径大小(分别为 MF' 和 $A'G'$ 的长).

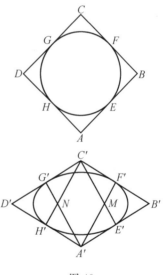

(9)让学生自己归纳出圆柱、圆锥、圆台直观图底面近似椭圆的画法规则(图 43):

①以圆柱、圆锥、圆台底面的直径为边长作菱形 $A'B'C'D'$,使其锐角 $\angle B'=\angle D'=60°$;

②取菱形四边中点 E'、F'、G'、H',连 $A'F'$、$C'E'$ 交于 M,连 $A'G'$、$C'H'$ 交于 N;

③分别以 A'、C' 为圆心,$A'F'$ 为半径画弧 $\overset{\frown}{G'F'}$ 和 $\overset{\frown}{E'H'}$.

④分别以 M、N 为圆心,MF' 为半径画弧 $\overset{\frown}{E'F'}$ 和 $\overset{\frown}{G'H'}$.

图 43

这四段弧连接所组成的近似椭圆就是圆柱、圆锥、圆台底面圆的直观图.

(四)让学生自己发现、总结并熟练地掌握空间直线、平面相关位置直观图的画法.

除去斜二轴测在等轴测的画法规则外,在立体几何中还有许多不成文的通用画法规定. 举其要者,即有相交平面、异面直线、直线与平面平行、直线与平面垂直、平行平面、互相垂直的二平面等直观图的画法.这些画法也都可以通过前面所说的教学方法,让学生在轴测画法的基础上自己发现、总结出来,并通过适量的练习而达到运用自如.

例 11 画出"三个平面两两相交且交线互相平行"的直观图.

让学生观察相应的模型,引导学生依下列顺序进行分析、概括:

(1)分析模型怎样摆放最能使我们观察出整体形象;

(2)模型正面形状是何几何图形？——先画"正面形状线";

(3)画出"正面形状线"后还需要画什么才能确定各平面的位置？——画出平面与平面的"交线";

(4)各个平面应画成何种形状？——以"正面形状线"和"交线"确定各平面位置,画出表示各平面的平行四边形;

(5)按照被遮部分的线段画成虚线的规定调整直观图中的虚实线(图 44).

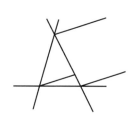
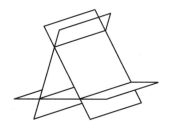

图 44

在学生掌握了画法规则之后,教师可引导学生脱离模型来想象空间图形的形象,并综合各种画法规则来画出直观图.

例 12 画出两个相等或互补的二面角,使它们的两个面对应平行,它们的棱互相平行.

(1)想象按要求画出的两个二面角的形象.类比平面几何中"两个角的两条边对应平行,则此二角或者相等或者互补",初步想到过这两个二面角的其中一棱上的一点作此棱的垂面.

(2)整体考虑添加辅助平面后的空间图形:"有几个平面、半平面？"——"五个";"相互间关系如何？"——"设五个平面、半平面为 $\alpha,\beta,\gamma,\phi,\zeta$,它们间有 $\alpha\cap\beta=a,\gamma\cap\varphi=b,\alpha//\gamma,\beta//\varphi$,且 $\beta\cap\gamma=c,\alpha\perp\zeta$";

"表示此空间图形还应添画哪些直线和点？"——"除以上平面的交线外,不需要另画任何点或直线."

(3)根据相交平面、平行平面的画法规则画图:

"选择正面形状线"——图 45(a);
"确定有关平面的交线"——经推理易知各交线彼此应平行,如图 45(b);
依据平面表示法画出各平面、半平面——如图 45(c);
依直线与平面垂直的画法画出辅助平面,并调整虚实线——如图 45(d).

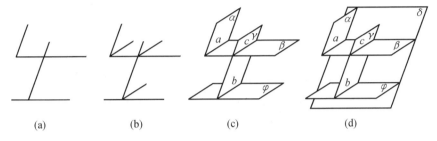

图 45

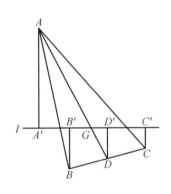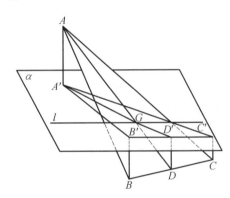

图 46

通过例 12 教学的分析可知配合证明、解题所画的直观图,并非仅据已知条件和求证结论所给出的空间图形的特点就可以画出的,在推证、求解过程中有时还要添加辅助直线或平面.因此,教师在教学中要提醒学生不可一见题目就画出直观图,待发现需要添加辅助线、面时再乱插、乱添.正确的做法应该是先凭借空间想象(直接想象有困难时可借助组构模型、草图、手势比划)思考问题的解证方法,待问题解证基本完成时再将相应的图形做整体考虑.先从图形有几个平面和各平面间呈何种关系入手画直观图;然后考虑图形中有哪些直线和点,它们同图形中各平面有何种关系,并把它们添画入直观图内.这种思考、画直观图的顺序,可简述为"凭借想象,寻求解法,整体设计,先'面'后'线'".

对于平行投影的三条规律,学生最容易忽略的是"比例性不变"规律,教师为此有必要组织与此有关的画图练习.

例 13 平面 α 过 $\triangle ABC$ 的重心 G,求证在平面 α 同侧两顶点到平面 α 距离的和等于另一侧顶点到平面 α 的距离.

(1)类比平面几何中的同类问题有如下定理:"一条直线 l 过 $\triangle ABC$ 的重心 G,则在直线 l 一侧两顶点到 l 距离的和等于另一顶点到直线 l 的距离".

(2)画出上述平面几何定理的图,注意当 D 为 BC 中点时,重心 G 应为分 AD 为 $2:1$ 的定比分点;

(3)想象:$\triangle ABC$ 保持原位置而直线 l 向 $\triangle ABC$ 所在平面之外平行移动成平面时,便成为本题的空间图形.

(4)根据想象画直观图:

"先画哪一部分?"——"平面 α";

"画 $\triangle ABC$ 和 BC 边上的中线,依题设应注意什么?"——"设此中线为 AD,则 AD 与平面 α 相交,交点 G 必为分 AD 为 $2:1$ 的分点";

"画 BC 时应注意什么?"——"务使 D 为其中点";

"连 AB,AC 时如何画出它们与平面 α 的交点?"——"应过 G 在平面 α 内画一直线 l,作为 $\triangle ABC$ 所在平面与平面 α 之交线,连 AB,AC 时它们与 l 的交点 E,F 即分别为 AB,AC 与平面 α 的交点";

"怎样作出表示 A,B,C 到平面 α 距离的线段?"——"依直线与平面垂直的画法,可画成与表示平面 α 的平行四边形的横边垂直";

"怎样确定上述垂线垂足的位置?"——"先定 A 在平面 α 内的射影 A',连 $A'G$ 延长到 D',使 $GD'=\dfrac{A'G}{2}$,此时应有 $DD' // AA'$";

"点 B,C 在平面 α 内射影的位置怎样定?"——"连 AE,AF 并延长,又过点 B,C 作 DD' 的平行线,分别交 $A'E$、$A'F$ 的延长线于 B' 和 C',即为点 B、C 在平面 α 内射影的位置."

"怎样完成 $\triangle ABC$ 在平面 α 内射影?"——"连 $B'C'$ 即可,但此时应有 $B'C'$ 过 D' 且 D' 为 $B'C'$ 之中点."应要求学生依据这个标准来鉴定自己是否画得准确.

(5)调整虚实线,最后成图.

应当指出,在有条件使用幻灯的学校,运用框架式模型演示平行投影、斜二轴测投影、正等轴测投影,并用复合幻灯片显示各画法规则的步骤、顺序、要领,效果比直接观察模型会更好.然而,不论用什么样的方法,都应该坚持引导学生自己去发现直观图的画法规则,而不能让学生死记硬背.只有这样才能在掌握画法规则的过程中发展学生的空间想象能力.

作为个性心理特征的空间想象能力与个人的素质有一定联系,因此,对于那些空间想象能力较强的学生,可以通过学科小组的形式给他们介绍平行投影,系统地探讨斜二测与正等测投影画法的规则,以满足他们较高的需要.

三、按照逐步抽象的原则组织画直观图练习,促进学生空间想象能力的发展

让学生自己发现空间图形直观图画法的基本规则是掌握直观图画法的基础,而要达到运用自如的程度还需要通过不断的练习.因此,在整个立体几何教学中,恰当地组织画直观图的练习是十分重要的.

怎样组织这样练习呢?

(一)摆脱模型,进行语言、符号与直观图的转换练习

如前所述,"发现"画法规则应从观察入手,这时模型的直观显示是不可缺少的.但是在得出画法规则之后,则应随学生空间想象能力的发展而逐步抽象,增加逻辑推理的成分,以提高到直接从语言或数学符号的表述凭借想象画出直观图的程度.

例如围绕平行性不变和比例性不变的原则,在脱离模型的情况下可组织如下的练习.

例 14 让学生判断图 47 中直线 a 与平面 α 的位置关系.——由 $a/\!/b$,$a \not\subset \alpha$,$b \subset \alpha$,可知 $a/\!/\alpha$.

例 15 让学生判断图 48 中,直线 a,b 是否表示异面直线?——由 $a/\!/c$,$b/\!/c$ 可知 $a/\!/b$,故 a,b 不是异面直线.

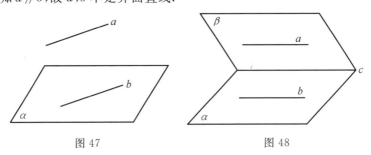

图 47　　　　　图 48

例 16 让学生在图 49 中,作出过水平平面内 △ABC 的重心 G 且与 △ABC 所在平面垂直的直线 GP.——依比例性不变原理,取 BC 中点 M,联结 AM;又取 AM 上一点 G,使 $AG:GM=2:1$,再过 G 作与表示平面 α 的平行四

边形的水平边垂直的直线 GP.

这种练习应配合课程内容经常进行,而且随着模型使用的减少,要增加这方面的练习.

(二)增加画直观图中运用概念、判断、推理的成分

在空间图形的直观图中,相交、平行、从属、介于等关系是可以直接显示出来的,但垂直关系以及线段的长短和角度的大小等量的关系则往往不能从图中直观得到.因此,在画直观图时必须运用概念、判断、推理才能将其正确地画出来.正因为如此,在画直观图的练习中,应该设计编制需要运用概念、判断、推理的题目,并引导学生分析画图各步的根据,以促进思维与想象的发展.这样的画图练习,常在解证某个题目的过程中进行.下面给出分析直观图画法教学的实例.

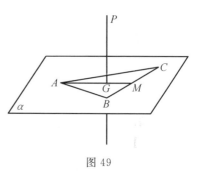

图 49

例 17 试画出以下题目的直观图:过 Rt$\triangle ABC$ 的直角顶点引它所在平面的垂线 Ap,如图 $AB=3$ cm,$AC=4$ cm,$AP=3$ cm,求 P 到 BC 的距离.

(1)怎样画 Rt$\triangle ABC$ 的直观图才能显示出直角的特点?——画表示水平平面 α 的平行四边形,使其水平边为邻边长的两倍且所夹锐角为 $45°$. 在水平平面 α 内依斜二测画法,画 AB,AC 分别平行于平行四边形的两相邻边,并使水平方向线段(AB)保持原长,与水平方向线段垂直的线段(AC)缩短一半,如图 50 所示.

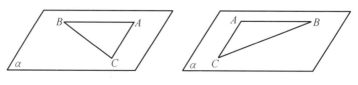

图 50

(2)怎样画 $AP\perp\alpha$?——过 A 画与 AB 交成 $90°$ 的线段 AP,依正立平面内图形与真实图形保持一致的原则,可知应使 $AP=AB$,如图 51 所示.

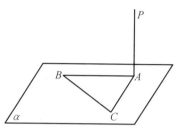 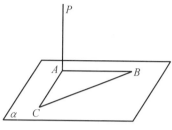

图 51

(3)推理:欲求 P 到 BC 的距离,应当怎样找到表示这个距离的线段?——依三垂线定理,应过 A 作 $AD \perp BC$ 于 D,连 PD,则 PD 的长即为所求之距离.

(4)怎样画出 D 点?——按平面几何定理可知 $BD:DC=9:16$,依"比例性不变"的原则,应在 BC 上找定比分点 D,使 $BD:DC=9:16$,如图52.

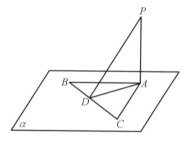 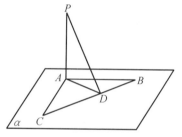

图 52

(5)统观解题全过程,若画 BC 为水平方向的线段,你能找到相应的画法吗?——如图53;BC 保持原长,D 分 BC 为 $9:16$,AD 与平行四边形水平边的邻边平行且长度缩短一半,画 PA 与平行四边形的水平边交成 $90°$ 且保持原长,连 PD 即为 P 到 BC 的距离.

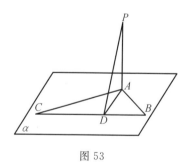

图 53

(三)在运用画法规则中不断拓展其内容,概括新法则,促进新形象的形成

在运用直观图画法规则时,应针对具体对象发现这些规则有哪些补充和发展,使学生在对规则认识深化的过程中熟练地掌握它,并进一步丰富空间图形表象的储备. 为了做到这一点,教师应结合教材内容确定哪些画法规则可在何

处"发展",何处深化,深化到什么程度,这样的发展和深化又应通过什么样的练习来进行.例如,通过例 17 应使学生得知水平平面内表示互相垂直的直线的一般画法,确定两线段交点的定比方法,充分利用正立平面显示真实图形的方法.这样的教学安排随着总结的着眼点不同而各异,决非本书所能包罗无遗.

下面我们通过有关二面角问题的直观图画法给出这种练习的实例.

1.基本练习:引导学生根据二面角及二面角的平面角的定义,依照相交平面和水平平面内平面图形直观图画法的规则,可得二面角的平面角的画法,即顶点画在棱上,两边分别画在二面角的两个面内并与二面角的"正面形状线"分别平行(图 54).

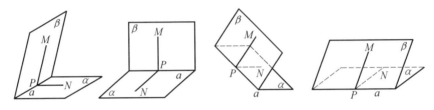

图 54

2.结合有关解二面角问题,总结出二面角的平面角的各种画法

(1)依定义直接作,如图 54 所示.

(2)依三垂线定理或其逆定理来作,如图 55 所示:

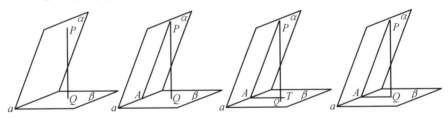

图 55

在二面角 $\alpha a\beta$ 的一个面 α 内取一点 P,依直线与平面垂直的直观图画法画 $PQ \perp \beta$ 于 Q;在 α 内过 P 画 PA 与 α 的"正面形状线"平行,交棱 a 于 A;

由于连 AQ 应有 $AQ \perp a$,故应在 β 内过 A 画 AT 与 β 的"正面形状线"平行,并与 PQ 相交;调整点 Q 的位置至 AT 与 PQ 交点处,则 $\angle PAQ$ 为二面角 $\alpha a\beta$ 的平面角.

(3)过二面角棱上一点作棱的垂面,由交线组成的角即为其平面角,如图 56 所示.

(4)过二面角内部一点 M 分别作两面的垂线 MP,MB,再过此两垂线作个辅助平面,分别与二面角的两个面相交,交线所组成的角就是这个二面角的平面角,如图 57 所示.

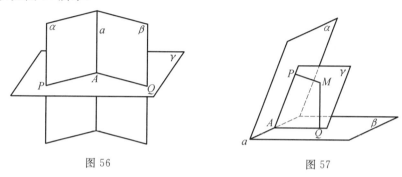

图 56   图 57

3.采用判断正误的方法巩固基本画法

例如根据下列题目画出六个直观图,请学生指出哪个画得正确,哪个画得有误,正确的画法中哪个好、哪个不好,为什么.

题目:山坡的倾斜度是 $30°$,山坡上有一条直道 CD,它和坡脚的水平线 AB 的夹角是 $45°$,沿这条路上山,行走 100 米后升高多少米?

图形:如图 58 所示.

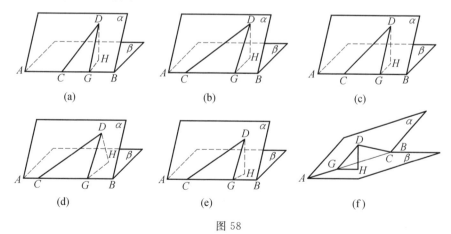

图 58

判断结果:图 58 中,(甲)$DG>CG$,不对;(乙)对且好;(丙)DG 不与 BE 平行,不对;(丁)DH 不与 AB 成 $90°$ 角,不对;(戊)点 H 位置有误,不对;(己)对,但不好,因为以迎面之角度画 30°的二面角不便在面内画线.

4.综合练习

例如综合二面角、斜线与平面所成的角,异面直线所成角,以及有关距离的画法的练习.

(1)直线 AB 夹在直二面角 $\alpha a\beta$ 的两面间,且 AB 长为 $2a$,AB 与 α 及 β 所成之角分别为 $30°,45°$,试求 A、B 在 a 上的射影间的距离及 AB 与 a 所成的角.

具体做法如下:

①依二平面垂直的画法画直二面角 $\alpha a\beta$,并画出 A,B(图 59);

②在二面角的两个面内,依棱的垂线画法画出 $AA'\perp a$ 于 A',$BB'\perp a$ 于 B'(图 60);

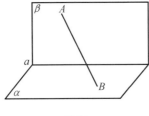

图 59

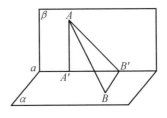

图 60

③推理:因为 $\alpha\perp\beta$,$AA'\perp a$,$BB'\perp a$,所以 $AA'\perp\alpha$,$BB'\perp\beta$;据斜线与平面所成角的定义,可知连 $A'B$,AB' 得到 $\angle ABA'$ 和 $\angle BAB'$ 分别为 AB 与 α,β 所成之角(图 61);

④据异面直线所成角的定义,在 α 内过 B 画 a 的平行线,过 A' 画 BB' 的平行线,二者交于 C,连 AC,则 Rt$\triangle ABC$ 中的锐角 $\angle ABC$ 即为 AB 与 a 所成的角(图 62)

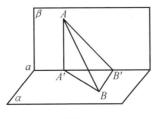

图 61

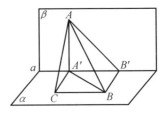

图 62

(2)在(1)中将 $\alpha a \beta$ 由 $90°$ 换为 $60°$,其他条件及所求不变,那么,在画法上有哪些步骤不变?哪些步骤变了?怎样变的?

①作 $AA' \perp a, BB' \perp a$ 的画法不变;

②据斜线与平面所成角的定义,依平面的垂线的画法,作 $AM \perp \alpha, BN \perp \beta$,但两垂足的位置待定;

③依二面角的平面角之"三垂线定理画法",分别过 A',B' 作二面角"正面形状线"的平行线,分别交 AM 于 M、交 BN 于 N,确定了垂足位置;

④连 BM,$\angle ABM$ 为 AB 与 α 所成之角;连 AN,$\angle BAN$ 为 AB 与 β 所成之角;

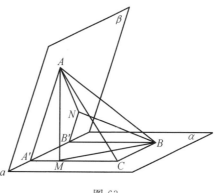

图 63

⑤异面直线所成的角的画法不变.

本题的直观图如图 63 所示.

(3)在(2)中将 $\alpha a \beta$ 由 $60°$ 换为 $120°$ 时,其直观图画法又该如何?

如图 64,其画法与(2)之区别,主要在于 A 在平面 α 内的射影和 B 在平面 β 内的射影,分别落在二面角二面的反向延展面上.

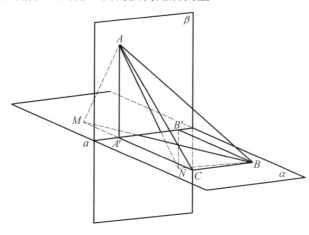

图 64

(四)因材施教,对有余力的学生适当扩大识图、画图的内容

不同的学生在空间想象能力的发展方面也不同,教师应当针对每个学生的

原有水平促进其提高,不可搞一刀切.在识图、画图方面,对于空间想象力发展较快的学生应该做一些较高水平的练习.下面我们给出几个参考性练习.

1. 正六边形的平行投影图画法

注意正六边形 $A'B'C'D'E'F'$ 中,连 $A'D'$ 与 $C'F'$ 交于 O',O' 必为中心,而 $E'F'O'D'$ 与 $O'A'B'C'$ 为全等的菱形(图65).这样即得正六边形的平行投影图画法:先作一平行四边形 $FODE$(最好使 ED 长等于正六边形边长且使其为水平边);延长 FO 到 C 使 $OC=FO$,延长 DO 到 A 使 $OA=DO$;再以 OC,OA 为二邻边作一平行四边形 $OABC$,连 CD,AB 即得.如图66所示.

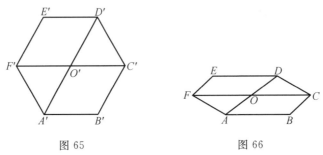

图65   图66

2. 正五边形的平行投影图画法

先研究图67中的正五边形 $A'B'C'D'E'$.连 $D'B'$,$A'C'$ 交于 K',易推知 $E'A' \parallel D'B'$;又因为 $A'E'=E'D'$,所以 $A'E'D'K'$ 为菱形;因为 $\dfrac{A'C'}{A'K'} = \dfrac{A'K'}{K'C'}$,所以 $A'K' = \dfrac{K'C'(1+\sqrt{5})}{2}$,得 $\dfrac{A'K'}{K'C'} = \dfrac{3}{2}$.这样,得正五边形的平行投影图画法是:先画平行四边形 $AKDE$(最好使 AK 长等于正五边形一边长,且使其为水平边);延长 AK 到 C,使 $KC = \dfrac{2}{3}AK$;延长 DK 到 B,使 $KB = \dfrac{2}{3}KD$;连 AB,BC,CD 即得.如图68.

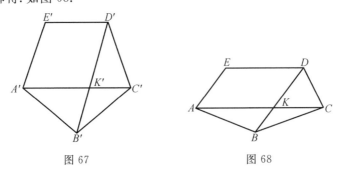

图67   图68

显然,掌握了以上两图的画法,会使学生在画正五棱柱、正六棱柱以及相应的正棱锥、正棱台时更加自如.

3.圆的平行投影图画法

先研究图 69 中正方形 $A'B'C'D'$ 的内切圆 O';它分别切 $A'B'$,$B'C'$,$C'D'$,$D'A'$ 于 N',E',L',F' 各点,线段 $A'E'$ 交圆 O' 于点 K',连 $F'K'$ 延长与 $A'B'$ 交于 M',容易证得

$$\frac{A'M'}{A'F'}=\frac{A'F'}{E'F'}=\frac{1}{2}$$

进一步研究正方形 $A'B'C'D'$ 置入水平平面内时的畸变情况:依"平行性不变"和"比例性不变"的原则,可如图 70 所示,得圆的平行投影图过 E,N,F,L,K,P,J,H 八点用平滑曲线连接,即得圆的平行投影图.

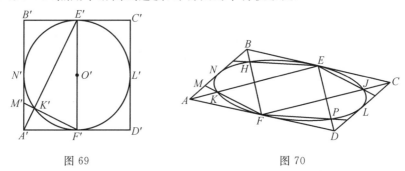

图 69　　　　　　　　　　　图 70

四、发现、总结直观图的画法技巧,增强空间表象的明晰程度

不言而喻,学生头脑中的空间表象愈明晰,进行空间想象就愈顺利.在画直观图的练习中,应力求线条明快、成形美观,便窥全貌、立体感强.要做到这一点,除必须熟练地掌握画法规则外,还必须借助于一些画图的技巧.这些技巧很多且无统一类别,今举其常用者简介如下:

(一)远近对比的方法

将近观察者的线条描粗,远观察者的线条画细,以增强图形的立体感.如图 71 中之(a)给人以从右上向下观看所得之形象,而(b)则给人以从左下向上观看所得之形象;图 72 中三平面两两垂直交于一点,其中(a)表示凹回,而(b)则表示凸出.

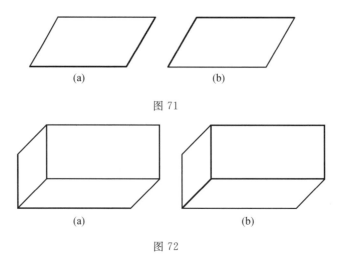

图 71

图 72

(二) 平面衬托的方法

为了突出空间图形中的不共面部分,可借助平面来衬托.例如对空间四边形,可采用如图 73 或图 74 的衬托法;又如以图 75 来突出 a,b,c 三直线平行但不共面.异面直线采用平面衬托法的更多,如图 76 中所示的各种方法.

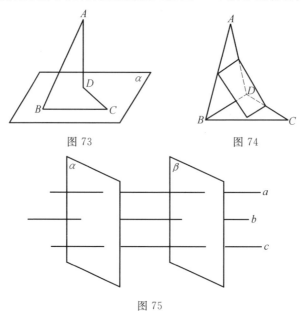

图 73　　图 74

图 75

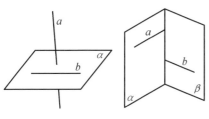 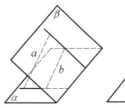 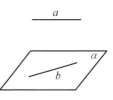

图 76

(三)断开的方法

采用远离观察者的直线和平面在被遮部分断开以显示其远近. 如空间四边形 $ABCD$, 在图 77 中断开的 CD 位于 AB 之后方. 又如, 图 78 中之(a)表示二面角的棱在近观察者之一方, 而(b)则表示二面角的棱在远观察者之一方. 这种画法技巧应用最广, 通常"被遮部分不画"的约定实际上就是一种断开的方法.

图 77

(四)明暗衬托的方法

涂画阴影, 以明暗色彩显示空间图形的迎光面与背光面, 从而增强其立体感, 如图 79. 这种方法, 由于涂画阴影较为费时, 所以一般较少采用.

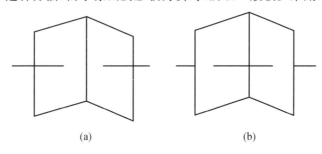

图 78

(五)突出主要图形的方法

水平平面内平面图形直观图的画法是我们最为熟悉的. 另外, 依据平行投影原则中"正立平面内直观图与原形一致"的道理, 在画空间图形的直观图时, 常将图形的主要部分或者放在水平位置或者置于正立平面. 例如两平面垂直和直二面角的有关直观图, 一般说来采用如图 80 的画法就较图 81 的画法为宜. 前图 61 若采用图 82 的画法, 效果将差得多.

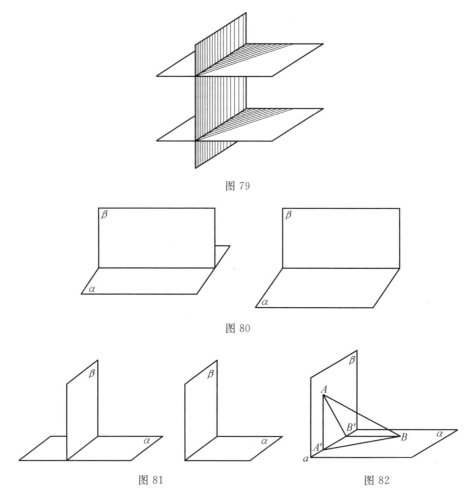

图 79

图 80

图 81　　　　　　　　　　　图 82

（六）"画图衬面有效面积尽可能大"的方法

在画直观图时，要考虑用什么观察角度才能使画图的衬面面积较大，以便使该面内线条明晰，避免干扰．例如，直二面角选择图 80 的画法就不仅突出了主要图形，而且在 β 面内画图有展开的余地；若用图 81 的画法，则 β 面内画出的图线必因过分拥挤而有失明晰．又如，$60°\sim 90°$ 间的二面角采用迎面开口的角度（图 83）就比较合适，而 $45°$ 以下的二面角则采用背棱迎面的画法（图 84）比较恰当．

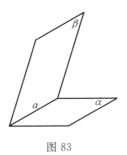 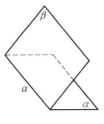 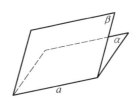

图 83　　　　　　　　图 84

经验告诉我们：识图与画图教学必须从一开始就严格要求学生画得正确、形象、美观.第一次感知的印象和第一次触及某一事物的认识,对形成正确的观念关系很大,并会一直影响着后继内容的学习.如果从开始学习识图、画图时教师不严格要求学生,将会养成他们草率从事的习惯,不仅不能以图助思,甚至还会因画图歪曲空间形象,导致推理走向错误.这是教师必须十分注意的.

立体几何的识图和画图是数学美育的重要内容.数学的美主要不是表现为表面形式的美观,"数学的优美感不过就是问题的解答适合我们心灵需要而产生的一种满足".选择最能揭示空间形式相互关系的表现形式来运用直观图是识图、画图中美育的根本任务.这方面的问题不是本书所要论述的内容,在这里不去探讨,但在立体几何的识图、画图教学中是应当注意这一点的.

第四节　如何发挥逻辑思维能力与空间想象能力相促进的作用

一、逻辑思维能力与空间想象能力相互促进

从前三节的论述中读者可能已经发现,空间想象能力不能脱离其他能力而孤立发展.没有观察,不可能形成空间表象;没有记忆,不可能进行表象的储备;没有思维,对已有表象的加工改造将无从实现.

"从想象的本质看,它是人脑在实践活动中,在各种刺激的影响下,以记忆表象为材料,通过分析和综合的加工过程和改造作用,创造出未曾知觉过的甚或是未曾存在过的事物的形象的过程."在研究空间图形的过程中,空间想象离不开逻辑思维;反之,逻辑思维也离不开空间想象,离开了空间想象便将无所依托.也就是说,空间想象和逻辑思维构成了这个智力活动中相辅相成的两个方面.如何发挥逻辑思维能力和空间想象能力相互促进的作用,已成为立体几何教学中一个必须予以重视的课题.

这个问题在有关正确使用模型和培养识图、画图技能的论述中已经有所涉及.本节将从培养空间想象能力着眼来探讨逻辑思维与空间想象两种能力的相互促进.

二、以概括为主线,在建立概念、运用概念的过程中形成与概念相应的空间表象

(一)在分析、比较和抽象中深刻理解概念,使相应的空间表象具有一般性、普遍性

在立体几何的概念教学中,存在着一种错误的方法:教师给学生出示实物、模型或直观图,然后对照这些具体的实物、模型、直观图给出有关的概念.例如,以正方体中异面二棱为例给出异面直线的定义——不同在任何一个平面内的两条直线是异面直线.由于模型所示具体形象的局限性,学生往往将异面直线非本质的属性——一

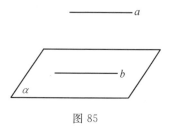

图 85

"分别在两个平面内"与其本质属性——"不同在任何一个平面内"混为一谈.这样,从思维方面来说,学生建立的概念是错误的,必然造成混乱;从想象方面来说,形成的表象是以偏概全的,必然造成歪曲.这样的情况在运用概念进行判断和推理的过程中也时有所见.例如,在判断"已知 $a // b$,平面 α 过 b,问 a 与 α 成何位置关系"时,若只依靠如图 85 的模型或直观图,而不引导学生分析各种可能的情况,那么从表象的以偏概全极易导致学生得出片面的结论.又如,对于这同一个题目,教师设计模型时,若将表示平面 α 的平板装在表示直线 b 的铅条上,使之成为可旋转状,在提出问题后又不引导学生分析、思考而直接向学生显示这种旋转式的模型,那么由于模型的暗示作用,学生虽可正确地答出"$a // \alpha$ 或 $a \subset \alpha$",但却阻碍了学生思维的发展和空间想象的形成.

任何空间概念所对应的形象,都是许许多多具体实物、模型.图所显示的形象的概括.这些具体形象中含有该空间概念相应形象的"原型",但不是该空间概念相应形象的本身.不论是思维活动中概念的产生还是想象活动中对应于该概念的空间形象的形成,都不能离开概括,而概括是以比较和抽象为其必要前提的.因此,在立体几何概念教学中必须充分重视比较和抽象,使学生在比较和抽象中深刻理解概念,在比较和抽象中形成与概念相应的正确的空间想象.

如何在比较和抽象中建立概念并形成与概念相应的空间想象呢?下面以第四节中关于《典型模型的使用》例 1 建立异面直线概念的过程为例,作一简单

分析(各步序号系原例1中的序号).

(1)教师以"空间两条直线位置关系的类别"为题,请学生通过举实例来讨论.——对客观存在的事物观察、想象,比较一类事物与其他类事物的异同;

(2)从肢解正方体模型中观察分析十二条棱每两条棱的位置关系,比较其中异面的两条与相交、平行的区别,讨论异面直线的本质特征.——借助模型、直观图进行想象、分析、比较,分清一类事物的本质属性和非本质属性;

(3)、(4)连出正方体模型中面的对象线和体的对角线,分析同正方体各棱的位置关系,并同(1)、(2)得来的结论比较,给同异面直线的定义.——扩大分析、想象比较的范围,概括一类问题的共同本质,初步建立概念;

(5)、(6)用多种方法对正方体模型肢解,比较各肢解情况下异面直线直观图的本质特征,比较这些异面直线直观图与带一般性、普遍性的异面直线空间形象的不同,比较异面直线的各种变式图,使学生加深对异面直线概念的理解,头脑中异面直线的形象更加完整、正确.——通过各种练习,对初建概念的本质属性与非本质属性进一步比较、抽象,加深理解,完善对应的空间想象.

(原例1中的(7)推证异面直线的判定定理,是以比较异面直线与共面直线的重要差异来加深学生对异面直线本质特征的理解,同时也清晰地勾划出了异面直线的形象特征.)

在比较和抽象中深刻理解概念,同时形成相应的空间想象,这不仅在建立概念的过程中是重要的,在运用概念时也是重要的.学生通过空间概念在不同条件下的运用,空间概念对应的形象在不同条件下的显示,将会加深对概念的理解,促进想象能力的发展.例如,学生在求"平面外一点到平面内一多边形各边的距离"这类问题时,往往会出现如下的错误:

例18 $ABCD$ 为一矩形,$AB=3$ cm,$BC=4$ cm. 过 A 作 $AP\perp$ 平面 AC,$AP=3$ cm. 试求 P 到 $ABCD$ 四边之距离.

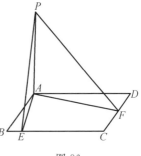

图86

[错误解法]

过 A 作 $AE\perp BC$ 于 E,$AF\perp CD$ 于 F,如图86.

连 PE,PF,依三垂线定理,因为 $PE\perp BC$,$PF\perp CD$,所以 PE,PF 分别为 P 到 BC 与 CD 的距离.

但是,由于 AE,AF 无法求知,所以解题到此束手无策.

事实上,过 A 作与 BC 垂直相交的直线并非 AE 而就是 AB,过 A 作与 CD 垂直相交的直线并非 AF 而就是 AD,由于错误地理解"过一点作一线段的垂线,垂足必落在该线段内部",对本题的空间形象没有正确的想象,因此导致了差错.

在进行关于"平面外一点到平面内一条直线的距离"的概念教学中,如果提出这个概念在"平面外一点到平面内一多边形各边的距离"的应用,过此点作此多边形一边的垂线并与此边所在直线相垂直,垂足落点有在该边内部、与该边一端点重合和在该线段延长线上等多种可能,并在教学中设置相应的比较、抽象练习,那么学生对这个概念的理解就会更加深刻,头脑中形成的空间想象也会更完善、正确.

现在我们就来做个练习.

例 19 平面 α 内有一正六边形,它的中心是 O,边长是 2 cm, $OH \perp \alpha$, $OH = 4$ cm,求点 H 到这个正六边形各边的距离.

本题的解是如此容易,以致我们不必在此给出其解的图形和具体过程.显然,当我们用三垂线定理作出过 H 与六边分别相交且垂直的直线时,垂足均落在各边内部.

我们改变例 19 的条件,给出以下的练习.

例 20 在例 19 中,若正六边形为 $ABCDEF$,作 $AH \perp \alpha$, $AH = 4$ cm. 求 H 到这个正六边形各边的距离.

如图 87,联结 AC, AE,必有 $AC \perp CD$, $AE \perp DE$,故连 HC, HE,依三垂线定理,有 $HC \perp CD$, $HE \perp DE$,于是 HC、HE 的长就是 H 到 CD, DE 的距离.

又因为过 A 作 $AG \perp BC$ 交 CB 延长线于 G,反向延长 AG 交 EF 的延长线于 K,依三垂线定理,可有 $HG \perp BC$, $HK \perp EF$,于是 HG, HK 的长即为 H 到 BC 和 EF 的距离.

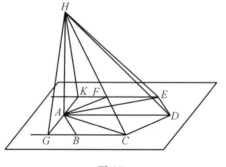

图 87

具体解从略.

经过例 19、例 20 求 H 到各边距离的比较、抽象、概括,学生会更全面地理解平面外一点到平面内一线段的距离的概念,头脑中关于从平面外一点到平面内一线段作垂线的空间想象也更有一般性、普遍性的正确形象了.

(二)通过概括联想,在运用旧概念建立新概念的过程中发展学生的空间想象能力

立体几何中的一些概念是从客观事物的空间形式中直接归纳、概括出来的,如直线与直线、直线与平面、平面与平面的相关位置的有关概念便是如此.但也有不少概念可以在原有概念的基础上通过概括联想建立起来(这并不排除这些概念有从客观事物的空间形式中直接归纳、概括出来的可能),如关于多面体、旋转体的有关概念即属于此类.

在立体几何中,通过概括联想运用旧概念建立新概念要经过逻辑思维的过程,同时相应于旧概念的空间表象也在这个过程中并加工改造并组合形成与新概念相应的空间形象,这样必然会使逻辑思维能力与空间想象能力互相促进,共同发展.

在进行多面体教学时,教师不必也不宜从个别实物的形态引出棱柱、棱锥、棱台的概念,而应当通过概括联想来认识、理解这三个概念,同时在头脑中形成它们的空间形象.下面我们以棱柱概念的建立为例,说明如何通过概括联想运用旧概念建立新概念,并形成新的空间想象.

例 21 《棱柱的概念和基本性质》的教学基本过程.

(1)教师给出棱柱定义:"有两个面互相平行,其余各面都是四边形,并且每相邻两个四边形的公共边都互相平行,由这些面组成的几何体叫棱柱."同时给出棱柱的底面、侧面、侧棱、顶点、对象线、高的定义.要求学生想象这种几何体的形状,并从周围环境和一些已成型模型中举出自己认为符合这个定义的物体.

(2)请学生根据定义和已有的直观图画法规则来推断、想象棱柱的画法(设该棱柱的底面为五边形):

①底面该怎样画图表示——底面五边形可按"水平放置的平面图形直观图画法"来画;

②从两底面相互关系看,另一底面应如何面——因为两底面平行,它们同每一个侧面相交,根据"如果两个平行平面都与一个平面相交,则交线平行"可知,两底面多边形的对应边应分别平行;

③此两底面五边形的大小有何关系——由于侧面是四边形且侧棱互相平行,再联系②可见各侧面都是平行四边形,两底面五边形全等;

④怎样画侧棱?统观全过程按较简捷的步骤画出棱柱的全图——如图

88,依从左至右的顺序画图.

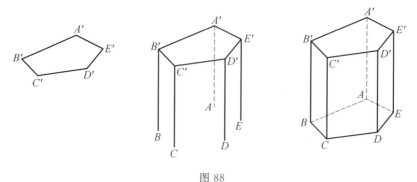

图 88

(3)教师提出:"根据棱柱定义,试考虑棱柱可按什么标准来分类,分成哪些类?"请学生讨论——可依底面的形状分类,也可依侧棱与底面的关系分类.依底面形状可分三棱柱、四棱柱、……、n 棱柱,其中每一种中都包含有底面是正多边形的棱柱;依侧棱与底面的关系分,侧棱斜交于底面的叫斜棱柱,侧棱垂直于底面的为直棱柱.另外,底面为正多边形的直棱柱又叫"正棱柱".

(4)根据以上分类,试找出斜棱柱、直棱柱、正棱柱直观图画法的区别——斜棱柱应画为与底面水平方向直线斜交;直棱柱应画为与底面水平方向直线垂直;正棱柱应按水平放置的平面图形直观图画法画出底面正多边形的直观图,同时使侧棱与底面内水平方向直线垂直.

(5)请学生根据棱柱定义默想推导(不借助模型、直观图)棱柱的有关性质并填入下表:

性质\类别	底面	侧面	侧棱	平行于底面之截面	过不相邻二侧棱的截面
斜棱柱	①互相平行 ②全等的多边形	平行四边形	①平行且相等 ②与底面斜交	是与底面多边形全等且对应边分别平行的多边形	四边形
直棱柱	同上	矩形	①平行且相等 ②与底面垂直	同上	矩形
正棱柱	正多边形	全等	同上	同上	全等的矩形

(6)按照以下要求画出各棱柱之直观图,或者按直观图判断所示多面体之特点.

①底面是菱形的斜棱柱——依照菱形对角线互相垂直平分的性质,以此两对角线分别为 x 轴、y 轴,画底面,并使侧棱与底面呈斜交状(图89).

②如图 90 的多面体有何特点?——是底面为梯形的直棱柱.

③如图 91 所示多面体,其中平面 ABC 与平面 $A''B''C''$ 平行,其余六面都是平行四边形,请问它是不是棱柱,并讲明理由.——不是.因为虽然"有两个面互相平行,其余各面都是四边形"(且都是平行四边形),但"每相邻两个四边形的公共边"不是"都互相平行",所以不是棱柱.

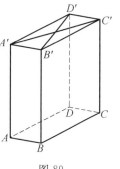

图 89

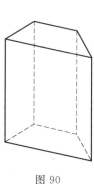

图 90

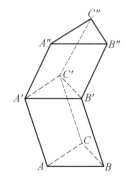

图 91

④底面是直角三角形的直棱柱,怎样画其直观图才能突出其形象特点?若底面是等腰三角形呢?——前者应选取两直角边分别为 x 轴、y 轴,侧棱应与底面水平方向直线垂直,如图92,后者可将等腰三角形底边取为 x 轴,底边上中线取为 y 轴,如图93.

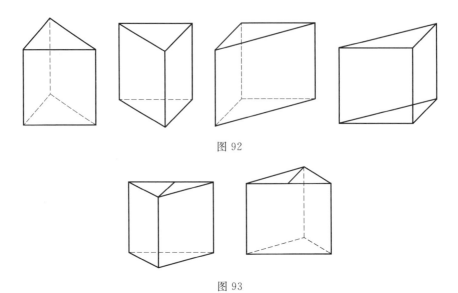

图 92

图 93

通过例 21 我们可以看到,运用概括联想建立概念和形成想象的基本教学步骤是:

首先,在已有概念的基础上,用语言(或符号)给出有关空间图形的新概念;

根据新概念用语言(或符号)表示的空间图形的本质特征,对已有概念的空间表象进行加工改造,组合形成与新概念对应的空间形象,并依照"画法规则"用直观图表示出来;

通过对新概念的具体化,根据新概念直接推导有关结论,进行新概念与易混概念的类比、对比以及语言与直观图(必要时还可辅之以模型)的对照练习,加深对新概念的理解,完善对新概念对应空间想象的认识.

棱锥、棱台以及旋转体的教学基本上都可以按照这样的步骤来进行,使学生的逻辑思维能力与空间想象能力得以互相促进、共同发展.

(三)注意概括中的分类,全面理解概念,完善空间想象

分类在概括中占有重要位置,分类不全会造成概括中的片面性,使概括的结论产生错误.对于立体几何教学来说,分类不全往往同对概念理解片面和空间想象不完善有关.因此,注意概括中的分类,在全面理解概念的同时完善空间想象是立体几何教学中能力培养的内容之一.

关于分类讨论,学生最不容易掌握的是在什么情况下需要分类讨论,这往往与他们没有掌握为什么要分类讨论和根据什么分类有关.分类是解(证)题中

某步推理缺少必要的条件时所采取的一项措施,分类本身等价于在这步推理的条件中添加了所必须的条件.在教学中应将这点揭示给学生.

立体几何中分类常见于求距离或角的问题.

点到平面的距离的概念是一个数量,只涉及长度而不涉及方向.当给定了点和平面的位置后,此点到此平面的距离也就唯一地确定了;反过来,当给定了点和平面的距离时,此点与此平同的位置却不是唯一确定的(例如,到一个平面距离等于定长的点的轨迹是同这个平面平行且距离等于定长的两个平面).这样,在已知点到平面的距离的条件下解题、证题,常常需要考虑到分类,特别是当到平面的距离已知的点不只一个时,必须注意按各点在平面的同侧或两侧来分类.教师在教学中要讲清"距离"这个概念的上述特点,使学生在头脑中树立起对应完善的形象并组织练习,使学生一见到"点到平面的距离"头脑中就出现"点在平面这一侧"和"点在平面那一侧"的形象.对于其他有关距离的概念也应如此.

例22 判断下列各命题的正误,讲出理由并画出正确答案的直观图.

(1)空间两点到一个平面的距离相等,则过此两点的直线必与此平面平行——错.过此两点的直线还有可能与平面斜交或垂直.如图94.

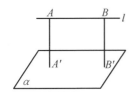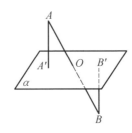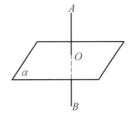

图 94

(2)直线 a,b 和平面 α 之间有以下关系:$a/\!/\alpha,b/\!/\alpha$,a 与 α 的距离同 b 与 α 的距离相等.这样,过 a 与 b 必可作一平面 β,此平面 β 或者与 α 平行或者与 α 相交——错.由于 a 与 b 有异面之可能,故过 a 与 b 不一定可作一平面(参看图 95).

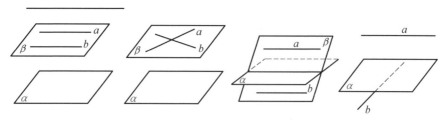

图 95

二面角有锐角、直角、钝角之分,但由于常见的二面角是大于 0 小于 $\frac{\pi}{2}$ 的,所以学生往往在头脑中形成一种片面的二面角的形象.教师对此必须注意纠正,使学生一遇到二面角的概念时就有锐角、直角、钝角之分,头脑中出现三种情况的二面角形象.为此,在引出二面角的平面角概念之后,教师要引导学生把它同两条异面直线所成的角,斜线与平面所成的角的概念进行比较,发现这后两者均有"锐角"的限制,而二面角及其平面角则可锐、可直、可钝,使学生从建立二面角的概念起就对这个概念所包含的三种类别有清晰的认识.教师还应组织二面角问题中涉及分类的练习,使学生通过解题过程全面理解概念,完善空间想象.

例 23 判断以下命题是对还是错,并画图表明你作出这个答案的理由:
"二面角的平面角恒可如下作得:设二面角为 $\alpha a \beta$,过 α 内一点 P 作 $PO \perp \beta$ 于 O,过 O 作 $OA \perp a$ 于 A,连 PA,则 $\angle PAO$ 即是 $\alpha a \beta$ 的平面角."

这个命题是错误的.因为二面角有锐角、直角、钝角之分,如图 96,当二面角大于 0 小于 $\frac{\pi}{2}$ 时该作法无误;当二面角等于 90°时 O 与 A 重合,过 O 在 β 内任作一射线,它与 PO 所成之角均与此二面角的平面角相等;当二面角大于 90°小于 180°时,依照上述作法作图,O 必落在 β 的反向延展面上,且 $\angle PAO$ 不是

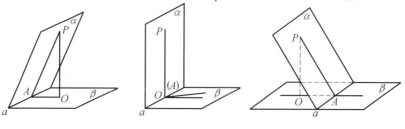

图 96

二面角 $\alpha a \beta$ 的平面角，$\angle PAO$ 的邻补角才是二面角 $\alpha a \beta$ 的平面角.

三、以推理为主线，在掌握定理、运用定理的过程中使空间想象向广度和深度发展

掌握和运用定理的过程是以概念为基础进行判断和推理的过程.立体几何定理以阐述空间图形的性质和相互联系为内容，掌握和运用立体几何定理时，判断和推理的思维必定伴随着空间表象的再造和创造.因此，在掌握定理、运用定理的过程中，以推理为主线，将推理与想象结合，在推理中想象，在想象中推理，必能促进学生推理能力和想象能力的共同发展.

在立体几何的解题、证题中，将立体几何问题转化为平面几何问题求解是一条十分重要的思路，也是在推理中形成空间表象，在空间表象的改造组合中进行推理的典型事例.教师在教学这部分内容时务必抓好推理与想象的结合.

（一）辅助平面的使用和对空间表象的加工改造

通过作辅助平面将立体几何问题转化为平面几何问题求解是转化思路的重要体现.在寻求这类问题的解证方法中，推理和空间想象是怎样结合的呢？试剖析下面的例题.

例 24 求证：过一点与一直线垂直的平面只有一个.

证明此题之推理和想象过程如下：

（1）分析：由于在立体几何中没有能证此唯一性的定理可依，故采用反证法.

（2）分析：从点、直线、平面相关位置的概念可知，本题应分点（P）在直线（l）上与点（P）在直线（l）外两种情形来考虑.不论哪种情况，欲用反证法来证，都应假设过（P）至少有两个平面 α，β 都与直线（l）垂直.

（3）推理：因为 α，β 有公共点，所以 α，β 必相交.

（4）想象：此时空间图形若按直观图画法规定画出，即如图 97 所示.

（5）分析：设从直线与平面垂直的条件出发由唯一性来寻求矛盾，则在立体几何中无定理可依；只有按"转化"思路从平面几何中垂线唯一性来找矛盾.为此，应过 l、P 作平面 γ.

（6）推理：由于 $\gamma \cap \rho = \beta$，$\gamma \cap \beta = \rho$. 所以 γ 必与平面 α，β 相交.又由于 l 与 α，β 都相交而 $l \subset \gamma$，所以交线必过 l 与 α，l 与 β 相垂直的垂足.

（7）想象：对应于图 97 的(a)、(b)图，若按直观图画法规则画出，则应如图 98.

（8）推理：因为 $\alpha \cap \gamma = a$，$\beta \cap \gamma = b$，$\alpha \cap b = p$，且 l，a，b 均在 γ 内，这样与平面

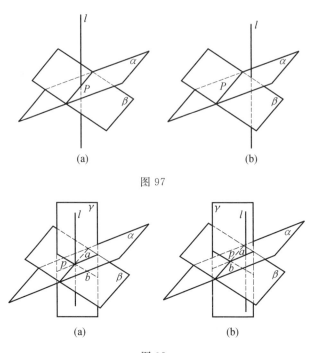

图 97

图 98

几何中垂线唯一性定理矛盾. 于是本题获证.

综观整个求解过程,可以分为以下几步:

第一步,根据题目的语言表达,分析各个概念所述之空间图形的关系,想象出对应的空间形象(画图时还需按直观图画法规则去画);

第二步,借助空间想象,对已知与求证之间的关系进行分析推理,找出应添加的辅助平面;

第三步,在原图形空间表象的基础上,通过分析、推理寻求辅助平面与空间图形各部分的关系,并综合分析推理结果调整原图形空间表象,形成与添加辅助平面后的空间图形对应的新的空间形象(依据直观图画法规则,按"整体设计,先画平面,后画点、线"的顺序画出新图);

第四步,借助新的空间形象,在辅助平面内进行对应的平面几何问题的分析、推理,直至获得证明.

这四个步骤客观地体现了"通过作辅助平面将立体几何问题转化为平面几何问题"的过程,因而也应当成为添设辅助平面问题教学的基本步骤. 必须摒弃那种将分析、推理与空间想象割裂开来,直接示以添加好辅助平面的模型或直观图的教学方法.要让学生想象出已知条件下的空间图形,对它进行分析,发现添设辅助平面的必要性;要根据需要推导出添设辅助平面应当满足的条件,并根据这些条件想象出原空间图形添设辅助平面后的大致形象;要借助大致形象进一步分析、推导辅助平面与原空间图形各部分的确切关系,并对上述大致形象加以完善;最后,根据添加辅助平面后空间图形的完善形象,进行本题必要的推理论证.

(二)几何体截面的判断、选择和空间表象从三维到二维的转化

几何体的截面可以看作是对几何体作辅助平面.通过对几何体作截面,原来存在于几何体中各空间图形的基本元素间的关系将集中显现在所作截面之内,为用平面几何知识寻求这些基本原素间的关系创造了条件.

作几何体的截面必须解决两个问题:一个是怎样根据给定条件判断截面的形状、特点,并作出它;一个是怎样根据题目条件选择恰当的截面,以达到将立体几何问题转化为平面几何问题的目的.无论是前者还是后者,都需要对几何体的特点和作截面的条件进行分析、推理,同时要在头脑中对组成原几何体的空间基本元素进行重组,使它们之间的关系从原来体现在三维空间的形象通过二维的形式表现出来.作几何体截面问题的过程既然是分析推理和空间想象密切联系的过程,那么在教学中向学生揭示这种联系和有意加强这种联系,就必然能使学生的推理能力和空间想象能力得以互相促进,共同发展.

怎样才能在判断几何体截面问题的教学中将分析推理与空间想象密切结合呢?请看以下例题.

例 25 正六棱柱 $ABCDEF-A'B'C'D'E'F'$,各棱长都是 a,过 AB 与 $D'E'$ 作截面,试求这个截面的面积.

[解法分析]

(1)对题中给出的几何体进行特点分析,同时想象该几何体的形象——正六棱柱的上下底面为边长等于 a 的正六边形,侧面是边长为 a 的正方形.其直观图如图 99 所示.

(2)由于正六棱柱有八个面,应根据作截面的条件逐面分析是否与截面相交.根据"两个平面如果有一个公共点它们必交于过此点的一条直线"可

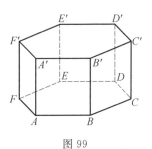

图 99

知,欲判断截面与某面是否相交,应看两者有无公共点——首先,容易判知截面与上底面及侧面 $DD'E'E$ 的交线为 $D'E'$,截面与下底面及侧面 $ABB'A'$ 的交线为 AB.进一步判断截面与侧面 $BCC'B'$ 的关系,由于点 B 在截面内又在侧面 $BCC'B'$ 内,所以截面与侧面 $BCC'B'$ 必相交.同理,可判知截面与侧面 $CC'D'D$,$EE'F'F$,$FF'A'A$ 均相交,其公共点分别为 D',E',A.

(3)两平面相交应找出交线,但只有交线上的一点还不能确定交线的位置,故应再找出交线上的另一点,也即找出两平面的另一公共点.怎样找到截面与侧面 $BCC'B'$ 的另一公共点呢?——借助空间想象或直观图来分析,若可找到截面内一直线与侧面 $BCC'B'$ 内一直线相交,则此交点既在截面内又在侧面 $BCC'B'$ 内,当为两平面之公共点.为此,延长 $B'C'$,

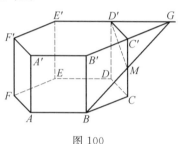

图 100

$E'D'$.两者交于 G,则 G 为截面与侧面的公共点.根据"两点确定一条直线",可知连 BG 交 CC' 于 M,则 BM 即为截面与侧面 $BCC'B'$ 的交线(图 100).

(4)从想象(或直观图助思)的印象中点 M 似应为 CC' 中点,到底是不是呢?——连 $B'E'$,据正六边形性质,$C'D' \parallel B'E'$,且 $C'D' = \dfrac{1}{2} B'E'$,可推出 $GC' = C'B'$,从而证知 M 为 CC' 之中点.

(5)此时对侧面 $CC'D'D$ 来说,截面同它已有两公共点 M、D',所以两面交线为 MD'(图 100).

(6)运用同样的推理和想象,可得截面与侧面 $EE'F'F$ 及侧面 $FF'A'A$ 的交线(图 101 所示是先找截面与侧面 $EE'F'F$ 的公共点 N 的情况),从而完整地作出了截面.

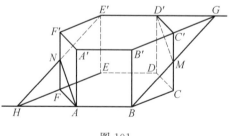

图 101

(7)分析截面特点,寻求面积求法——连 MN,易推知 $MN \parallel AB$,$MN \parallel D'E'$,截面面积为两全等的等腰梯形 $ABMN$ 与 $D'E'NM$ 面积之和.此两梯形高之和为 AE' 之长,从而可求出截面面积(具体解的过程从略).

例 26 在例 25 中,若截面过 A,B 及 $E'F'$ 的中点 Q,试在直观图中画出此截面.

[解法分析]

(1) 依例 25 的思路分析, 截面与下底面及侧面 $ABB'A'$ 的交线为 AB.

(2) 截面与上底面有公共点 Q, 因此两面相交, 交线过 Q. 怎样找出交线来呢？——分析: 截面过 AB, 而 $AB /\!/ A'B'$, $A'B' \subset$ 上底面 $A'D'$, 所以 $AB /\!/$ 上底面 $A'D'$, 交线应当与 AB 平行, 也必与 $A'B'$ 平行. 想象如图 102. 过 Q 作 $QR /\!/ A'B'$ 交 $C'D'$ 于 R.

(3) 继续分析截面与其它五个侧面的关系. 首先看侧面 $EE'F'F$, 由于侧面 $EE'F'F$ 同截面有公共点 Q 故必有交线. 怎样找出两面的另一公共点呢？——可以分别在此两面内各找一条直线, 这两条直线的交点即是. 此处 $AB \subset$ 截面 ABQ, $EF \subset$ 侧面 $EE'F'F$, $AB \cap EF = X$, 则 X 为截面与侧面 $EE'F'F$ 的公共点, 连 QX 交 $F'F$ 于 T, QT 即为截面与侧面 $EE'F'F$ 的交线. 又, 截面与侧面 $AA'F'F$ 有两个公共点 A, T, 连 AT 即为截面与侧面 $AA'F'F$ 的交线. 想象如图 102.

(4) 用类似方法可求得截面与侧面 $CC'D'D$ 及侧面 $BB'C'C$ 的交线. 想象如图 102.

(5) 至此, 截面与正六棱柱有关面的交线已构成封闭多边形, 可见截面与侧面 $EE'D'D$ 未交在正六棱柱内.

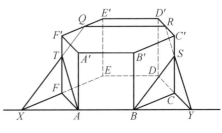

图 102

从以上两例可以看到, 截面形状、特点的判断是在推理与想象相互交叉之中进行的. 在这种问题的解法分析中, 学生的推理能力和空间想象能力同时得到发展. 教师必须重视几何体求截面类型题的教学, 课本中此类练习不多也较简单, 可补充一些参考题. 要认真分析截面与几何体表面各部分的关系, 通过推理找出交线位置. 要边分析推理, 边想象画图, 还要引导学生归纳总结几何体为多面体时截面与几何体各面交线的定位方法:

(1) 截面与多面体的面若有公共点, 则截面与此面相交;

(2) 截面与多面体的一个面有两个公共点, 则此两点的连线即为截面与多面体该面的交线;

(3) 分别在截面和多面体一个面内的两条直线若相交, 则交点必为截面与此面的公共点.

(4)多面体中若有两个面平行,截面与此两面的交线必平行.

对几何体作截面,其重要作用之一是将立体几何问题转化为平面几何问题来求解.怎样去作这个截面才能使原来存在于几何体中各个基本元素的相互关系集中反映到这个截面当中呢?我们先来看一个例题.

例 27 已知球内接正方体棱长为 1 cm,求球面面积.

[解法分析]

(1)欲求球面面积应先求出球半径(直径).为了找到球内接正方体棱长与球半径(直径)之关系,可设法作球与内接正方体的截面,在截面所显示的平面图形中推求.

(2)怎样选择此截面呢?——在这个截面中应显示球及其内接正方体的主要元素并应显示出它们之间的关系.

(3)对球及其内接正方体的关系进行分析和想象——由于正方体对角线互相平分且当它内接于球时八顶点皆在球面上,所以对角线交点应为球心,其直观图如图 103.

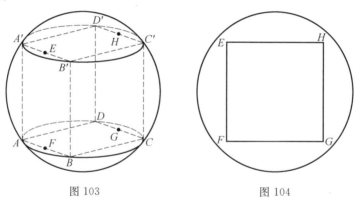

图 103　　　　　　　　图 104

(4)按照以上分析试选——图 104 所示截面是过正方体一组平行棱之中点所作,它虽显示出正方体棱长和球之半径,但两者之关系不够明显;图 105 是延展正方体的一个面所得之截面,它只显示出正方体的棱长而未显示球的半径.只有如图 106,作正方体对角面并延展截球才能反映出球及其内接正方体各元素间的关系,得出 $AA'=1$ cm,$AC=\sqrt{2}$ cm,球直径为 $\sqrt{3}$ cm,球面积为 3π cm².

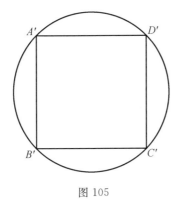

图 105

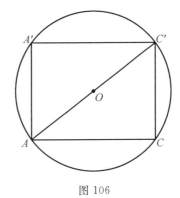

图 106

从这个例题中我们可以看到,截面的选择有两个标准:一个是在这个截面中必须包含决定这个几何体形状、大小的主要元素;另一个是在这个截面中这些主要元素间的关系必须显示清楚.根据这两个标准在几何体中试截、选择,实质上就是对该几何体在人们头脑中的空间表象进行分割解体,对几何体中各个元素在分解前后的性质进行分析推理,根据分析、推理的结果,最后把几何体中的有关元素组合到同一平面中,从而选出截面.

在选择截面的过程中,分析、推理和空间想象相辅相成.因此,选择截面是培养空间想象能力的练习,教师应该给予足够的重视.现行课本中选几何体截面的题目难度较低,学习好的学生不假思索仅凭直观印象就能解出,这样不利于他们空间想象能力的发展.针对这种情况,教师有必要为他们设计、编选适量在选择截面上有一定难度,不经分析甚易出错的练习题.要让学生掌握选择截面的两条标准,使分析与想象目标明确;要认真进行"试截",对每次试截结果配合想象进行性质研究并同标准相比较;要让学生在头脑中进行从体到截面的"分解""嵌入"的想象,并通过直观图与截面图的对照,表示出同一元素在这两种图中的相应位置.

(三)对空间图形的结构分解和对空间表象的分离组合

对空间图形进行结构分解,将立体几何问题转化为平面几何问题求解是立体几何中最常运用的解题思路.象"定理——斜线和平面所成的角是这条斜线和平面内经过斜足的直线所成一切角中最小的角";"异面直线上两点的距离公式";"正棱锥可分解成两个直角三角形,正棱台可分解为三个直角梯形和两个直角三角形"等都体现了这种方法.这种结构分解的方法,从逻辑思维方面讲,几乎所有的有关距离、角和多面体的题目都依靠它来分析、推求;从空间想象方面看,结构分解恰好是"从复杂图形中区分出基本图形,并分析其中基本元素之间的关系". 教师一定要抓好结构分解的教学,使学生从分解出的各部分的特征加深对原空间图形整体的理解,在对空间图形表象的分离组合中提高空间想象的能力. 下面给出一个教学实例.

例 28 Rt$\triangle ABC$ 所在平面外一点 P 到直角顶点 C 的距离为 24 cm,到直角边的距离都是 $6\sqrt{10}$ cm,

求:(1)点 P 到平面 ABC 的距离;

(2)PC 与平面 ABC 所成的角.

[解法分析]

(1)根据题设条件想象相应的空间图形,同时结合分析推理,画出其直观图.

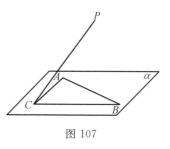

图 107

①设平面 α 是 Rt$\triangle ABC$ 所在平面,那么 α,Rt$\triangle ABC$,P 呈什么关系? 该怎样画出其直观图?——平面 α 画为水平平面;C 为直角顶点,故 AC,BC 应分别画成与表示平面 α 的平行四边形的两邻边平行;P 画在 α 外(图 107).

②P 到直角顶点的距离由 PC 表示,P 到 AC,BC 的距离该怎样表示呢?——根据点到直线的距离的概念,应过 P 分别作 AC,BC 之垂直相交线,由于点 P 在 AC,BC 所在平面 α 之外,故此垂线需用三垂线定理作出:

过 P 作 $PO \perp \alpha$ 于 O;

过 O 作 $OD \perp AC$ 于 D,连 PD;

过 O 作 $OE \perp BC$ 于 E,连 PE.

这 PD 与 PE 就分别是 P 到 AC,BC 的距离.

③在直观图中怎样表示②中各线段呢?——PO 应画为与表示平面 α 的平行四边形的水平边垂直,OD,OE 分别画作与 BC,AC 平行,然后连 PD,PE.

④追问:PO 之点 O 应落在何处?画在直观图中又当如何?——根据"P 到两直角边距离相等"的条件,又据斜线长定理可知:$OD = OE$,在画直观图时应尽量使 $OE = \dfrac{1}{2}OD$(图 108).

⑤题目所求,在直观图中如何表示?——连 CO,PO 之长即点 P 到平面 ABC 的距离;$\angle PCO$ 即 PC 与平面 ABC 所成的角(图 109).

(2)分析空间图形的结构寻求解法.

①分析"已知""所求"的关系——PO 与 $\angle PCO$ 均在 $\triangle PCO$ 中,$PC=24$ cm,且可推知 $\angle POC$ 为直角,故只需求出 CO,问题即获解.

②分解结构:从空间图形中,将平面 α 内图形依平面几何画法画出,然后分析如何求 CO——如图110,由于 $DOEC$ 为正方形,CO 为对角线,故需先求正方形边长 OD(或 OE).

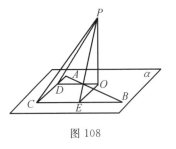

图 108

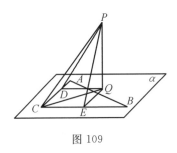

图 109

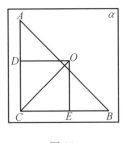

图 110

③分析 OD(或 OE)与已知条件之关系,选择结构分解的对象——由于 $PC=24$ cm,$PD=6\sqrt{10}$ cm,$PE=6\sqrt{10}$ cm,故应先分解出 $\triangle PCD$(或 $\triangle PCE$)来解.因为 $\angle PDC=90°$(或 $\angle PEC=90°$),所以可用勾股定理解出 OD(或 OE).

例29 试想你能用多少种方法求证:"直线 a 与相交两平面 α,β 皆平行,则 a 平行于 α,β 的交线 b".

[解法分析]

(1)在寻求本题的证明时,先引导学生从已知条件想象并画出直观图,如图111;

(2)分析:已知直线与平面平行,欲证直线与直线平行,似应作辅助平面;

(3)进一步考虑作辅助平面的方法:由于过 a 作与 α,β 相交之平面必有 a 与交线平行,故可以考虑过 a 及 α 内一点 P(P 不在 b 上)作平面 γ,过 a 及 β 内一点 Q(Q 不在 b 上)作平面 ω,$\alpha\cap\gamma=C,\beta\cap\omega=d$;

(4)想象添加辅助平面后的新图形,确定 c,d 的具体位置;

(5)由"如果一条直线与一个平面平行,过这条直线的一个平面与这个平面

相交,那么这条直线与交线平行",可推得 $a/\!/c, a/\!/d$,如图 112;

(6)如图 112 所示,由 $c/\!/d$ 推知 $c/\!/\beta$,再推出 $c/\!/b$,最后证出 $a/\!/b$;

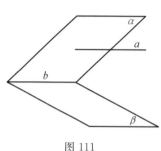

图 111

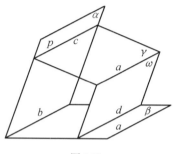

图 112

(7)寻求别解:设想 c,d 平移至 b,似应有 $a/\!/b$. 过 a 及 b 上一点 M 作平面 ω,$\omega\cap\alpha=b'$,$\omega\cap\beta=b''$,想象此时之空间图形(图 113);

(8)依平行公理,由 $a/\!/b'$,$a/\!/b''$,$b'\cap b''=M$,证得 b',b'' 重合;又由 $\alpha\cap\omega=b'$,$\beta\cap\omega=b''$,得 b' 与 b'' 重合后必为 α 与 β 之交线. 由公理 2 可证此交线必与 b 重合,于是 $a/\!/b$ 获证.

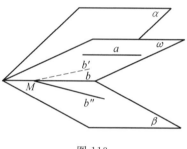

图 113

例 30 自二面角内一点 A 向另一面作垂线 AB,自垂足 B 向第一个面作垂线 BC,如果垂足为 C 并且 $AB:BC=2:1$,求这个二面角的度数.

本题可用三垂线定理及其逆定理作出二面角的平面角,如图 114;也可以过 AB, BC 作平面 γ,由 $l\perp\gamma$ 得二面角的平面角,如图 115. 关于本题的解法分析与例 29 类似,此处不再详述.

从以上例题可见,在一题多解中,配合解法的思考,学生头脑中会形成实质相同而形式各异的多种空间形象. 教师在教学中应将多解的寻求、多图形的想象和对应直观图的画出配合进行,以促进思维灵活性和空间想象力的发展.

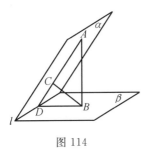
图 114

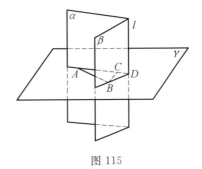
图 115

一题多变的练习,常可从课本中的题目引申出来.如:"一条长为 $2a$ 的线段,夹在互相垂直的两个平面之间,它和这两个平面所成的角分别为 $45°,30°$,过这条线段的两个端点分别在这两个平面内作交线的垂线,求垂足间的距离." 将此题"互相垂直的两个平面"变为"$60°$的二面角",进而变为"$120°$的二面角",便可以由一题变为三题.教师引导学生从三题的异同来探讨解法,同时从条件变化前后对应图形的对比中来训练学生在变化中想象,这对提高学生空间想象能力是大有益处的.

一题多变的练习常可从一个问题的逆向问题演变出来,象运用直观图画法的练习,我们可以由平面几何的图按直观图画法规则画直观图,也可以反过来由按一定画法规则画出的直观图来画平面几何的图.

例 31 图 116 中,$A'B'C'D'$ 是水平平面内四边形 $ABCD$ 按斜二测画法规则画出的直观图,试画出原平面图形 $ABCD$.

利用逆向问题可加深对概念、法则的理解,培养学生思维的深刻性、灵活性,同时也可以从形象变化中提高学生的空间想象能力.在本例中按斜二测画法中建轴的规定,对图 116 建 $X'-O'-Y'$ 轴如图 117 所示,经斜二测画法规则的逆用,便可得如图 118 的形象.

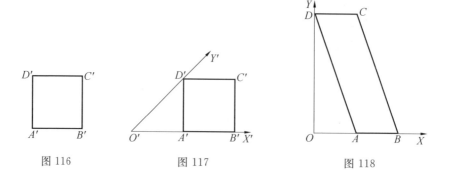

图116　　　　　图117　　　　　图118

例32 图119中，$A_1B_1C_1D_1E_1$ 为平面五边形 $ABCDE$ 依正等测画法规则画出的直观图，你能画出 $ABCDE$ 依斜二测画法规则画出的直观图吗？

这是一个综合两种直观图画法的变换练习.画图过程如图119,120,121所示.

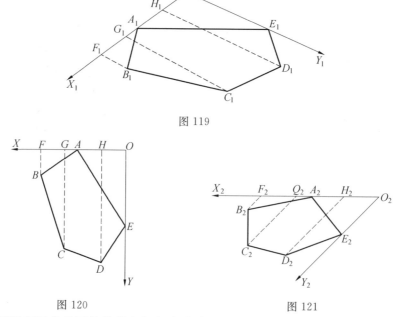

图119

图120　　　　　图121

据题意画直观图是培养空间想象能力的重要途径，它的逆向问题——看直观图辨图形特点也有同样的作用.如果由直观图所示之空间图形来编题求解，由于编出的题目形形色色,在求解过程中对原空间图形需不断分析、变换、添设、重组,所以对提高空间想象能力有极大好处.

例 33 看图编题:图 122 是按斜二轴测投影画法规则画出的一个多面体,你能依图所示编出一些立体几何题来吗?

从图判断多面体 AC' 为正三棱柱,EBC 为过 BC 与 AA' 上一点 E 的截面.编题如:

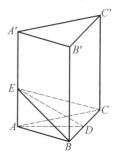

图 122

已知正三棱柱底面边长及点 E 位置,求截面面积和截面 BEC 与下底面所成二面角的大小;

已知点 E 位置、截面面积或截面与下底面所成二面角的大小,求正三棱柱底面边长;

已知截面面积、截面与下底面所成二面角的大小,求点 E 位置;

已知底面边长及侧棱长,求正三棱柱的表面积和体积;若再已知点 E 位置或截面面积或截面与底面所成二面角的平面角大小,则可求多面体 $A'B'C'-EBC$ 的表面积和体积.

就此图改变部分题目条件,可增加培养空间想象能力的成分.例如,令点 E 位置不定,给出底面边长、侧棱长、截面与底面所成二面角的大小,求在此二面角大小变化的情况下点 E 的位置及各位置处截面的面积.

对于编出的这些题目,通过想象、分析并求解,必将对思维的灵活性和空间想象能力的发展起促进作用.

四、利用变式图形,突出概念、原理的本质,实现空间想象的全面性

(一)变式图形在培养空间想象能力中的作用

变式是从不同的方面、不同的角度、不同的情况来说明问题的方式.在概念教学中,最常用的变式是"非本质属性变式",即提供给学生的各种具体事例,在本质方面保持不变,而在非本质方面不断变换.

变式的作用是十分明显的.人们在依靠感性材料理解概念和原理时,由于感性材料具有片面性、局限性,往往会产生不合理地缩小或扩大概念、原理的问题.运用变式可以区分本质与非本质特征,使本质的东西显露得更全面、更突出,从而使人们更确切地理解概念和原理.

立体几何中最常用的变式是变式图形.在运用变式图形来全面突出概念、原理的本质属性时,人们头脑中必然会对该概念、原理相应的空间表象进行多方面、多角度、多情况的想象与思维.这样,人们在运用变式图形确切地理解概念和原理的同时,对概念、原理相应的空间表象的本质特点和多种表现形式也就会有更全面的认识.由此可见,变式图形有促进空间想象全面性的作用.

(二)在概念和定理教学中始终注意变式图形的运用

由于立体几何研究的对象是空间图形,所以概念的建立、定理的推证往往都需要感性材料的帮助,因此就始终要注意变式图形的运用.在每讲一个概念、一个定理时,教师都应问一问自己,这个问题是否有必要运用变式图形来突出、澄清.

变式图形是重要的,但是运用变式图形的成效主要不取决于运用的数量而在于其是否具有典型性.我们所要注意的,一是哪些概念、定理易受具体感性材料片面性、局限性的影响;二是怎样通过变式消除这些影响.

按照上述要求,作者认为在立体几何教学中应注意在以下问题上运用变式图形.

1. 平面习惯显示为水平状,平面及其外一点习惯显示为一点在水平面将空间分为上下两部分的上部分,直线与平面平行习惯显示为水平直线在水平面将空间分为上下两部分中的上部分等.

这些习惯的显示方法,有着直观、形象、显示面大等优点,应予肯定.但在教学中适当地给出变式图形,例如,两平面平行画如图123,直线与平面平行画如图124,直线与平面垂直的判定定理证明的示意图画如125等,是必要的.

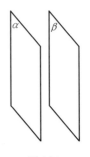

图 123

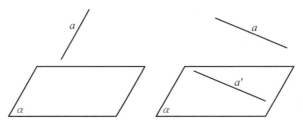

图 124

2. 三垂线定理及其逆定理在引入与推证时皆显示为"平面水平放置";平面内与斜线在平面内射影垂直的直线显示为"与表示平面的平行四边形水平边的邻边平行".这个习惯显示法是采用了最能显示三垂线定理及其逆定理中三条垂线特点的角度,但由于应用三垂线定理及其逆定理于空间图形时情况是多种多样的,显示的角度也是多种多样的,因此必须重点进行变式练习.

3.关于二面角的问题,往往由于教师的习惯而常采用一种显示方法,久而久之就会使学生对另外的显示方法很不习惯.教师在教学二面角问题时,应注意根据题目条件(例如二面角之锐角、直角、钝角,二面角的棱与其他平面的关系)来选择合适的显示方法.

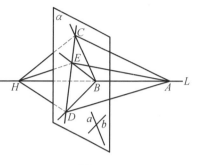

图 125

4.多面体、旋转体问题的习惯显示为底面水平放置,这是最易体现该几何体特点的方法,但对于其中以侧面水平放置的棱柱(如铁路路基、滚筒、隧道)、倒锥(特别是三棱锥,它的三个面皆可为底面)、倒台等情况则应注意显示其变式图形.

(三)针对典型教材组织变式练习

如前所述,变式运用的成效不取决于运用的数量而在于其是否具有广泛的典型性,能否使学生在理解概念与原理的同时摆脱感性经验片面性的影响.立体几何教材中合乎这样条件的教学内容有两部分:一是三垂线定理及其逆定理的应用;二是求三棱锥体积时的选底面.针对这些教学内容组织变式练习,对于正确理解概念和原理和促进空间想象的全面性是十分重要的.

编选变式练习题要少而精,要注意循序渐进,由易到难,思维和想象并进,使学生对被研究的空间图形有更深刻的认识,并从中发现和总结出一些有规律性的东西.

下面给出两组练习以体现上述要求,供读者编选变式练习时参考.

1.有关三垂线定理及其逆定理应用

例 34 请顺次解答以下问题:

(1)在如图 126 所示的正方体中,迅速求出 BD_1 与 DA_1 所成角的大小.——创设情景使学生从不能迅速求解中产生速解之愿望.

(2)如果你不能迅速解(1),请看图 127,你能迅速求出 BD' 与 AC 所成的角吗? 比较二图,想想

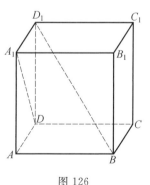

图 126

你为什么不能迅速解出(1)来.——引起学生对变式图形的注意,并从二图比较中对三垂线定理的图形形成较为全面的空间表象.

(3)试依三垂线定理,在图128中迅速地说出正方体六个表面中分别与BD_1,AC_1,CA_1,DC_1垂直的"面对角线"——进一步通过变式认识三垂线定理对应图形的全面形象,并从三垂线定理在正方体的应用中发现、总结体对角线与面对角线间的某些垂直关系.

(4)在图129所示的正方体中,M,N,P分别为A_1B_1,B_1C_1,B_1B的中点,你怎样证明$B_1D\perp$平面MNP——给出运用三垂线定理的变式图形证明问题的实例,使学生从应用中进一步认识变式的作用,加深对三垂线定理各种变式图形的印象.

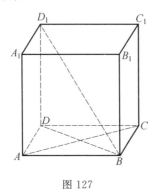

图 127

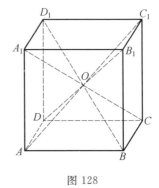

图 128

(5)你能在图129中画出与平面MNP平行的截面吗?怎样画?如果此截面过A_1,则会有什么特点?——运用三垂线定理变式图形解题的进一步练习.

(6)设想一个正方体模型,各顶点处以活动关节连接,将它挤压成如图130所示,请问此时"体对线角"与哪些"面对角线"垂直?——扩大变式的范围,突出三垂线定理的本质.

(7)在图131中,$S-ABC$为正四面体,试求SB与AC所成的角——同(6).

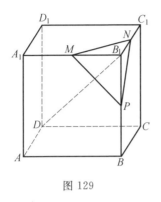
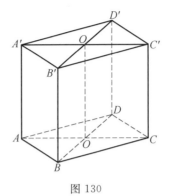

图 129

图 130

(8) 若 M, N 分别是 AB 和 BS 的中点，你能在正四面体 $S-ABC$ 中找出哪一条棱与它垂直吗？——同(6).

2. 求三棱锥体积时选底面问题的练习

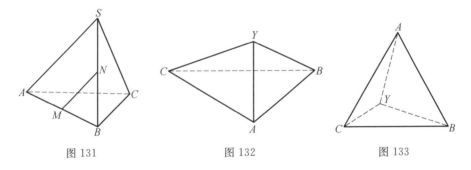

图 131　　　　　　图 132　　　　　　图 133

从三棱锥定义可知，由于它的四个面都是三角形，因此不论哪个面都可以做底面. 三棱锥的这一特点使求三棱锥体积时应考虑它的变式图形，选择合适的底面来求解.

例 35　一个正三棱锥的侧面都是直角三角形，底面边长是 a，求它的体积.

按题设的底面、侧面来解，应作底面 ABC 的高 VO. 显然可由底面边长求底面面积和高，从而求出体积. 但推导、计算都较繁杂(图 132). 若变底面为侧面而以原来一侧面为底面，则此三棱锥的底面是等腰直角三角形且有一侧棱垂直于底面，如图 133 所示，则求解体积就十分简便.

这样的练习应注意从易到难地进行. 现行课本中的此类习题都可作为较易的练习来处理. 下面给出一些对促进空间想象全面性作用较大、难度稍大的题目,供读者编选变式图形时参考.

例36 图134为棱长 a cm 的正方体,过 CD 之中点 E 及 A,C_1 作平面,试求 D_1 到平面 AEC_1 的距离.

[解法分析]

(1)如果直接按本题所求,过 D_1 作平面 AEC_1 的垂线,由于平面 AEC_1 截正方体所得的截面有待显示,且即使显示出来垂足的位置也不易确定,因此难于求解.

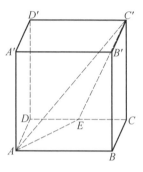

图134

(2)考虑到涉及本问题的点有 D_1,A,E,C_1 且已连出 AE,EC_1,C_1A,D_1C_1,若再连出 D_1A,D_1E,则可构成一三棱锥,而 D_1 到平面 AEC_1 的距离即为对应于底面 AEC_1 的高,底面 AEC_1 由于三边可求知,故面积易求得.由此先求出此三棱锥的体积,则距离也就可以求出了.

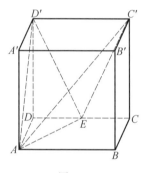

图135

(3)由正方体特点可知,若变换底面为 $C'ED'$,可求对应之高恰为 $AD=a$ cm,则体积即可求出,而本题也随之迎刃而解(图135).

显而易见,例36之(2)中由正方体分解出四点,组合四点成三棱锥,对三棱锥做变式考虑是解出本题的关键,这个过程同时也是对空间表象的分解、改造、组合.教师在教学中启发引导学生分析好这些步骤,对逻辑思维能力与空间想象能力的提高是一个促进.

例37 如图136,以一个平行于底面的平面截三棱锥 $P-ABC$,截面为 $A'B'C'$,求证:$\dfrac{V_{P-ABC}}{V_{P-A'B'C'}} = \dfrac{PA \cdot PB \cdot PC}{PA' \cdot PB' \cdot PC'}$.

若按图136所示来考虑,则要经过一系列比例关系的推演才能证得结果.如果注意到三棱锥任何一个面都可以作为底面,采用图136的变式图形图137,则可由 $\triangle PBC$ 与 $\triangle PB'C'$ 面积之比为 $\dfrac{PB \cdot PC}{PB' \cdot PC'}$,且 $\dfrac{AT}{A'T'} = \dfrac{PA}{PA'}$ 本题即很容易证出.

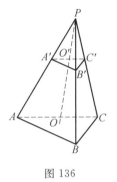
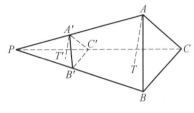

图 136　　　　　　　图 137

在变式图形的练习中,由于对图形保持本质属性不变而只变化那些非本质属性,所以能加深对概念、原理的理解,促进思维能力的发展.同时,变式图形实质上是从不同角度对同一事物形象的反映,所以有助于形成对事物形象更全面的想象.

五、进行"减缩思维过程"和"省略画图解题"的练习,提高思维与空间想象的敏捷性

(一)思维与空间想象的敏捷性

在第一章中,我们曾论述过思维的敏捷性,即思维过程的迅速程度.思维敏捷,处理问题和解决问题时就能积极思维,周密考虑,正确判断,并迅速地得出结论.当然,思维的敏捷性必须以思维的正确性作为必要的前提.

立体几何的研究对象是空间图形,这就决定了在立体几何中思维的敏捷性必须伴随着空间想象的敏捷性,这两种敏捷性主要体现为思维过程的减缩和超越画图助思的空间想象.

思维与空间想象的敏捷性是建筑在思维与空间想象各方面品质的基础上的,是思维与空间想象各方面品质协同作用的集中表现;脱离了各方面品质的培养,敏捷性的提高也就无从谈起.要使学生的思维与空间想象敏捷,必须使他们的思维与空间想象在概括、判断、推理、运算等各方面都有长足的进步.在立体几何教学中,对学生始终要有速度的要求,培养学生求速的意识和习惯,教给学生一些简捷的解法和算法.此外,针对立体几何中思维与空间想象敏捷性的特点,组织学生进行适量适度的减缩思维过程和省略画图解题的练习是必要的.

(二)减缩思维过程的一种练习——添图

思维的敏捷性主要体现在思维过程的减缩上,即见到问题之后似乎没有经过明显的分析、综合、比较过程,迅即找到了正确的答案.思维过程减缩的前提是"双基"熟练和能力较强,但进行适当的敏捷性练习有促进作用.添图就是立体几何中这类练习的一种.

添图是指按一定要求在给定的直观图上添画点线,这些点线必须经过对原图的分析、想象和一定的推理才能得出正确的添画方法.分析、想象、推理的步骤愈多,难度愈大,这样的添图练习的水平就愈高.在进行添图练习时,要指出尽快按题目要求添画,不写推求及解,不许画图助思.添图练习的原题图形要事先画好或印好发给学生,添图要求则在学生准备好后由教师口头表述.教师应记时,对添图速度快的学生予以表扬.在一组添图练习结束后,还可以请添画快而正确的学生介绍自己的体会和对添画应循思维过程的分析,让学生从中感受到思维敏捷的魅力,从而增强他们思维求速的意识.

下面给出三个添图练习.

例38 在图 138 中,画出平面 ABC 与平面 α、平面 β 的交线.

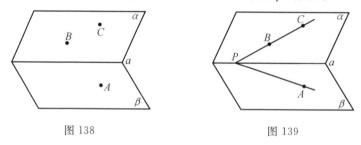

图 138 　　　　　　　　图 139

[答案]

如图 139,连 CB 并延长交 a 于 P,连 PA,则 BC 为平面 ABC 与平面 α 的交线,PA 为平面 ABC 与平面 β 的交线.

[简要分析]

据"两个平面若有一个公共点则必交于过此点的一条直线"及"两点确定一条直线",可推知平面 $ABC \cap$ 平面 $\alpha = BC$;又,$BC \cap a = P$,$P \in \beta$ 且 $A \in \beta$,$P \in$ 平面 ABC,$A \in$ 平面 ABC,所以,平面 $\beta \cap$ 平面 $ABC = PA$.

例39 如图 140,$V-ABCD$ 为正四棱锥,试画出侧面 VAB 与侧面 VCD 所在平面所成二面角的平面角.

[答案]

如图141,取 AB 中点 E 和 CD 中点 F,连 VE,VF,$\angle EVF$ 即为所求之平面角.

[简要分析]

因为 $CD/\!/AB$,所以 $CD/\!/$ 平面 VAB.

又因为平面 VCD 过 CD 且与平面 VAB 有公共点 V,所以平面 VCD 与平面 VAB 的交线 a 必与 CD 和 AB 平行.此交线 a 为二面角的棱;

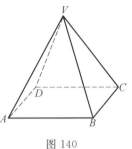

图140

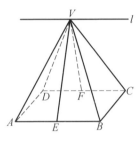

图141

取 AB 中点 E、CD 中点 F,因为 $\triangle VAB$ 与 $\triangle VCD$ 皆为等腰三角形,连 VE,VF 必有 $VE\perp AB,VF\perp CD$,这样 $VE\perp l,VF\perp l$.所以 $\angle EVF$ 为所求二面角的平面角.

例40 如图142,$A-BCD$ 为正四面体,试画出 AB 与 CD 的公垂线.

[答案]

取 AB 中点 M 及 CD 中点 N,连 MN 则为所求公垂线,如图143 所示.

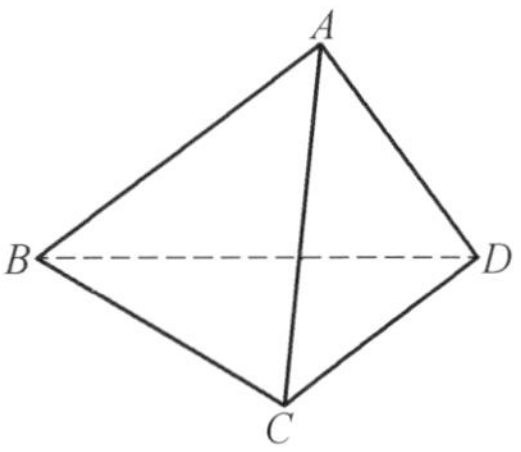

[简要分析]

如图143,因为正四面体各面为正三角形,连 CM,DM,在 $\triangle CMD$ 中必有 $CM=DM$,所以 $MN\perp CD$;

图142

同理,连 AN,BN,在 $\triangle ANB$ 内必有 $AN=BN$,所以 $MN\perp AB$.

为了使图143所示之答案不受干扰,分析中所述之连 AN,BN,CM,DM 均未在图中显示.

(三)省略画图解题的练习

空间想象力高度发展的标志是在想象过程中模型、画图、内部语言逐步消除,能根据需要在头脑里对记忆空间表象进行加工改造以创造新的空间表象.要达到这样的高度,必须经过模型、画图和语言表述相互结合的长期培养,人为地过早脱离模型和直观图是不行的,但在立体几何教学中有意识地进行语言表述与模型的对照练习,语言表述与直观图的对照练习以及"听述想图"的练习,将有助于学生超脱画图助思而进行空间想象.在立体几何学习的后期,更应适当安排一定数量的"省略画图解题"的练习.

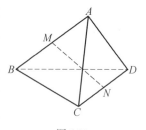

图 143

省略画图练习宜用口答形式.教师提出问题,学生不画图、不观察模型,依靠头脑中的想象来解出答案,在正确的前提下答得愈快愈好.这类练习的目的是为了培养空间想象力,为此,题目的重点要放在空间图形的结构上而尽量减少与空间想象无关的繁琐计算.下面给出三组这样的练习,供读者编选此类习题时参考.

例 41 顺次回答下列问题:

(1)侧棱与底面所成之角都相等的棱锥有什么特征?

〔答〕:侧棱都相等且底面多边形必有外接圆,顶点在底面内的射影是底面外接圆的圆心.

(2)棱锥底面多边形有内切圆且顶点在底面内的射影是此内切圆的圆心,试问此棱锥有何特征?

〔答〕:各侧面以底面各边为底边时,其高都相等,且侧面与底面所成之二面角都相等.

(3)若一个棱锥具备(1)、(2)的条件,这个棱锥有何特征?

〔答〕:是正棱锥.

例 42 回答下列问题:

(1)相邻两侧面与底面都垂直的棱锥有何特征?

〔答〕:此两侧面的公共侧棱即为此棱锥的高.

(2)若一棱锥有一个侧面与底面垂直时有何特征?

〔答〕:此棱锥的高在此侧面内.

例 43 回答下列各题:

(1)墙角处有一球与墙面及地面相切,连球心与三切点得三条线段,这三条线段分别在两墙及地面内的射影连同这三条线段构成什么样的空间图形?若球半径为 R 时,球心到墙角顶点的距离是多少?

[答]:构成正方体,所求距离为 $\sqrt{3}R$.

(2)四个等球两两相切,它们球心的连线构成什么图形?

[答]:正四面体.

(3)五个等球两两相切,其中四球平放在桌面上,另一球摞于此四球之上,那么它们的球心连线构成什么图形?

[答]:侧棱与底面边长相等的正四棱锥.

通过立体几何的教学发展学生的空间想象能力是一个十分重要而又难度很大的课题,特别是逻辑思维能力与空间想象能力的有机联系和互相促进就更不容易做到,本章只是在这方面进行了初步的探讨.另外,空间想象能力是个性心理特征,除去后天的培养外,先天的素质也有一定的作用.怎样测定学生空间想象能力的先天素质,怎样对不同素质的学生因材施教,空间想象能力方面的不足如何通过其他能力的发展来补偿,这些问题本章都没有涉及,有待今后进一步研究探讨.

刘培杰数学工作室
已出版(即将出版)图书目录——初等数学

书 名	出版时间	定 价	编号
新编中学数学解题方法全书(高中版)上卷(第2版)	2018—08	58.00	951
新编中学数学解题方法全书(高中版)中卷(第2版)	2018—08	68.00	952
新编中学数学解题方法全书(高中版)下卷(一)(第2版)	2018—08	58.00	953
新编中学数学解题方法全书(高中版)下卷(二)(第2版)	2018—08	58.00	954
新编中学数学解题方法全书(高中版)下卷(三)(第2版)	2018—08	68.00	955
新编中学数学解题方法全书(初中版)上卷	2008—01	28.00	29
新编中学数学解题方法全书(初中版)中卷	2010—07	38.00	75
新编中学数学解题方法全书(高考复习卷)	2010—01	48.00	67
新编中学数学解题方法全书(高考真题卷)	2010—01	38.00	62
新编中学数学解题方法全书(高考精华卷)	2011—03	68.00	118
新编平面解析几何解题方法全书(专题讲座卷)	2010—01	18.00	61
新编中学数学解题方法全书(自主招生卷)	2013—08	88.00	261
数学奥林匹克与数学文化(第一辑)	2006—05	48.00	4
数学奥林匹克与数学文化(第二辑)(竞赛卷)	2008—01	48.00	19
数学奥林匹克与数学文化(第二辑)(文化卷)	2008—07	58.00	36'
数学奥林匹克与数学文化(第三辑)(竞赛卷)	2010—01	48.00	59
数学奥林匹克与数学文化(第四辑)(竞赛卷)	2011—08	58.00	87
数学奥林匹克与数学文化(第五辑)	2015—06	98.00	370
世界著名平面几何经典著作钩沉——几何作图专题卷(共3卷)	2022—01	198.00	1460
世界著名平面几何经典著作钩沉(民国平面几何老课本)	2011—03	38.00	113
世界著名平面几何经典著作钩沉(建国初期平面三角老课本)	2015—08	38.00	507
世界著名解析几何经典著作钩沉——平面解析几何卷	2014—01	38.00	264
世界著名数论经典著作钩沉(算术卷)	2012—01	28.00	125
世界著名数学经典著作钩沉——立体几何卷	2011—02	28.00	88
世界著名三角学经典著作钩沉(平面三角卷Ⅰ)	2010—06	28.00	69
世界著名三角学经典著作钩沉(平面三角卷Ⅱ)	2011—01	38.00	78
世界著名初等数论经典著作钩沉(理论和实用算术卷)	2011—07	38.00	126
世界著名几何经典著作钩沉(解析几何卷)	2022—10	68.00	1564
发展你的空间想象力(第3版)	2021—01	98.00	1464
空间想象力进阶	2019—05	68.00	1062
走向国际数学奥林匹克的平面几何试题诠释.第1卷	2019—07	88.00	1043
走向国际数学奥林匹克的平面几何试题诠释.第2卷	2019—09	78.00	1044
走向国际数学奥林匹克的平面几何试题诠释.第3卷	2019—03	78.00	1045
走向国际数学奥林匹克的平面几何试题诠释.第4卷	2019—09	98.00	1046
平面几何证明方法全书	2007—08	35.00	1
平面几何证明方法全书习题解答(第2版)	2006—12	18.00	10
平面几何天天练上卷·基础篇(直线型)	2013—01	58.00	208
平面几何天天练中卷·基础篇(涉及圆)	2013—01	28.00	234
平面几何天天练下卷·提高篇	2013—01	58.00	237
平面几何专题研究	2013—07	98.00	258
平面几何解题之道.第1卷	2022—05	38.00	1494
几何学习题集	2020—10	48.00	1217
通过解题学习代数几何	2021—04	88.00	1301
圆锥曲线的奥秘	2022—06	88.00	1541

刘培杰数学工作室
已出版(即将出版)图书目录——初等数学

书　名	出版时间	定　价	编号
最新世界各国数学奥林匹克中的平面几何试题	2007—09	38.00	14
数学竞赛平面几何典型题及新颖解	2010—07	48.00	74
初等数学复习及研究(平面几何)	2008—09	68.00	38
初等数学复习及研究(立体几何)	2010—06	38.00	71
初等数学复习及研究(平面几何)习题解答	2009—01	58.00	42
几何学教程(平面几何卷)	2011—03	68.00	90
几何学教程(立体几何卷)	2011—07	68.00	130
几何变换与几何证题	2010—06	88.00	70
计算方法与几何证题	2011—06	28.00	129
立体几何技巧与方法(第2版)	2022—10	168.00	1572
几何瑰宝——平面几何500名题暨1500条定理(上、下)	2021—07	168.00	1358
三角形的解法与应用	2012—07	18.00	183
近代的三角形几何学	2012—07	48.00	184
一般折线几何学	2015—08	48.00	503
三角形的五心	2009—06	28.00	51
三角形的六心及其应用	2015—10	68.00	542
三角形趣谈	2012—08	28.00	212
解三角形	2014—01	28.00	265
探秘三角形:一次数学旅行	2021—10	68.00	1387
三角学专门教程	2014—09	28.00	387
图天下几何新题试卷.初中(第2版)	2017—11	58.00	855
圆锥曲线习题集(上册)	2013—06	68.00	255
圆锥曲线习题集(中册)	2015—01	78.00	434
圆锥曲线习题集(下册·第1卷)	2016—10	78.00	683
圆锥曲线习题集(下册·第2卷)	2018—01	98.00	853
圆锥曲线习题集(下册·第3卷)	2019—10	128.00	1113
圆锥曲线的思想方法	2021—08	48.00	1379
圆锥曲线的八个主要问题	2021—10	48.00	1415
论九点圆	2015—05	88.00	645
近代欧氏几何学	2012—03	48.00	162
罗巴切夫斯基几何学及几何基础概要	2012—07	28.00	188
罗巴切夫斯基几何学初步	2015—06	28.00	474
用三角、解析几何、复数、向量计算解数学竞赛几何题	2015—03	48.00	455
用解析法研究圆锥曲线的几何理论	2022—05	48.00	1495
美国中学几何教程	2015—04	88.00	458
三线坐标与三角形特征点	2015—04	98.00	460
坐标几何学基础.第1卷,笛卡儿坐标	2021—08	48.00	1398
坐标几何学基础.第2卷,三线坐标	2021—09	28.00	1399
平面解析几何方法与研究(第1卷)	2015—05	18.00	471
平面解析几何方法与研究(第2卷)	2015—06	18.00	472
平面解析几何方法与研究(第3卷)	2015—07	18.00	473
解析几何研究	2015—01	38.00	425
解析几何学教程.上	2016—01	38.00	574
解析几何学教程.下	2016—01	38.00	575
几何学基础	2016—01	58.00	581
初等几何研究	2015—02	58.00	444
十九和二十世纪欧氏几何学中的片段	2017—01	58.00	696
平面几何中考.高考.奥数一本通	2017—07	28.00	820
几何学简史	2017—08	28.00	833
四面体	2018—01	48.00	880
平面几何证明方法思路	2018—12	68.00	913
折纸中的几何练习	2022—09	48.00	1559
中学新几何学(英文)	2022—10	98.00	1562
线性代数与几何	2023—04	68.00	1633
四面体几何学引论	2023—06	68.00	1648

刘培杰数学工作室
已出版(即将出版)图书目录——初等数学

书　名	出版时间	定　价	编号
平面几何图形特性新析.上篇	2019—01	68.00	911
平面几何图形特性新析.下篇	2018—06	88.00	912
平面几何范例多解探究.上篇	2018—04	48.00	910
平面几何范例多解探究.下篇	2018—12	68.00	914
从分析解题过程学解题:竞赛中的几何问题研究	2018—07	68.00	946
从分析解题过程学解题:竞赛中的向量几何与不等式研究(全2册)	2019—06	138.00	1090
从分析解题过程学解题:竞赛中的不等式问题	2021—01	48.00	1249
二维、三维欧氏几何的对偶原理	2018—12	38.00	990
星形大观及闭折线论	2019—03	68.00	1020
立体几何的问题和方法	2019—11	58.00	1127
三角代换论	2021—05	58.00	1313
俄罗斯平面几何问题集	2009—08	88.00	55
俄罗斯立体几何问题集	2014—03	58.00	283
俄罗斯几何大师——沙雷金论数学及其他	2014—01	48.00	271
来自俄罗斯的5000道几何习题及解答	2011—03	58.00	89
俄罗斯初等数学问题集	2012—05	38.00	177
俄罗斯函数问题集	2011—03	38.00	103
俄罗斯组合分析问题集	2011—01	48.00	79
俄罗斯初等数学万题选——三角卷	2012—11	38.00	222
俄罗斯初等数学万题选——代数卷	2013—08	68.00	225
俄罗斯初等数学万题选——几何卷	2014—01	68.00	226
俄罗斯《量子》杂志数学征解问题100题选	2018—08	48.00	969
俄罗斯《量子》杂志数学征解问题又100题选	2018—08	48.00	970
俄罗斯《量子》杂志数学征解问题	2020—05	48.00	1138
463个俄罗斯几何老问题	2012—01	28.00	152
《量子》数学短文精粹	2018—09	38.00	972
用三角、解析几何等计算解来自俄罗斯的几何题	2019—11	88.00	1119
基谢廖夫平面几何	2022—01	48.00	1461
基谢廖夫立体几何	2023—04	48.00	1599
数学:代数、数学分析和几何(10—11年级)	2021—01	48.00	1250
直观几何学:5—6年级	2022—04	58.00	1508
几何学:第2版.7—9年级	2023—08	68.00	1684
平面几何:9—11年级	2022—10	48.00	1571
立体几何.10—11年级	2022—01	58.00	1472
谈谈素数	2011—03	18.00	91
平方和	2011—03	18.00	92
整数论	2011—05	38.00	120
从整数谈起	2015—10	28.00	538
数与多项式	2016—01	38.00	558
谈谈不定方程	2011—05	28.00	119
质数漫谈	2022—07	68.00	1529
解析不等式新论	2009—06	68.00	48
建立不等式的方法	2011—03	98.00	104
数学奥林匹克不等式研究(第2版)	2020—07	68.00	1181
不等式研究(第三辑)	2023—08	198.00	1673
不等式的秘密(第一卷)(第2版)	2014—02	38.00	286
不等式的秘密(第二卷)	2014—01	38.00	268
初等不等式的证明方法	2010—06	38.00	123
初等不等式的证明方法(第二版)	2014—11	38.00	407
不等式·理论·方法(基础卷)	2015—07	38.00	496
不等式·理论·方法(经典不等式卷)	2015—07	38.00	497
不等式·理论·方法(特殊类型不等式卷)	2015—07	48.00	498
不等式探究	2016—03	38.00	582
不等式探秘	2017—01	88.00	689
四面体不等式	2017—01	68.00	715
数学奥林匹克中常见重要不等式	2017—09	38.00	845

刘培杰数学工作室
已出版(即将出版)图书目录——初等数学

书　名	出版时间	定　价	编号
三正弦不等式	2018—09	98.00	974
函数方程与不等式:解法与稳定性结果	2019—04	68.00	1058
数学不等式.第1卷,对称多项式不等式	2022—05	78.00	1455
数学不等式.第2卷,对称有理不等式与对称无理不等式	2022—05	88.00	1456
数学不等式.第3卷,循环不等式与非循环不等式	2022—05	88.00	1457
数学不等式.第4卷,Jensen不等式的扩展与加细	2022—05	88.00	1458
数学不等式.第5卷,创建不等式与解不等式的其他方法	2022—05	88.00	1459
同余理论	2012—05	38.00	163
$[x]$与$\{x\}$	2015—04	48.00	476
极值与最值.上卷	2015—06	28.00	486
极值与最值.中卷	2015—06	38.00	487
极值与最值.下卷	2015—06	28.00	488
整数的性质	2012—11	38.00	192
完全平方数及其应用	2015—08	78.00	506
多项式理论	2015—10	88.00	541
奇数、偶数、奇偶分析法	2018—01	98.00	876
不定方程及其应用.上	2018—12	58.00	992
不定方程及其应用.中	2019—01	78.00	993
不定方程及其应用.下	2019—02	98.00	994
Nesbitt不等式加强式的研究	2022—06	128.00	1527
最值定理与分析不等式	2023—02	78.00	1567
一类积分不等式	2023—02	88.00	1579
邦费罗尼不等式及概率应用	2023—05	58.00	1637
历届美国中学生数学竞赛试题及解答(第一卷)1950—1954	2014—07	18.00	277
历届美国中学生数学竞赛试题及解答(第二卷)1955—1959	2014—04	18.00	278
历届美国中学生数学竞赛试题及解答(第三卷)1960—1964	2014—06	18.00	279
历届美国中学生数学竞赛试题及解答(第四卷)1965—1969	2014—04	28.00	280
历届美国中学生数学竞赛试题及解答(第五卷)1970—1972	2014—06	18.00	281
历届美国中学生数学竞赛试题及解答(第六卷)1973—1980	2017—07	18.00	768
历届美国中学生数学竞赛试题及解答(第七卷)1981—1986	2015—01	18.00	424
历届美国中学生数学竞赛试题及解答(第八卷)1987—1990	2017—05	18.00	769
历届中国数学奥林匹克试题集(第3版)	2021—10	58.00	1440
历届加拿大数学奥林匹克试题集	2012—08	38.00	215
历届美国数学奥林匹克试题集	2023—08	98.00	1681
历届波兰数学竞赛试题集.第1卷,1949～1963	2015—03	18.00	453
历届波兰数学竞赛试题集.第2卷,1964～1976	2015—03	18.00	454
历届巴尔干数学奥林匹克试题集	2015—05	38.00	466
保加利亚数学奥林匹克	2014—10	38.00	393
圣彼得堡数学奥林匹克试题集	2015—01	38.00	429
匈牙利奥林匹克数学竞赛题解.第1卷	2016—05	28.00	593
匈牙利奥林匹克数学竞赛题解.第2卷	2016—05	28.00	594
历届美国数学邀请赛试题集(第2版)	2017—10	78.00	851
普林斯顿大学数学竞赛	2016—06	38.00	669
亚太地区数学奥林匹克竞赛题	2015—07	18.00	492
日本历届(初级)广中杯数学竞赛试题及解答.第1卷(2000～2007)	2016—05	28.00	641
日本历届(初级)广中杯数学竞赛试题及解答.第2卷(2008～2015)	2016—05	38.00	642
越南数学奥林匹克题选:1962—2009	2021—07	48.00	1370
360个数学竞赛问题	2016—08	58.00	677
奥数最佳实战题.上卷	2017—06	38.00	760
奥数最佳实战题.下卷	2017—06	58.00	761
哈尔滨市早期中学数学竞赛试题汇编	2016—07	28.00	672
全国高中数学联赛试题及解答:1981—2019(第4版)	2020—07	138.00	1176
2022年全国高中数学联合竞赛模拟题集	2022—06	30.00	1521

刘培杰数学工作室
已出版(即将出版)图书目录——初等数学

书 名	出版时间	定 价	编号
20世纪50年代全国部分城市数学竞赛试题汇编	2017—07	28.00	797
国内外数学竞赛题及精解:2018~2019	2020—08	45.00	1192
国内外数学竞赛题及精解:2019~2020	2021—11	58.00	1439
许康华竞赛优学精选集.第一辑	2018—08	68.00	949
天问叶班数学问题征解100题.Ⅰ,2016—2018	2019—05	88.00	1075
天问叶班数学问题征解100题.Ⅱ,2017—2019	2020—07	98.00	1177
美国初中数学竞赛:AMC8准备(共6卷)	2019—07	138.00	1089
美国高中数学竞赛:AMC10准备(共6卷)	2019—08	158.00	1105
王连笑教你怎样学数学:高考选择题解题策略与客观题实用训练	2014—01	48.00	262
王连笑教你怎样学数学:高考数学高层次讲座	2015—02	48.00	432
高考数学的理论与实践	2009—08	38.00	53
高考数学核心题型解题方法与技巧	2010—01	28.00	86
高考思维新平台	2014—03	38.00	259
高考数学压轴题解题诀窍(上)(第2版)	2018—01	58.00	874
高考数学压轴题解题诀窍(下)(第2版)	2018—01	48.00	875
北京市五区文科数学三年高考模拟题详解:2013~2015	2015—08	48.00	500
北京市五区理科数学三年高考模拟题详解:2013~2015	2015—09	68.00	505
向量法巧解数学高考题	2009—08	28.00	54
高中数学课堂教学的实践与反思	2021—11	48.00	791
数学高考参考	2016—01	78.00	589
新课程标准高考数学解答题各种题型解法指导	2020—08	78.00	1196
全国及各省市高考数学试题审题要津与解法研究	2015—02	48.00	450
高中数学章节起始课的教学研究与案例设计	2019—05	28.00	1064
新课标高考数学——五年试题分章详解(2007~2011)(上、下)	2011—10	78.00	140,141
全国中考数学压轴题审题要津与解法研究	2013—04	78.00	248
新编全国及各省市中考数学压轴题审题要津与解法研究	2014—05	58.00	342
全国及各省市5年中考数学压轴题审题要津与解法研究(2015版)	2015—04	58.00	462
中考数学专题总复习	2007—04	28.00	6
中考数学较难题常考题型解题方法与技巧	2016—09	48.00	681
中考数学难题常考题型解题方法与技巧	2016—09	48.00	682
中考数学中档题常考题型解题方法与技巧	2017—08	68.00	835
中考数学选择填空压轴好题妙解365	2017—05	38.00	759
中考数学:三类重点考题的解法例析与习题	2020—04	48.00	1140
中小学数学的历史文化	2019—11	48.00	1124
初中平面几何百题多思创新解	2020—01	58.00	1125
初中数学中考备考	2020—01	58.00	1126
高考数学之九章演义	2019—08	68.00	1044
高考数学之难题谈笑间	2022—06	68.00	1519
化学可以这样学:高中化学知识方法智慧感悟疑难辨析	2019—07	58.00	1103
如何成为学习高手	2019—09	58.00	1107
高考数学:经典真题分类解析	2020—04	78.00	1134
高考数学解答题破解策略	2020—11	58.00	1221
从分析解题过程学解题:高考压轴题与竞赛题之关系探究	2020—08	88.00	1179
教学新思考:单元整体视角下的初中数学教学设计	2021—03	58.00	1278
思维再拓展:2020年经典几何题的多解探究与思考	即将出版		1279
中考数学小压轴汇编初讲	2017—07	48.00	788
中考数学大压轴专题微言	2017—09	48.00	846
怎么解中考平面几何探索题	2019—06	48.00	1093
北京中考数学压轴题解题方法突破(第8版)	2022—11	78.00	1577
助你高考成功的数学解题智慧:知识是智慧的基础	2016—01	58.00	596
助你高考成功的数学解题智慧:错误是智慧的试金石	2016—04	58.00	643
助你高考成功的数学解题智慧:方法是智慧的推手	2016—04	68.00	657
高考数学奇思妙解	2016—04	38.00	610
高考数学解题策略	2016—05	48.00	670
数学解题泄天机(第2版)	2017—10	48.00	850

刘培杰数学工作室
已出版（即将出版）图书目录——初等数学

书　名	出版时间	定　价	编号
高中物理教学讲义	2018－01	48.00	871
高中物理教学讲义.全模块	2022－03	98.00	1492
高中物理答疑解惑65篇	2021－11	48.00	1462
中学物理基础问题解析	2020－08	48.00	1183
初中数学、高中数学脱节知识补缺教材	2017－06	48.00	766
高考数学客观题解题方法和技巧	2017－10	38.00	847
十年高考数学精品试题审题要津与解法研究	2021－10	98.00	1427
中国历届高考数学试题及解答.1949－1979	2018－01	38.00	877
历届中国高考数学试题及解答.第二卷,1980—1989	2018－10	28.00	975
历届中国高考数学试题及解答.第三卷,1990—1999	2018－10	48.00	976
跟我学解高中数学题	2018－07	58.00	926
中学数学研究的方法及案例	2018－05	58.00	869
高考数学抢分技能	2018－07	68.00	934
高一新生常用数学方法和重要数学思想提升教材	2018－06	38.00	921
高考数学全国卷六道解答题常考题型解题诀窍.理科(全2册)	2019－07	78.00	1101
高考数学全国卷16道选择、填空题常考题型解题诀窍.理科	2018－09	88.00	971
高考数学全国卷16道选择、填空题常考题型解题诀窍.文科	2020－01	88.00	1123
高中数学一题多解	2019－06	58.00	1087
历届中国高考数学试题及解答:1917－1999	2021－08	98.00	1371
2000～2003年全国及各省市高考数学试题及解答	2022－05	88.00	1499
2004年全国及各省市高考数学试题及解答	2023－08	78.00	1500
2005年全国及各省市高考数学试题及解答	2023－08	78.00	1501
2006年全国及各省市高考数学试题及解答	2023－08	88.00	1502
2007年全国及各省市高考数学试题及解答	2023－08	98.00	1503
2008年全国及各省市高考数学试题及解答	2023－08	88.00	1504
2009年全国及各省市高考数学试题及解答	2023－08	88.00	1505
2010年全国及各省市高考数学试题及解答	2023－08	98.00	1506
突破高原:高中数学解题思维探究	2021－08	48.00	1375
高考数学中的"取值范围"	2021－10	48.00	1429
新课程标准高中数学各种题型解法大全.必修一分册	2021－06	58.00	1315
新课程标准高中数学各种题型解法大全.必修二分册	2022－01	68.00	1471
高中数学各种题型解法大全.选择性必修一分册	2022－06	68.00	1525
高中数学各种题型解法大全.选择性必修二分册	2023－01	58.00	1600
高中数学各种题型解法大全.选择性必修三分册	2023－04	48.00	1643
历届全国初中数学竞赛经典试题详解	2023－04	88.00	1624
孟祥礼高考数学精刷精解	2023－06	98.00	1663

新编640个世界著名数学智力趣题	2014－01	88.00	242
500个最新世界著名数学智力趣题	2008－06	48.00	3
400个最新世界著名数学最值问题	2008－09	48.00	36
500个世界著名数学征解问题	2009－06	48.00	52
400个中国最佳初等数学征解老问题	2010－01	48.00	60
500个俄罗斯数学经典老题	2011－01	28.00	81
1000个国外中学物理好题	2012－04	48.00	174
300个日本高考数学题	2012－05	38.00	142
700个早期日本高考数学试题	2017－02	88.00	752
500个前苏联早期高考数学试题及解答	2012－05	28.00	185
546个早期俄罗斯大学生数学竞赛题	2014－03	38.00	285
548个来自美苏的数学好问题	2014－11	28.00	396
20所苏联著名大学早期入学试题	2015－02	18.00	452
161道德国工科大学生必做的微分方程习题	2015－05	28.00	469
500个德国工科大学生必做的高数习题	2015－06	28.00	478
360个数学竞赛问题	2016－08	58.00	677
200个趣味数学故事	2018－02	48.00	857
470个数学奥林匹克中的最值问题	2018－10	88.00	985
德国讲义日本考题.微积分卷	2015－04	48.00	456
德国讲义日本考题.微分方程卷	2015－04	38.00	457
二十世纪中叶中、英、美、日、法、俄高考数学试题精选	2017－06	38.00	783

刘培杰数学工作室
已出版（即将出版）图书目录——初等数学

书　　　名	出版时间	定价	编号
中国初等数学研究　2009卷(第1辑)	2009—05	20.00	45
中国初等数学研究　2010卷(第2辑)	2010—05	30.00	68
中国初等数学研究　2011卷(第3辑)	2011—07	60.00	127
中国初等数学研究　2012卷(第4辑)	2012—07	48.00	190
中国初等数学研究　2014卷(第5辑)	2014—02	48.00	288
中国初等数学研究　2015卷(第6辑)	2015—06	68.00	493
中国初等数学研究　2016卷(第7辑)	2016—04	68.00	609
中国初等数学研究　2017卷(第8辑)	2017—01	98.00	712
初等数学研究在中国.第1辑	2019—03	158.00	1024
初等数学研究在中国.第2辑	2019—10	158.00	1116
初等数学研究在中国.第3辑	2021—05	158.00	1306
初等数学研究在中国.第4辑	2022—06	158.00	1520
初等数学研究在中国.第5辑	2023—07	158.00	1635
几何变换(Ⅰ)	2014—07	28.00	353
几何变换(Ⅱ)	2015—06	28.00	354
几何变换(Ⅲ)	2015—01	38.00	355
几何变换(Ⅳ)	2015—12	38.00	356
初等数论难题集(第一卷)	2009—05	68.00	44
初等数论难题集(第二卷)(上、下)	2011—02	128.00	82,83
数论概貌	2011—03	18.00	93
代数数论(第二版)	2013—08	58.00	94
代数多项式	2014—06	38.00	289
初等数论的知识与问题	2011—02	28.00	95
超越数论基础	2011—03	28.00	96
数论初等教程	2011—03	28.00	97
数论基础	2011—03	18.00	98
数论基础与维诺格拉多夫	2014—03	18.00	292
解析数论基础	2012—08	28.00	216
解析数论基础(第二版)	2014—01	48.00	287
解析数论问题集(第二版)(原版引进)	2014—05	88.00	343
解析数论问题集(第二版)(中译本)	2016—04	88.00	607
解析数论基础(潘承洞，潘承彪著)	2016—07	98.00	673
解析数论导引	2016—07	58.00	674
数论入门	2011—03	38.00	99
代数数论入门	2015—03	38.00	448
数论开篇	2012—07	28.00	194
解析数论引论	2011—03	48.00	100
Barban Davenport Halberstam 均值和	2009—01	40.00	33
基础数论	2011—03	28.00	101
初等数论100例	2011—05	18.00	122
初等数论经典例题	2012—07	18.00	204
最新世界各国数学奥林匹克中的初等数论试题(上、下)	2012—01	138.00	144,145
初等数论(Ⅰ)	2012—01	18.00	156
初等数论(Ⅱ)	2012—01	18.00	157
初等数论(Ⅲ)	2012—01	28.00	158

刘培杰数学工作室
已出版（即将出版）图书目录——初等数学

书　　名	出版时间	定价	编号
平面几何与数论中未解决的新老问题	2013—01	68.00	229
代数数论简史	2014—11	28.00	408
代数数论	2015—09	88.00	532
代数、数论及分析习题集	2016—11	98.00	695
数论导引提要及习题解答	2016—01	48.00	559
素数定理的初等证明. 第2版	2016—09	48.00	686
数论中的模函数与狄利克雷级数(第二版)	2017—11	78.00	837
数论:数学导引	2018—01	68.00	849
范氏大代数	2019—02	98.00	1016
解析数学讲义. 第一卷,导来式及微分、积分、级数	2019—04	88.00	1021
解析数学讲义. 第二卷,关于几何的应用	2019—04	68.00	1022
解析数学讲义. 第三卷,解析函数论	2019—04	78.00	1023
分析·组合·数论纵横谈	2019—04	58.00	1039
Hall代数:民国时期的中学数学课本:英文	2019—08	88.00	1106
基谢廖夫初等代数	2022—07	38.00	1531
数学精神巡礼	2019—01	58.00	731
数学眼光透视(第2版)	2017—06	78.00	732
数学思想领悟(第2版)	2018—01	68.00	733
数学方法溯源(第2版)	2018—08	68.00	734
数学解题引论	2017—05	58.00	735
数学史话览胜(第2版)	2017—01	48.00	736
数学应用展观(第2版)	2017—08	68.00	737
数学建模尝试	2018—04	48.00	738
数学竞赛采风	2018—01	68.00	739
数学测评探营	2019—05	58.00	740
数学技能操握	2018—03	48.00	741
数学欣赏拾趣	2018—02	48.00	742
从毕达哥拉斯到怀尔斯	2007—10	48.00	9
从迪利克雷到维斯卡尔迪	2008—01	48.00	21
从哥德巴赫到陈景润	2008—05	98.00	35
从庞加莱到佩雷尔曼	2011—08	138.00	136
博弈论精粹	2008—03	58.00	30
博弈论精粹. 第二版(精装)	2015—01	88.00	461
数学 我爱你	2008—01	28.00	20
精神的圣徒 别样的人生——60位中国数学家成长的历程	2008—09	48.00	39
数学史概论	2009—06	78.00	50
数学史概论(精装)	2013—03	158.00	272
数学史选讲	2016—01	48.00	544
斐波那契数列	2010—02	28.00	65
数学拼盘和斐波那契魔方	2010—07	38.00	72
斐波那契数列欣赏(第2版)	2018—08	58.00	948
Fibonacci数列中的明珠	2018—06	58.00	928
数学的创造	2011—02	48.00	85
数学美与创造力	2016—01	48.00	595
数海拾贝	2016—01	48.00	590
数学中的美(第2版)	2019—04	68.00	1057
数论中的美学	2014—12	38.00	351

刘培杰数学工作室
已出版（即将出版）图书目录——初等数学

书 名	出版时间	定 价	编号
数学王者　科学巨人——高斯	2015—01	28.00	428
振兴祖国数学的圆梦之旅：中国初等数学研究史话	2015—06	98.00	490
二十世纪中国数学史料研究	2015—10	48.00	536
数字谜、数阵图与棋盘覆盖	2016—01	58.00	298
时间的形状	2016—01	38.00	556
数学发现的艺术：数学探索中的合情推理	2016—07	58.00	671
活跃在数学中的参数	2016—07	48.00	675
数海趣史	2021—05	98.00	1314
玩转幻中之幻	2023—08	88.00	1682
数学解题——靠数学思想给力(上)	2011—07	38.00	131
数学解题——靠数学思想给力(中)	2011—07	48.00	132
数学解题——靠数学思想给力(下)	2011—07	38.00	133
我怎样解题	2013—01	48.00	227
数学解题中的物理方法	2011—06	28.00	114
数学解题的特殊方法	2011—06	48.00	115
中学数学计算技巧(第2版)	2020—10	48.00	1220
中学数学证明方法	2012—01	58.00	117
数学趣题巧解	2012—03	28.00	128
高中数学教学通鉴	2015—05	58.00	479
和高中生漫谈：数学与哲学的故事	2014—08	28.00	369
算术问题集	2017—03	38.00	789
张教授讲数学	2018—07	38.00	933
陈永明实话实说数学教学	2020—04	68.00	1132
中学数学学科知识与教学能力	2020—06	58.00	1155
怎样把课讲好：大罕数学教学随笔	2022—03	58.00	1484
中国高考评价体系下高考数学探秘	2022—03	48.00	1487
自主招生考试中的参数方程问题	2015—01	28.00	435
自主招生考试中的极坐标问题	2015—04	28.00	463
近年全国重点大学自主招生数学试题全解及研究.华约卷	2015—02	38.00	441
近年全国重点大学自主招生数学试题全解及研究.北约卷	2016—05	38.00	619
自主招生数学解证宝典	2015—09	48.00	535
中国科学技术大学创新班数学真题解析	2022—03	48.00	1488
中国科学技术大学创新班物理真题解析	2022—03	58.00	1489
格点和面积	2012—07	18.00	191
射影几何趣谈	2012—04	28.00	175
斯潘纳尔引理——从一道加拿大数学奥林匹克试题谈起	2014—01	28.00	228
李普希兹条件——从几道近年高考数学试题谈起	2012—10	18.00	221
拉格朗日中值定理——从一道北京高考试题的解法谈起	2015—10	18.00	197
闵科夫斯基定理——从一道清华大学自主招生试题谈起	2014—01	28.00	198
哈尔测度——从一道冬令营试题的背景谈起	2012—08	28.00	202
切比雪夫逼近问题——从一道中国台北数学奥林匹克试题谈起	2013—04	38.00	238
伯恩斯坦多项式与贝齐尔曲面——从一道全国高中数学联赛试题谈起	2013—03	38.00	236
卡塔兰猜想——从一道普特南竞赛试题谈起	2013—06	18.00	256
麦卡锡函数和阿克曼函数——从一道前南斯拉夫数学奥林匹克试题谈起	2012—08	18.00	201
贝蒂定理与拉姆贝克莫斯尔定理——从一个拣石子游戏谈起	2012—08	18.00	217
皮亚诺曲线和豪斯道夫分球定理——从无限集谈起	2012—08	18.00	211
平面凸图形与凸多面体	2012—10	28.00	218
斯坦因豪斯问题——从一道二十五省市自治区中学数学竞赛试题谈起	2012—07	18.00	196

刘培杰数学工作室
已出版(即将出版)图书目录——初等数学

书 名	出版时间	定 价	编号
纽结理论中的亚历山大多项式与琼斯多项式——从一道北京市高一数学竞赛试题谈起	2012—07	28.00	195
原则与策略——从波利亚"解题表"谈起	2013—04	38.00	244
转化与化归——从三大尺规作图不能问题谈起	2012—08	28.00	214
代数几何中的贝祖定理(第一版)——从一道IMO试题的解法谈起	2013—08	18.00	193
成功连贯理论与约当块理论——从一道比利时数学竞赛试题谈起	2012—04	18.00	180
素数判定与大数分解	2014—08	18.00	199
置换多项式及其应用	2012—10	18.00	220
椭圆函数与模函数——从一道美国加州大学洛杉矶分校(UCLA)博士资格考题谈起	2012—10	28.00	219
差分方程的拉格朗日方法——从一道2011年全国高考理科试题的解法谈起	2012—08	28.00	200
力学在几何中的一些应用	2013—01	38.00	240
从根式解到伽罗华理论	2020—01	48.00	1121
康托洛维奇不等式——从一道全国高中联赛试题谈起	2013—03	28.00	337
西格尔引理——从一道第18届IMO试题的解法谈起	即将出版		
罗斯定理——从一道前苏联数学竞赛试题谈起	即将出版		
拉克斯定理和阿廷定理——从一道IMO试题的解法谈起	2014—01	58.00	246
毕卡大定理——从一道美国大学数学竞赛试题谈起	2014—07	18.00	350
贝齐尔曲线——从一道全国高中联赛试题谈起	即将出版		
拉格朗日乘子定理——从一道2005年全国高中联赛试题的高等数学解法谈起	2015—05	28.00	480
雅可比定理——从一道日本数学奥林匹克试题谈起	2013—04	48.00	249
李天岩—约克定理——从一道波兰数学竞赛试题谈起	2014—06	28.00	349
受控理论与初等不等式:从一道IMO试题的解法谈起	2023—03	48.00	1601
布劳维不动点定理——从一道前苏联数学奥林匹克试题谈起	2014—01	38.00	273
伯恩赛德定理——从一道英国数学奥林匹克试题谈起	即将出版		
布查特-莫斯特定理——从一道上海市初中竞赛试题谈起	即将出版		
数论中的同余数问题——从一道普特南竞赛试题谈起	即将出版		
范·德蒙行列式——从一道美国数学奥林匹克试题谈起	即将出版		
中国剩余定理:总数法构建中国历史年表	2015—01	28.00	430
牛顿程序与方程求根——从一道全国高考试题解法谈起	即将出版		
库默尔定理——从一道IMO预选试题谈起	即将出版		
卢丁定理——从一道冬令营试题的解法谈起	即将出版		
沃斯滕霍姆定理——从一道IMO预选试题谈起	即将出版		
卡尔松不等式——从一道莫斯科数学奥林匹克试题谈起	即将出版		
信息论中的香农熵——从一道近年高考压轴题谈起	即将出版		
约当不等式——从一道希望杯竞赛试题谈起	即将出版		
拉比诺维奇定理	即将出版		
刘维尔定理——从一道《美国数学月刊》征解问题的解法谈起	即将出版		
卡塔兰恒等式与级数求和——从一道IMO试题的解法谈起	即将出版		
勒让德猜想与素数分布——从一道爱尔兰竞赛试题谈起	即将出版		
天平称重与信息论——从一道基辅市数学奥林匹克试题谈起	即将出版		
哈密尔顿—凯莱定理:从一道高中数学联赛试题的解法谈起	2014—09	18.00	376
艾思特曼定理——从一道CMO试题的解法谈起	即将出版		

刘培杰数学工作室
已出版(即将出版)图书目录——初等数学

书 名	出版时间	定 价	编号
阿贝尔恒等式与经典不等式及应用	2018—06	98.00	923
迪利克雷除数问题	2018—07	48.00	930
幻方、幻立方与拉丁方	2019—08	48.00	1092
帕斯卡三角形	2014—03	18.00	294
蒲丰投针问题——从2009年清华大学的一道自主招生试题谈起	2014—01	38.00	295
斯图姆定理——从一道"华约"自主招生试题的解法谈起	2014—01	18.00	296
许瓦兹引理——从一道加利福尼亚大学伯克利分校数学系博士生试题谈起	2014—08	18.00	297
拉姆塞定理——从王诗宬院士的一个问题谈起	2016—04	48.00	299
坐标法	2013—12	28.00	332
数论三角形	2014—04	38.00	341
毕克定理	2014—07	18.00	352
数林掠影	2014—09	48.00	389
我们周围的概率	2014—10	38.00	390
凸函数最值定理:从一道华约自主招生题的解法谈起	2014—10	28.00	391
易学与数学奥林匹克	2014—10	38.00	392
生物数学趣谈	2015—01	18.00	409
反演	2015—01	28.00	420
因式分解与圆锥曲线	2015—01	18.00	426
轨迹	2015—01	28.00	427
面积原理:从常庚哲命的一道CMO试题的积分解法谈起	2015—01	48.00	431
形形色色的不动点定理:从一道28届IMO试题谈起	2015—01	38.00	439
柯西函数方程:从一道上海交大自主招生的试题谈起	2015—02	28.00	440
三角恒等式	2015—02	28.00	442
无理性判定:从一道2014年"北约"自主招生试题谈起	2015—01	38.00	443
数学归纳法	2015—03	18.00	451
极端原理与解题	2015—04	28.00	464
法雷级数	2014—08	18.00	367
摆线族	2015—01	38.00	438
函数方程及其解法	2015—05	38.00	470
含参数的方程和不等式	2012—09	28.00	213
希尔伯特第十问题	2016—01	38.00	543
无穷小量的求和	2016—01	28.00	545
切比雪夫多项式:从一道清华大学金秋营试题谈起	2016—01	38.00	583
泽肯多夫定理	2016—03	38.00	599
代数等式证题法	2016—01	28.00	600
三角等式证题法	2016—01	28.00	601
吴大任教授藏书中的一个因式分解公式:从一道美国数学邀请赛试题的解法谈起	2016—06	28.00	656
易卦——类万物的数学模型	2017—08	68.00	838
"不可思议"的数与数系可持续发展	2018—01	38.00	878
最短线	2018—01	38.00	879
数学在天文、地理、光学、机械力学中的一些应用	2023—03	88.00	1576
从阿基米德三角形谈起	2023—01	28.00	1578
幻方和魔方(第一卷)	2012—05	68.00	173
尘封的经典——初等数学经典文献选读(第一卷)	2012—07	48.00	205
尘封的经典——初等数学经典文献选读(第二卷)	2012—07	38.00	206
初级方程式论	2011—03	28.00	106
初等数学研究(Ⅰ)	2008—09	68.00	37
初等数学研究(Ⅱ)(上、下)	2009—05	118.00	46,47
初等数学专题研究	2022—10	68.00	1568

刘培杰数学工作室
已出版(即将出版)图书目录——初等数学

书　　名	出版时间	定　价	编号
趣味初等方程妙题集锦	2014—09	48.00	388
趣味初等数论选美与欣赏	2015—02	48.00	445
耕读笔记(上卷):一位农民数学爱好者的初数探索	2015—04	28.00	459
耕读笔记(中卷):一位农民数学爱好者的初数探索	2015—05	28.00	483
耕读笔记(下卷):一位农民数学爱好者的初数探索	2015—05	28.00	484
几何不等式研究与欣赏.上卷	2016—01	88.00	547
几何不等式研究与欣赏.下卷	2016—01	48.00	552
初等数列研究与欣赏·上	2016—01	48.00	570
初等数列研究与欣赏·下	2016—01	48.00	571
趣味初等函数研究与欣赏.上	2016—09	48.00	684
趣味初等函数研究与欣赏.下	2018—09	48.00	685
三角不等式研究与欣赏	2020—10	68.00	1197
新编平面解析几何解题方法研究与欣赏	2021—10	78.00	1426
火柴游戏(第2版)	2022—05	38.00	1493
智力解谜.第1卷	2017—07	38.00	613
智力解谜.第2卷	2017—07	38.00	614
故事智力	2016—07	48.00	615
名人们喜欢的智力问题	2020—01	48.00	616
数学大师的发现、创造与失误	2018—01	48.00	617
异曲同工	2018—09	48.00	618
数学的味道(第2版)	2023—10	68.00	1686
数学千字文	2018—10	68.00	977
数贝偶拾——高考数学题研究	2014—04	28.00	274
数贝偶拾——初等数学研究	2014—04	38.00	275
数贝偶拾——奥数题研究	2014—04	48.00	276
钱昌本教你快乐学数学(上)	2011—12	48.00	155
钱昌本教你快乐学数学(下)	2012—03	58.00	171
集合、函数与方程	2014—01	28.00	300
数列与不等式	2014—01	38.00	301
三角与平面向量	2014—01	28.00	302
平面解析几何	2014—01	38.00	303
立体几何与组合	2014—01	28.00	304
极限与导数、数学归纳法	2014—01	38.00	305
趣味数学	2014—03	28.00	306
教材教法	2014—04	68.00	307
自主招生	2014—05	58.00	308
高考压轴题(上)	2015—01	48.00	309
高考压轴题(下)	2014—10	68.00	310
从费马到怀尔斯——费马大定理的历史	2013—10	198.00	I
从庞加莱到佩雷尔曼——庞加莱猜想的历史	2013—10	298.00	II
从切比雪夫到爱尔特希(上)——素数定理的初等证明	2013—07	48.00	III
从切比雪夫到爱尔特希(下)——素数定理100年	2012—12	98.00	III
从高斯到盖尔方特——二次域的高斯猜想	2013—10	198.00	IV
从库默尔到朗兰兹——朗兰兹猜想的历史	2014—01	98.00	V
从比勃巴赫到德布朗斯——比勃巴赫猜想的历史	2014—02	298.00	VI
从麦比乌斯到陈省身——麦比乌斯变换与麦比乌斯带	2014—02	298.00	VII
从布尔到豪斯道夫——布尔方程与格论漫谈	2013—10	198.00	VIII
从开普勒到阿诺德——三体问题的历史	2014—05	298.00	IX
从华林到华罗庚——华林问题的历史	2013—10	298.00	X

刘培杰数学工作室
已出版(即将出版)图书目录——初等数学

书　名	出版时间	定　价	编号
美国高中数学竞赛五十讲.第1卷(英文)	2014—08	28.00	357
美国高中数学竞赛五十讲.第2卷(英文)	2014—08	28.00	358
美国高中数学竞赛五十讲.第3卷(英文)	2014—09	28.00	359
美国高中数学竞赛五十讲.第4卷(英文)	2014—09	28.00	360
美国高中数学竞赛五十讲.第5卷(英文)	2014—10	28.00	361
美国高中数学竞赛五十讲.第6卷(英文)	2014—11	28.00	362
美国高中数学竞赛五十讲.第7卷(英文)	2014—12	28.00	363
美国高中数学竞赛五十讲.第8卷(英文)	2015—01	28.00	364
美国高中数学竞赛五十讲.第9卷(英文)	2015—01	28.00	365
美国高中数学竞赛五十讲.第10卷(英文)	2015—02	38.00	366
三角函数(第2版)	2017—04	38.00	626
不等式	2014—01	38.00	312
数列	2014—01	38.00	313
方程(第2版)	2017—04	38.00	624
排列和组合	2014—01	28.00	315
极限与导数(第2版)	2016—04	38.00	635
向量(第2版)	2018—08	58.00	627
复数及其应用	2014—08	38.00	318
函数	2014—01	38.00	319
集合	2020—01	48.00	320
直线与平面	2014—01	28.00	321
立体几何(第2版)	2016—04	38.00	629
解三角形	即将出版		323
直线与圆(第2版)	2016—11	38.00	631
圆锥曲线(第2版)	2016—09	48.00	632
解题通法(一)	2014—07	38.00	326
解题通法(二)	2014—07	38.00	327
解题通法(三)	2014—05	38.00	328
概率与统计	2014—01	28.00	329
信息迁移与算法	即将出版		330
IMO 50年.第1卷(1959—1963)	2014—11	28.00	377
IMO 50年.第2卷(1964—1968)	2014—11	28.00	378
IMO 50年.第3卷(1969—1973)	2014—09	28.00	379
IMO 50年.第4卷(1974—1978)	2016—04	38.00	380
IMO 50年.第5卷(1979—1984)	2015—04	38.00	381
IMO 50年.第6卷(1985—1989)	2015—04	58.00	382
IMO 50年.第7卷(1990—1994)	2016—01	48.00	383
IMO 50年.第8卷(1995—1999)	2016—06	38.00	384
IMO 50年.第9卷(2000—2004)	2015—04	58.00	385
IMO 50年.第10卷(2005—2009)	2016—01	48.00	386
IMO 50年.第11卷(2010—2015)	2017—03	48.00	646

刘培杰数学工作室
已出版(即将出版)图书目录——初等数学

书　名	出版时间	定　价	编号
数学反思(2006—2007)	2020—09	88.00	915
数学反思(2008—2009)	2019—01	68.00	917
数学反思(2010—2011)	2018—05	58.00	916
数学反思(2012—2013)	2019—01	58.00	918
数学反思(2014—2015)	2019—03	78.00	919
数学反思(2016—2017)	2021—03	58.00	1286
数学反思(2018—2019)	2023—01	88.00	1593
历届美国大学生数学竞赛试题集.第一卷(1938—1949)	2015—01	28.00	397
历届美国大学生数学竞赛试题集.第二卷(1950—1959)	2015—01	28.00	398
历届美国大学生数学竞赛试题集.第三卷(1960—1969)	2015—01	28.00	399
历届美国大学生数学竞赛试题集.第四卷(1970—1979)	2015—01	18.00	400
历届美国大学生数学竞赛试题集.第五卷(1980—1989)	2015—01	28.00	401
历届美国大学生数学竞赛试题集.第六卷(1990—1999)	2015—01	28.00	402
历届美国大学生数学竞赛试题集.第七卷(2000—2009)	2015—08	18.00	403
历届美国大学生数学竞赛试题集.第八卷(2010—2012)	2015—01	18.00	404
新课标高考数学创新题解题诀窍:总论	2014—09	28.00	372
新课标高考数学创新题解题诀窍:必修 1～5 分册	2014—08	38.00	373
新课标高考数学创新题解题诀窍:选修 2—1,2—2,1—1, 1—2分册	2014—09	38.00	374
新课标高考数学创新题解题诀窍:选修 2—3,4—4,4—5 分册	2014—09	18.00	375
全国重点大学自主招生英文数学试题全攻略:词汇卷	2015—07	48.00	410
全国重点大学自主招生英文数学试题全攻略:概念卷	2015—01	28.00	411
全国重点大学自主招生英文数学试题全攻略:文章选读卷(上)	2016—09	38.00	412
全国重点大学自主招生英文数学试题全攻略:文章选读卷(下)	2017—01	58.00	413
全国重点大学自主招生英文数学试题全攻略:试题卷	2015—07	38.00	414
全国重点大学自主招生英文数学试题全攻略:名著欣赏卷	2017—03	48.00	415
劳埃德数学趣题大全.题目卷.1:英文	2016—01	18.00	516
劳埃德数学趣题大全.题目卷.2:英文	2016—01	18.00	517
劳埃德数学趣题大全.题目卷.3:英文	2016—01	18.00	518
劳埃德数学趣题大全.题目卷.4:英文	2016—01	18.00	519
劳埃德数学趣题大全.题目卷.5:英文	2016—01	18.00	520
劳埃德数学趣题大全.答案卷:英文	2016—01	18.00	521
李成章教练奥数笔记.第1卷	2016—01	48.00	522
李成章教练奥数笔记.第2卷	2016—01	48.00	523
李成章教练奥数笔记.第3卷	2016—01	38.00	524
李成章教练奥数笔记.第4卷	2016—01	38.00	525
李成章教练奥数笔记.第5卷	2016—01	38.00	526
李成章教练奥数笔记.第6卷	2016—01	38.00	527
李成章教练奥数笔记.第7卷	2016—01	38.00	528
李成章教练奥数笔记.第8卷	2016—01	48.00	529
李成章教练奥数笔记.第9卷	2016—01	28.00	530

刘培杰数学工作室
已出版(即将出版)图书目录——初等数学

书　名	出版时间	定　价	编号
第19～23届"希望杯"全国数学邀请赛试题审题要津详细评注(初一版)	2014—03	28.00	333
第19～23届"希望杯"全国数学邀请赛试题审题要津详细评注(初二、初三版)	2014—03	38.00	334
第19～23届"希望杯"全国数学邀请赛试题审题要津详细评注(高一版)	2014—03	28.00	335
第19～23届"希望杯"全国数学邀请赛试题审题要津详细评注(高二版)	2014—03	38.00	336
第19～25届"希望杯"全国数学邀请赛试题审题要津详细评注(初一版)	2015—01	38.00	416
第19～25届"希望杯"全国数学邀请赛试题审题要津详细评注(初二、初三版)	2015—01	58.00	417
第19～25届"希望杯"全国数学邀请赛试题审题要津详细评注(高一版)	2015—01	48.00	418
第19～25届"希望杯"全国数学邀请赛试题审题要津详细评注(高二版)	2015—01	48.00	419
物理奥林匹克竞赛大题典——力学卷	2014—11	48.00	405
物理奥林匹克竞赛大题典——热学卷	2014—04	28.00	339
物理奥林匹克竞赛大题典——电磁学卷	2015—07	48.00	406
物理奥林匹克竞赛大题典——光学与近代物理卷	2014—06	28.00	345
历届中国东南地区数学奥林匹克试题集(2004～2012)	2014—06	18.00	346
历届中国西部地区数学奥林匹克试题集(2001～2012)	2014—07	18.00	347
历届中国女子数学奥林匹克试题集(2002～2012)	2014—08	18.00	348
数学奥林匹克在中国	2014—06	98.00	344
数学奥林匹克问题集	2014—01	38.00	267
数学奥林匹克不等式散论	2010—06	38.00	124
数学奥林匹克不等式欣赏	2011—09	38.00	138
数学奥林匹克超级题库(初中卷上)	2010—01	58.00	66
数学奥林匹克不等式证明方法和技巧(上、下)	2011—08	158.00	134,135
他们学什么:原民主德国中学数学课本	2016—09	38.00	658
他们学什么:英国中学数学课本	2016—09	38.00	659
他们学什么:法国中学数学课本.1	2016—09	38.00	660
他们学什么:法国中学数学课本.2	2016—09	28.00	661
他们学什么:法国中学数学课本.3	2016—09	38.00	662
他们学什么:苏联中学数学课本	2016—09	28.00	679
高中数学题典——集合与简易逻辑·函数	2016—07	48.00	647
高中数学题典——导数	2016—07	48.00	648
高中数学题典——三角函数·平面向量	2016—07	48.00	649
高中数学题典——数列	2016—07	58.00	650
高中数学题典——不等式·推理与证明	2016—07	38.00	651
高中数学题典——立体几何	2016—07	48.00	652
高中数学题典——平面解析几何	2016—07	78.00	653
高中数学题典——计数原理·统计·概率·复数	2016—07	48.00	654
高中数学题典——算法·平面几何·初等数论·组合数学·其他	2016—07	68.00	655

刘培杰数学工作室
已出版(即将出版)图书目录——初等数学

书 名	出版时间	定 价	编号
台湾地区奥林匹克数学竞赛试题.小学一年级	2017—03	38.00	722
台湾地区奥林匹克数学竞赛试题.小学二年级	2017—03	38.00	723
台湾地区奥林匹克数学竞赛试题.小学三年级	2017—03	38.00	724
台湾地区奥林匹克数学竞赛试题.小学四年级	2017—03	38.00	725
台湾地区奥林匹克数学竞赛试题.小学五年级	2017—03	38.00	726
台湾地区奥林匹克数学竞赛试题.小学六年级	2017—03	38.00	727
台湾地区奥林匹克数学竞赛试题.初中一年级	2017—03	38.00	728
台湾地区奥林匹克数学竞赛试题.初中二年级	2017—03	38.00	729
台湾地区奥林匹克数学竞赛试题.初中三年级	2017—03	28.00	730
不等式证题法	2017—04	28.00	747
平面几何培优教程	2019—08	88.00	748
奥数鼎级培优教程.高一分册	2018—09	88.00	749
奥数鼎级培优教程.高二分册.上	2018—04	68.00	750
奥数鼎级培优教程.高二分册.下	2018—04	68.00	751
高中数学竞赛冲刺宝典	2019—04	68.00	883
初中尖子生数学超级题典.实数	2017—07	58.00	792
初中尖子生数学超级题典.式、方程与不等式	2017—08	58.00	793
初中尖子生数学超级题典.圆、面积	2017—08	38.00	794
初中尖子生数学超级题典.函数、逻辑推理	2017—08	48.00	795
初中尖子生数学超级题典.角、线段、三角形与多边形	2017—07	58.00	796
数学王子——高斯	2018—01	48.00	858
坎坷奇星——阿贝尔	2018—01	48.00	859
闪烁奇星——伽罗瓦	2018—01	58.00	860
无穷统帅——康托尔	2018—01	48.00	861
科学公主——柯瓦列夫斯卡娅	2018—01	48.00	862
抽象代数之母——埃米·诺特	2018—01	48.00	863
电脑先驱——图灵	2018—01	58.00	864
昔日神童——维纳	2018—01	48.00	865
数坛怪侠——爱尔特希	2018—01	68.00	866
传奇数学家徐利治	2019—09	88.00	1110
当代世界中的数学.数学思想与数学基础	2019—01	38.00	892
当代世界中的数学.数学问题	2019—01	38.00	893
当代世界中的数学.应用数学与数学应用	2019—01	38.00	894
当代世界中的数学.数学王国的新疆域(一)	2019—01	38.00	895
当代世界中的数学.数学王国的新疆域(二)	2019—01	38.00	896
当代世界中的数学.数林撷英(一)	2019—01	38.00	897
当代世界中的数学.数林撷英(二)	2019—01	48.00	898
当代世界中的数学.数学之路	2019—01	38.00	899

刘培杰数学工作室
已出版（即将出版）图书目录——初等数学

书　　名	出版时间	定　价	编号
105个代数问题：来自AwesomeMath夏季课程	2019—02	58.00	956
106个几何问题：来自AwesomeMath夏季课程	2020—07	58.00	957
107个几何问题：来自AwesomeMath全年课程	2020—07	58.00	958
108个代数问题：来自AwesomeMath全年课程	2019—01	68.00	959
109个不等式：来自AwesomeMath夏季课程	2019—04	58.00	960
国际数学奥林匹克中的110个几何问题	即将出版		961
111个代数和数论问题	2019—05	58.00	962
112个组合问题：来自AwesomeMath夏季课程	2019—05	58.00	963
113个几何不等式：来自AwesomeMath夏季课程	2020—08	58.00	964
114个指数和对数问题：来自AwesomeMath夏季课程	2019—09	48.00	965
115个三角问题：来自AwesomeMath夏季课程	2019—05	58.00	966
116个代数不等式：来自AwesomeMath全年课程	2019—04	58.00	967
117个多项式问题：来自AwesomeMath夏季课程	2021—09	58.00	1409
118个数学竞赛不等式	2022—08	78.00	1526
紫色彗星国际数学竞赛试题	2019—02	58.00	999
数学竞赛中的数学：为数学爱好者、父母、教师和教练准备的丰富资源.第一部	2020—04	58.00	1141
数学竞赛中的数学：为数学爱好者、父母、教师和教练准备的丰富资源.第二部	2020—07	48.00	1142
和与积	2020—10	38.00	1219
数论：概念和问题	2020—12	68.00	1257
初等数学问题研究	2021—03	48.00	1270
数学奥林匹克中的欧几里得几何	2021—10	68.00	1413
数学奥林匹克题解新编	2022—01	58.00	1430
图论入门	2022—09	58.00	1554
新的、更新的、最新的不等式	2023—07	58.00	1650
澳大利亚中学数学竞赛试题及解答(初级卷)1978～1984	2019—02	28.00	1002
澳大利亚中学数学竞赛试题及解答(初级卷)1985～1991	2019—02	28.00	1003
澳大利亚中学数学竞赛试题及解答(初级卷)1992～1998	2019—02	28.00	1004
澳大利亚中学数学竞赛试题及解答(初级卷)1999～2005	2019—02	28.00	1005
澳大利亚中学数学竞赛试题及解答(中级卷)1978～1984	2019—03	28.00	1006
澳大利亚中学数学竞赛试题及解答(中级卷)1985～1991	2019—03	28.00	1007
澳大利亚中学数学竞赛试题及解答(中级卷)1992～1998	2019—03	28.00	1008
澳大利亚中学数学竞赛试题及解答(中级卷)1999～2005	2019—03	28.00	1009
澳大利亚中学数学竞赛试题及解答(高级卷)1978～1984	2019—05	28.00	1010
澳大利亚中学数学竞赛试题及解答(高级卷)1985～1991	2019—05	28.00	1011
澳大利亚中学数学竞赛试题及解答(高级卷)1992～1998	2019—05	28.00	1012
澳大利亚中学数学竞赛试题及解答(高级卷)1999～2005	2019—05	28.00	1013
天才中小学生智力测验题.第一卷	2019—03	38.00	1026
天才中小学生智力测验题.第二卷	2019—03	38.00	1027
天才中小学生智力测验题.第三卷	2019—03	38.00	1028
天才中小学生智力测验题.第四卷	2019—03	38.00	1029
天才中小学生智力测验题.第五卷	2019—03	38.00	1030
天才中小学生智力测验题.第六卷	2019—03	38.00	1031
天才中小学生智力测验题.第七卷	2019—03	38.00	1032
天才中小学生智力测验题.第八卷	2019—03	38.00	1033
天才中小学生智力测验题.第九卷	2019—03	38.00	1034
天才中小学生智力测验题.第十卷	2019—03	38.00	1035
天才中小学生智力测验题.第十一卷	2019—03	38.00	1036
天才中小学生智力测验题.第十二卷	2019—03	38.00	1037
天才中小学生智力测验题.第十三卷	2019—03	38.00	1038

刘培杰数学工作室
已出版(即将出版)图书目录——初等数学

书　名	出版时间	定价	编号
重点大学自主招生数学备考全书:函数	2020—05	48.00	1047
重点大学自主招生数学备考全书:导数	2020—08	48.00	1048
重点大学自主招生数学备考全书:数列与不等式	2019—10	78.00	1049
重点大学自主招生数学备考全书:三角函数与平面向量	2020—08	68.00	1050
重点大学自主招生数学备考全书:平面解析几何	2020—07	58.00	1051
重点大学自主招生数学备考全书:立体几何与平面几何	2019—08	48.00	1052
重点大学自主招生数学备考全书:排列组合·概率统计·复数	2019—09	48.00	1053
重点大学自主招生数学备考全书:初等数论与组合数学	2019—08	48.00	1054
重点大学自主招生数学备考全书:重点大学自主招生真题.上	2019—04	68.00	1055
重点大学自主招生数学备考全书:重点大学自主招生真题.下	2019—04	58.00	1056
高中数学竞赛培训教程:平面几何问题的求解方法与策略.上	2018—05	68.00	906
高中数学竞赛培训教程:平面几何问题的求解方法与策略.下	2018—06	78.00	907
高中数学竞赛培训教程:整除与同余以及不定方程	2018—01	88.00	908
高中数学竞赛培训教程:组合计数与组合极值	2018—04	48.00	909
高中数学竞赛培训教程:初等代数	2019—04	78.00	1042
高中数学讲座:数学竞赛基础教程(第一册)	2019—06	48.00	1094
高中数学讲座:数学竞赛基础教程(第二册)	即将出版		1095
高中数学讲座:数学竞赛基础教程(第三册)	即将出版		1096
高中数学讲座:数学竞赛基础教程(第四册)	即将出版		1097
新编中学数学解题方法1000招丛书.实数(初中版)	2022—05	58.00	1291
新编中学数学解题方法1000招丛书.式(初中版)	2022—05	48.00	1292
新编中学数学解题方法1000招丛书.方程与不等式(初中版)	2021—04	58.00	1293
新编中学数学解题方法1000招丛书.函数(初中版)	2022—05	38.00	1294
新编中学数学解题方法1000招丛书.角(初中版)	2022—05	48.00	1295
新编中学数学解题方法1000招丛书.线段(初中版)	2022—05	48.00	1296
新编中学数学解题方法1000招丛书.三角形与多边形(初中版)	2021—04	48.00	1297
新编中学数学解题方法1000招丛书.圆(初中版)	2022—05	48.00	1298
新编中学数学解题方法1000招丛书.面积(初中版)	2021—07	28.00	1299
新编中学数学解题方法1000招丛书.逻辑推理(初中版)	2022—06	48.00	1300
高中数学题典精编.第一辑.函数	2022—01	58.00	1444
高中数学题典精编.第一辑.导数	2022—01	68.00	1445
高中数学题典精编.第一辑.三角函数·平面向量	2022—01	68.00	1446
高中数学题典精编.第一辑.数列	2022—01	58.00	1447
高中数学题典精编.第一辑.不等式·推理与证明	2022—01	58.00	1448
高中数学题典精编.第一辑.立体几何	2022—01	58.00	1449
高中数学题典精编.第一辑.平面解析几何	2022—01	68.00	1450
高中数学题典精编.第一辑.统计·概率·平面几何	2022—01	58.00	1451
高中数学题典精编.第一辑.初等数论·组合数学·数学文化·解题方法	2022—01	58.00	1452
历届全国初中数学竞赛试题分类解析.初等代数	2022—09	98.00	1555
历届全国初中数学竞赛试题分类解析.初等数论	2022—09	48.00	1556
历届全国初中数学竞赛试题分类解析.平面几何	2022—09	38.00	1557
历届全国初中数学竞赛试题分类解析.组合	2022—09	38.00	1558

刘培杰数学工作室
已出版(即将出版)图书目录——初等数学

书　名	出版时间	定　价	编号
从三道高三数学模拟题的背景谈起:兼谈傅里叶三角级数	2023—03	48.00	1651
从一道日本东京大学的入学试题谈起:兼谈 π 的方方面面	即将出版		1652
从两道 2021 年福建高三数学测试题谈起:兼谈球面几何学与球面三角学	即将出版		1653
从一道湖南高考数学试题谈起:兼谈有界变差数列	即将出版		1654
从一道高校自主招生试题谈起:兼谈詹森函数方程	即将出版		1655
从一道上海高考数学试题谈起:兼谈有界变差函数	即将出版		1656
从一道北京大学金秋营数学试题的解法谈起:兼谈伽罗瓦理论	即将出版		1657
从一道北京高考数学试题的解法谈起:兼谈毕克定理	即将出版		1658
从一道北京大学金秋营数学试题的解法谈起:兼谈帕塞瓦尔恒等式	即将出版		1659
从一道高三数学模拟测试题的背景谈起:兼谈等周问题与等周不等式	即将出版		1660
从一道 2020 年全国高考数学试题的解法谈起:兼谈斐波那契数列和纳卡穆拉定理及奥斯图达定理	即将出版		1661
从一道高考数学附加题谈起:兼谈广义斐波那契数列	即将出版		1662
代数学教程.第一卷,集合论	2023—08	58.00	1664
代数学教程.第二卷,集合论	2023—08	68.00	1665
代数学教程.第三卷,集合论	2023—08	58.00	1666
代数学教程.第四卷,集合论	2023—08	48.00	1667
代数学教程.第五卷,集合论	2023—08	58.00	1668

联系地址:哈尔滨市南岗区复华四道街 10 号　哈尔滨工业大学出版社刘培杰数学工作室
网　　址:http://lpj.hit.edu.cn/
邮　　编:150006
联系电话:0451-86281378　　13904613167
E-mail:lpj1378@163.com